생생 자동제어 기초

BM (주)도서출판 성안당

동영상강의 무료 수강권 이용방법

수강권 번호 : BMDSW100803

1. 네이버에서 [전기실무닷컴] 카페를 검색합니다.
2. [전기실무닷컴 https://cafe.naver.com/120er]에 접속 후 회원가입을 합니다.
3. 카페의 [전기세상 무료보기신청]을 클릭하고 절차에 따라 진행합니다.
4. 동영상강의를 무료로 수강합니다.

※ "생생 자동제어 기초" 책을 구매한 독자에 한해 동영상강의 무료 수강권을 제공합니다.

- 일반 온·오프 라인 학원에서 취급하지 않는 현장 실무의 새로운 분야입니다.
- 실습 동영상을 그대로 책으로 엮었으므로 교재와 동영상을 병행하면 큰 효과를 얻을 수 있습니다.
- 결선 과정 등이 컬러 사진으로 수록되어 있기 때문에 학원에 다니지 않고도 충분히 결실을 맺을 수 있습니다.

머리말 PREFACE

　　우리나라 정부의 자격증 교육방침이 이론과 실습의 통합형 교육으로 바뀐 지 오래되었으나, 여전히 인터넷 매체나 일부 학원 등에서는 현실과 거리가 먼 교육방식이 유지되고 있습니다. 그리하여 매년 많은 수험생들이 시험에 합격하지만, 정작 합격자들은 시험공부를 통해 배운 것을 실무에 적용시키지 못하는 안타까운 현실에 놓여 있습니다.

　　또한, 해마다 전기기사 실기 시험에 시퀀스 회로가 출제되고 점수 반영 비율도 매우 높아서 중요한 부분이지만 수험생들이 가장 부담스러워 하는 부분 중에 하나입니다.

　　마지막으로 산업현장에서 PLC 분야에 근무하고 있는 분들은 어디서부터 기초를 배워야 할 지 막막한 실정입니다. 왜냐하면 PLC 분야를 잘 알기 위한 사전단계인 자동제어를 체계적으로 배울 수 있는 곳이나 교재가 없기 때문입니다.

　　이러한 어려움을 조금이나마 해소해 보고자 독창적인 방법으로 이번 교재를 선보이게 되었습니다.

올 컬러 사진으로 결선 과정을 수록했습니다.

　　과거 일본 서적을 옮겨 온 것 같은 기존의 구성 틀에서 벗어나 모든 결선 과정을 컬러 사진으로 구성·수록함으로써 독자들이 생생한 현장감을 느낄 수 있도록 하였습니다.

결선 과정을 그대로 동영상으로 제공합니다.

　　본 교재의 모든 내용은 무료 동영상 강의 중 「자동 제어 기초」에 그대로 올려져 있으므로 언제든지 결선 연습을 해 볼 수 있습니다.

　　따라서, 이 교재를 통해 자동 제어 회로를 공부한다면 현장감을 느끼며 실무의 기본을 탄탄히 다질 수 있을 것입니다.

　　앞으로도 일반 온·오프 라인에서 취급하지 않는 현장 실무의 새로운 분야를 끊임없이 개척해 나가도록 노력하겠습니다.

　　끝으로 이 책을 출판하기까지 힘써주신 도서출판 성안당 이종춘 회장님과 직원들에게 진심으로 감사드립니다.

　　늘 행복하시기 바랍니다.

저자 씀

이 책은
이렇게 공부하세요!

제1편 기초 이론, 제2편 기초 실습 및 제3편 실전 실습 모두 사이트의 무료 동영상 강의를 통해 결선 과정을 따라 할 수 있습니다.

✏️ 제1편 기초 이론

기초 이론은 아주 중요한 부분입니다. 반드시 기초 이론을 완전히 이해한 다음 제2편 기초 실습 단계로 가시기 바랍니다.

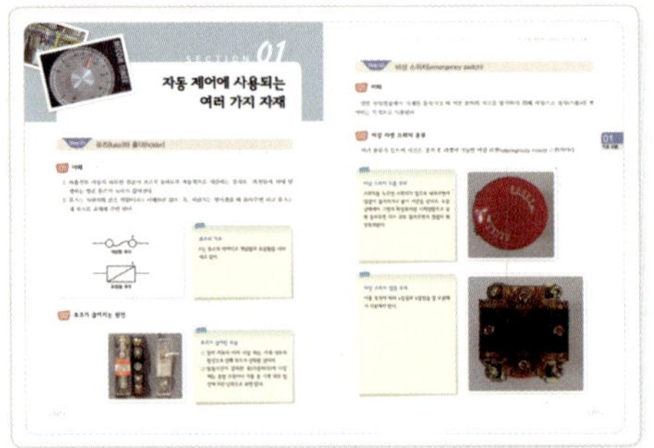

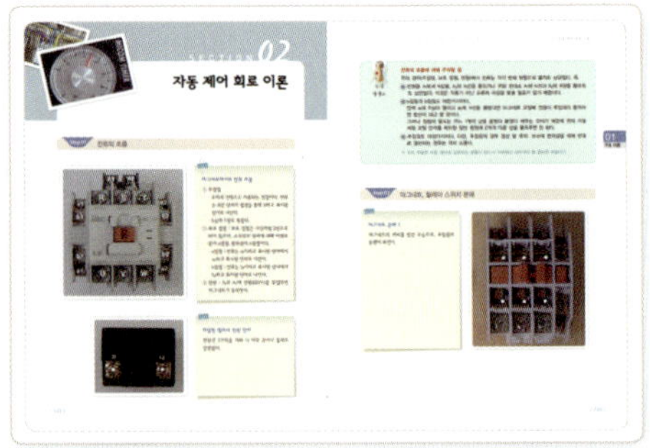

✏️ 제2 · 3편 기초, 실전 실습

① 기초 이론을 익힌 뒤, 과제 처음 단계부터 교재를 보고 동영상 강의를 수강하면서 눈으로 익힙니다.
② 실제 자대들을 준비해 교재와 동영상의 결선 과정을 따라서 결선해 봅니다.

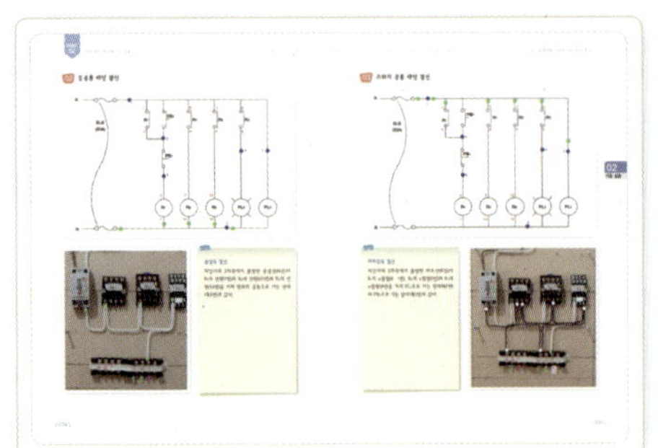

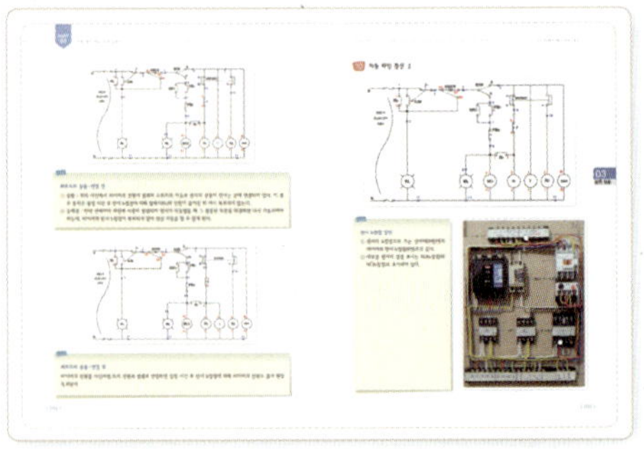

PLC 기초를 배우고자 하는 분들과 전기기사 실기 시험을 보는 분들 역시 본 교재의 내용을 반드시 이해를 해야 합니다.

※ 모든 편은 교재와 사이트의 무료 동영상 강의를 함께 병행해야 효과가 있습니다.

차례 CONTENTS

PART 01 | 자동 제어 기초 이론

01. 자동 제어에 사용되는 여러 가지 자재   010

1. 퓨즈와 홀더 | 2. 비상 스위치 | 3. 파일럿 램프, 버저, 푸시 버튼, 셀렉터 스위치 | 4. 센서 | 5. 감지기 | 6. 리밋 스위치 | 7. 릴레이 | 8. SR 릴레이 | 9. 타이머 | 10. 플리커 타이머 | 11. 교류 전자 접촉기(MC) | 12. 파워 릴레이와 전자식 과전류 계전기(EOCR) | 13. 카운터 | 14. 온도 계전기(TC) | 15. 플로트 스위치 | 16. 오뚜기 볼

02. 자동 제어 회로 이론   032

1. 전류의 흐름 | 2. 마그네트, 릴레이 스위치 분해 | 3. 회로도의 올바른 이해 | 4. 접점 번호 부여의 올바른 이해

PART 02 | 자동 제어 회로 기초 실습

01. 릴레이를 이용한 전등 회로 결선   050

1. 동작 설명 | 2. 접점 번호 부여하기 | 3. 기구 배치도 | 4. 속판 배치도 | 5. 결선하기 | 6. 작업 완료 | 7. 동작 테스트

02. 릴레이와 타이머를 이용한 회로 결선   062

1. 동작 설명 | 2. 접점 번호 부여하기 | 3. 기구 배치도 | 4. 속판 배치도 | 5. 결선하기 | 6. 배관 및 입선하기 | 7. 푸시 버튼 결선 | 8. 램프 결선 | 9. 동작 테스트

03. 전등 순차 점등 회로 결선   073

1. 동작 설명 및 접점 번호 부여 | 2. 기구 배치도 | 3. 속판 배치도 | 4. 결선하기 | 5. 배관 및 입선하기 | 6. 푸시 버튼 결선 | 7. 램프 결선 | 8. 작업 완료 | 9. 동작 테스트

차례 CONTENTS

04. 3상 유도 전동기 제어 회로 결선   089

1. 동작 설명 및 접점 번호 부여 | 2. 기구 배치도 | 3. 속판 배치도 | 4. 주회로 결선하기 | 5. 보조 회로 결선하기 | 6. 배관 및 입선 | 7. 푸시 버튼 결선 | 8. 램프 결선 | 9. 결선 완료 | 10. 작업 완료 | 11. 동작 테스트

05. 모터 정·역 회로 결선   105

1. 동작 설명 및 접점 번호 부여 | 2. 기구 배치도 | 3. 속판 배치도 | 4. 주회로 결선하기 | 5. 보조 회로 결선하기 | 6. 결선 완료 | 7. 동작 테스트

06. 와이-델타 결선   126

1. 동작 설명 및 접점 번호 부여 | 2. 기구 배치도 | 3. 속판 배치도 | 4. 주회로 결선하기 | 5. 보조 회로 결선하기 | 6. 동작 테스트

07. 3상 유도 전동기 교대 운전 결선   146

1. 동작 설명 및 접점 번호 부여 | 2. 기구 배치도 | 3. 속판 배치도 | 4. 주회로 결선하기 | 5. 보조 회로 결선하기 | 6. 동작 테스트

08. 보안등 제어 회로 결선   162

1. 광전식 자동 점멸기의 결선 | 2. 광전식 점멸기의 일반

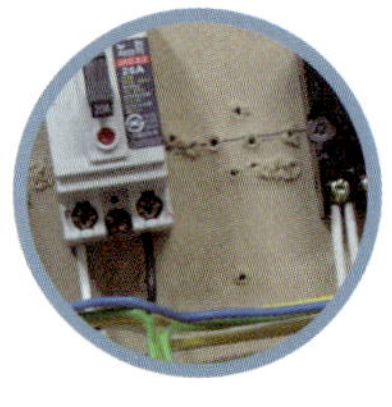

PART 03 | 자동 제어 회로 실전 실습

01. 보안등 제어 회로 결선(응용)   170

1. 동작 설명 및 접점 번호 부여 | 2. 기구 배치도 | 3. 속판 배치도 | 4. 보조 회로 결선하기 | 5. 배관 완료 | 6. 스위치 결선 | 7. 점멸기 결선

02. 인쇄기 제어 회로 결선   188

1. 동작 설명 및 접점 번호 부여 | 2. 기구 배치도 | 3. 속판 배치도 | 4. 주회로 결선하기 | 5. 보조 회로 결선하기 | 6. 배관 완료 | 7. 동작 테스트

03. 운반용 기계 제어 회로 결선   218

1. 동작 설명 및 접점 번호 부여 | 2. 기구 배치도 | 3. 속판 배치도 | 4. 주회로 결선하기 | 5. 보조 회로 결선하기 | 6. 배관 및 입선 완료 | 7. 제어함 외부 결선 | 8. 결선 완료 | 9. 동작 테스트

04. 교차로 신호등 제어 회로 결선   250

1. 동작 설명 및 접점 번호 부여 | 2. 기구 배치도 | 3. 속판 배치도 | 4. 제어함 결선하기 | 5. 입선 완료 | 6. 결선 완료 | 7. 동작 테스트

05. 냉각수 순환 펌프 결선   273

1. 동작 설명 및 접점 번호 부여 | 2. 기구 배치도 | 3. 속판 배치도 | 4. 주회로 결선하기 | 5. 보조 회로 결선하기 | 6. 배관 및 입선 완료 | 7. 작업판 결선 | 8. 결선 완료 | 9. 동작 테스트

PART 04 | 부 록

01. 2009년 3회 전기기사 실기 기출문제   316

1. 주회로 동작 설명 | 2. 보조 회로 동작 및 접점 번호 부여 | 3. 속판 기구 배치 | 4. 주회로 결선하기 | 5. 보조 회로 결선하기 | 6. 결선 완료 | 7. 외부 작업판 결선 및 동작

02. 2010년 1회 전기기사 실기 기출문제   340

1. 주회로 동작 설명 | 2. 보조 회로 동작 및 접점 번호 부여 | 3. 속판 기구 배치 | 4. 주회로 결선하기 | 5. 보조 회로 결선하기 | 6. 결선 완료 | 7. 외부 작업판 결선 및 동작

Part
01

자동 제어 기초 이론

1. 자동 제어에 사용되는 여러 가지 자재

2. 자동 제어 회로 이론

자동 제어에 사용되는 여러 가지 자재

Step 01 퓨즈(fuse)와 홀더(holder)

01 이해

① 허용전류 이상의 과도한 전류가 흐르지 못하도록 자동적으로 차단하는 장치로, 과전류에 의해 발생하는 열로 퓨즈가 녹아서 끊어진다.

② 퓨즈는 차단기와 같은 역할이라고 이해하면 쉽다. 즉, 차단기는 떨어졌을 때 올려주면 되고 퓨즈는 새 것으로 교체해 주면 된다.

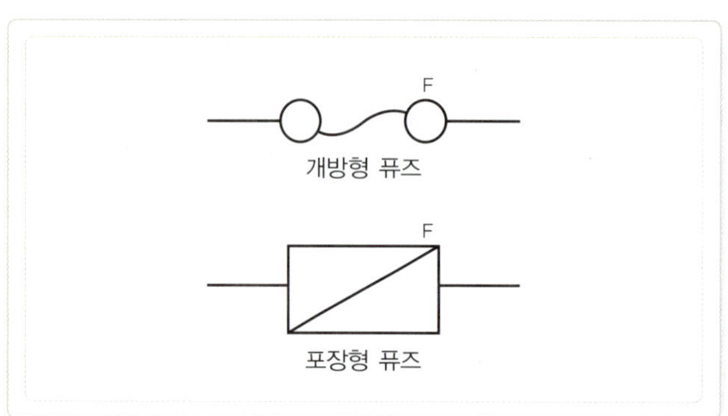

퓨즈의 기호

F는 퓨즈의 약어이고 개방형과 포장형을 나타내고 있다.

02 퓨즈가 끊어지는 원인

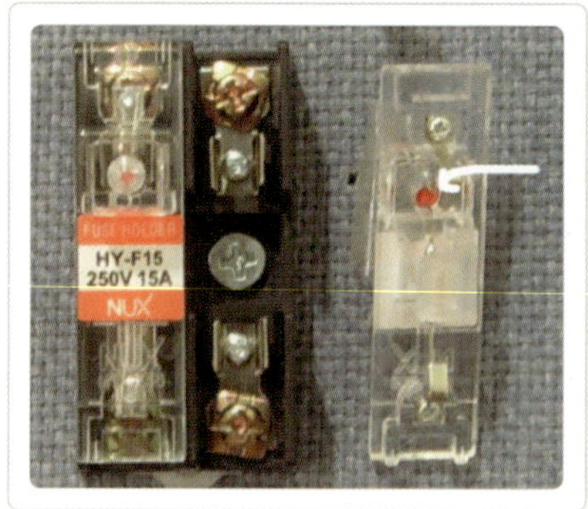

퓨즈가 끊어진 모습

① 갈아 끼우자 마자 나갈 때는 기계 내부의 합선으로 인해 퓨즈가 단락된 것이다.

② 일정시간이 경과한 후(사용하다)에 나갈 때는 용량 부족이나 사용 중 기계 내부 합선에 의한 단락으로 보면 된다.

Step 02 비상 스위치(emergency switch)

01 이해

일반 산업현장에서 기계를 동작시킬 때 어떤 불의의 사고를 방지하기 위해 비상으로 정지(스톱)를 제어하는 목적으로 사용된다.

02 비상 리셋 스위치 종류

여러 종류가 있으며 사진은 정지 후 리셋이 가능한 비상 리셋(emergency reset) 스위치이다.

비상 스위치 누름 부위

스위치를 누르면 스위치가 밑으로 내려가면서 접점이 끊어지거나 붙어 비상을 알리고, 누른 상태에서 그림의 화살표처럼 시계방향으로 살짝 돌려주면 다시 위로 올라오면서 접점이 원상복귀된다.

비상 스위치 접점 부위

이용 목적에 따라 a접점과 b접점을 잘 구분해서 사용해야 한다.

 파일럿 램프, 버저, 푸시 버튼, 셀렉터 스위치

01 파일럿 램프

파일럿 램프의 색깔에 따라 정해진 약속은 다음과 같다.

① WL(White Lamp, 백색)
전원 표시. 차단기를 올리면 램프가 바로 들어오면서 전원이 정상적으로 투입되었음을 알린다.
② RL(Red Lamp, 적색)
운전(=기동). 버튼을 눌러 운전 중임을 나타낸다.
③ GL(Green Lamp, 녹색)
정지. 회로가 풀려 정지된 상태를 나타낸다.
④ OL(Orange Lamp, 오렌지색)
경보. 어떤 기계적 시스템에 이상이 생겼음을 알리는 경보 표시용이다.
⑤ YL(Yellow Lamp, 황색)
고장. 기계적 시스템이 고장났음을 알린다.

02 버저

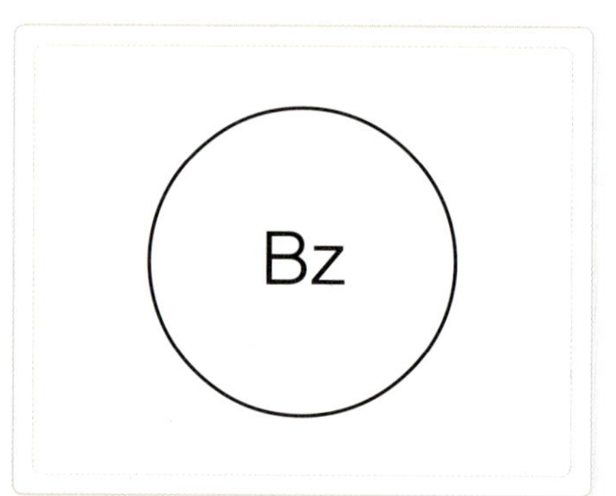

버저의 기호

비단 버저 뿐만 아니라 자동 제어에 사용되는 모든 기호는 완전히 숙지하고 있어야 한다.

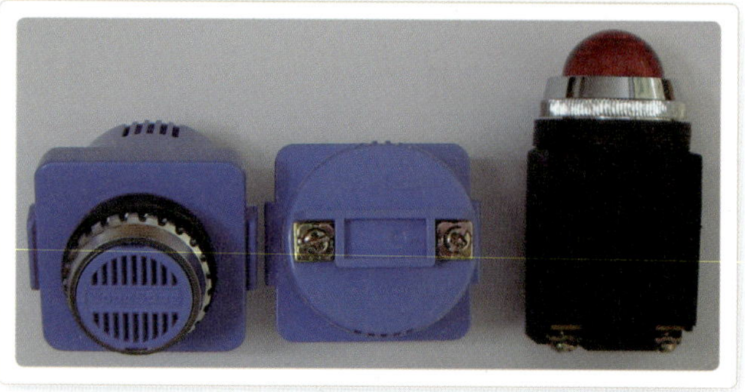

Ac 200V 버저와 파일럿 램프

사용 전압 및 사이즈가 여러 가지이므로 사용 용도에 맞는 제품을 선택해야 한다.

03 푸시 버튼

버튼과 램프 기능이 결합된 제품이다.

2개가 붙어 있다고 해서 당황할 것 없다. 그냥 푸시 버튼과 파일럿 램프가 단독으로 있다고 생각하면 된다. 버튼으로 갈 선은 버튼으로, 램프로 갈 선은 램프 단자에 물려주면 끝이다.

푸시 버튼 기호

a접점과 b접점의 원리는 모든 계기류에 공통으로 적용된다. 즉, a접점은 평상에서 떨어져 있고, b접점은 붙어 있다.

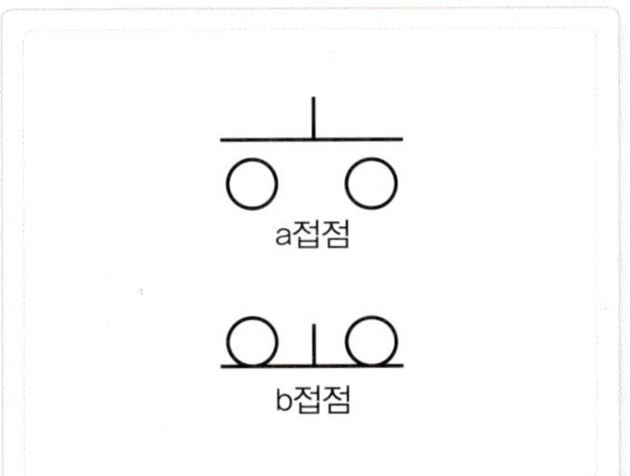

버튼과 램프가 조합된 모습

· 가 : 푸시 버튼이며 속에 램프가 들어 있다.
· 나 : 버튼의 b접점
· 다 : 버튼의 a접점
· 라 : 버튼이 붙어 있는 모습
· 마 : 램프가 붙어 있는 모습

단자가 빠진 모습

작업을 하다보면 단자가 빠지는 경우가 종종 발생한다. 잃어버리지 않도록 조심하고, 만약 잃어버렸을 때는 사용하지 않는 다른 단자를 빼서 사용한다.

04 셀렉터 스위치

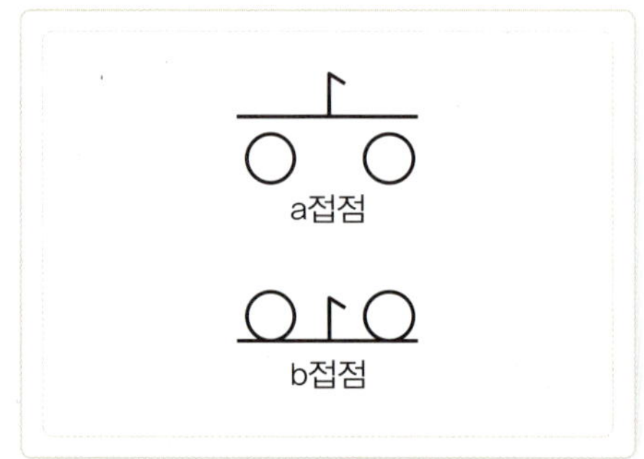

셀렉터 스위치 기호

푸시 버튼과 비슷하므로 주의해야 한다.

셀렉터 스위치

선이 물리는 단자가 조금씩 다르므로 반드시 테스터기로 체크한 후 사용하는 게 바람직하다.

Step 04 센서(sensor)

리밋이 레버를 움직임으로써 동작한다면, 센서는 몸체에서 나오는 여러 종류의 음파(적외선, 초음파 등)에 의해 동작한다.

실제 시험에서는 푸시 버튼 스위치를 대신 사용한다.

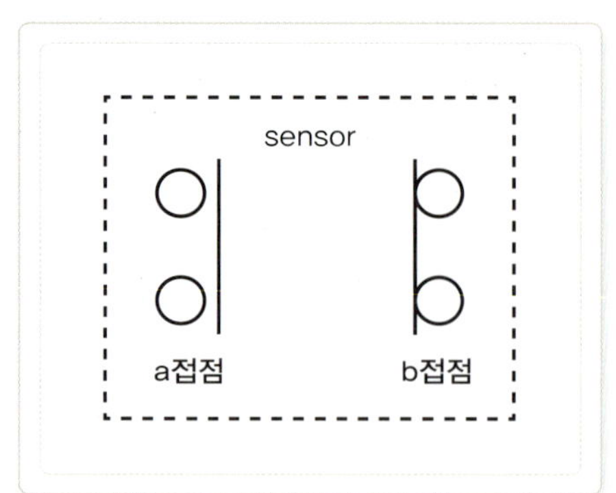

센서의 기호

일반 릴레이의 기호와 같으므로 주의한다. 'sensor'라는 영문구와 점선으로 구분되어 있다.

센서의 모습

여러 가지 종류가 있다. 적색 화살표가 가리키는 부분이 센서 본체로 투광부(빛을 보냄)이고, 백색 화살표가 가리키는 판이 수광부(빛을 받아 되돌려 보냄)이다.

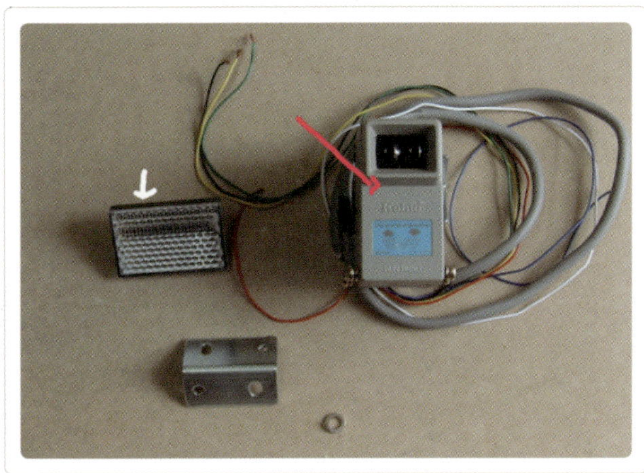

01
기초 이론

Step 05 감지기

화재가 발생했을 때 이를 감지하여 감시실(방재실)에 신호를 보내는 역할을 한다. 전원은 DC 24V이며 실제 시험에서는 전기 회로에 직접 연결하지 않고 단자대로 대체하여 작업을 하게 된다.

감지기의 기호

실제 현장 도면에서는 위 기호말고도 감지기의 종류에 따라 여러 가지 기호가 사용된다.

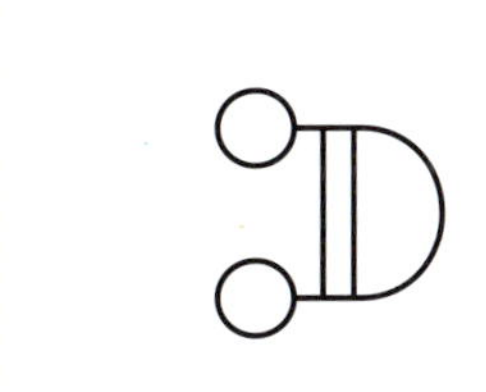

광전식 감지기

광전식 감지기로, 본체와 베이스가 결합된 모습이다.

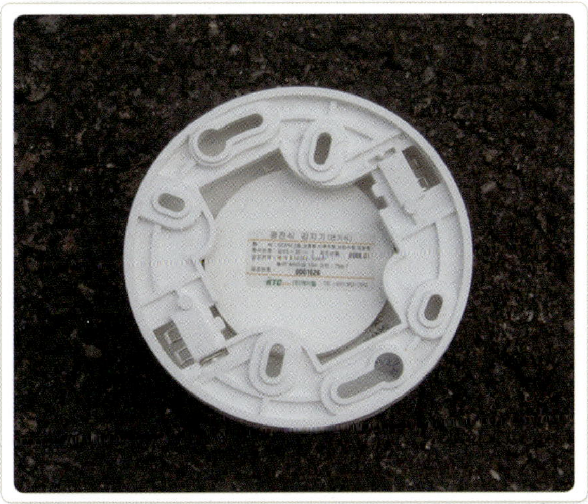

광전식 감지기의 분리

베이스(왼쪽)와 몸체(오른쪽)를 분리한 모습이다.
감지기의 종류에 따라 베이스와 몸체가 다르므로 주의해야 한다.

천장에 감지기가 취부된 모습

감지기는 일반적으로 전등과 50cm 이상 간격을 주는 게 좋다.

Step 06 리밋 스위치(limit switch)

(1) 원리

푸시 버튼의 원리와 같다고 보면 이해가 빠를 것이다. 즉, 푸시 버튼은 손가락으로 누르지만, 리밋 스위치는 어떤 기계적 장치나 물건이 레버를 움직임으로써 접점이 작동하는 것이다.

(2) 용도

① 주로 기계적인 움직임을 체크하여 동작을 제어하는 데 쓰이는 스위치이다.
② 실제 시험에서는 푸시 버튼 스위치를 대신 사용한다.

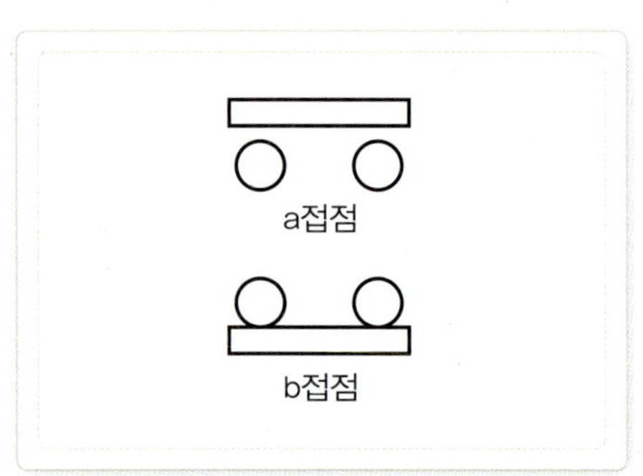

리밋 스위치의 기호

리밋 스위치의 종류는 무척 다양하다.
접점은 그림처럼 a · b 접점이 따로 분리되어 있는 것과 공통이 연결되어 있는 것이 있다.

리밋 스위치의 커버를 벗겨낸 모습

· 가, 나 : 접점부
· 다 : 레버

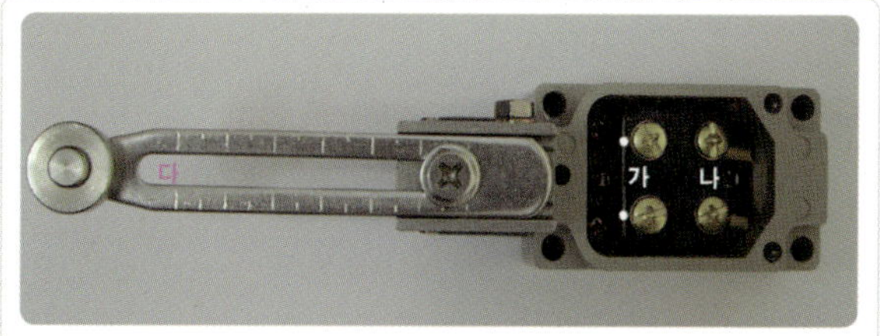

리밋 스위치 구조

레버가 있는 왼쪽부분(가)이 a접점이고, 오른쪽 부분(나)이 b접점이다.

리밋 스위치의 원리는 일반 푸시 버튼과 동일하게 생각하면 된다. 즉, 버튼은 손가락으로 눌러 접점이 동작하지만 리밋 스위치는 레버를 움직인다는 것 뿐 접점의 작용은 같다.

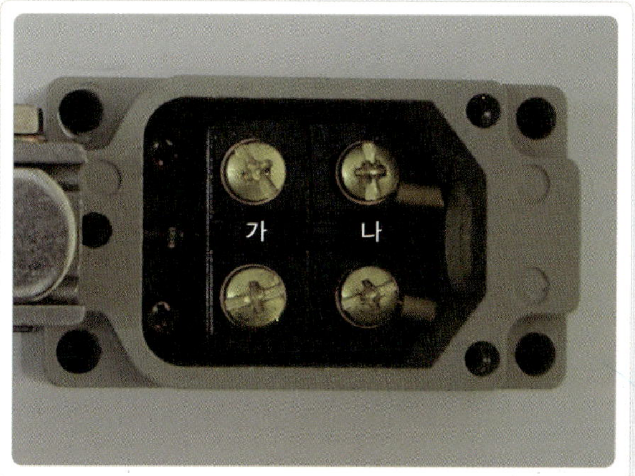

마이크로 스위치

또 다른 종류의 리밋 스위치로, 흔히 마이크로 스위치라고 한다. 앞선 경우와는 달리 a접점과 b접점이 서로 분리되어 있지 않는 것이 특징이다.

즉, 접점의 공통(COM)이 있기 때문에 회로에서 잘 살펴보아야 한다.

01
기초 이론

Step 07 릴레이(relay)

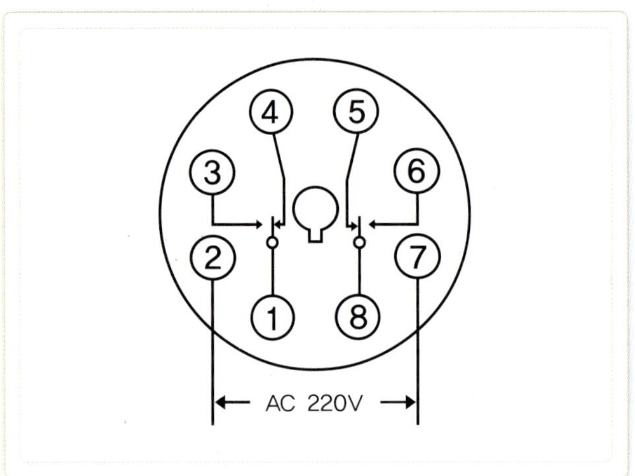

8P 릴레이 결선도의 모습

① 전원 : 2 · 7번이다.

② 접점 구성

· 공통(1번)에 a접점(1, 3번), b접점(1, 4번)이다.

· 공통(8번)에 a접점(8, 6번), b접점(8, 5번)이다.

이처럼 a접점 2개, b접점 2개인 것을 2a2b 라고 한다.

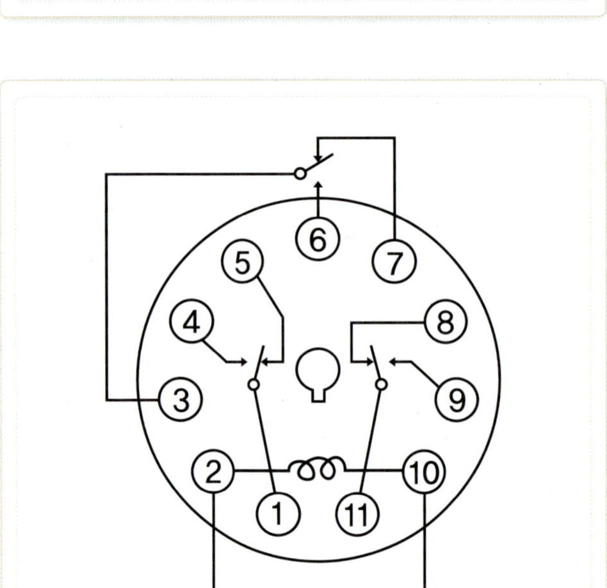

11P 릴레이 결선도의 모습

① 전원 : 2 · 10번이다.

② 접점 구성

· 공통(1번)에 a접점(1, 4번), b접점(1, 5번)이다.

· 공통(3번)에 a접점(3, 6번), b접점(3, 7번)이다.

· 공통(11번)에 a접점(11, 9번), b접점(11, 8번)이다.

이처럼 a접점 3개, b접점 3개인 것을 3a3b 라고 한다.

11P 릴레이

11P 릴레이를 옆에서 본 모습으로, 전원이
220V이다.
이외에도 AC 24V, DC 24V 등 다양하다.

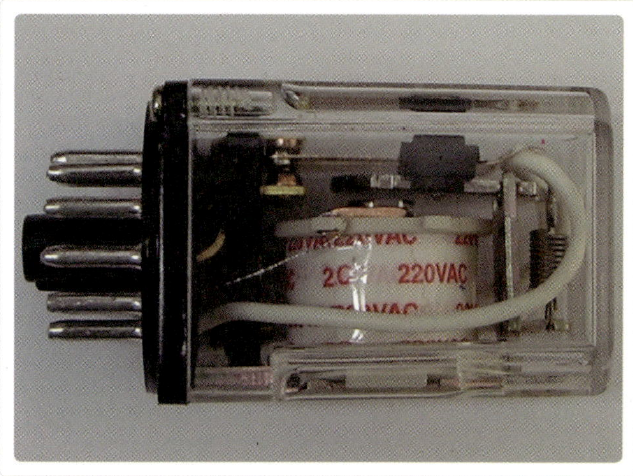

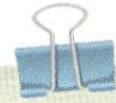

미니 14P 릴레이

14P 릴레이로 8P나 11P와는 조금 다른 모습
이다.
백색의 포인트가 있는 곳들이 핀을 꽂는 부분
이다.

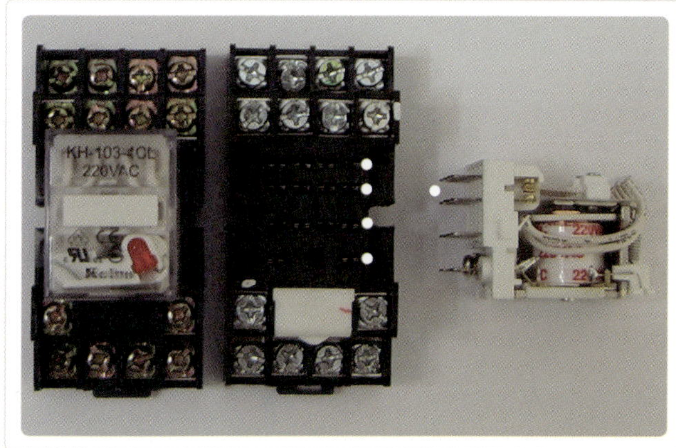

14P 릴레이 확대한 모습

단자대가 윗부분과 아랫부분으로 나뉘어져 있
기 때문에 결선 시 아랫부분을 먼저 하는 게 도
움이 된다.
사진에서 실물 구조를 보면,
· 윗부분 : 전원과 b접점 라인
· 아랫부분 : 공통과 a접점 라인

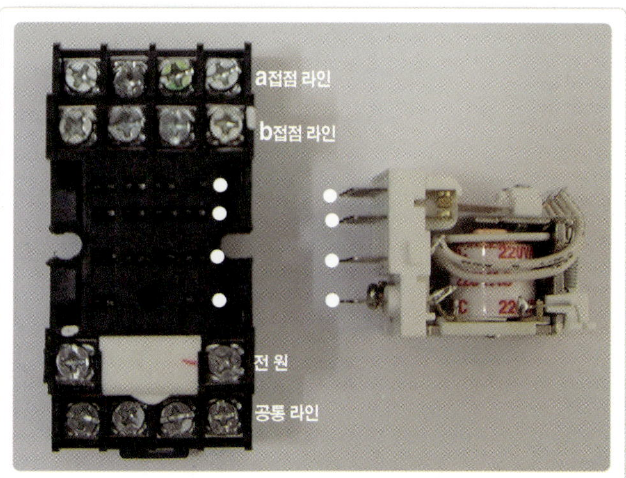

SR 릴레이(SR relay)

SR 릴레이와 소켓의 모습

입력은 AC 220V이고 출력은 DC 12/24V라고 적혀 있다.

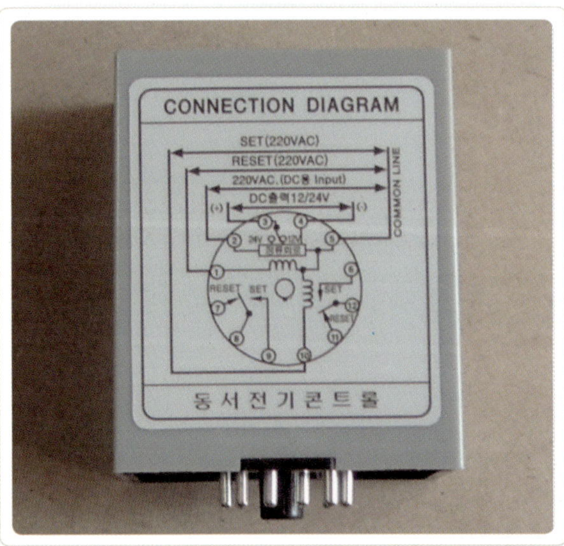

SR 릴레이의 결선도 모습

처음보면 상당히 어렵게 보이나 눈으로만 보지 말고 각 접점 번호를 노트에 적으면서 이해하도록 한다.

전원	접점
① set → 5, 10	① 8·9, 12·6 → a접점
② reset → 5, 1	② 8·7, 12·11 → b접점
③ DC input → 5, 2	
④ DC 출력 → 3, 4 (12·24V 겸용)	④ 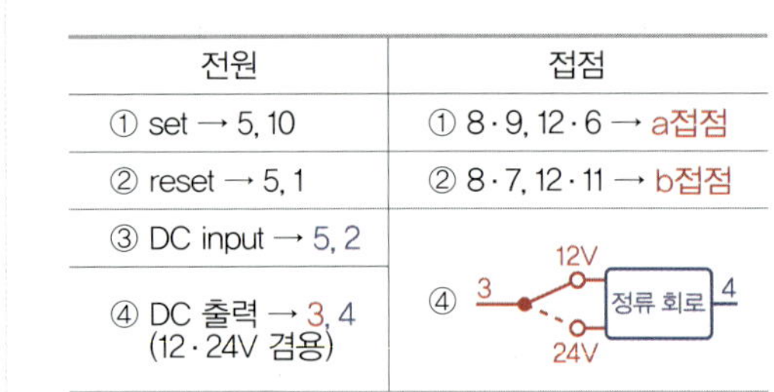

SR 릴레이의 결선도 접점

시험을 위해 반드시 이해를 할 접점 번호는 set일 때 전원과 접점, reset일 때 전원과 접점이다.

Step 09 타이머(timer)

타이머 결선도

① 전원 : 2 · 7번이다.

② 순시 a접점 : 순시 a접점이란 전원이 투입되면 릴레이처럼 즉시 붙는 접점을 말하는데, 1 · 3번이 해당된다.

③ 한시 접점 구성 : 공통(8번), a접점(8 · 6번), b접점(8 · 5번)이다.

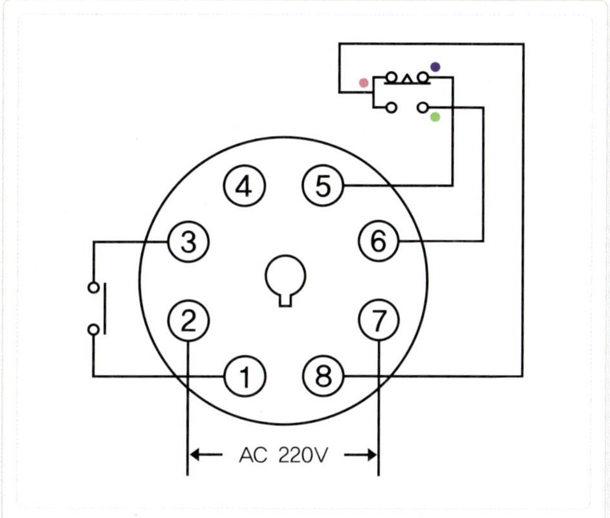

01

기초 이론

타이머 외관

자동 제어를 구성하는 모든 제품들은 다양한 종류가 있다는 것을 항상 기억해야 한다. 사진 역시 그 중의 한 타이머이다.

Step 10 플리커 타이머(flicker timer)

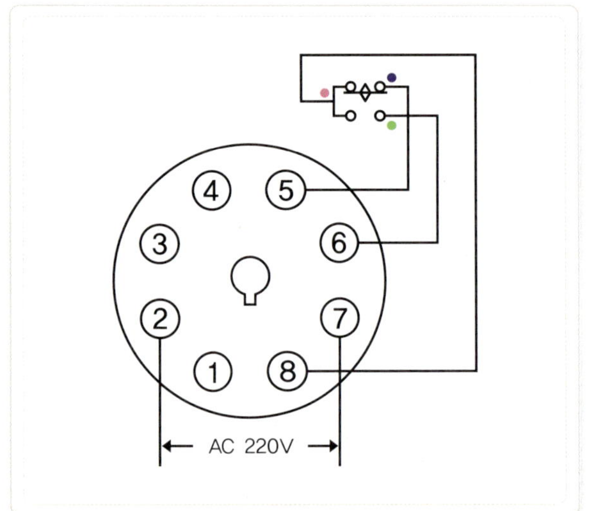

플리커 릴레이 결선도

① 전원 : 2 · 7번이다.
② 접점 구성 : 공통(8번), a접점(8 · 6번), b접점(8 · 5번)이다.
③ 동작 : 설정된 시간을 간격으로 a접점과 b접점이 교대로 계속 동작한다.

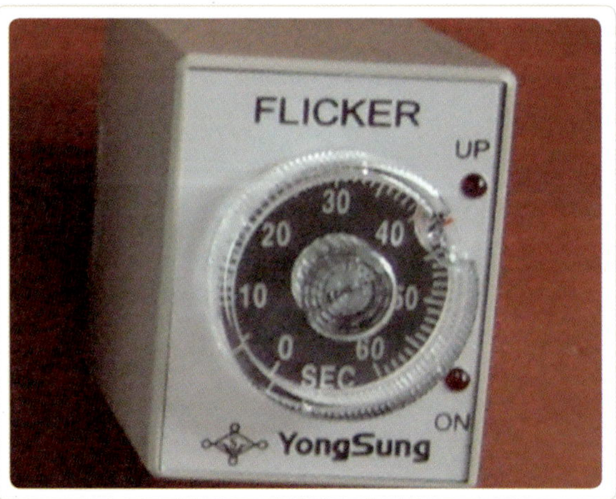

플리커 타이머의 전면 모습

타이머처럼 원하는 시간을 설정할 수 있다.

Step 11 교류 전자 접촉기(MC : Magnetic Contactor, 마그네트)

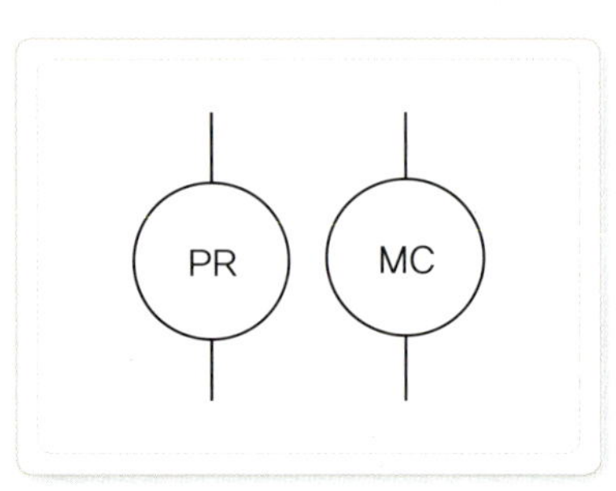

파워 릴레이와 마그네트의 코일 기호

모터 같은 동력의 전원으로 사용되며, 단자의 1차측을 R, S, T, 2차측을 U, V, W라고 한다.

보조 회로 접점

모터의 전원으로 사용되는 주회로와는 달리 회로를 구성하는 데 사용되는 보조 접점이다.

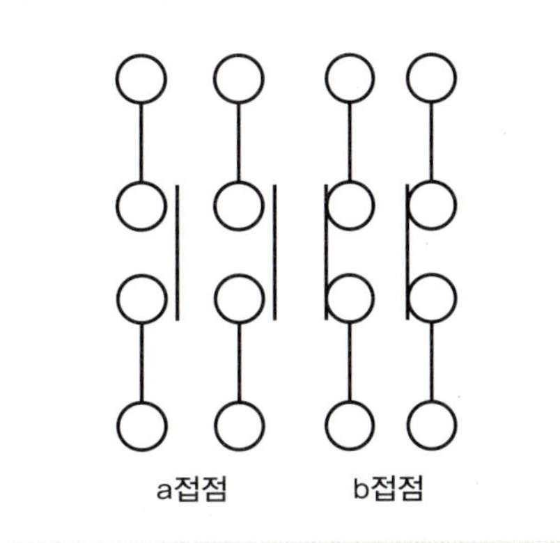

일반 전자 접촉기의 모습

마그네트에 EOCR(분홍색 포인트)이 결합된 모습이다.

마그네트를 분리한 모습

왼쪽의 단자부와 오른쪽의 코일부로 분리된 모습으로, 가운데의 스프링 작용에 의해 a접점과 b접점이 움직인다.

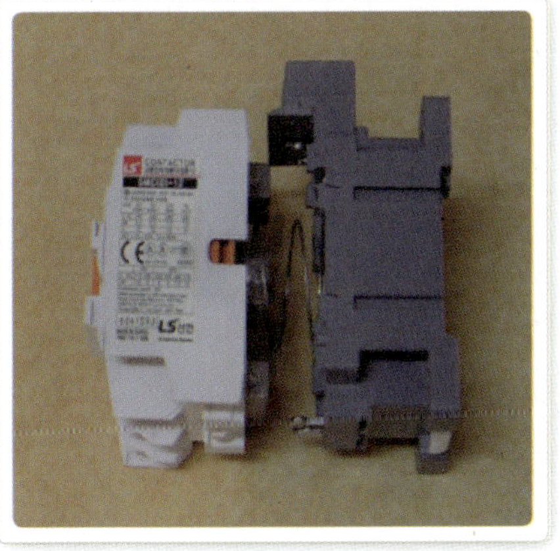

Step 12 파워 릴레이(power relay)와 전자식 과전류 계전기(EOCR)

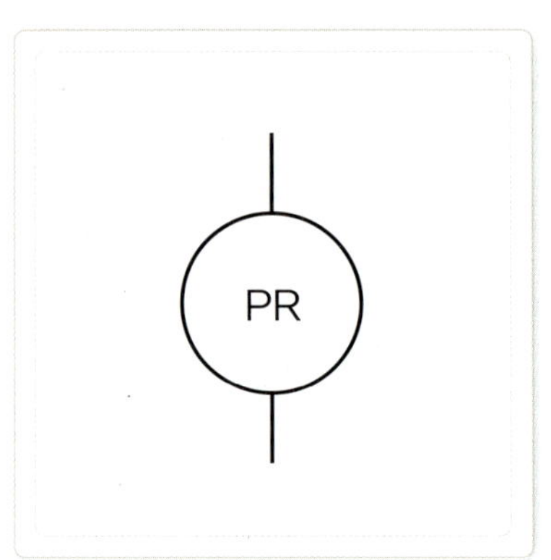

파워 릴레이의 기호

파워 릴레이의 코일(전원)부의 기호이다.

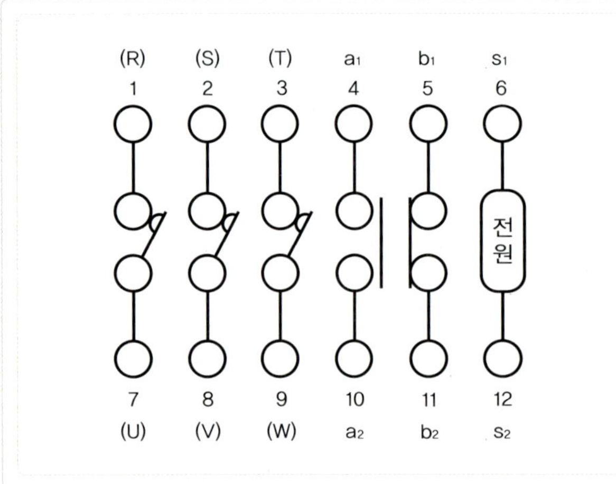

12P 파워 릴레이 결선도

① R, S, T(1, 2, 3)와 U, V, W(7, 8, 9)가 모터를 동작시키는 주회로 전원을 물리는 곳이다.
② 전원 : 소켓의 6 · 12번에 AC 220V를 흘려 주면 동작한다.

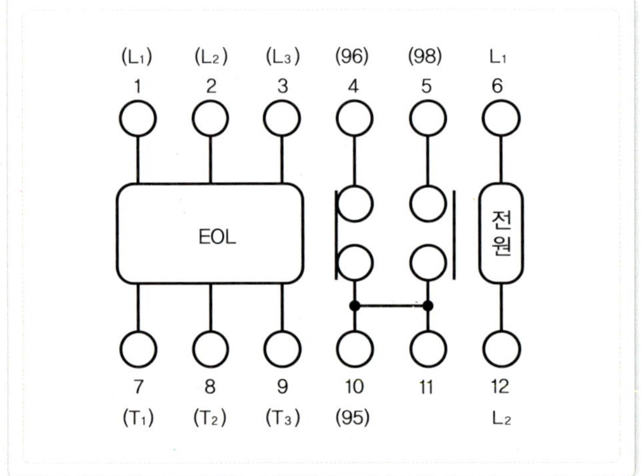

12P EOCR 결선도

① 접점 : L₁, L₂, L₃(1, 2, 3)와 T₁, T₂, T₃(7, 8, 9)에 모터로 가는 주회로 전원을 물린다.
② 전원 : L₁, L₂(6, 12)에 AC 220V를 흘려준다.

20P 파워 릴레이 결선도

① 주접점 : 1, 3, 5(R, S, T)와 20, 19, 17(U, V, W)이다.
② 전원 : 10, 11(AC 220V)이다.
③ a접점 : 7, 15와 8, 12이다.
④ b접점 : 9, 13과 4, 16이다.

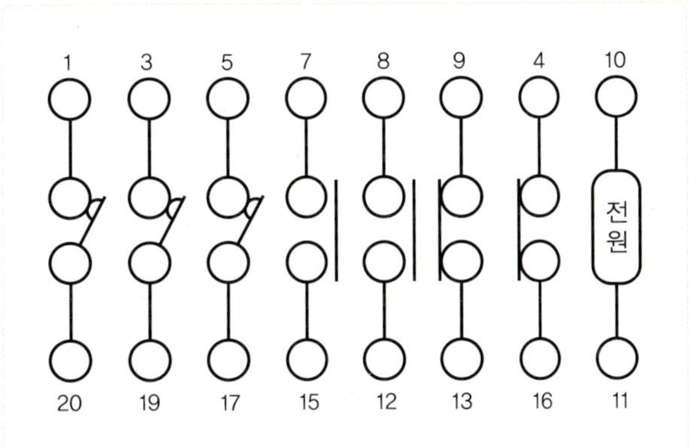

PR과 EOCR의 전면부

파워 릴레이와 전자식 과전류 계전기(EOCR)의 모습이다.

12P EOCR의 조절 부위

① LOAD 표시 : 설정 전류로, 사진처럼 7A에 조절했다면 과부하가 7A를 넘어서면 트립된다.
② O-Time 표시 : 과부하가 걸렸을 때 트립이 되는 시간이다. 사진처럼 5초라면 7A를 넘었을 때 5초 후에 트립이 된다.
③ 전원 : L_1과 L_2이다.
④ 접점 : 공통(95), b접점(96), a접점(98)이다. 만약 핀타입이 아닌 일반형이라면 위 번호의 단자에 직접 물리면 된다. 그러나 시험에서는 소켓에 꽂아 사용하는 핀타입이 나오기 때문에 아래처럼 소켓의 번호를 알아야 한다.

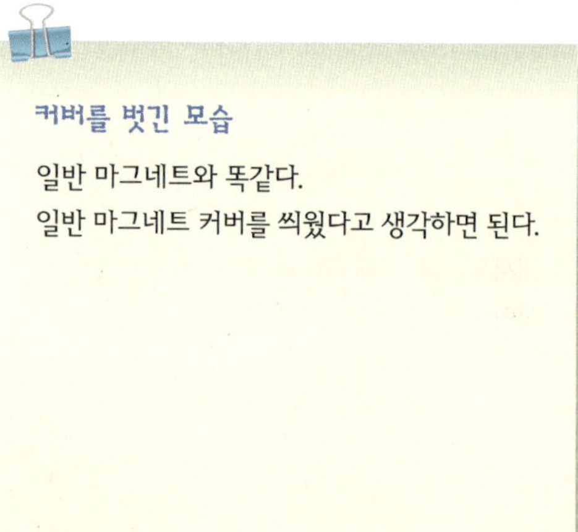

커버를 벗긴 모습

일반 마그네트와 똑같다.

일반 마그네트 커버를 씌웠다고 생각하면 된다.

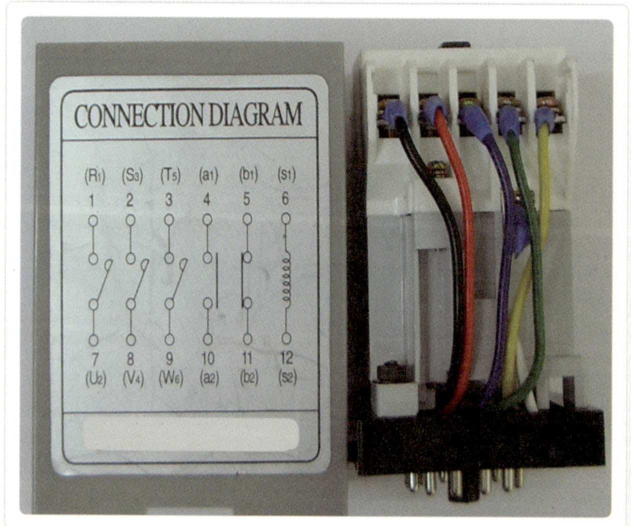

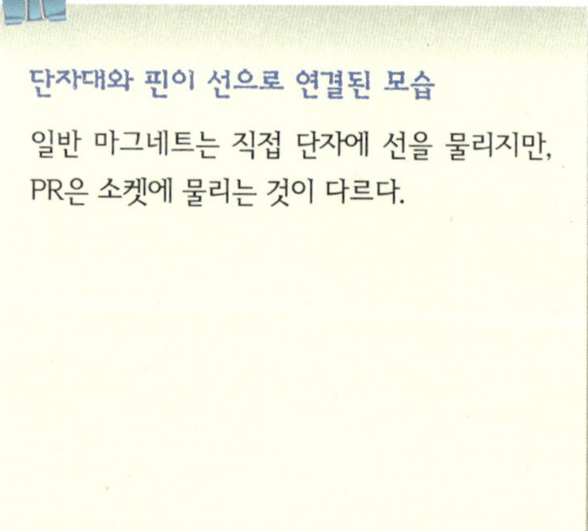

단자대와 핀이 선으로 연결된 모습

일반 마그네트는 직접 단자에 선을 물리지만,
PR은 소켓에 물리는 것이 다르다.

Step 13 　카운터(counter)

어떤 물건을 검출하여 카운트하는데, 미리 설정해 둔 값에 도달하면 접점이 동작하게 된다.

카운터의 결선도

접점이 동작하는 방식은 0에서부터 시작해서 설정값에 도달하면 동작하는 방식과 설정된 값에서 거꾸로 내려와 0에 도달하면 동작하는 방식이 있다.

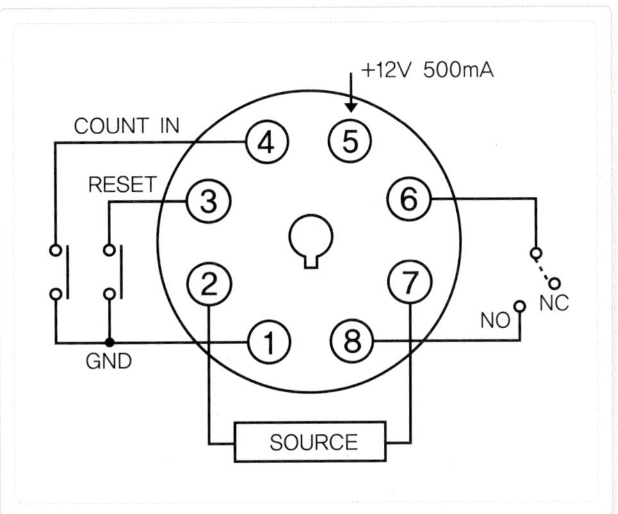

Step 14　　## 온도 계전기(TC : Temperature Controller)

열전쌍이라고 하는 검출 소자가 열의 온도를 검출해 온도 계전기의 접점이 작동하는 것이다.

온도 계전기의 결선

① 전원 : 7 · 8번(220V)

② a접점 : 4 · 5번

③ b접점 : 4 · 6번

④ 열전쌍 : 1 · 2번(+ : 1, − : 2)

⑤ 동작 : 설정된 온도에 따라 a접점과 b접점이 동작한다.

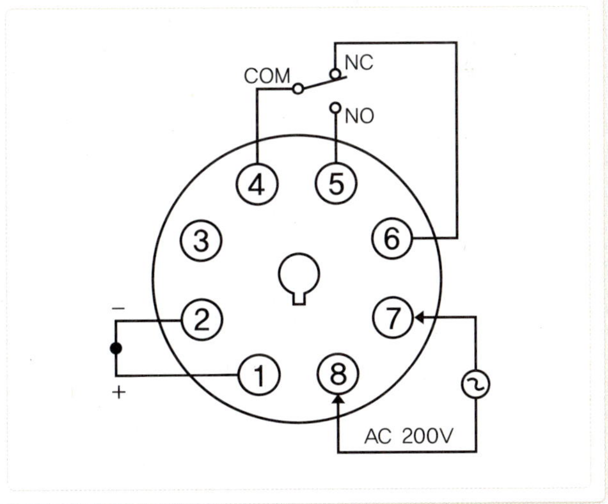

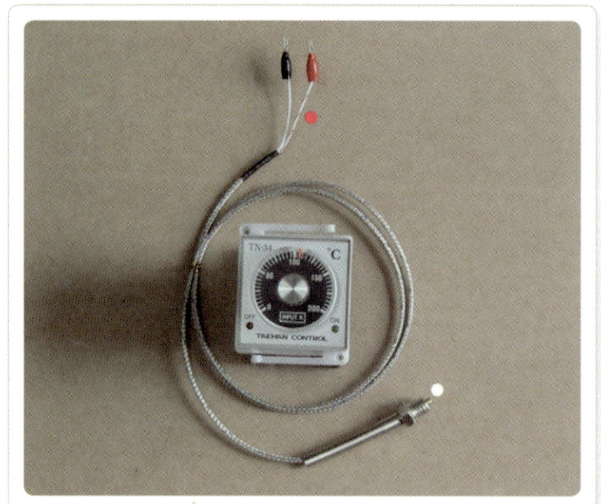

온도 계전기와 열전쌍의 모습

① 백색 포인트가 열전쌍의 검출 부위로써 열을 검출한다.
② 적색 포인트의 단자가 온도 계전기에 연결되어 검출된 자료를 전달한다.

온도 계전기의 옆모습 결선도

① 전원(220V) : 7 · 8번이다.
② 열전쌍 연결 : 1번 단자에 적색 선, 2번 단자에 흑색 선을 물린다.
③ 접점 : 4번 공통에 a접점은 5번, b접점은 6번이다.
④ 동작 : 원하는 온도를 설정하고 전원을 투입하면,
　· 설정 온도 이하 : ON 램프가 켜지면서 b접점은 떨어지고 a접점이 붙는다.
　· 설정 온도 도달 : OFF 램프가 켜지면서 a접점이 떨어지고 b접점이 원상복귀된다.

Step 15　플로트 스위치(float switch)

일반 가정이나 공장 등의 물탱크에 전극봉을 심어 물의 수위를 조절하는 장치이다.

플로트 스위치의 결선도

① 전원(source) : 소켓의 5·6번이다.
② 접점 구성 : 4번 공통(C)에, 2번 b접점(NC, 급수), 3번 a접점(NO, 배수)이다. 즉, 급수로 사용할 때는 4·2번을, 배수로 사용할 때는 4·3번을 사용하면 된다.

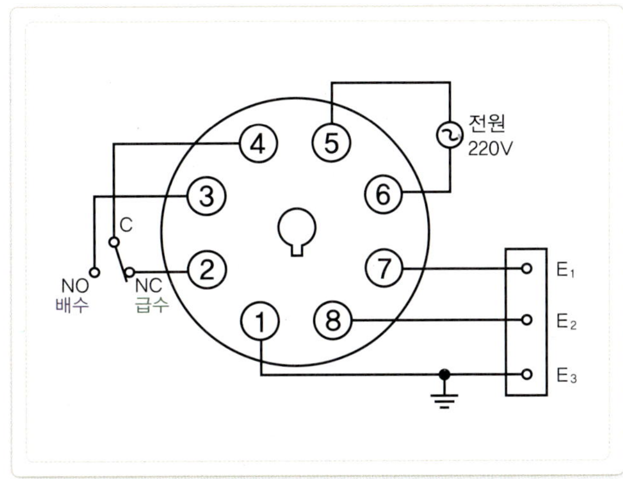

01
기초 이론

01 플로트 스위치의 원리

FLS가 내장된 분전함이 설치되고, 물탱크의 상부에 전극봉을 꽂은 다음 물의 수위에 따라 모터를 작동시킨다.

① 전극봉은 그림처럼 길이가 서로 다른 3개의 봉이 단자대와 연결된 채 달려 있으며, 짧은 순서부터 E_1, E_2, E_3라고 부른다.
② 전극봉의 단자대에서 3P 케이블이나 전의 한쪽을 물리고, 다른 쪽은 판넬에 있는 플로트 스위치에 물려주면 된다.

02 플로트 스위치의 동작

(1) 급수

① E_3는 반드시 접지를 해주어야 한다.
② 물탱크의 물이 E_1과 E_2를 오갈 때 모터가 작동과 정지를 반복한다.
　즉, 물이 차기 시작해 E_1의 지점까지 수위가 올라오면 E_1의 전극봉이 감지하면서 모터가 정지하게 된다.
③ 반대로 물을 계속 사용해서 수위가 점점 내려오면, E_2의 전극봉이 감지하면서 모터가 작동하여 물을 공급하게 된다.

(2) 배수

① E_3는 반드시 접지를 해준다.

② 물탱크의 물이 E_1과 E_2를 오갈 때 모터가 ON과 OFF를 반복한다.

　즉, 물의 수위가 점점 높아져 E_1의 전극봉이 감지하면 모터가 작동하여 물을 빼내기 시작한다.

③ 물이 빠져 수위가 낮아지게 되면 E_2가 감지하면서 모터가 정지하게 된다.

④ E_2의 위치를 펌프보다 높게 설치해야 모터가 공회전을 하지 않는다.

전극봉과 연결되는 단자대 모습

물탱크에 꽂아 사용하는 3개의 전극봉이 연결되는 단자로, E_1(7번), E_2(8번), E_3(1번)이다.

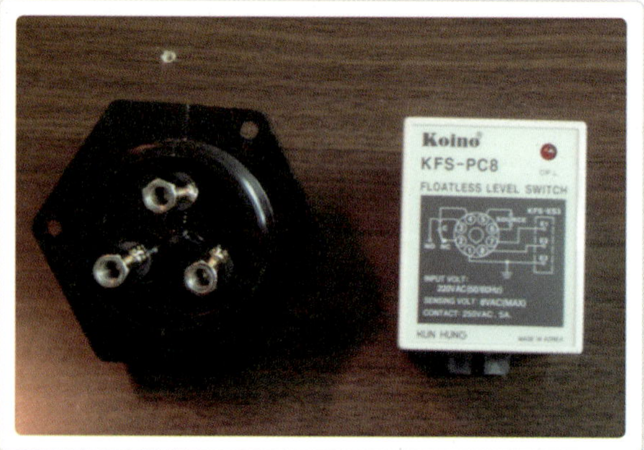

전극봉 단자대와 플로트 스위치

왼쪽의 전극봉 단자대의 구멍에 각각 해당되는 봉(E_1, E_2, E_3)을 꽂고 나사로 조여준다.

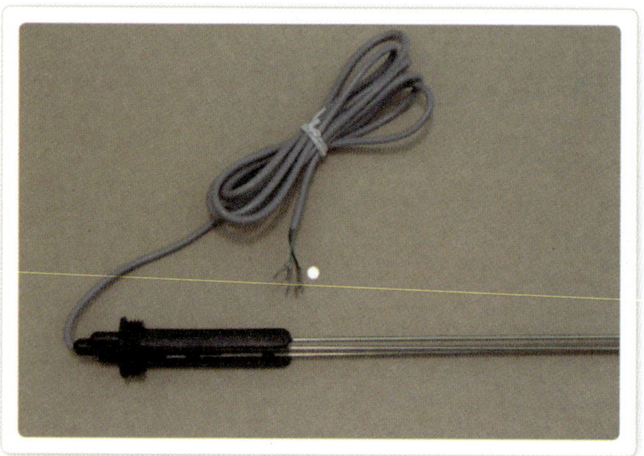

또 다른 형태의 전극봉 모습

봉과 단자가 제품 속에서 미리 연결되어 나온 것이다.

Step 16   오뚜기 볼

현장에서 쉽게 사용할 수 있으며, 흔히 오뚜기 볼이라고 한다.

오뚜기 볼의 모습

급수용이라는 라벨이 붙은 오뚜기 볼을 물탱크에 넣고 리드선은 제어함의 단자대를 거쳐 회로를 구성하면 된다.

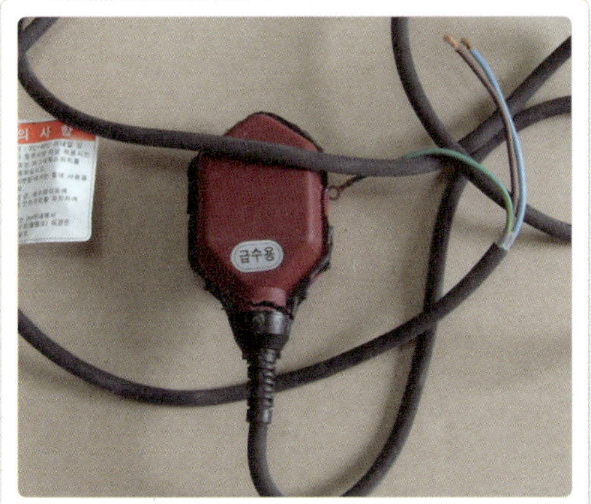

내부 분해 모습

속에 리밋 스위치와 둥그런 쇠구슬이 들어 있다. 물의 높이에 따라 쇠구슬이 이동하면서 리밋 스위치를 건드리는 것이다.

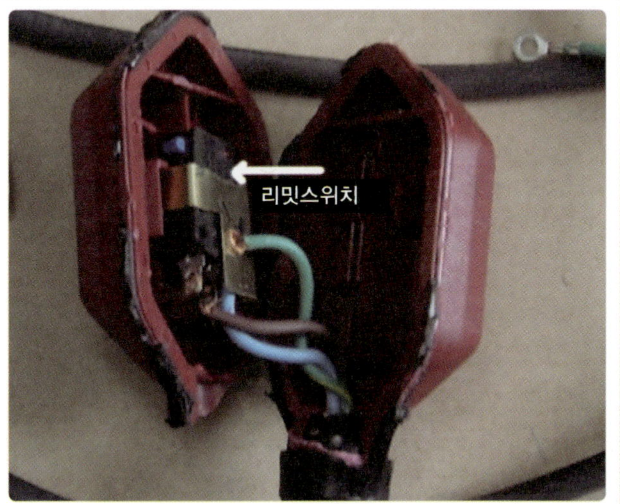

자동 제어 회로 이론

  전류의 흐름

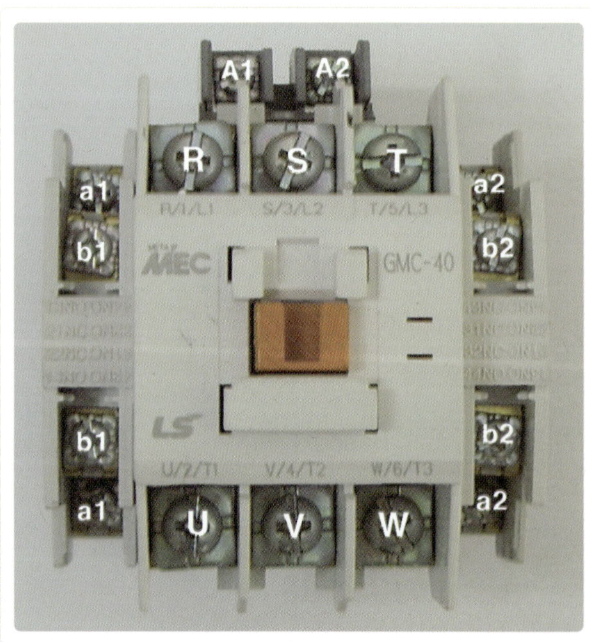

마그네트에서의 전류 흐름

① 주접점
  · 모터의 전원으로 사용되는 접점이다. 전류
    는 R상 단자의 접점을 통해 U라고 표시된
    단자로 나간다.
  · S상과 T상도 똑같다.
② 보조 접점 : 보조 접점은 사진처럼 2단으로
    되어 있으며, 스프링의 원리에 의해 아랫부
    분이 a접점, 윗부분이 b접점이다.
  · a접점 : 전류는 a_1이라고 표시된 단자에서
    a_1, a_2에서 a_2라고 표시된 단자로 나간다.
  · b접점 : 전류는 b_1이라고 표시된 단자에서
    b_1, b_2에서 b_2라고 표시된 단자로 나간다.
③ 전원 : A_1과 A_2에 전원(220V)을 투입하면
    마그네트가 동작한다.

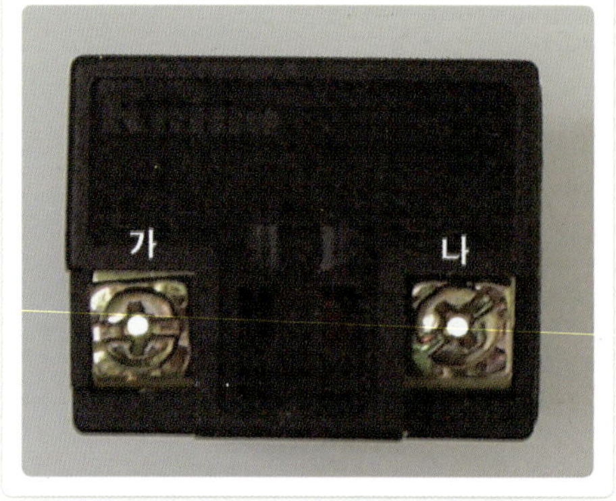

파일럿 램프의 전원 단자

전원선 2가닥을 가와 나 아무 곳이나 물려도
상관없다.

주의
하세요

전류의 흐름에 대해 주의할 점

위의 경우(주접점, 보조 접점, 전원)에서 전류는 각각 반대 방향으로 흘러도 상관없다. 즉,

❶ 전원을 A_1에서 R상을, A_2에 N선을 물리거나 위와 반대로 A_1에 N선과 A_2에 R상을 물려줘도 상관없다. 이것은 직류가 아닌 교류라 극성을 맞출 필요가 없기 때문이다.

❷ a접점과 b접점도 마찬가지이다.
만약 a_1에 R상이 물리고 a_2에 N선을 물렸다면 마그네트 코일에 전원이 투입되어 동작하면 합선이 되고 말 것이다.
그러나 접점의 용도는 어느 1개의 상을 끊었다 붙였다 해주는 것이기 때문에 위의 가정처럼 코일 단자를 제외한 일반 접점에 2개의 다른 상을 물려주면 안 된다.

❸ 주접점도 마찬가지이다. 다만, 주접점의 경우 결선 및 유지·보수의 편의성을 위해 반대로 결선하는 경우는 극히 드물다.

※ 위의 부분은 자동 제어에 입문하는 분들이 반드시 이해하고 넘어가야 할 중요한 부분이다.

Step 02 마그네트, 릴레이 스위치 분해

마그네트 분해 Ⅰ

마그네트의 커버를 벗긴 모습으로, 주접점의 동편이 보인다.

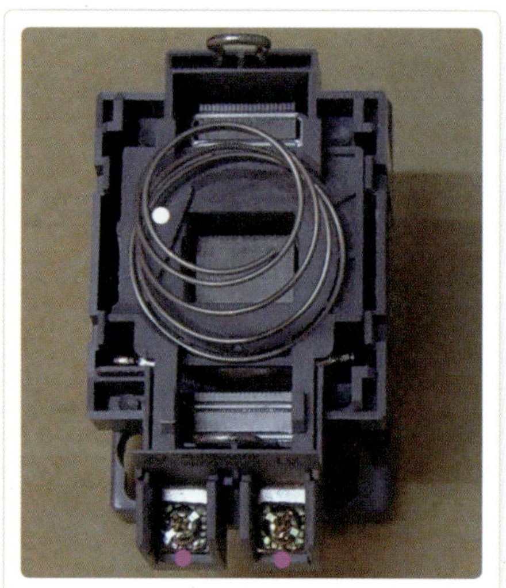

마그네트 분해 Ⅱ

① 백색 포인트 : 상·하 몸통 사이에 사진처럼 스프링이 들어 있다. 이 스프링에 의해 b접점은 위에, a접점은 아랫부분에 위치하는 것이다.

② 분홍색 포인트 : 전원 단자이다.

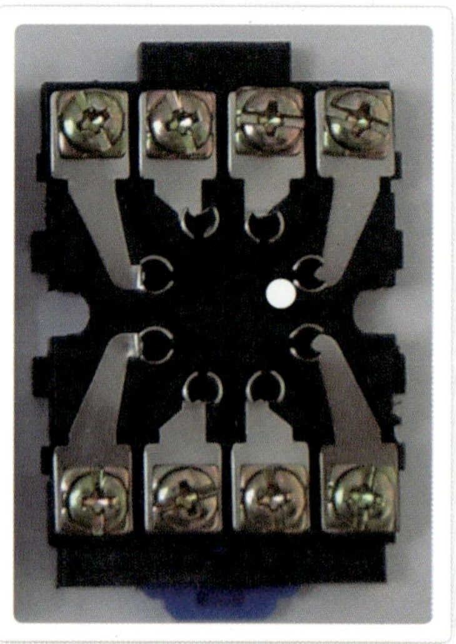

8P 릴레이의 커버를 벗겨 낸 모습

전선을 물리는 단자와 릴레이를 꽂는 핀이 연결되어 있는 것을 볼 수가 있다.

단자와 연결된 핀이 꽂히는 구멍

소켓을 분해했을 경우 핀이 벌어지면 구멍에 들어가지 않으므로 주의한다.

일반 푸시 버튼의 모습

1a1b로, 사진에서 상단이 b접점이고, 하단이
a접점이다.

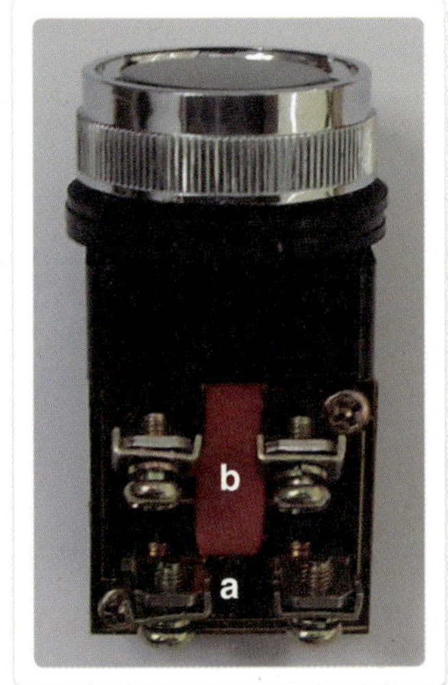

01
기초 이론

셀렉터 스위치의 모습

3단으로 손잡이를 중립(가운데) 위치로 하면
접점은 상단 및 하단이 아닌 중간에 있으므로
접점은 모두 a접점이 된다.

푸시 버튼과 셀렉터 스위치의 접점 확대 모습

계전기(마그네트, 타이머 등)와 마찬가지로 전
선을 물릴 때 접점의 좌 · 우측의 구분이 없다.

Step 03 회로도의 올바른 이해

01 회로도 그리기

자동 제어를 이해하기 위해서는 반드시 시퀀스 회로도를 그리거나 볼 줄 알아야 한다.

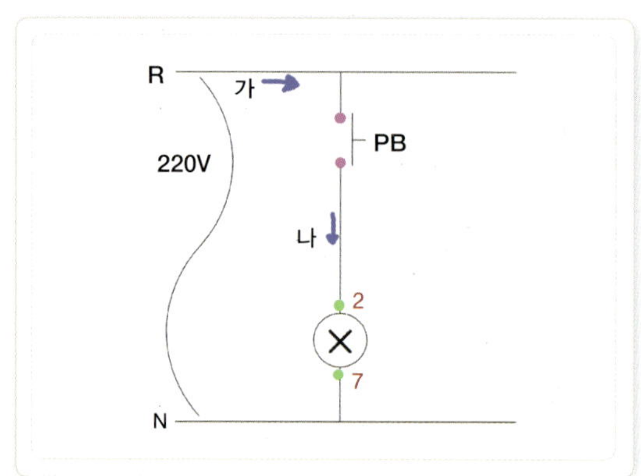

회로도를 그리는 원칙

① 그림에서 가처럼 왼쪽에서 오른쪽으로 그려나가는 것을 원칙으로 한다.
② 그림에서 나처럼 위에서 아래로 그려나가는 것을 원칙으로 한다.

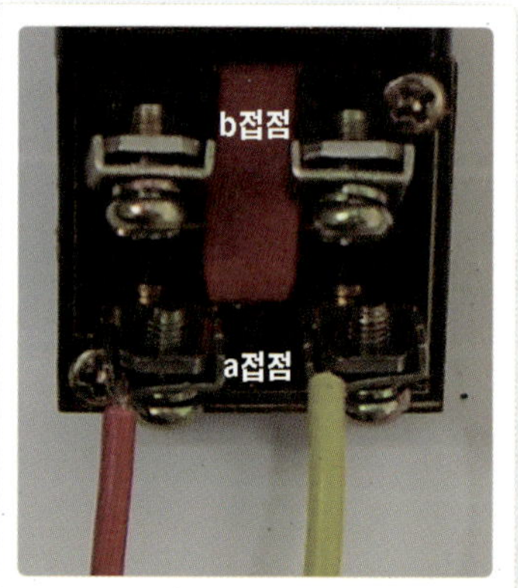

회로도의 설명

① 전원(220V) : R상과 N선에 220V의 전압이 흐른다.
② 푸시 버튼(PB)
  · 위 사진에서 푸시 버튼을 기호로 나타낸 것이다. 버튼을 누르면 전류가 흐르고, 떼면 스프링 작용에 의해 접점이 떨어져 전류가 차단된다.
  · 회로도의 분홍색 포인트가 위쪽 사진의 푸시 버튼의 a접점에 적색과 황색 전선이 물린 단자이다.
③ 릴레이(X)
  · 마그네트나 릴레이의 기호는 다양하게 표시되기도 한다. 예를 들어 릴레이의 경우 R, Ry, Rx, Ax 등으로도 표시된다.
  · 회로도의 릴레이 코일에 표시된 녹색 포인트가 아래 사진 릴레이 소켓 단자의 2번(황색 선), 7번(백색 선)이다.

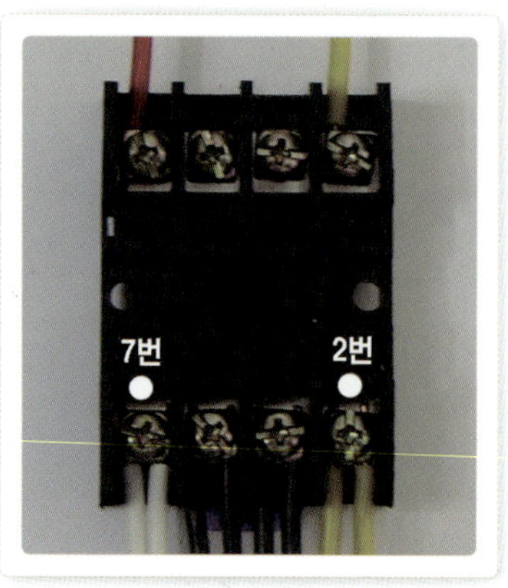

02 회로도 결선하기

단로 회로도

푸시 버튼이 아닌 일반 단로 스위치와 램프를
그린 회로도이다.

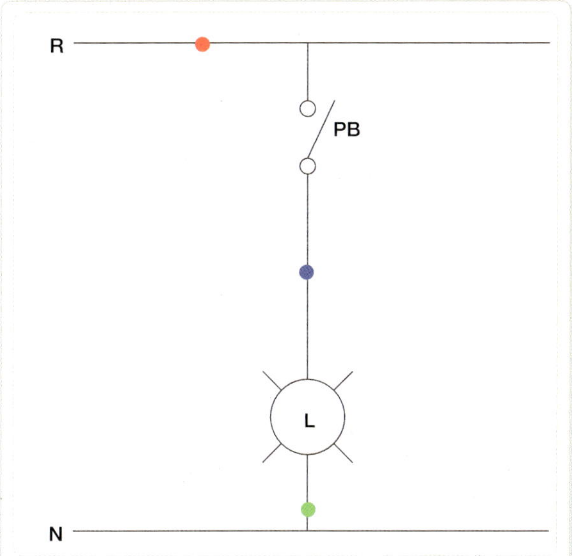

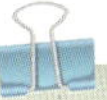

단로 결선

위의 회로도를 실제 결선한 것으로, 일반 스위
치가 2구이고, 그 중 위의 것(분홍색 포인트)을
사용했다.

01
기초 이론

 접점 번호 부여의 올바른 이해

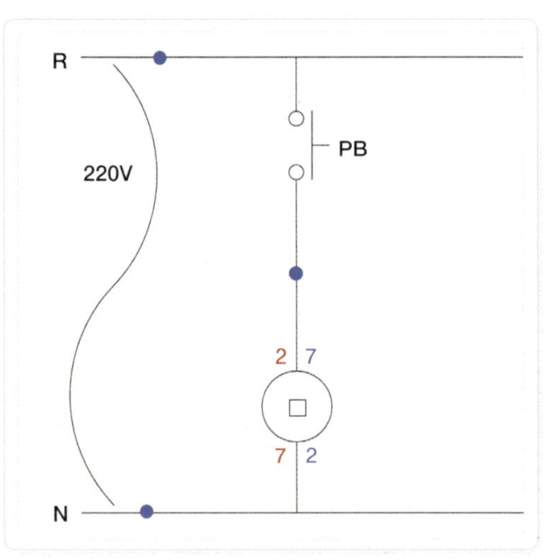

8P 릴레이의 접점 부여

사진은 8P 릴레이의 전원 번호와 접점 번호를 부여한 것이다. 릴레이에 대한 결선도는 이미 이해하고 있는 것으로 간주한다.

01 전원(코일) 번호 부여

8P 릴레이의 결선된 모습

릴레이의 전원 단자인 2번과 7번을 부여했다. 그런데 적색(2·7번)처럼 부여해도 되고, 청색(7·2번)으로 부여해도 상관없다. 즉, 아래 소켓에 물린 순서(황색 선-2번, 백색 선-7번)를 바꿔 황색 선을 7번, 백색 선을 2번에 물려도 되는 것이다.

02 접점 번호 부여

회로도에 접점 번호를 부여하는 목적은 복잡한 회로를 완성하는 데 있어서 오결선을 방지하고, 유지 · 보수를 할 때 누구나 알 수 있게 하기 위해서이다.

그림 I 의 접접 번호 부여

그림 I 은 릴레이의 전원(2번, 7번)과 자기 유지용 a접점(1번, 3번)의 번호를 부여한 것이다. 릴레이의 접점 번호를 1번, 3번으로 부여해도 되고 3번, 1번으로 부여해도 상관없다.

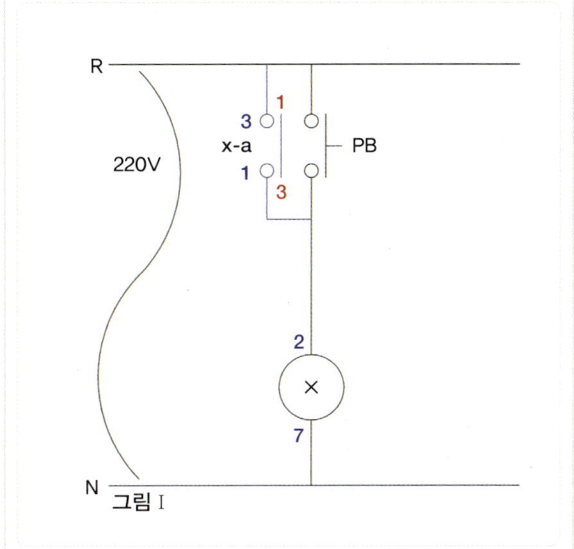

01
기초 이론

그림 II 의 접접 번호 부여

그림 II 는 릴레이의 a접점을 이용해 램프를 점등할 수 있도록 접점 번호를 부여했다.

① 자기 유지용 a접점에 1번, 3번을 부여하고 램프 점등용 a접점에 8번, 6번을 사용해도 된다.

② 이와 반대로 자기 유지용에 8번, 6번을, 램프 점등용에 1번, 3번을 사용해도 상관없다.

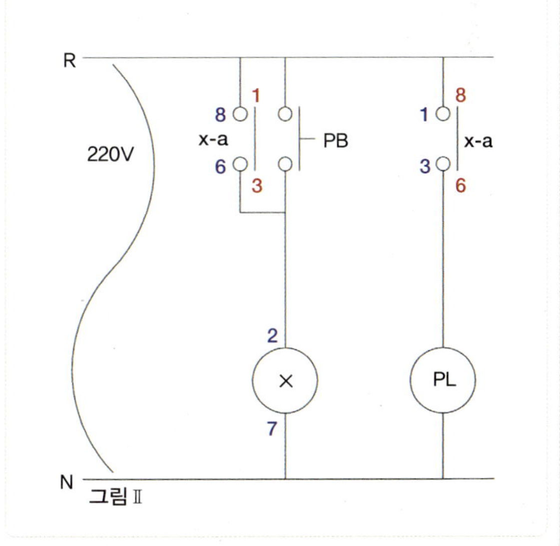

03 접점 번호 부여의 효율성

다음 두 그림은 푸시 버튼을 눌렀을 때 똑같이 릴레이와 램프가 점등되는 상황이다.

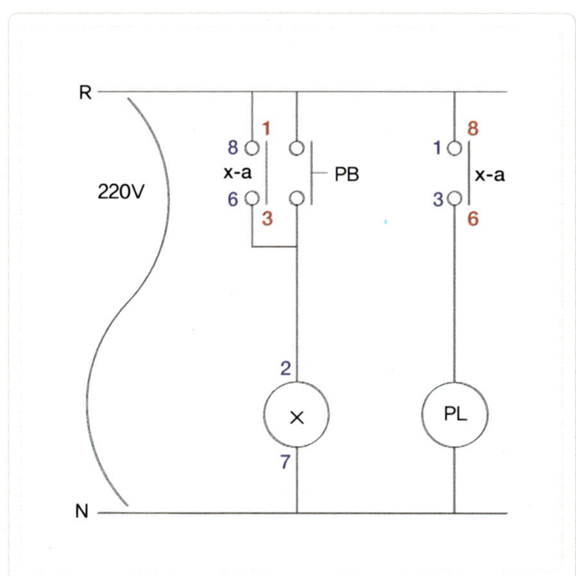

α접접에 의한 램프 점등

① 푸시 버튼을 누르면 릴레이가 동작하고 릴레이의 α접점에 의해 램프가 점등되는 데 α접점 2개가 사용되었다.
② 릴레이 α접점의 동작 상황에 따라 램프 점등이 결정된다.

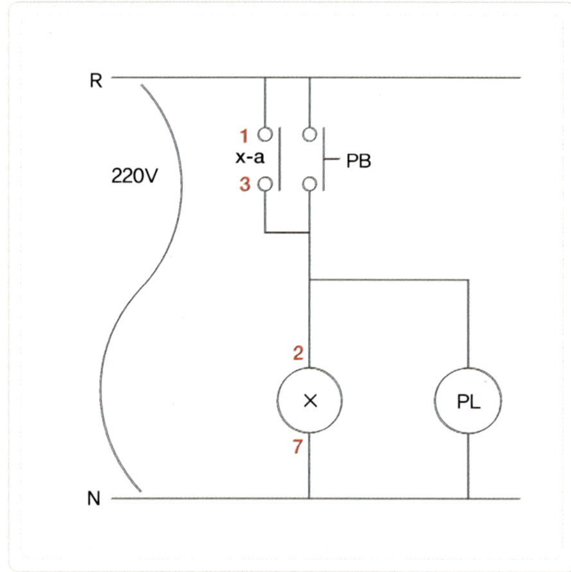

버튼에 의한 램프 점등

① 푸시 버튼을 누르면 릴레이와 램프가 같이 동작한다.
즉, 하트(R상)에 해당되는 부분을 릴레이와 병렬로 연결함으로써 접점을 1개 줄였다.
② 램프의 점등이 릴레이의 접점에 영향을 받지 않는다.
③ 반드시 릴레이의 접점을 통해 램프를 점등해야 하는 상황이 아니라면, 이처럼 접점을 줄여 효율성 있는 회로도를 그릴 수도 있다.

04 단자대 번호 부여하기

단자대 번호를 부여하는 목적은 다음과 같다.

계전기들이 모이는 제어판에는 버튼, 램프, 센서, 리밋 스위치와 같은 것들은 설치할 수가 없다. 계전기의 접점과 이들을 연결하려면 제어판을 벗어나게 되는데, 만약 직접 연결한다면 미관뿐 아니라 유지 · 보수에도 어려움을 겪게 된다.

이를 방지하기 위해 제어판의 위와 아래에 단자대를 설치하는 것이다.

푸시 버튼의 단자대 번호(청색 포인트) 부여 Ⅰ

① 전원(R상)이 푸시 버튼으로 가야 하는데 버튼이 제어판에 있지 않고 제어함의 뚜껑이나 현장에 있으므로, 직접 가지 않고 단자대(1번)를 거쳐 가게 된다.
② 릴레이의 전원(2번)과 버튼이 연결되는데 역시 단자대(2번)를 거쳐서 가게 된다.

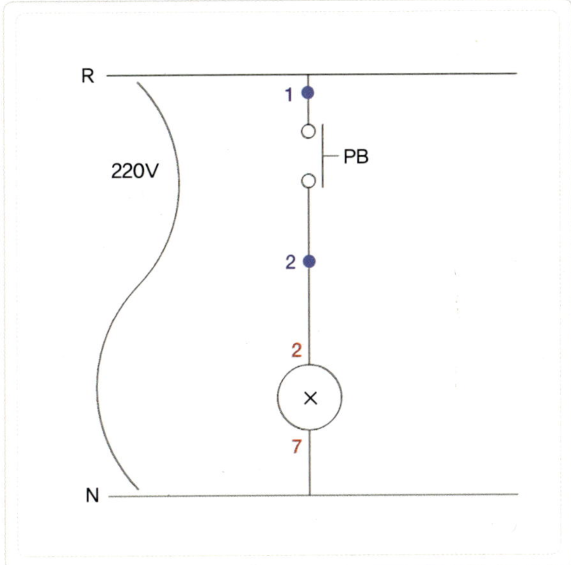

푸시 버튼의 단자대 번호 부여 Ⅱ

회로에 릴레이의 자기 유지용 a접점이 추가되었으나 단자대 번호는 늘어나지 않는다. 왜냐하면, 릴레이 접점이 제어판에 있기 때문이다.

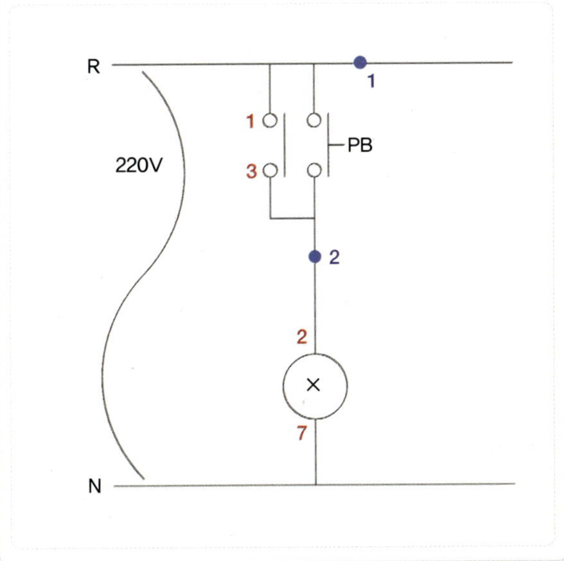

05 접점 번호 부여의 응용

(1) 자기 유지 회로의 단자 번호 부여 및 결선 Ⅰ

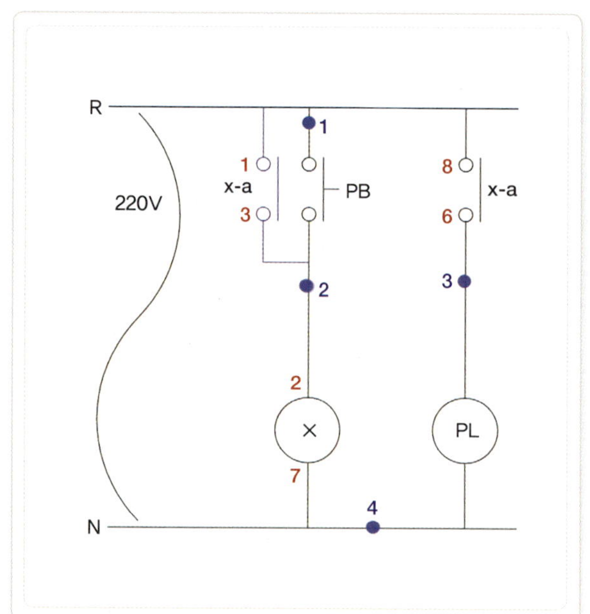

α접점에 의한 램프 점등 시의 단자대 번호 부여

릴레이 α접점에 의해 램프가 점등되는 부분이 추가되었다.

① α접점의 8번은 같은 제어판에 있기 때문에 별도의 단자대 번호를 부여하지 않는다.

② α접점의 6번이 램프로 가는 데 단자대를 거치기 때문에 3번을 부여했다.

③ 릴레이의 전원 7번이 램프의 다른 쪽 전원에 가는 데 단자대를 거치기 때문에 4번을 부여했다.

※ 단자대의 접점 번호를 부여하는 순서는 어느 쪽을 먼저 하든 상관없다. 단지, 약속된 대로 왼쪽에서 오른쪽으로, 위에서 아래쪽으로 할 뿐이다.

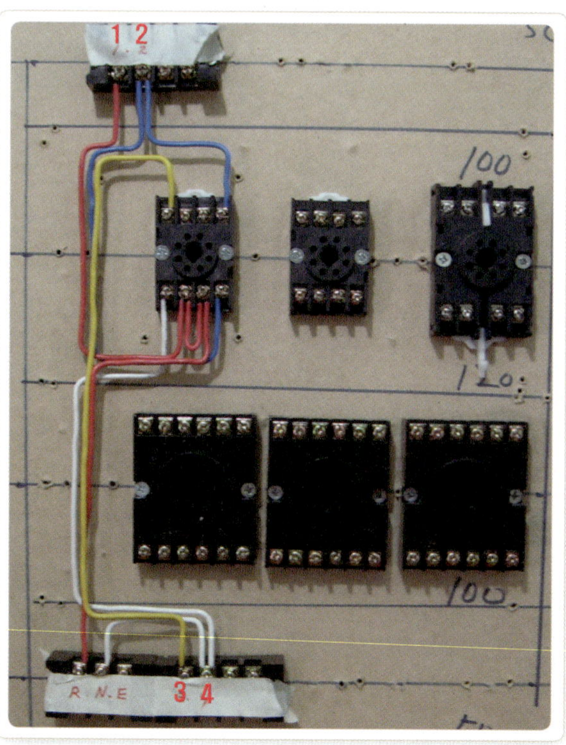

실제 결선된 모습

① 적색 선 : 전원(R상) 단자대에서 릴레이의 α접점인 1번과 8번을 거쳐 푸시 버튼으로 가는 단자대 1번으로 갔다.

② 청색 선 : 릴레이의 코일 2번에서 푸시 버튼으로 가는 단자대 2번으로 간 다음, 릴레이의 α접점인 3번으로 갔다.

③ 황색 선 : 릴레이의 α접점 6번에서 램프로 가는 단자대 3번으로 갔다.

④ 백색 선 : 전원(N선) 단자대에서 램프로 가는 단자대 4번을 거쳐 릴레이의 코일 7번으로 갔다.

단자대 반대편 모습

단자대의 반대편 2차측을 통해 각각 버튼과 램프로 가는 모습이다.

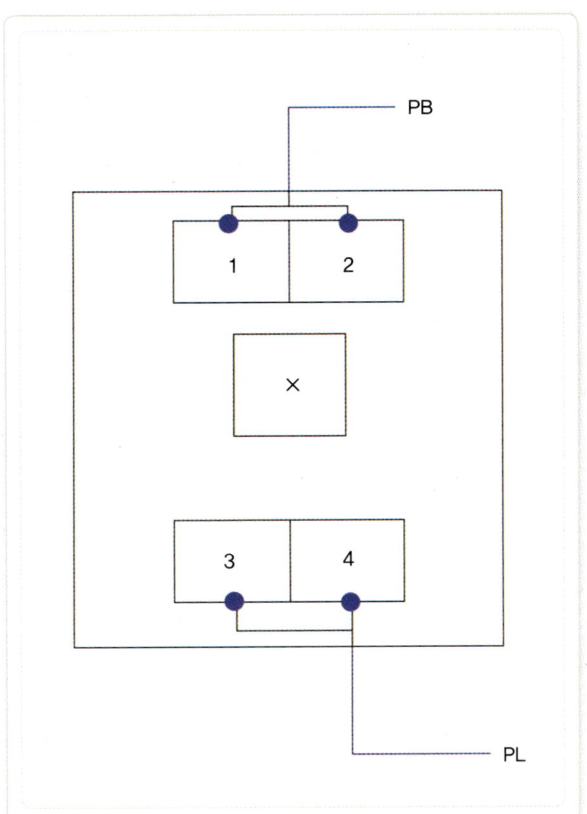

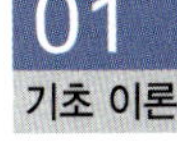

(2) 자기 유지 회로의 단자 번호 부여 및 결선 Ⅱ

푸시 버튼에 의한 램프 점등 시 단자대 번호 부여

버튼과 램프가 같은 배관을 통해 들어갈 경우 별도의 단자대 번호를 사용할 필요가 없다. 왜냐하면, 이미 부여된 2번에서 온 선이 버튼이나 램프로 간 다음 서로 공통(COM)을 해 주면 되기 때문이다.

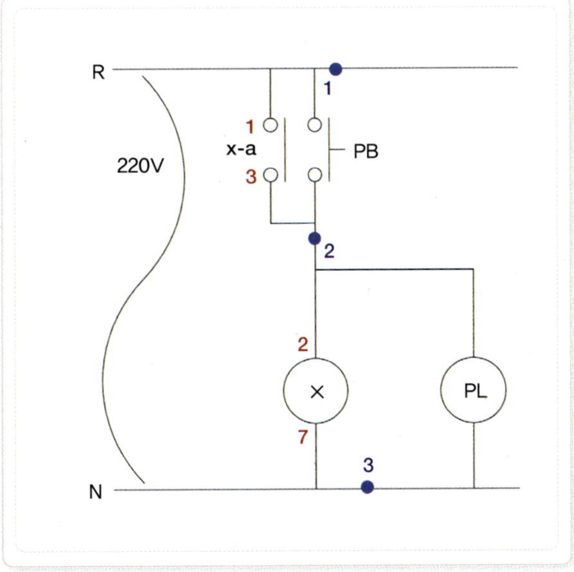

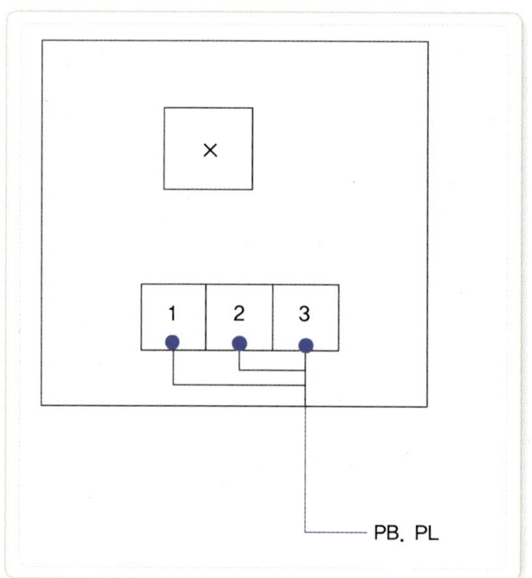

단자대에서 배관을 통해 버튼과 램프로 가는 모습

버튼과 램프가 서로 연결(COM)되는 2번 선이 2가닥이 갈 필요가 없다.
왜냐하면, 1가닥만 가서 컨트롤 박스 안에서 버튼과 램프를 서로 연결하면 되기 때문이다.

(3) 자기 유지 회로의 단자 번호 부여 및 결선 Ⅲ

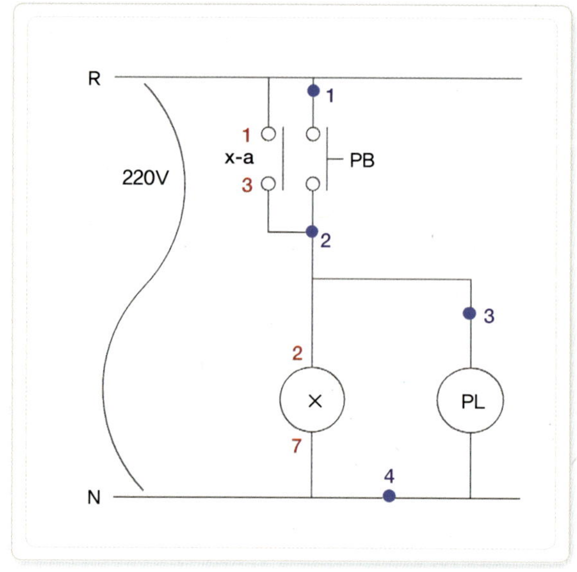

같은 배관에서 접점 번호가 증가하는 경우

① 만약 버튼과 램프의 배관이 다르다면, 즉 버튼은 제어함의 상단에, 램프는 아래로 배관이 되어 있거나, 같은 아래에서 버튼은 왼쪽에, 램프는 오른쪽에 따로 배관이 되어 있다면 단자대 번호를 추가로 부여한다.
② 오른쪽에서 버튼(2번)은 이미 부여했고, 배관이 달라 램프를 추가로 부여(3번)했다.

※ 사진에서 단자대 번호가 4까지 부여되었다는 것은 단자대가 모두 4P가 필요하다는 뜻이다. 만약 배관이 모두 아래에 있다면 제어판의 아랫 단자대가 4P이고, 램프의 배관이 위에 있다면 위에 2P, 아래에 2P가 들어간다.

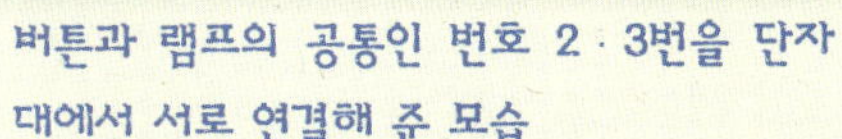

회로도를 보면 단자대 번호를 각각 다르게 부여(2번과 3번으로)했지만, 서로 연결되기 때문에 그림과 같이 제어함의 단자대에서 반드시 연결을 해 주어야 한다. 간혹 번호가 다르면 공통이 아닌 줄 착각할 수 있기 때문에 공통일 때는 같은 번호를 부여하는 게 좋다.

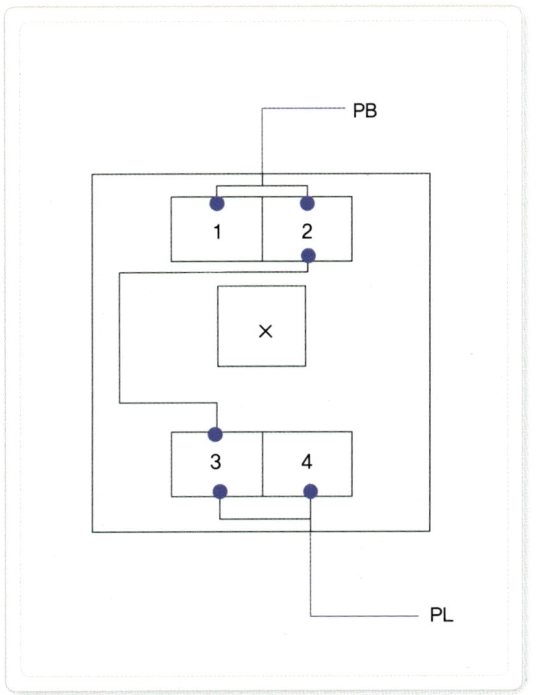

01
기초 이론

(4) 자기 유지 회로의 단자 번호 부여 및 결선 Ⅳ

단자대 번호가 공통이지만 버튼과 램프의 배관이 다르기 때문에 2번을 2군데 부여했다.

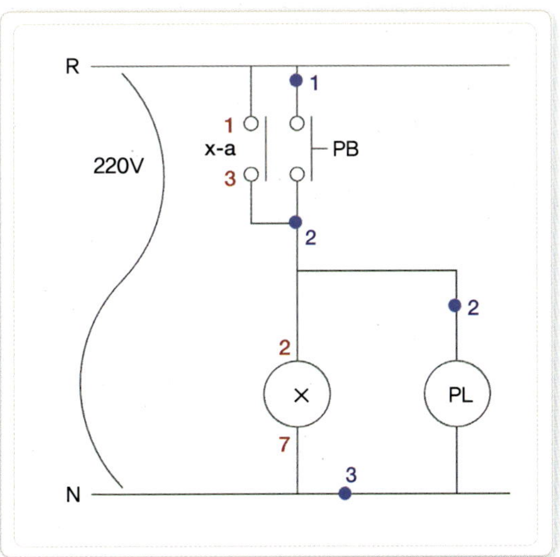

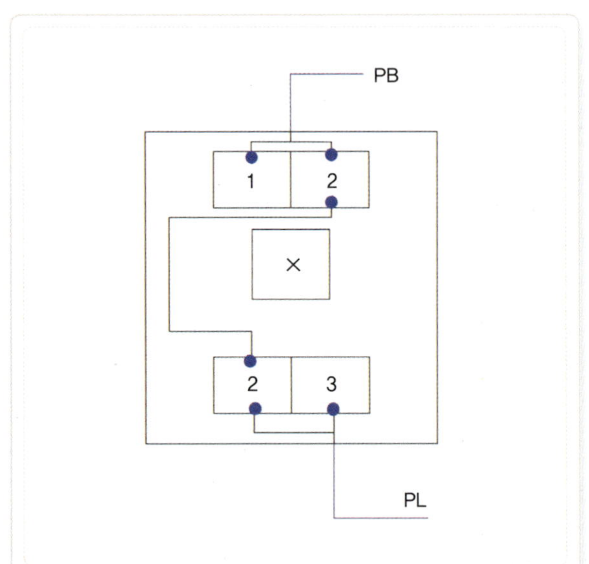

버튼과 램프의 공통 번호 2번을 단자대에서 서로 연결해 준 모습

위와 아래의 단자대에 부여된 번호가 같은 2번이기 때문에 실수 없이 서로 연결할 수가 있다.

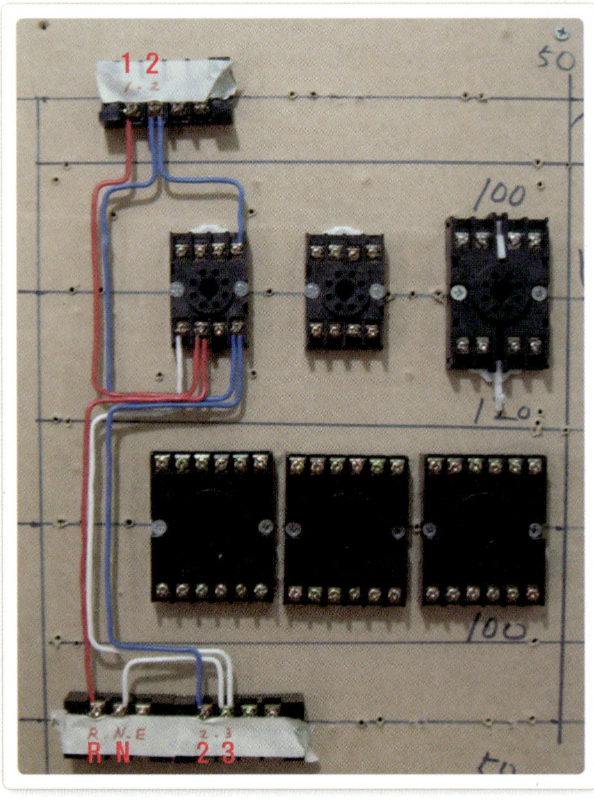

실제 결선된 모습

위의 2번과 아래의 2번이 반드시 곧바로 연결될 필요는 없다.
서로 연결되는 다른 접점들을 거치기 때문에 결국은 단자대 번호끼리 연결되는 셈이다.
이것은 작업의 효율성(최단 거리로 결선할 것) 때문이다.

버튼과 램프가 아래의 서로 다른 배관일 경우

① 공통 번호인 2번을 2군데 부여했을 경우는 그림처럼 반드시 COM을 해 주어야 한다.
② COM은 단자대의 1차측이나 2차측이나 상관없다.

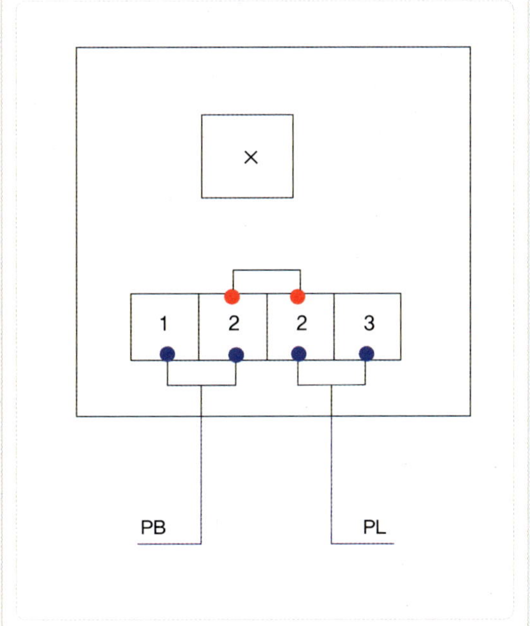

01
기초 이론

공통 단자 번호를 1군데만 부여한 모습

단자대 1개에는 전선 2가닥을 물릴 수가 있다. 때문에 위 회로도처럼 현장(버튼, 램프)으로 가는 공통선이 최대 2가닥일 때는 단자대 1개에 모두 물릴 수 있으므로 굳이 2번을 2군데 부여할 필요가 없다.

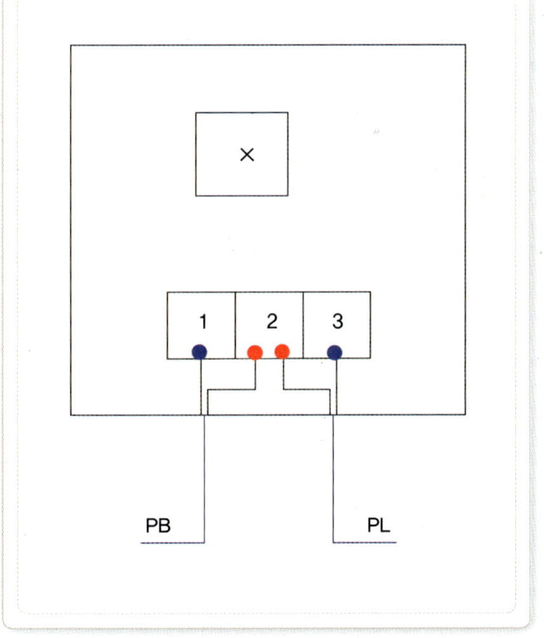

Part

02

자동 제어 회로 기초 실습

1. 릴레이를 이용한 전등 회로 결선
2. 릴레이와 타이머를 이용한 회로 결선
3. 전등 순차 점등 회로 결선
4. 3상 유도 전동기 제어 회로 결선
5. 모터 정·역 회로 결선
6. 와이-델타 결선
7. 3상 유도 전동기 교대 운전 결선
8. 보안등 제어 회로 결선

릴레이를 이용한 전등 회로 결선

강의요약

1. 가장 기본적이라고 할 수 있는 릴레이를 이용한 자기 유지 회로 결선 및 동작 테스트를 해 봅니다.
2. 푸시 버튼과 릴레이에 대한 완벽한 이해를 해야 합니다.

필요자재

누전 차단기(ELB×2P×20A×1개), 릴레이(8P×1개, 11P×1개, 14P×1개), 파일럿 램프×2개, 푸시 버튼 스위치×2개, 단자대(4P×1개, 10P×1개), 컨트롤 박스(2구×2개)

Step 01 동작 설명

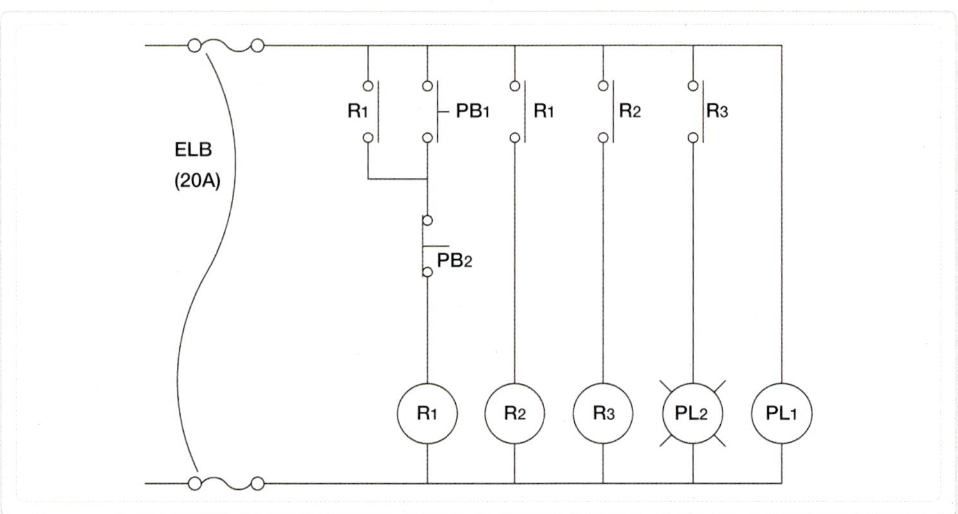

① 전원

단상 220V(R상과 N선)

② 누전 차단기(ELB 20A)를 올리면 PL₁에 전원이 투입되어 점등된다. 이때 PL₁이 점등되었다는 것은 전원이 이상 없이 투입되었음을 의미한다.

③ 차단기를 올리면 등공통에 해당되는 중성선(N선)은 릴레이나 램프의 한쪽 코일까지 이미 흐르게 된다.

④ 기동(PB1) 버튼을 누르면 순간적으로 전류가 흘러 R1이 동작하면서 a접점에 의해 자기 유지가 된다.

 ㉠ 버튼에서 손가락을 떼어도 자기 유지에 의해 R1은 계속 동작한다.

 ㉡ R1의 a접점에 의해 R2가 동작하고, R2의 a접점에 의해 R3가 동작하며, R3의 a접점에 의해 PL2가 점등된다.

※ 버튼을 누르면 위의 동작 순서가 차례대로 순간적으로 이루어진다.

Step 02 접점 번호 부여하기

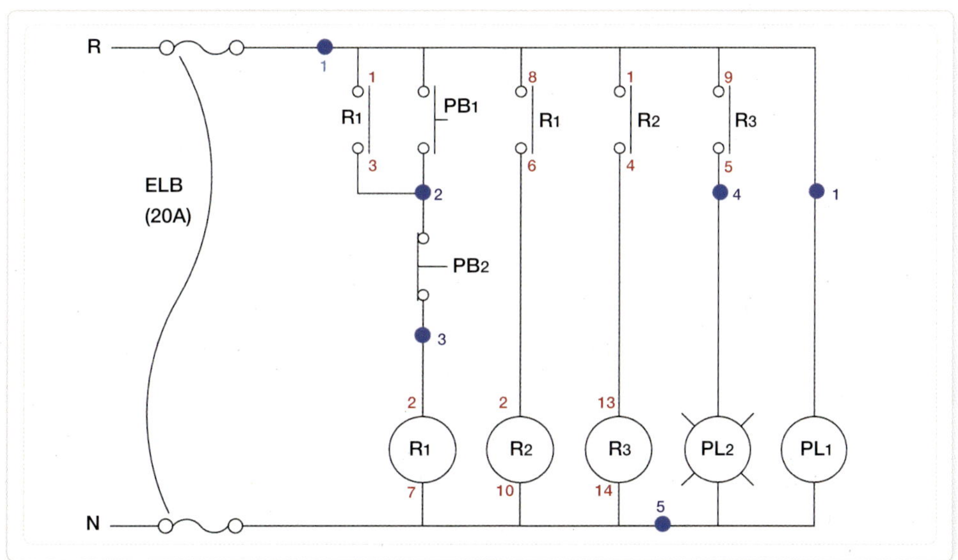

① 적색 숫자는 계전기의 결선도에 나와 있는 접점 번호를 부여한 것이다.

 ㉠ 접점의 부여는 결선도에 나와 있는 규칙의 범위 안에서 각자 자유롭게 부여할 수 있다.

 ㉡ 위 회로도에서 R1의 자기 유지용 a접점에 1·3번을 부여하고, R2를 동작시키기 위한 a접점에 8·6번을 부여했다.

 이것은 자기 유지용에 8·6번을, R2를 동작시키기 위한 a접점에 1·3번을 부여해도 상관없다는 의미이다.

② 청색 숫자는 제어함의 상·하 단자대에 물릴 전선의 번호를 부여한 것이다.

 ㉠ 번호의 부여 순서는 접점의 경우처럼 자유롭다.

 ㉡ 그러나 결선의 경우처럼 접점과 단자대 번호의 부여도 왼쪽에서 오른쪽으로, 위에서 아래로 부여해 준다.

Step 03 기구 배치도

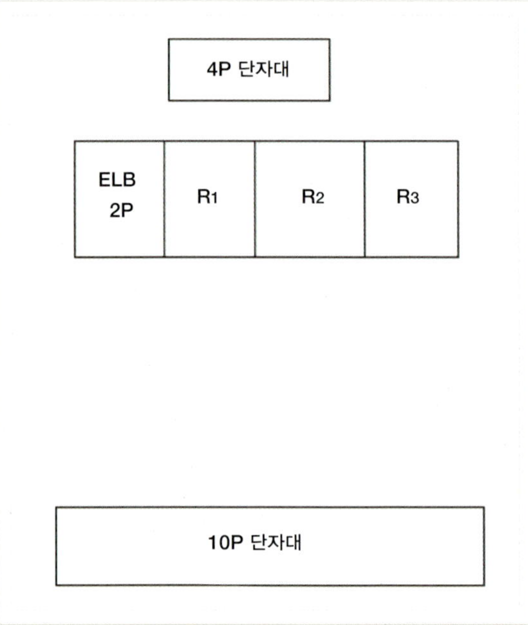

Step 04 속판 배치도

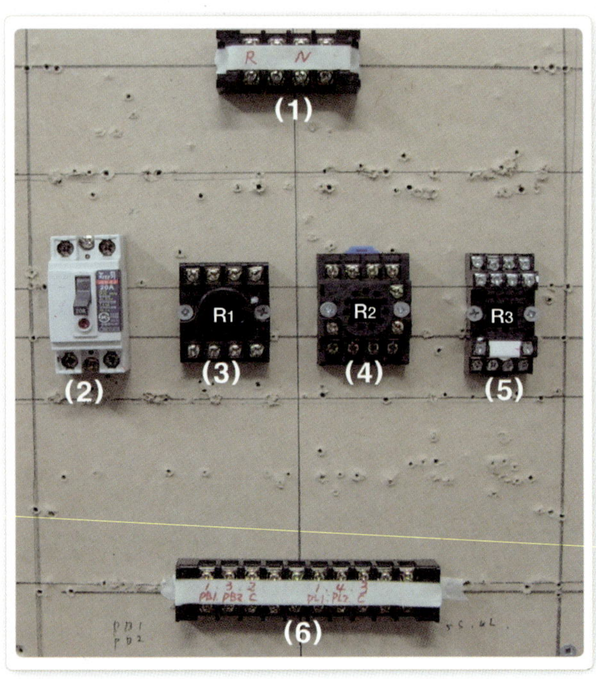

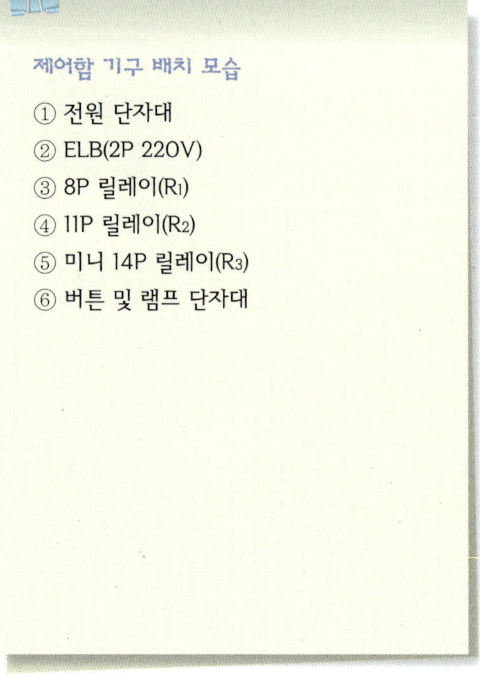

제어함 기구 배치 모습

① 전원 단자대
② ELB(2P 220V)
③ 8P 릴레이(R1)
④ 11P 릴레이(R2)
⑤ 미니 14P 릴레이(R3)
⑥ 버튼 및 램프 단자대

제어함의 하단 단자대 번호

왼쪽부터 PB₁(1), PB₂(3), 버튼 공통(2) 단자
와 PL₁(1), PL₂(4), 램프 공통(5)

Step 05 결선하기

01 차단기 1차측 결선

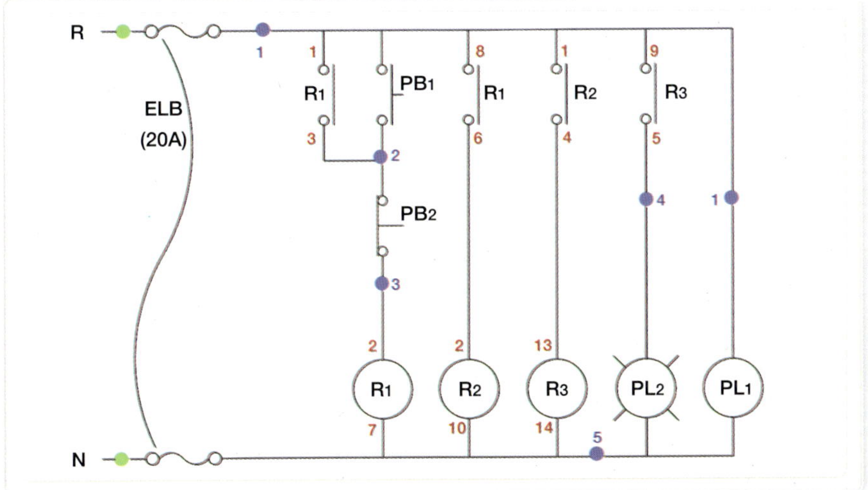

전원 결선

백색 포인트로 외부에서 온 전원이 제어함의
단자대를 거쳐 누전 차단기의 1차측에 물렸다.

※ 주의할 점 : 전원을 누전 차단기에 물릴 경우
　좌·우가 바뀌는 것은 상관없지만(사진에서
　흑·백을 백·흑으로) 1차와 2차를 바꾸면 안
　된다. 즉, 전원을 2차측에 물리고 부하를 1차
　측에 물리면 안 된다.

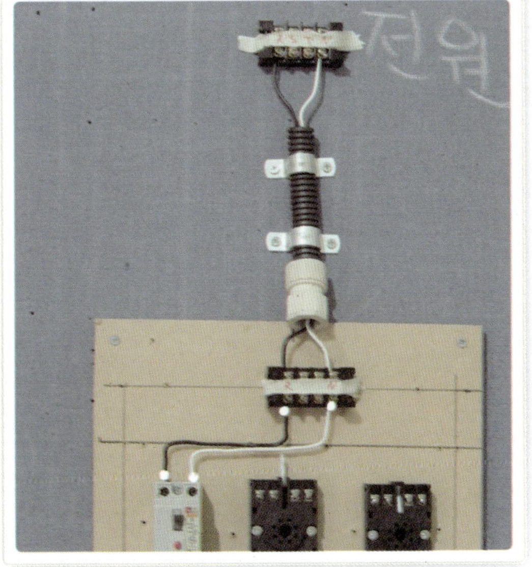

02 등공통 라인 결선

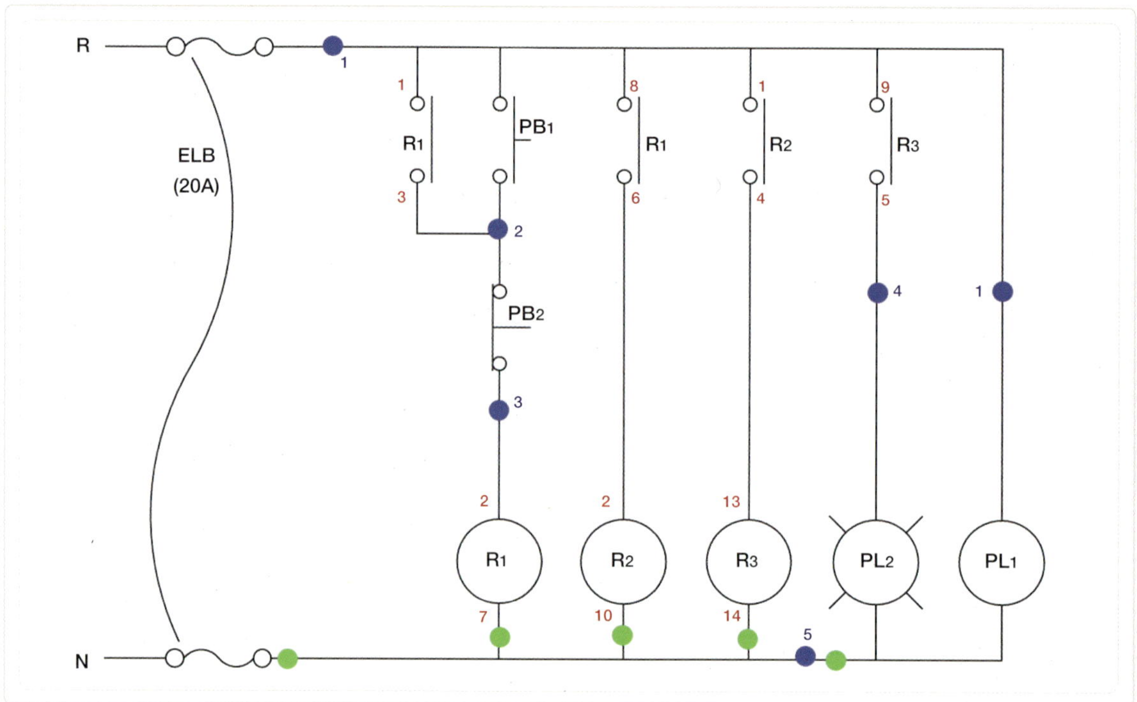

중성측 결선

차단기의 2차측에서 출발한 중성선(N선)이
R₁의 전원(7번)과 R₂의 전원(10번)과 R₂의 전
원(14번)을 거쳐 램프의 공통으로 가는 단자
대(5번)로 갔다.

03 스위치 공통 라인 결선

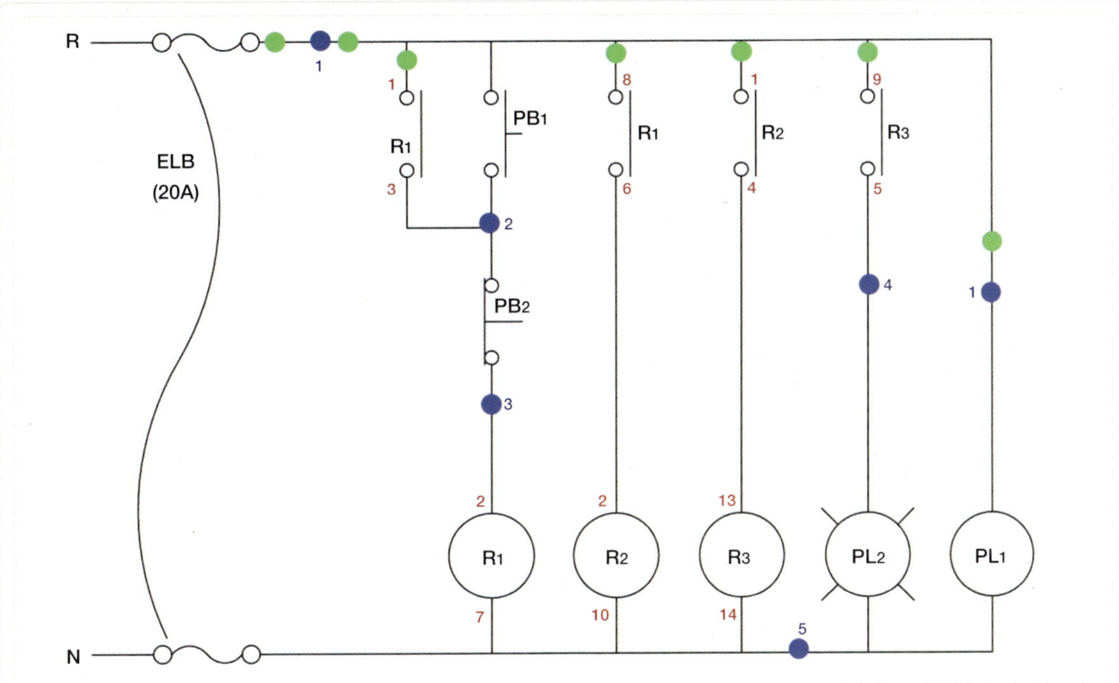

하트상측 결선

차단기의 2차측에서 출발한 하트선(R상)이 R₁의 a접점(8 · 1번), R₂의 a접점(1번)과 R₃의 a접점(9번)을 거쳐 PL₁으로 가는 단자대(1번)와 PB₁으로 가는 단자대(1번)로 갔다.

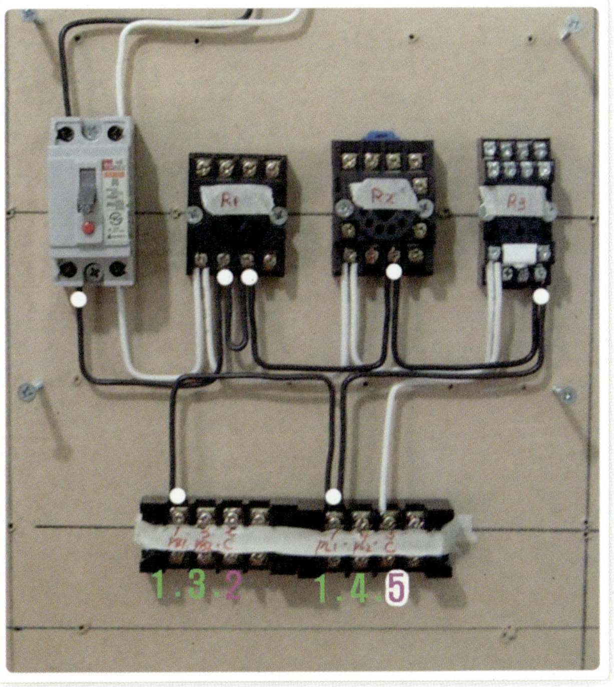

04 릴레이 라인 결선

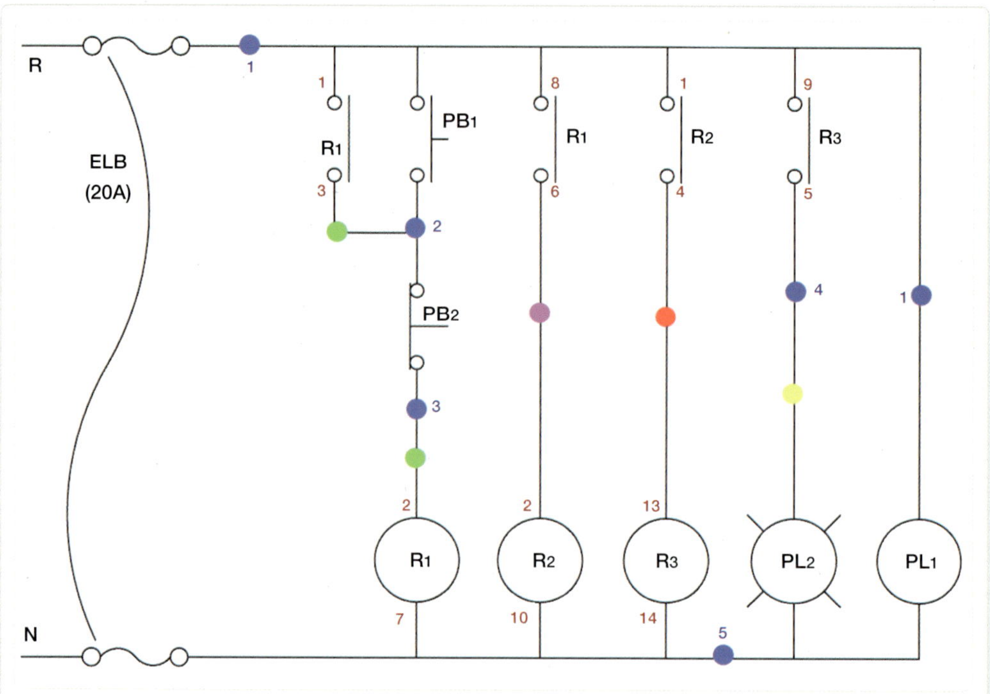

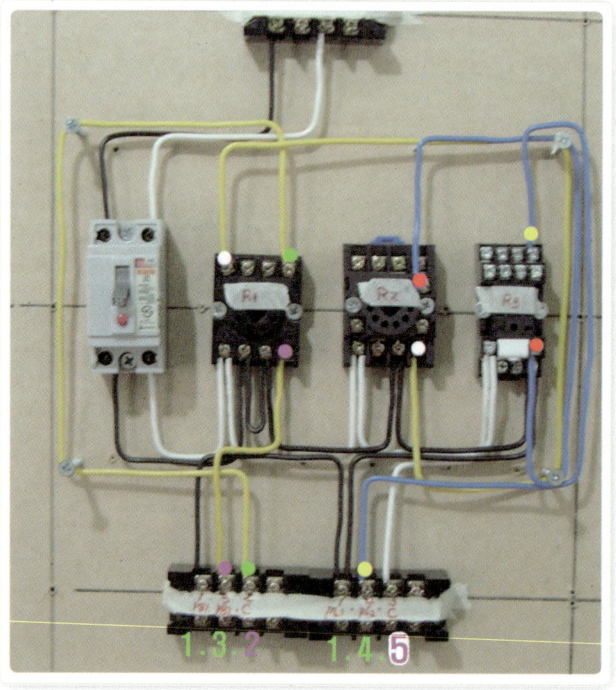

R1, R2, R3 결선

① 녹색 포인트 : R1의 자기 유지용 a접점 (3번)에서 PB1과 PB2의 공통으로 단자대 (2번)로 갔다. R1의 전원(2번)에서 PB2로 가는 단자대(3번)로 갔다.

② 분홍색 포인트 : R1의 a접점(6번)에서 R2 의 전원(2번)으로 갔다.

③ 적색 포인트 : R2의 a접점(4번)에서 R3의 전원(13번)으로 갔다.

④ 황색 포인트 : R3의 a접점(5번)에서 PL2로 가는 단자대(4번)로 갔다.

05 램프 결선

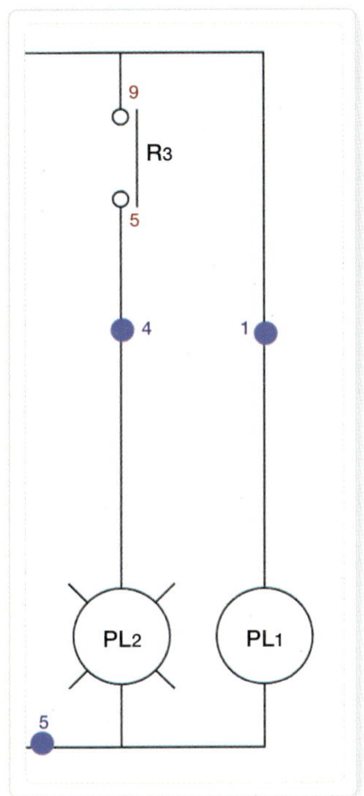

외부 램프 결선

① PL1과 PL2의 공통을 백색 선으로 연결한 다음 단자대에서 온 5번 선을 물렸다.

② 단자대에서 온 1번 선을 PL1에 물렸다.

③ 단자대에서 온 4번 선을 PL2에 물렸다.

06 푸시 버튼 결선

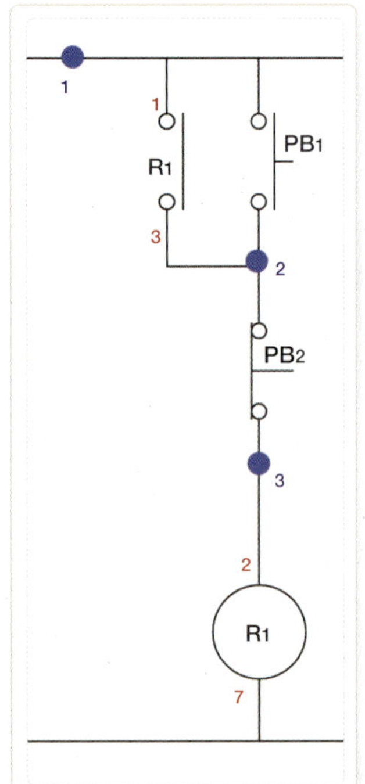

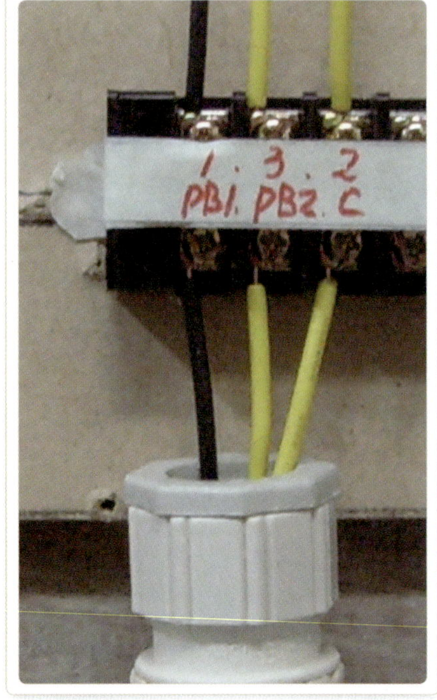

외부 버튼 결선

① PB1과 PB2의 공통을 황색 선으로 연결한 다음 단자대에서 온 2번 선을 물렸다.

② 단자대에서 온 1번 선을 PB1에 물렸다.

③ 단자대에서 온 3번 선을 PB2에 물렸다.

Step 06　작업 완료

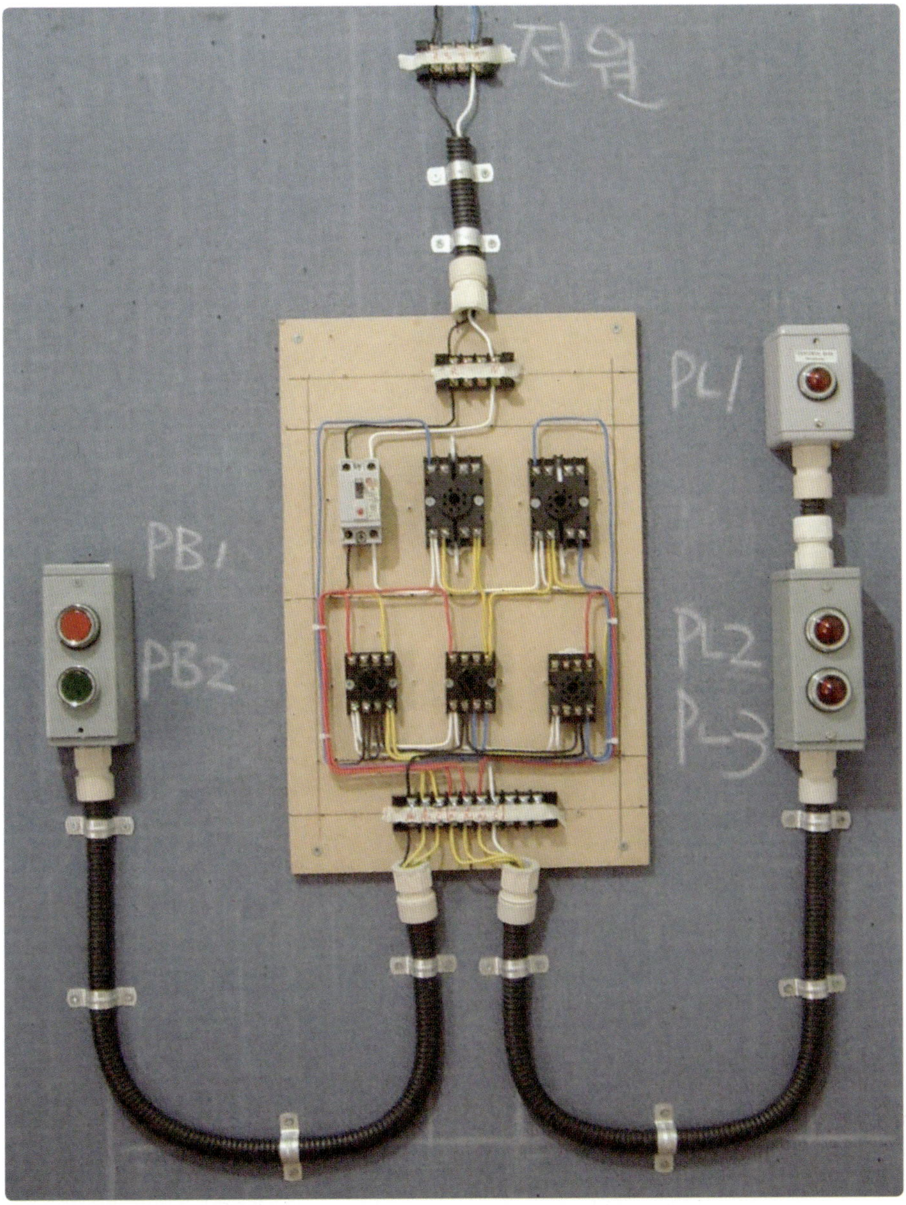

배관 · 배선 완료

일반적으로 PB$_1$(기동)은 적색을 사용하고, PB$_2$(정지)는 녹색을 사용한다.

01 동작 테스트 Ⅰ

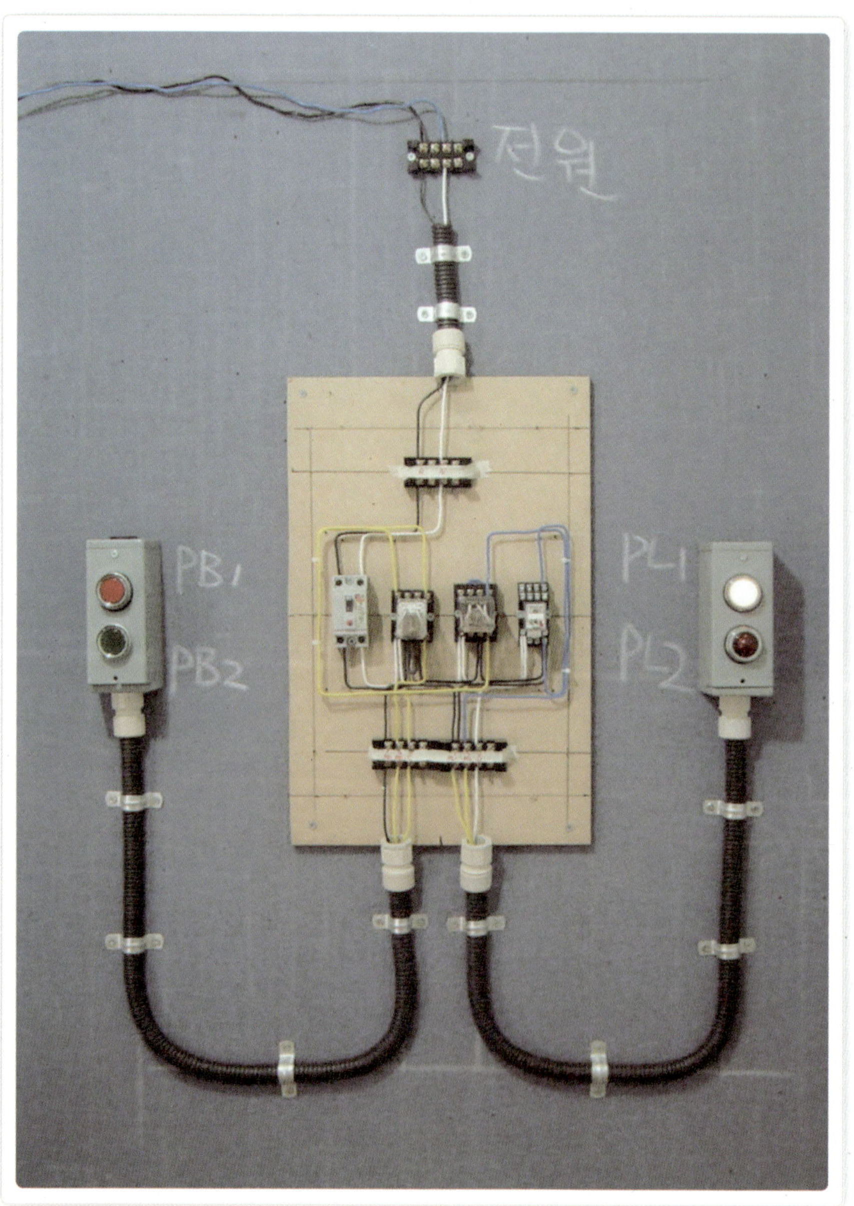

표시등 점등

전원이 투입되자 PL1이 점등되었다. 이것은 전원이 판넬의 내부 회로에 정상적으로 투입되었음을 알려준다.

02 동작 테스트 Ⅱ

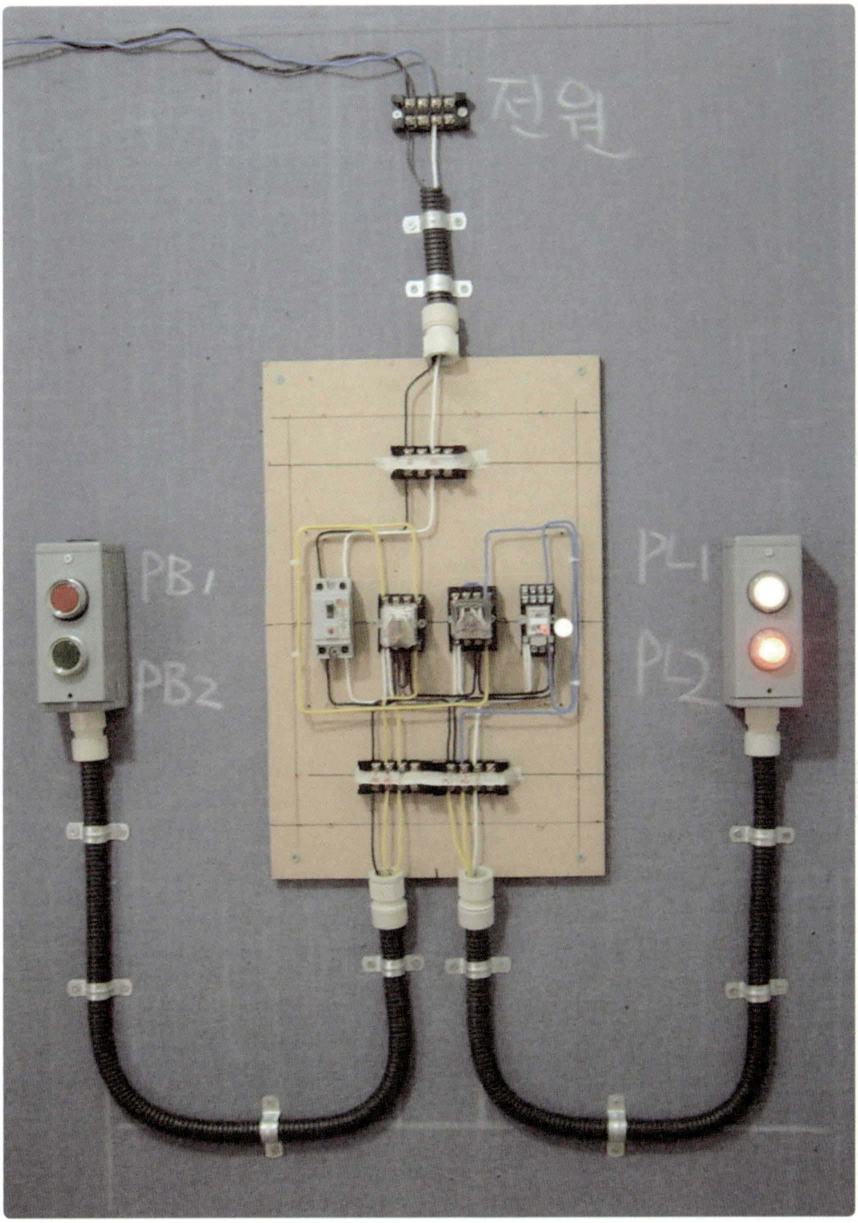

기동 동작

PB₁을 누르자 PL₂ 램프가 점등되었다.
R₃기 동직된 표시 램프(LED − 백색 포인트)에 불이 들어왔다.

릴레이와 타이머를 이용한 회로 결선

강의요약

1. 가장 기본적이라고 할 수 있는 릴레이와 타이머를 이용한 자기 유지 회로 결선 및 동작 테스트를 해 봅니다.
2. 릴레이와 타이머를 자유자재로 이용할 수 있을 정도로 접점 및 회로도를 익혀야 합니다.

필요자재

누전 차단기(ELB×2P×20A×1개), 릴레이(8P×1개), 타이머×1개, 파일럿 램프×2개, 푸시 버튼 스위치×2개, 단자대(4P×1개, 10P×1개), 컨트롤 박스(2구×2개)

Step 01　동작 설명

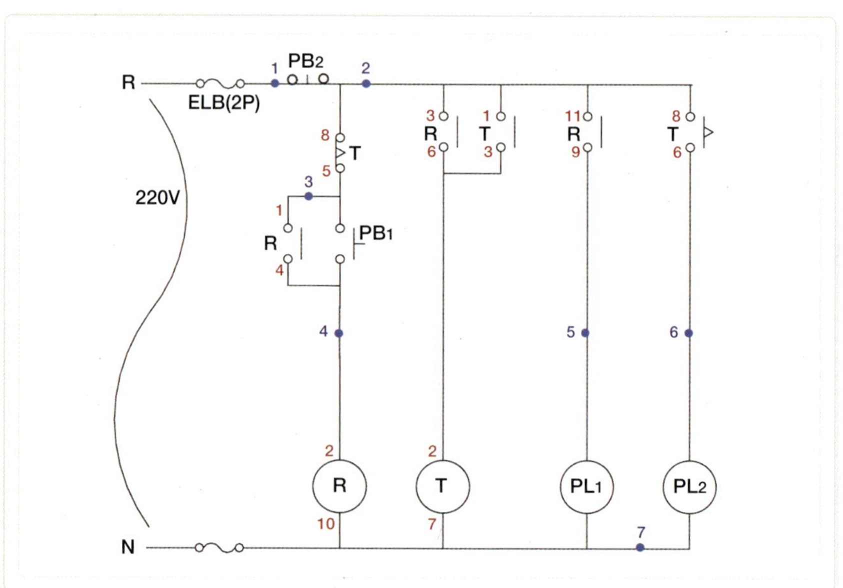

① 전원

　단상 220V(R상과 N선)

② 차단기를 올리면 등공통에 해당되는 중성선(N선)은 릴레이나 램프의 한쪽 코일까지 이미 흐르게 된다.

③ 기동(PB₁) 버튼을 누르면 순간적으로 전류가 흘러 릴레이(R)가 동작하면서 a접점에 의해 자기 유지가 된다.

R의 a접점에 의해 PL₁이 점등된다.

④ 버튼에서 손가락을 떼어도 자기 유지에 의해 R₁은 계속 동작한다.

   ㉠ R의 a접점에 의해 타이머(T)가 동작한다.

   ㉡ 타이머의 순시 a접점에 의해 자기 유지가 된다.

   ㉢ 타이머의 한시 a접점에 의해 PL₂가 점등(타이머의 설정된 시간 후에)된다.

   ㉣ 정지 버튼(PB₂)을 누르면 모든 회로는 초기화된다.

Step 02 접점 번호 부여하기

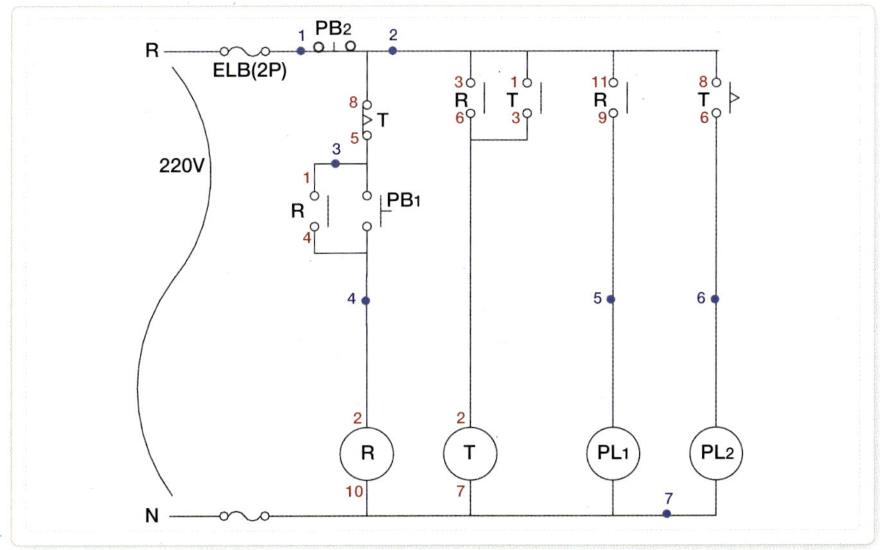

① 적색 숫자는 계전기의 결선도에 나와 있는 접점 번호를 부여한 것이다.

접점의 부여는 결선도에 나와 있는 규칙의 범의 안에서 각자 자유롭게 부여할 수 있다. 즉, 위 회로도에서 R₁의 자기 유지용 a접점에 1 · 4번을 부여하고, 타이머를 동작시키기 위한 a접점에 3 · 6번을 부여했다. 이것을 자기 유지용에 3 · 6번을, 타이머를 동작시키기 위한 a접점에 1 · 4번을 부여해도 상관없다는 것이다.

② 청색 숫자는 제어함의 상 · 하 단자대에 물릴 전선의 번호를 부여한 것이다.

   ㉠ 번호의 부여 순서는 접점의 경우처럼 자유롭다.

   ㉡ 그러나 결선의 경우처럼 접점과 단자대 번호의 부여도 왼쪽에서 오른쪽으로, 위에서 아래로 부여해 준다.

Step 03　기구 배치도

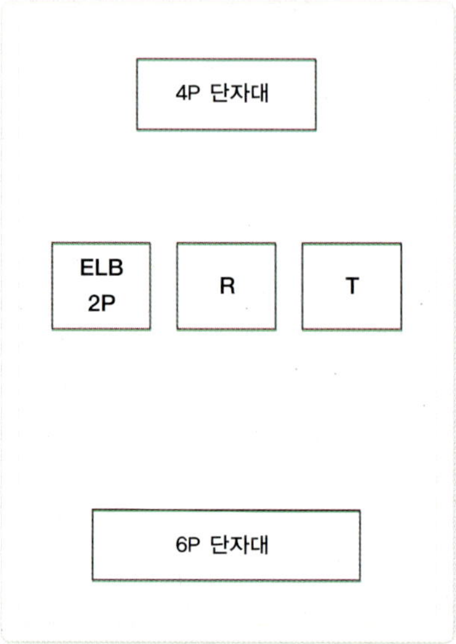

Step 04　속판 배치도

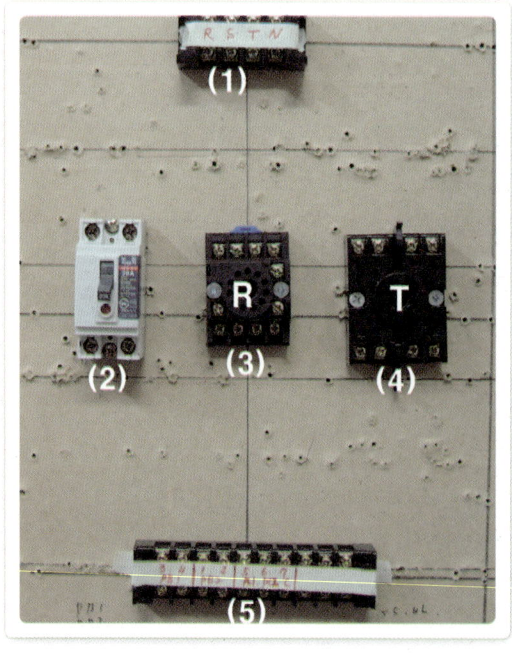

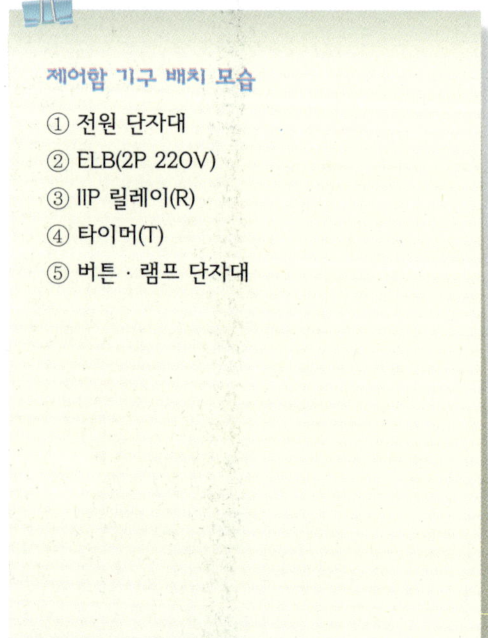

제어함 기구 배치 모습

① 전원 단자대
② ELB(2P 220V)
③ 11P 릴레이(R)
④ 타이머(T)
⑤ 버튼 · 램프 단자대

제어함의 하단 단자대 번호

왼쪽부터 PB₁(3 · 4번), PB₂(1 · 2번), PL₁
(5번), PL₂(6번), 공통(7번)

Step 05 결선하기

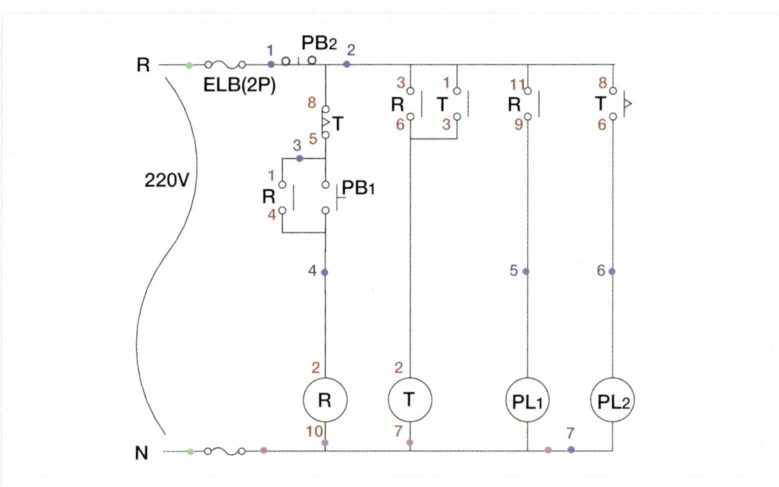

01 차단기 1차측 결선

전원 결선

녹색 포인트로 외부에서 온 전원이 제어함의
단자대를 거쳐 누전 차단기의 1차측에 물렸다.

02 등공통 라인 결선

중성선측 결선

차단기의 2차측에서 출발한 중성선(N선)이 R
의 전원(10번)과 타이머의 전원(7번)을 거쳐
램프의 공통으로 가는 단자대(7번)로 갔다.

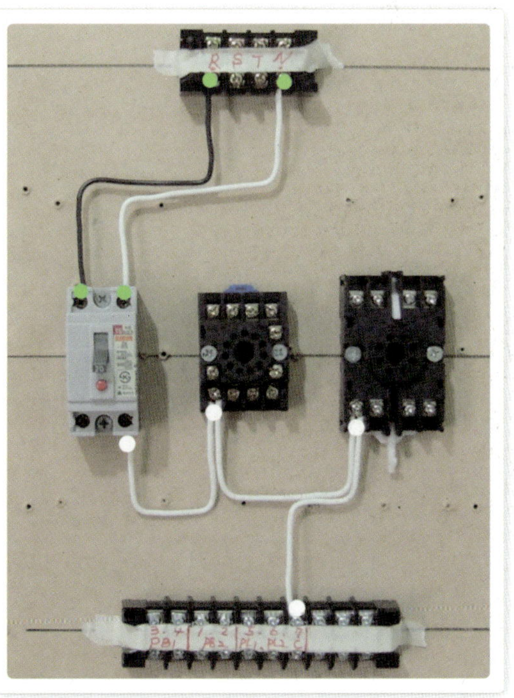

03 스위치 공통 라인 결선

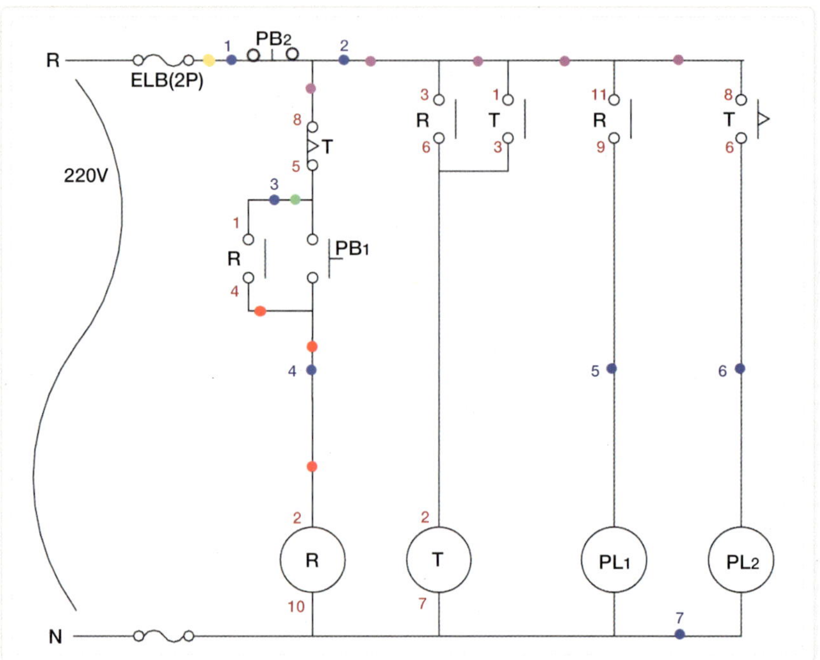

하트상측 결선

① 백색(황색) 포인트 : 차단기의 2차측에서 출발한 하트선(R상)이 PB₂로 가는 단자대 (1번)로 갔다.

② 분홍색 포인트 : R의 a접점(11 · 3번)에서 T의 한시 공통 접점(8번)과 순시 a접점(1번)을 거쳐, PB₂로 가는 단자대(2번)로 갔다.

③ 녹색 포인트 : T의 한시 b접점(5번)에서 R의 a접점(1번)을 거쳐, PB₁으로 가는 단자대(3번)로 갔다.

④ 적색 포인트 : R의 a접점(4번)에서 R의 전원(2번)을 거쳐, PB₁으로 가는 단자대 (4번)로 갔다.

※ 2단으로 만들어진 11P 릴레이의 경우 접점 번호가 바뀌지 않도록 주의해야 한다.

04 타이머 라인 결선

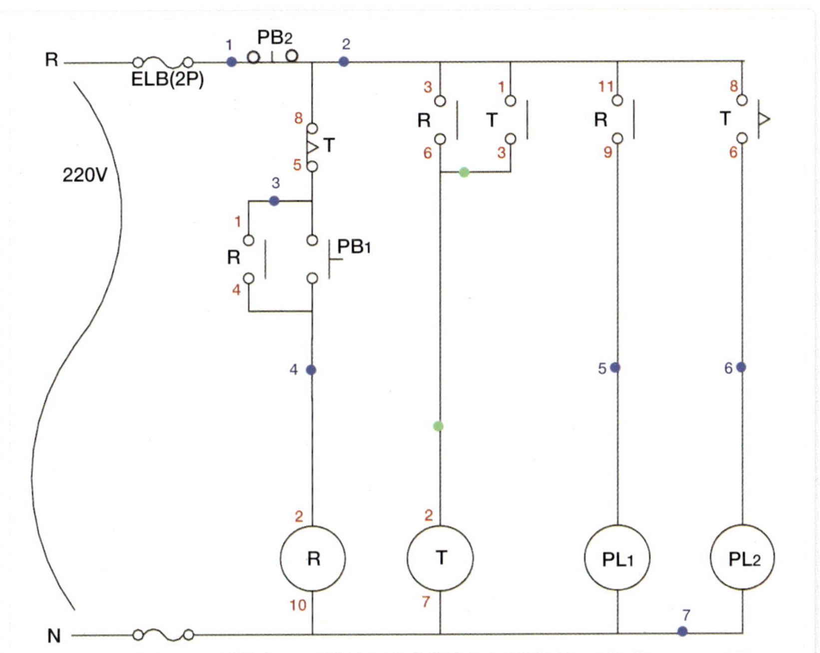

타이머 전원 결선

릴레이의 a접점(6번)에서 T의 순시 a접점
(3번)과 전원(2번)으로 갔다.

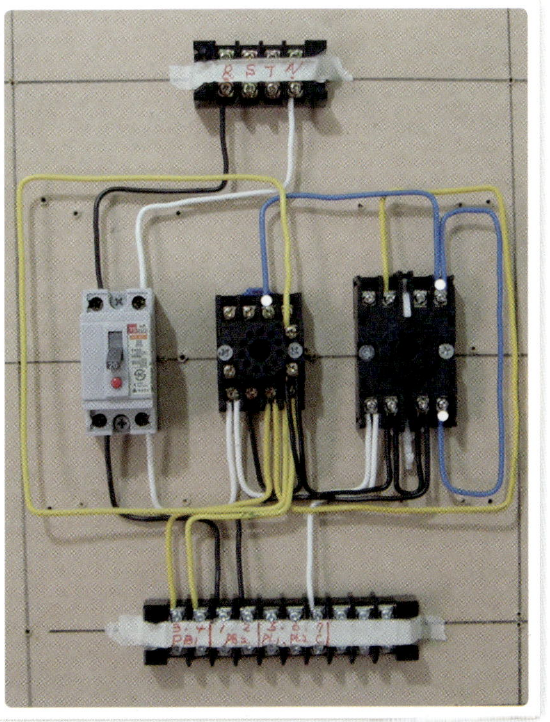

05 램프 라인 결선

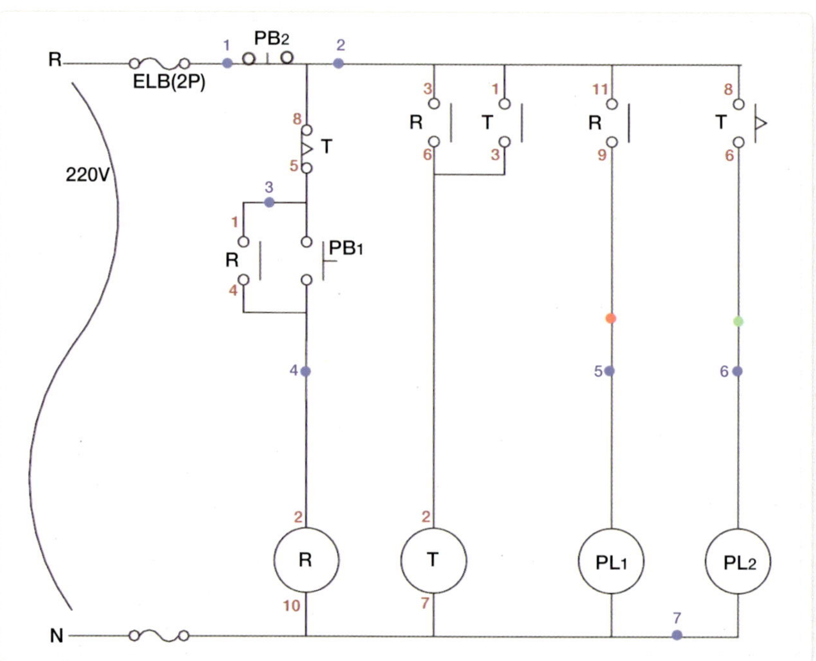

PL₁, PL₂ 전원 결선

① 백색(적색) 포인트 : 릴레이의 a접점(9번)
에서 PL₁으로 가는 단자대(5번)로 갔다.

② 녹색 포인트 : T의 한시 a접점(6번)에서
PL₂로 가는 단자대(6번)로 갔다.

Step 06 ## 배관 및 입선하기

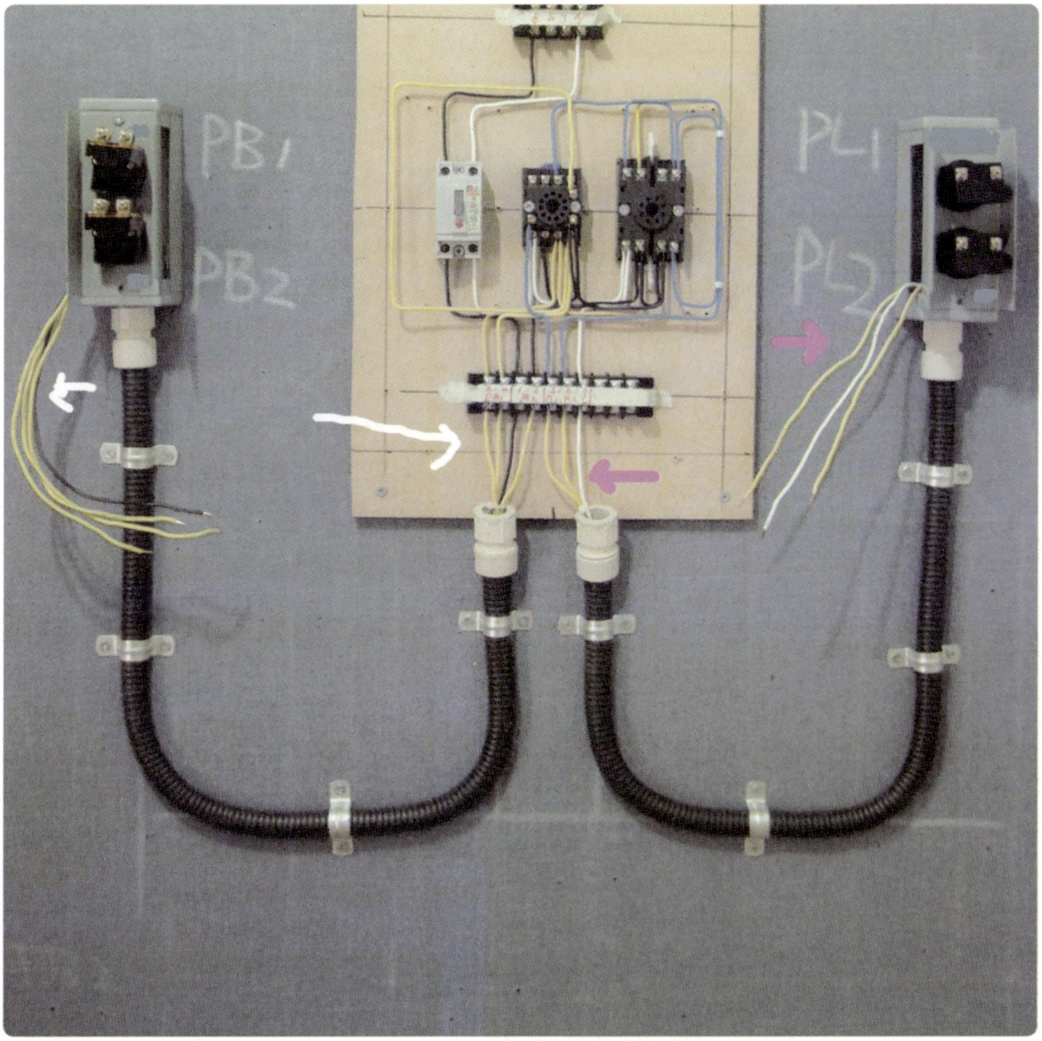

제어함 하단 단자대 결선 모습

제어함과 컨트롤 박스 간 결선할 때는 사진처럼 제어함의 단자대를 먼저 결선해 준다.
그 다음 컨트롤 박스에서 버튼이나 램프를 결선해 주는데, 이는 선에 여유를 주어 박스 안에 넣으면 편하기 때문이다.

Step 07 | 푸시 버튼 결선

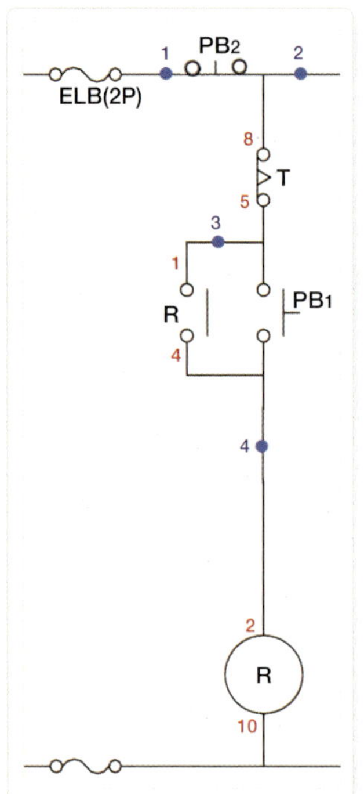

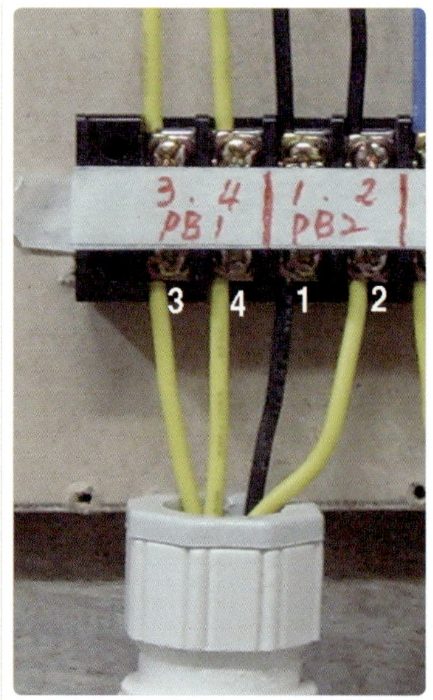

외부 버튼 결선

회로도에서 PB_1과 PB_2는 그 사이에 타이머의 한시 b접점에 의해 서로 떨어져 있다. 때문에 단자대 번호가 4개이다.

① 단자대의 3 · 4번이 PB_1(기동) 단자로 갔다.
② 단자대의 1 · 2번이 PB_2(정지) 단자로 갔다.

Step 08 — 램프 결선

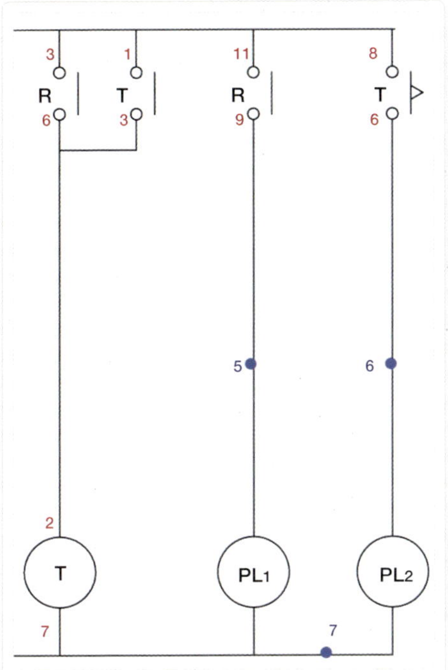

외부 램프 결선

회로도에서 PL₁과 PL₂의 한쪽이 서로 연결되었기 때문에 단자대 번호가 4개이다.

① 백색 선으로 PL₁과 PL₂를 서로 연결한 다음 단자대 공통 7번에서 온 백색 선을 물렸다.

② 단자대 5번에서 PL₁의 나머지 단자에 물렸다.

③ 단자대 6번에서 PL₂의 나머지 단자에 물렸다.

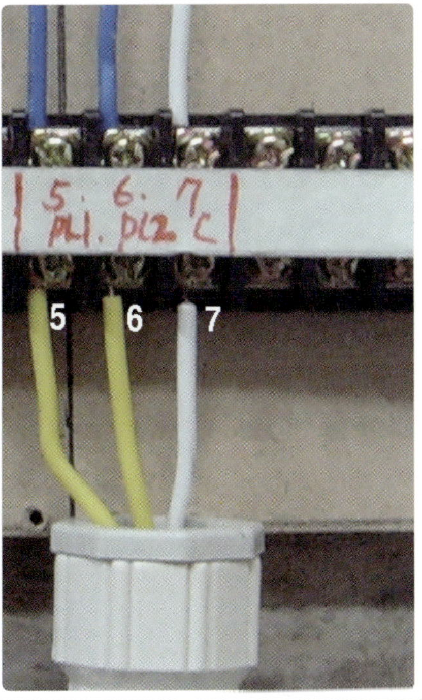

Step 09 동작 테스트

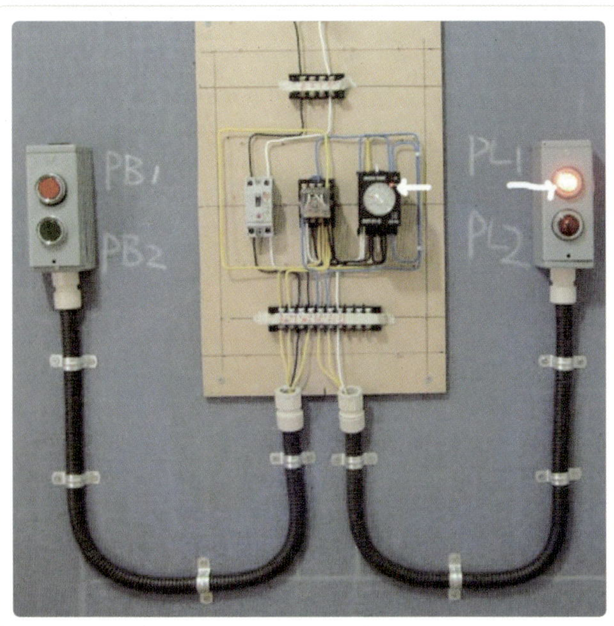

기동 동작

① 버튼 PB$_1$을 누르자 릴레이의 α접점에 의해 PL$_1$이 점등되고, 그와 동시에 타이머에 전원이 투입되었다는 표시로 LED가 켜졌다.

② PL$_2$는 타이머의 설정 시간이 되면 점등된다.

※ 타이머 화살표 : 전원이 투입되면 ON(LED) 램프가 점등되며, 설정 시간이 되면 바로 위에 있는 UP 램프가 점등된다(현재 설정 시간이 되지 않아 ON 램프만 점등되고 PL$_1$만 점등된 상태이다).

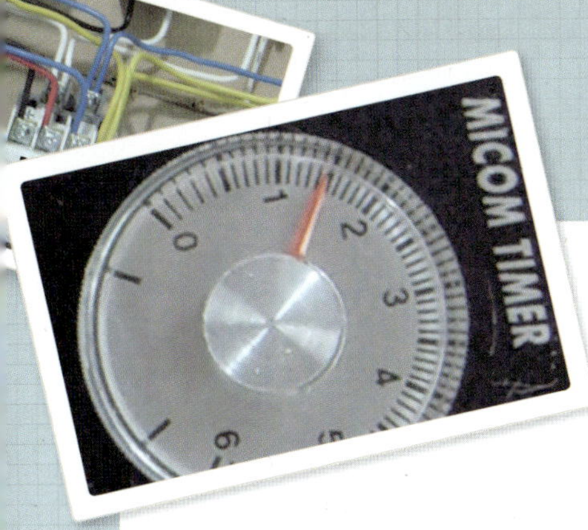

전등 순차 점등 회로 결선

강의요약
릴레이와 타이머가 좀 더 복잡하게 조합된 회로를 응용하여 결선 및 동작 테스트를 해 봅니다.

필요자재
누전 차단기(ELB×2P×20A×1개), 릴레이(8P×3개), 타이머×2개, 파일럿 램프×3개, 푸시 버튼 스위치×2개, 컨트롤 박스(2구×1개, 3구×1개), 단자대(4P×1개, 10P×1개)

Step 01 동작 설명 및 접점 번호 부여

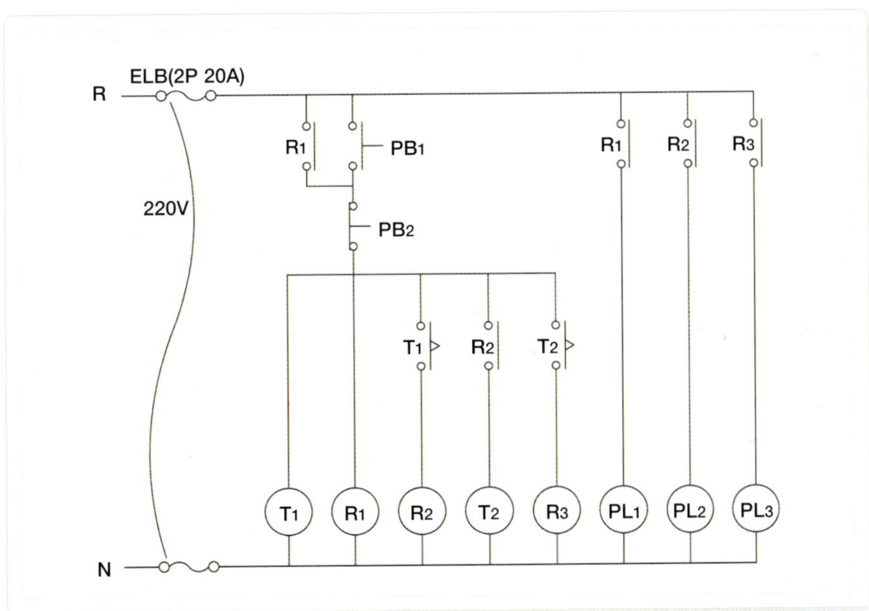

① 전원

단상 220V(하트상 중에서 R상과 N선)

② 차단기를 올리면 등공통에 해당되는 중성선(N선)은 릴레이, 타이머, 램프의 한쪽 코일까지 이미 흐르게 된다.

③ 기동(PB₁) 버튼을 누르면 순간적으로 T_1과 R_1에 전류가 흘러 동작하면서 R_1의 a접점에 의해 자기 유지가 된다.

    ㉠ R_1의 a접점에 의해 PL_1이 점등된다.

    ㉡ 버튼에서 손가락을 떼어도 자기 유지에 의해 T_1, R_1은 계속 동작한다.

④ T_1의 설정 시간이 되면 한시 a접점이 붙으면서 R_2가 동작하고 동시에,

    ㉠ R_2의 a접점에 의해 T_2에도 전류가 흐른다.

    ㉡ R_2의 a접점에 의해 PL_2가 점등된다.

⑤ T_2의 설정 시간이 되면 한시 a접점이 붙으면서 R_3가 동작하고, 동시에 R_3의 a접점에 의해 PL_3가 점등된다.

⑥ 정지 버튼(PB₂)을 누르면 자기 유지가 풀리면서 모든 회로는 초기화된다.

Step 02   기구 배치도

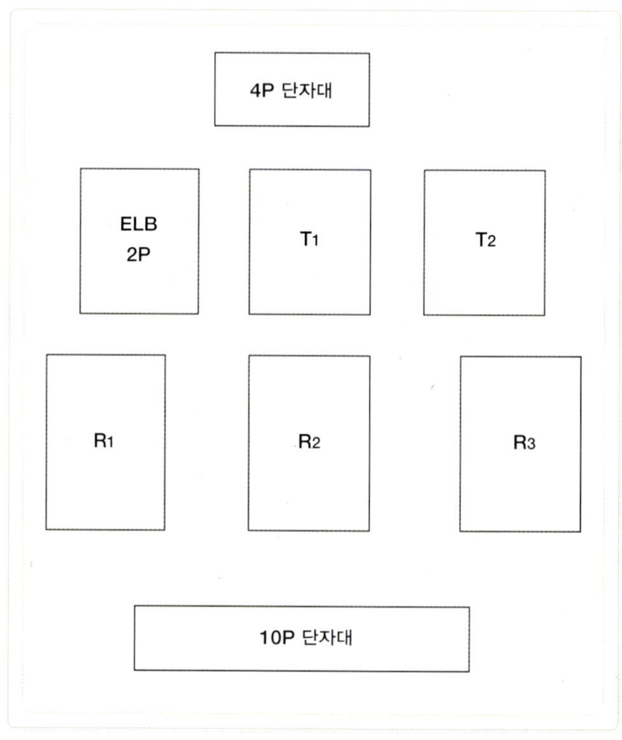

Step 03　속판 배치도

제어함 기구 배치 모습

① 전원 단자대
② ELB(2P 220V)
③ 타이머(T₁)
④ 타이머(T₂)
⑤ 8P 릴레이(R₁)
⑥ 8P 릴레이(R₂)
⑦ 8P 릴레이(R₃)
⑧ 버튼 · 램프 단자대

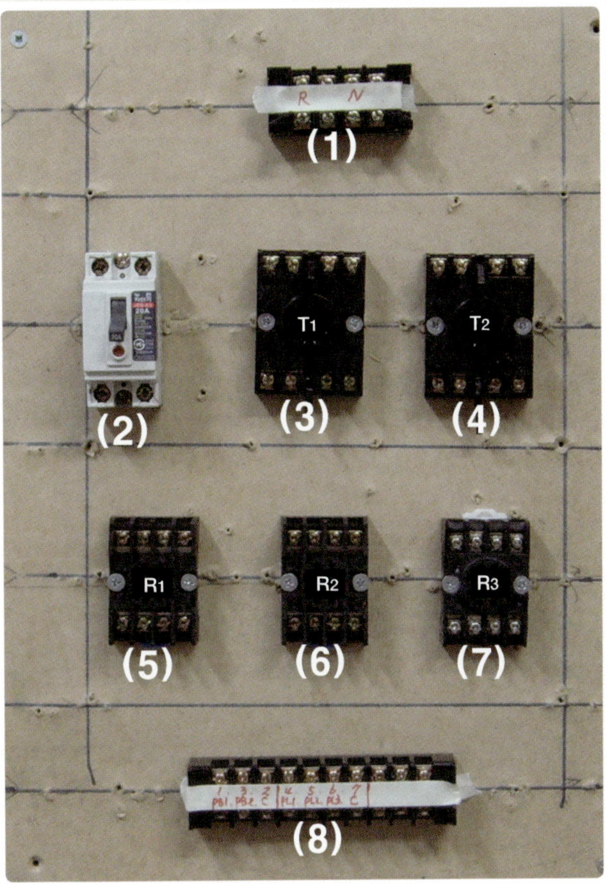

02
기초 실습

외부 버튼, 램프 단자대

왼쪽부터 PB₁(1), PB₂(3), 버튼 공통(2) 단자
와 PL₁(4), PL₂(5), PL₃(6), 램프 공통(7)

Step 04 결선하기

01 차단기 1차측 결선

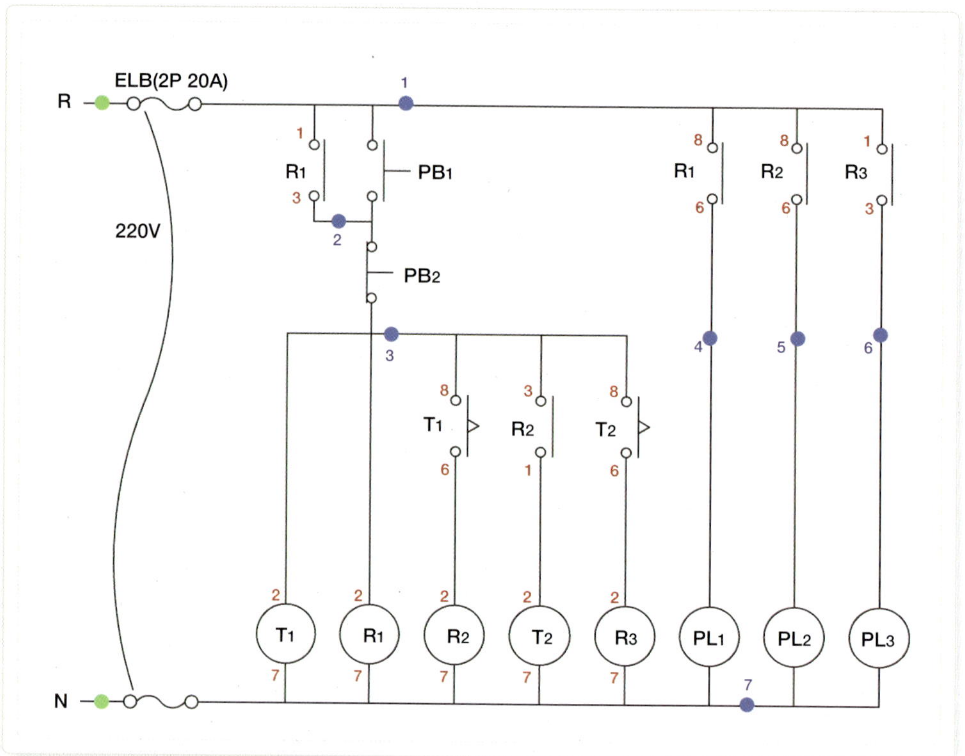

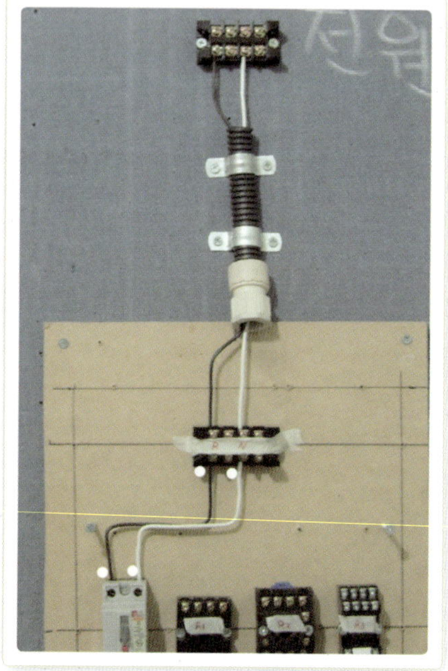

전원 결선

백색 포인트로 외부에서 온 전원이 제어함의
단자대를 거쳐 누전 차단기의 1차측에 물렸다.

※ 주의할 점 : 전원을 누전 차단기에 물릴 때 좌·
우가 바뀌는 것은 상관없지만, (사진에서 흑·
백을 백·흑으로) 1차와 2차를 바꾸면 안 된다.
즉, 전원을 차단기의 2차측에 물리고 부하를
1차측에 물리면 안 된다.

02 등공통 라인 결선

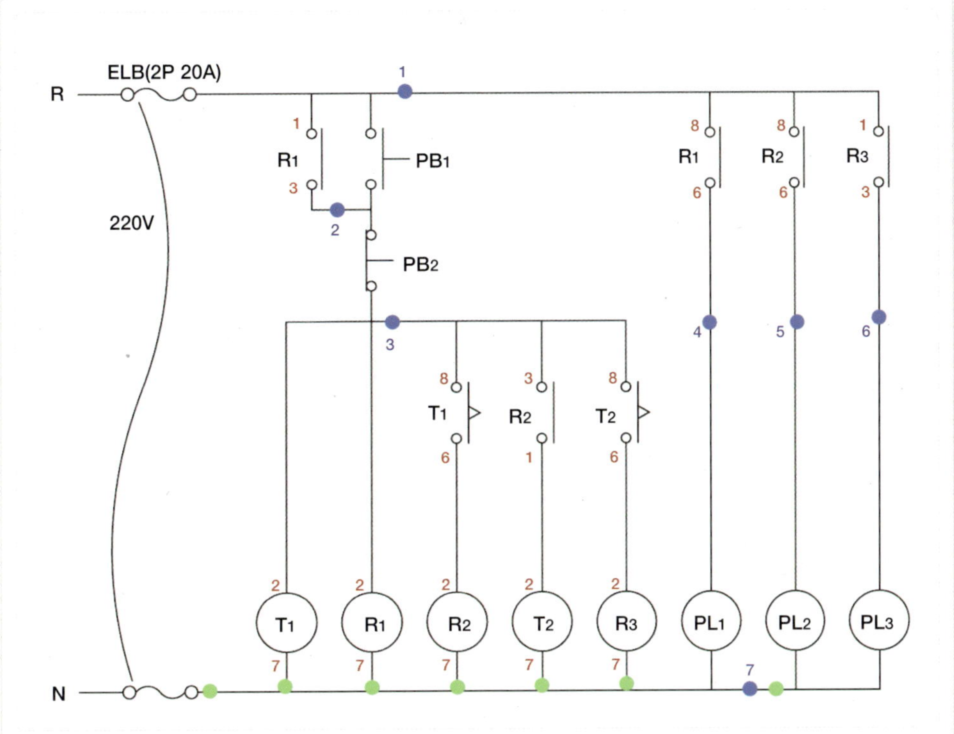

중성선측 결선

차단기의 2차측에서 출발한 중성선(N선)이
T_1의 전원(7번), T_2의 전원(7번), R_3의 전원
(7번), R_2의 전원(7번), R_1의 전원(7번)을 거쳐
램프의 공통으로 가는 단자대(7번)로 갔다.

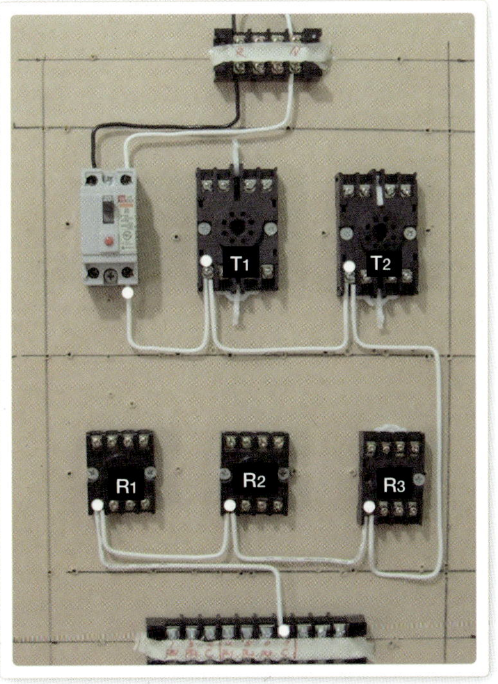

03 스위치 공통 라인 결선

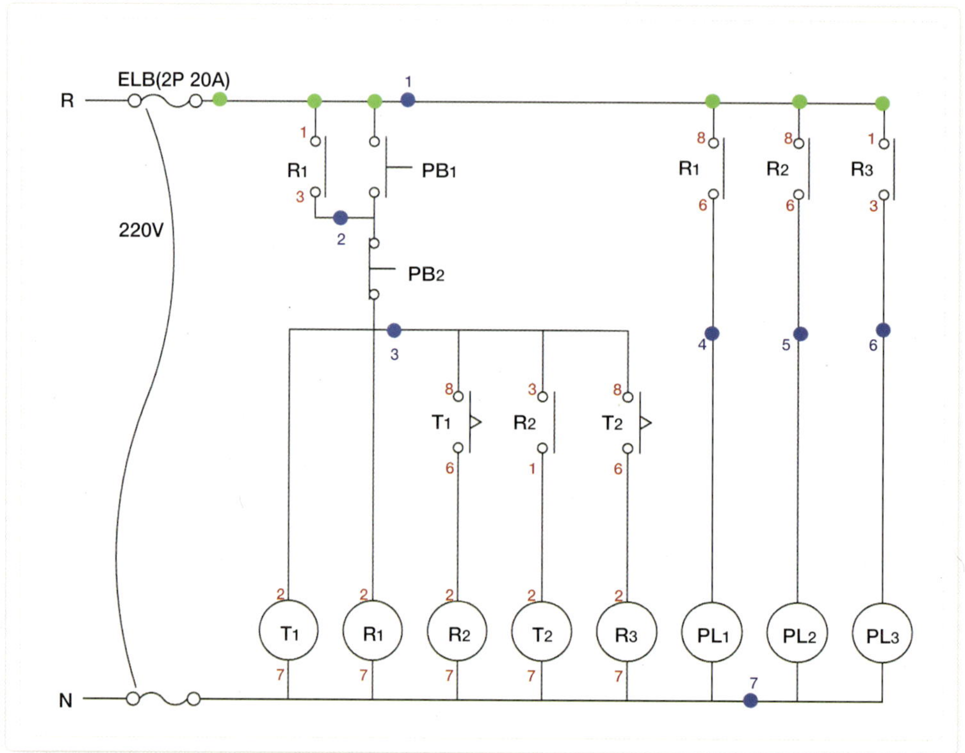

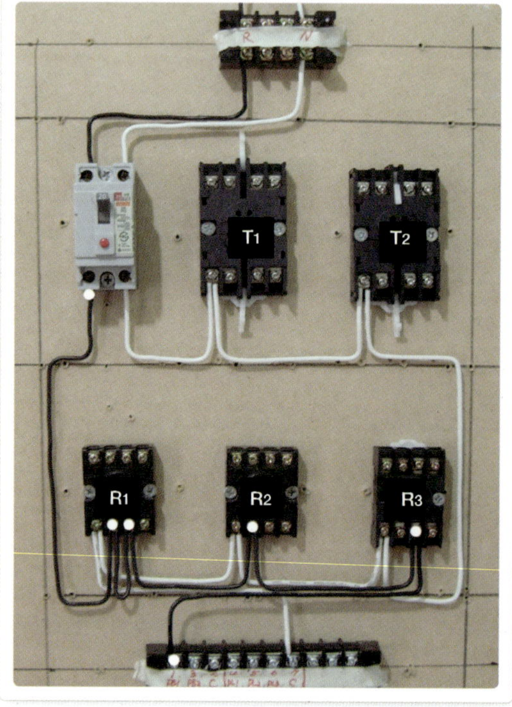

하트상측 결선

차단기의 2차측에서 출발한 하트선(R상)이 R₁의 a접점(8 · 1번), R₂의 a접점(8번), R₃의 a접점(1번)을 거쳐 PB₁으로 가는 단자대(1번)로 갔다.

04 타이머, 릴레이 라인 결선 Ⅰ

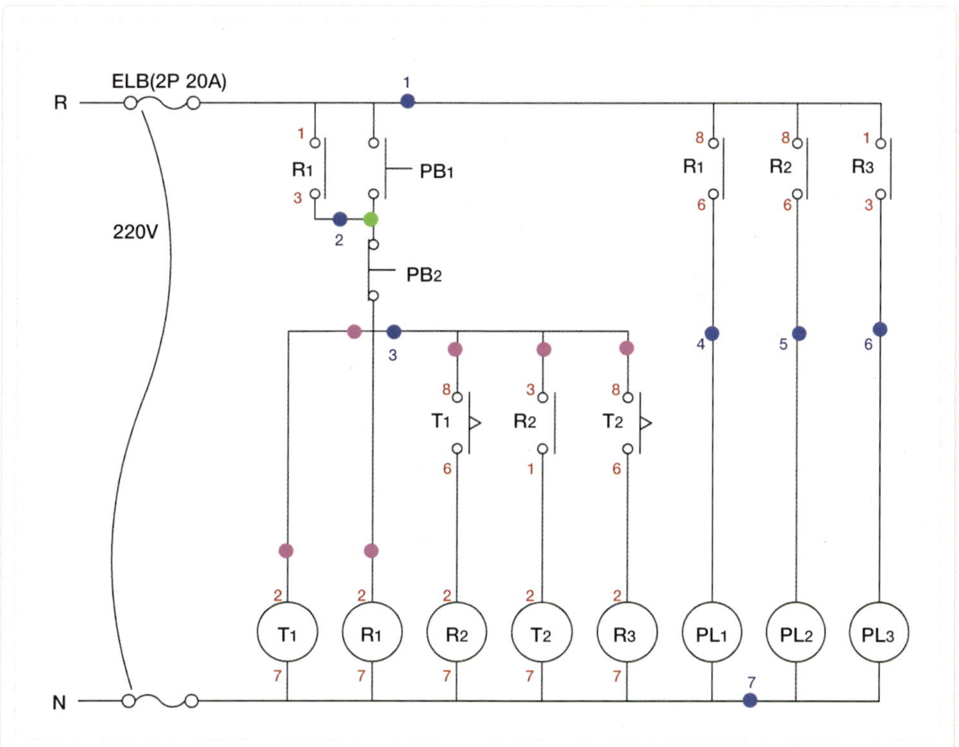

T₁, R₁ 라인 결선

① 백색 포인트 : R₁의 자기 유지용 a접점
(3번)에서 PB₁과 PB₂의 공통으로 가는 단
자대(2번)로 갔다.

② 분홍색 포인트 : T₁의 한시 a접점(8번)에
서 T₁의 전원(2번), R₂의 a접점(3번), T₂
의 한시 a접점(8번), R₁의 전원(2번)을 거
쳐 PB₂로 가는 단자대(3번)로 갔다.

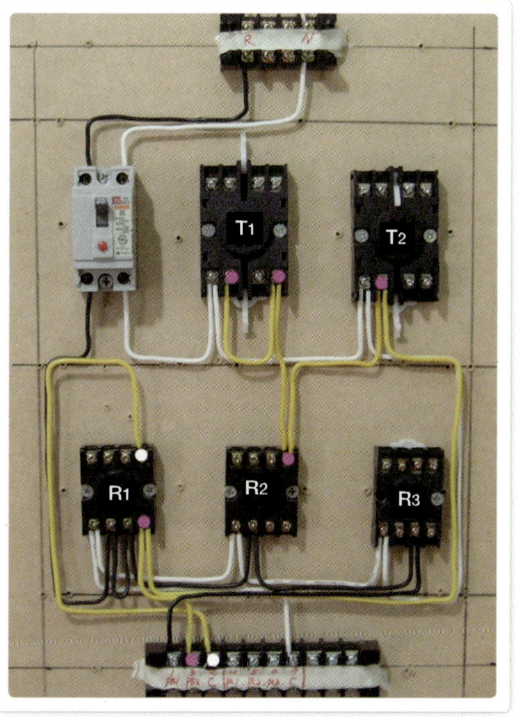

05 타이머, 릴레이 라인 결선 Ⅱ

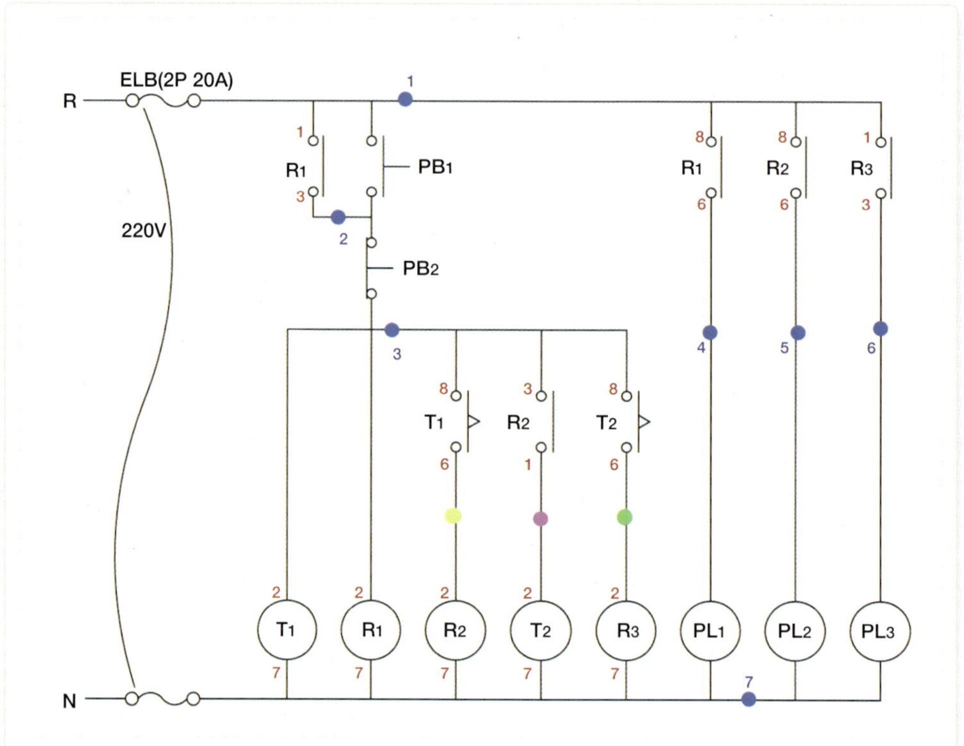

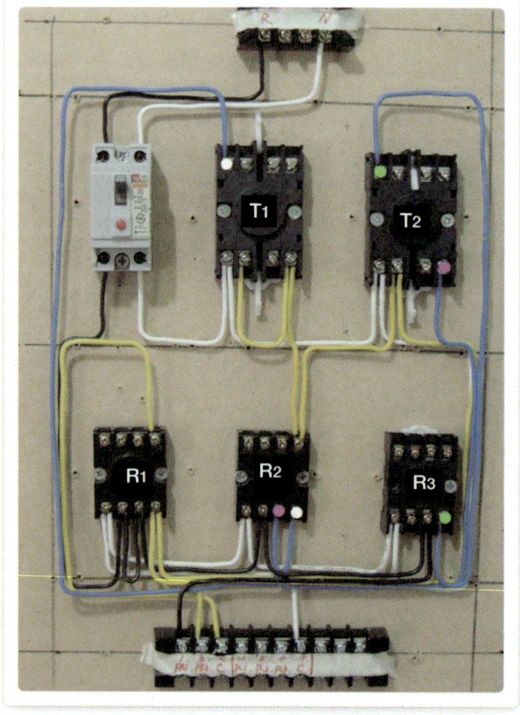

R₂, T₂, R₃ 라인 결선

① 백색(황색) 포인트 : T_1의 한시 a접점(6번)에서 R_2의 전원(2번)으로 갔다.

② 분홍색 포인트 : R_2의 a접점(1번)에서 T_2의 전원(2번)으로 갔다.

③ 녹색 포인트 : T_2의 한시 a접점(6번)에서 R_3의 전원(2번)으로 갔다.

06 램프 라인 결선 Ⅰ

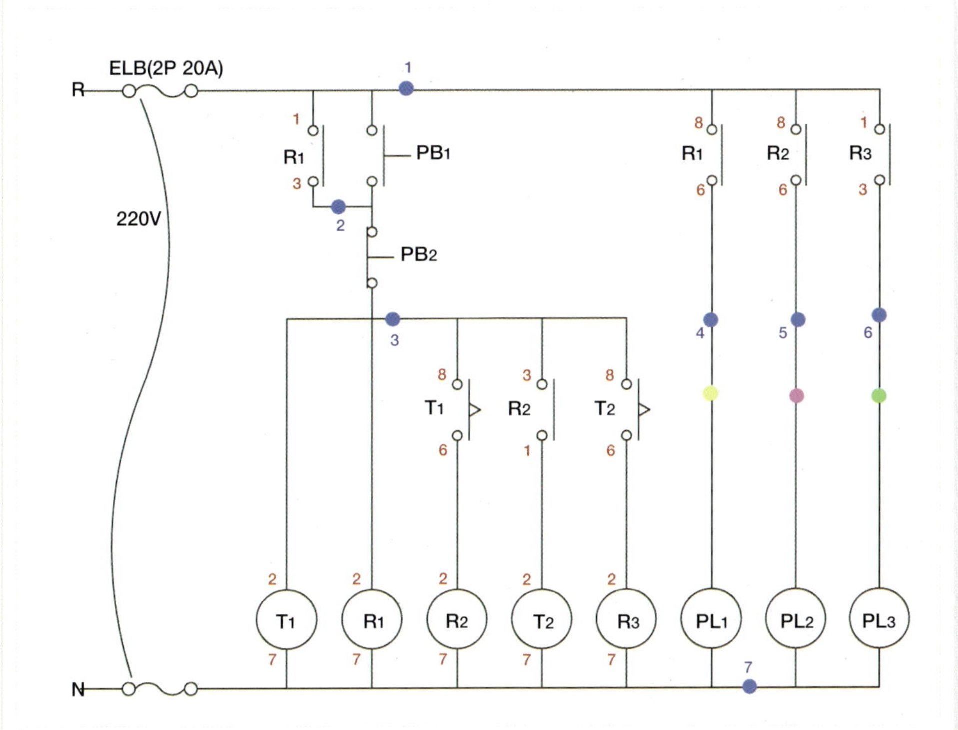

PL₁, PL₂, PL₃ 결선

① 백색(황색) 포인트 : R₁의 a접점(6번)에서
   PL₁으로 가는 단자대(4번)로 갔다.

② 분홍색 포인트 : R₂의 a접점(6번)에서 PL₂
   로 가는 단자대(5번)로 갔다.

③ 녹색 포인트 : R₃의 a접점(3번)에서 PL₃
   로 가는 단자대(6번)로 갔다.

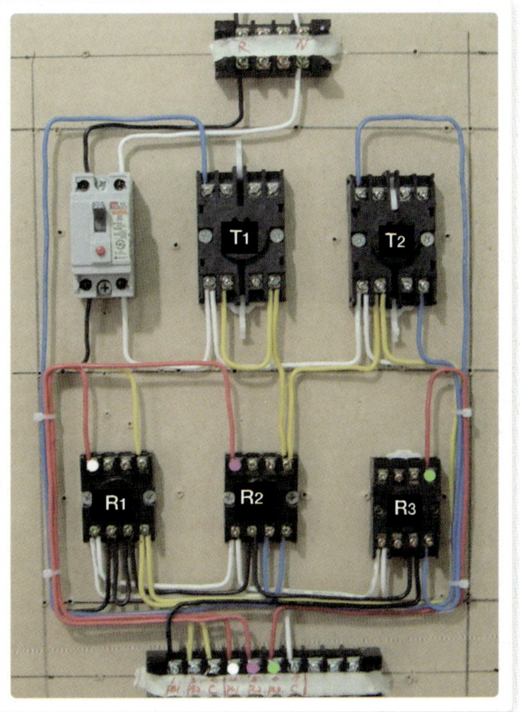

Step 05 배관 및 입선하기

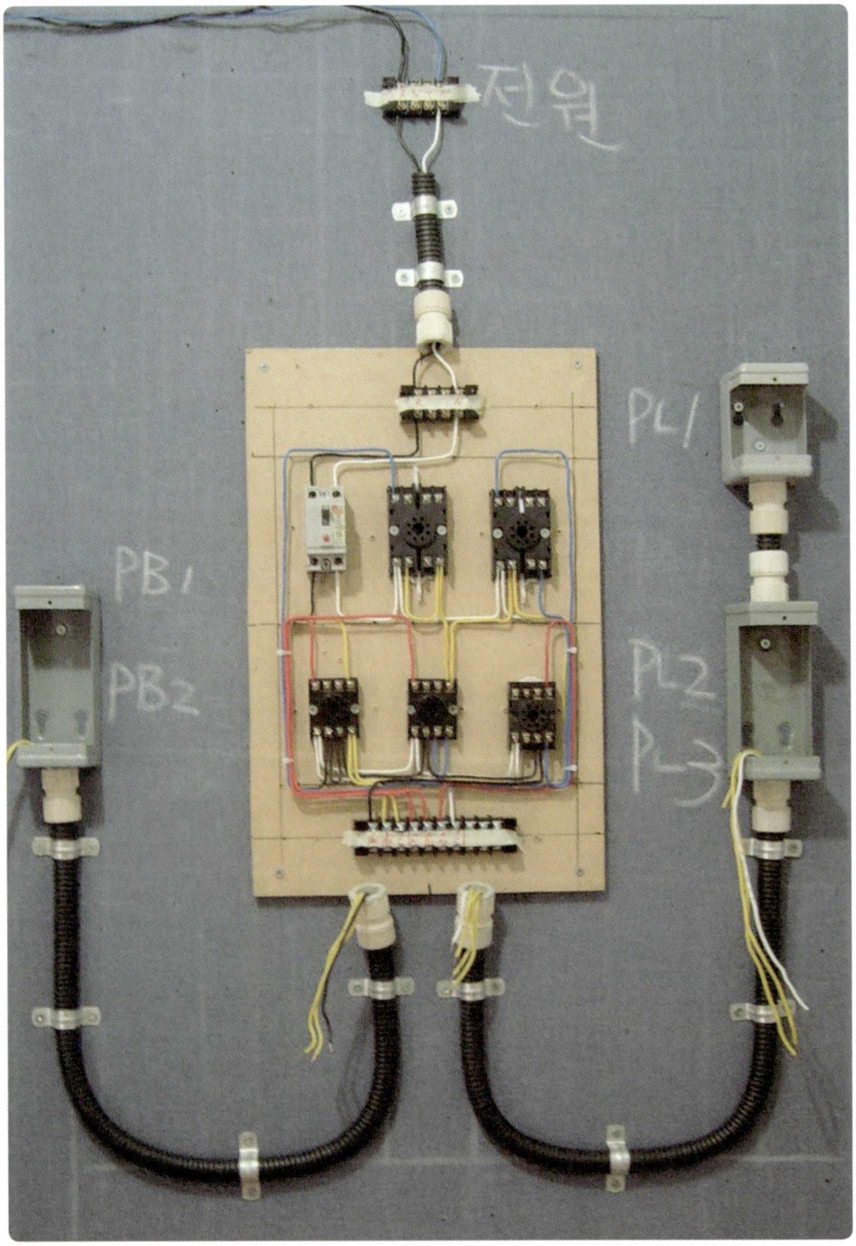

배관 · 입선 완료

PL_1과 PL_2, PL_3의 컨트롤 박스가 서로 다르지만 제어함에서 같은 파이프를 통해 오기 때문에 공통선(7번)이 1가닥이다.

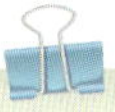

Step 06 푸시 버튼 결선

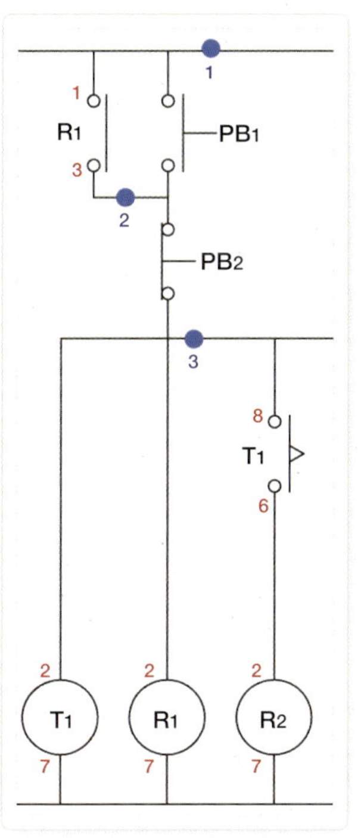

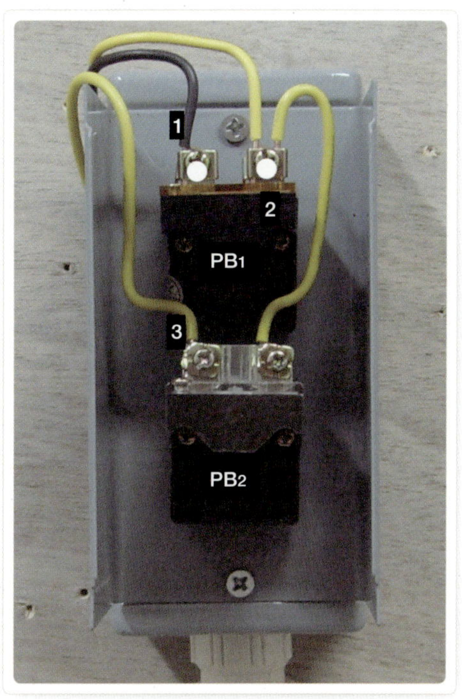

외부 버튼 결선

회로도에서 PB1과 PB2의 한쪽이 서로 연결
되었기 때문에 단자 번호가 3개이다.

① 단자대의 1번 선이 PB1(기동) 단자로 갔다.

② 단자대의 3번 선이 PB2(정지) 단자로 갔다.

③ 단자대의 2번 선이 PB1과 PB2를 공통으
로 연결한 단자로 갔다.

02
기초 실습

Step 07　램프 결선

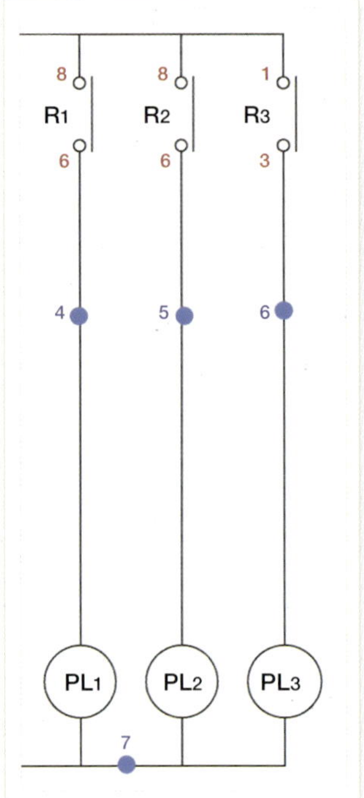

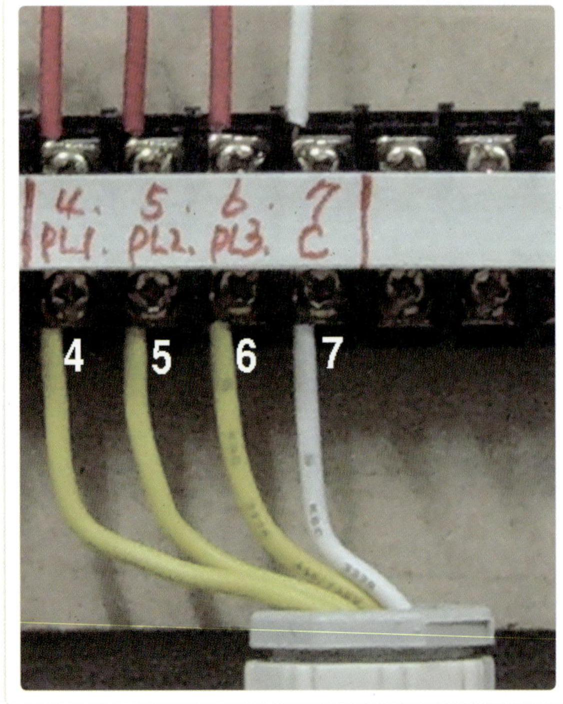

외부 램프 결선

회로도에서 PL1, PL2, PL3의 한쪽이 서로 연결(공통)되었기 때문에 단자 번호가 4개이다.

① 백색 선으로 PL1, PL2, PL3를 서로 연결한 다음 단자대 공통 7번에서 온 백색 선을 물렸다.

② 단자대 4번에서 PL1의 나머지 단자에 물렸다.

③ 단자대 5번에서 PL2의 나머지 단자에 물렸다.

④ 단자대 6번에서 PL3의 나머지 단자에 물렸다.

Step 08 작업 완료

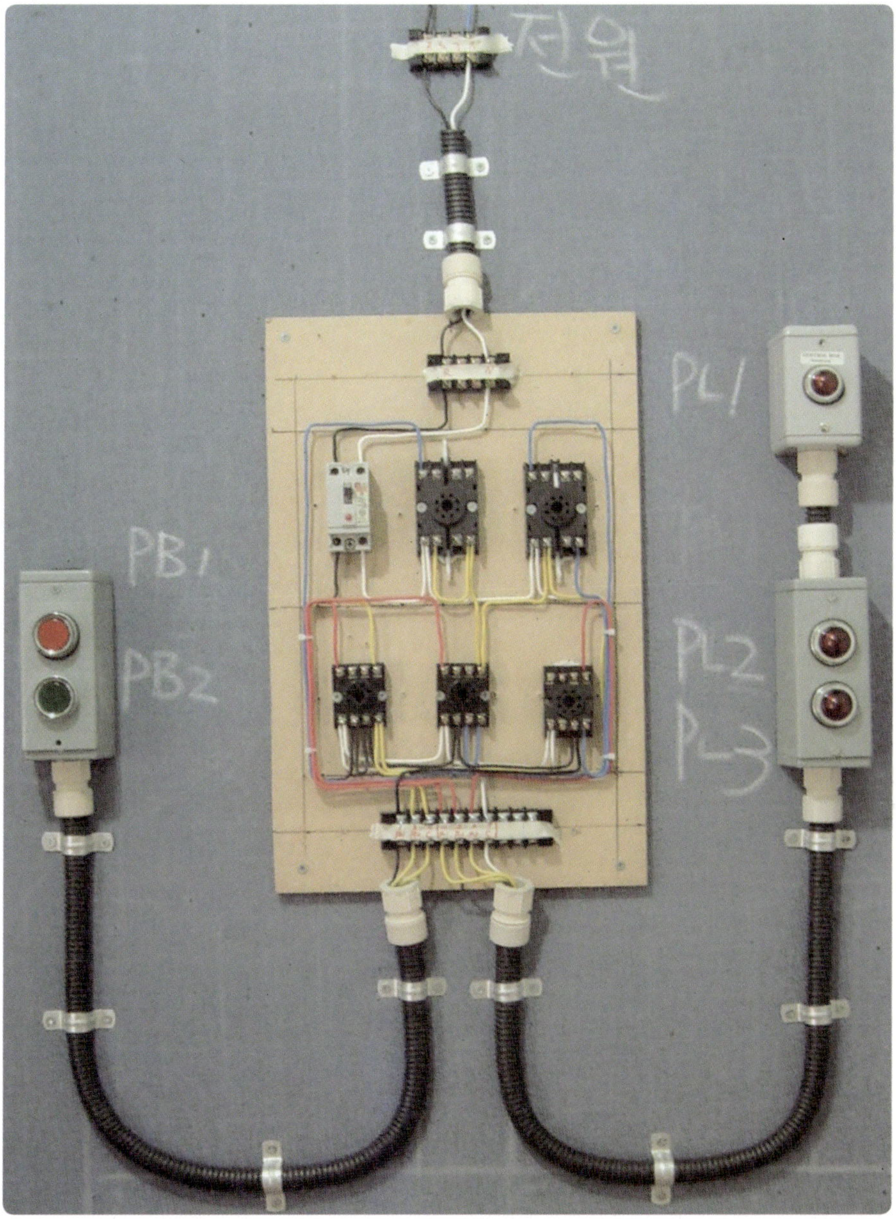

내 · 외부 작업 완료

① 모든 작업이 완료된 상태로, 계전기(릴레이, 타이머)는 아직 꽂지 않았다.

② PL₁과 PL₂ · PL₃는 서로 다른 박스에 있기 때문에 공통신(7번)을 박스끼리 연결해 주어야 한다.

Step 09 동작 테스트

01 동작 테스트 Ⅰ

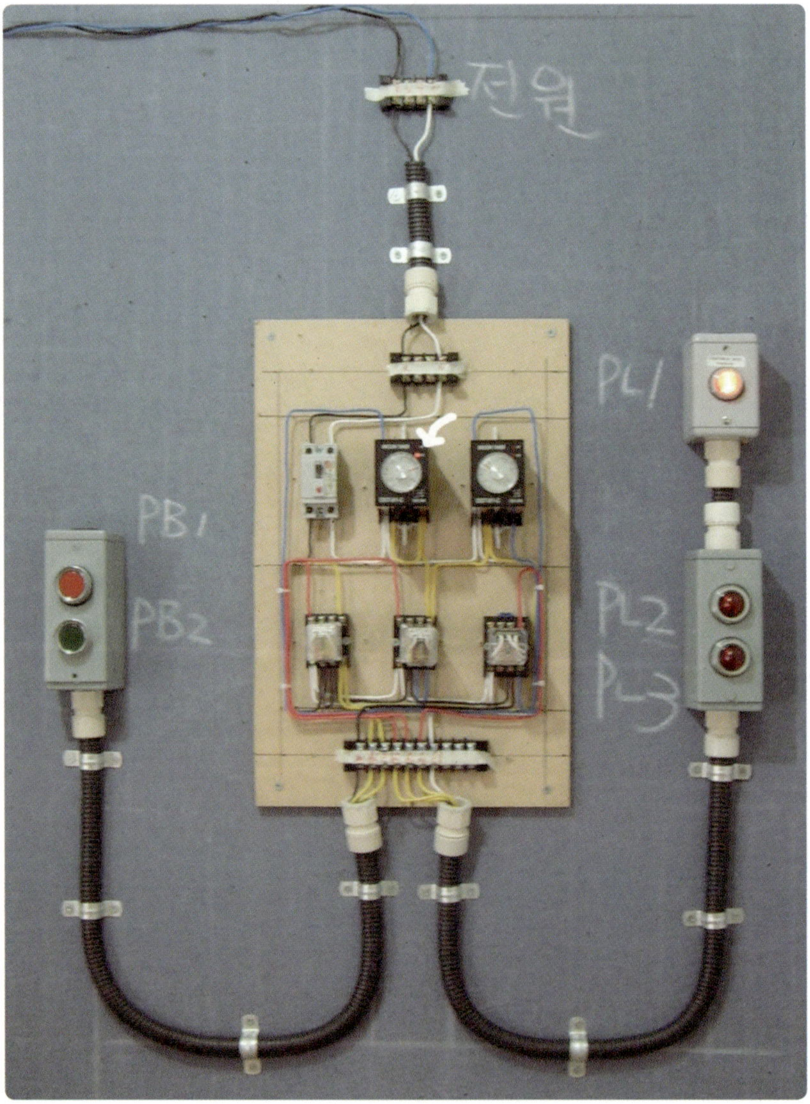

R_1, PL_1 동작

① 버튼(PB_1)을 누르자 R_1이 동작하여 자기 유지가 되면서 PL_1이 점등되었다.

② 동시에 타이머(T_1)에도 전원이 투입되었다.

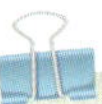

02 동작 테스트 Ⅱ

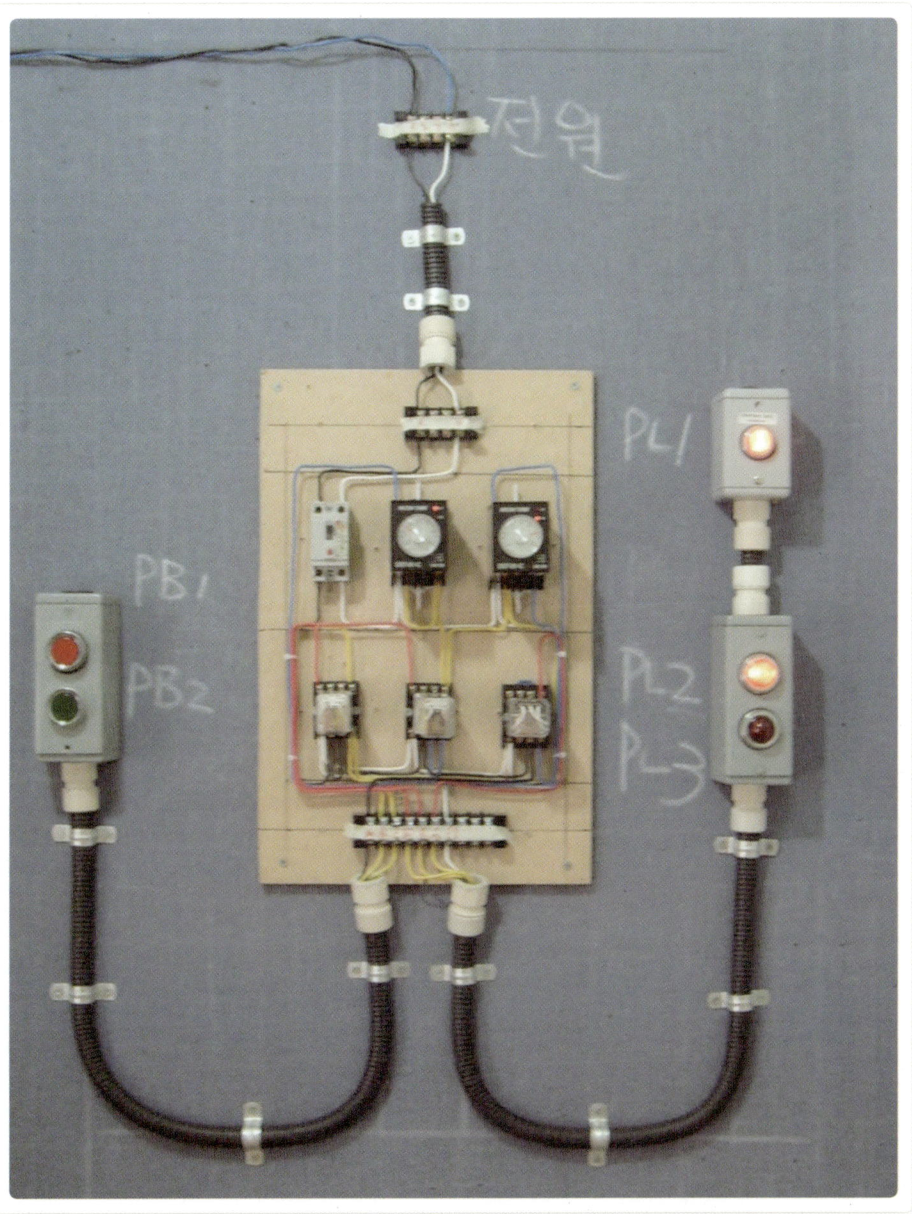

R₂, T₁, PL₂ 동작

T₁의 설정 시간이 되자 R₂가 동작하면서 PL₂가 점등되고 동시에 T₂에도 전원이 투입되었다.

03 동작 테스트 Ⅲ

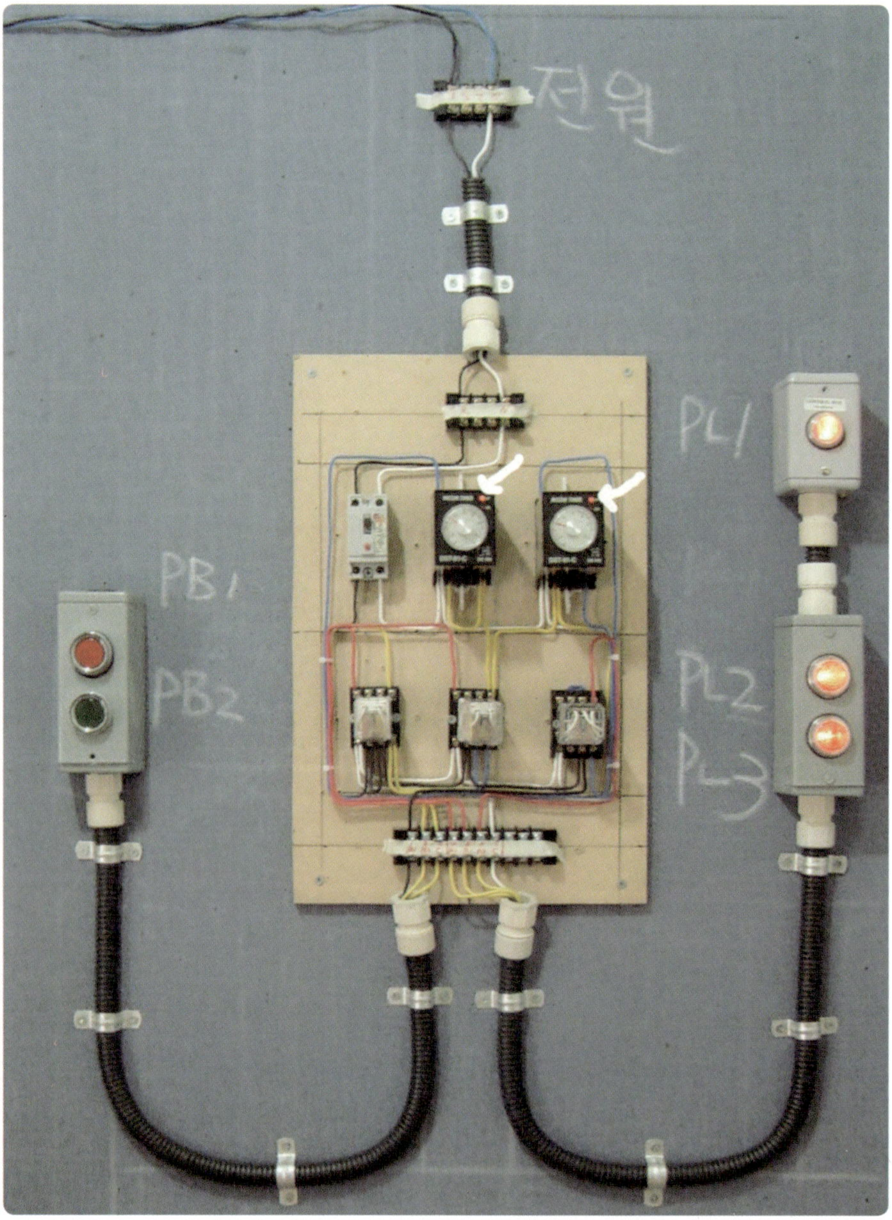

T₂, R₃, PL₃ 동작

① T_2의 설정 시간이 되자 R_3가 동작하면서 PL_3가 점등되었다.

② PB_2(정지)를 누르기 전까지 R_1, T_1, R_2, T_2, R_3가 모두 동작된 상태를 유지한다.

③ PL_1, PL_2, PL_3도 모두 점등된 상태를 유지한다.

3상 유도 전동기 제어 회로 결선

강의요약

릴레이와 타이머, 마그네트가 조합된 회로를 응용하여 결선 및 동작 테스트를 해 봅니다.

필요자재

누전 차단기(ELB×2P×20A×1개), 릴레이(8P×1개, 11P×1개, 14P×1개), 파일럿 램프×2개, 푸시 버튼 스위치 ×2개, 단자대(4P×1개, 10P×1개), 컨트롤 박스(2구×2개)

Step 01 동작 설명 및 접점 번호 부여

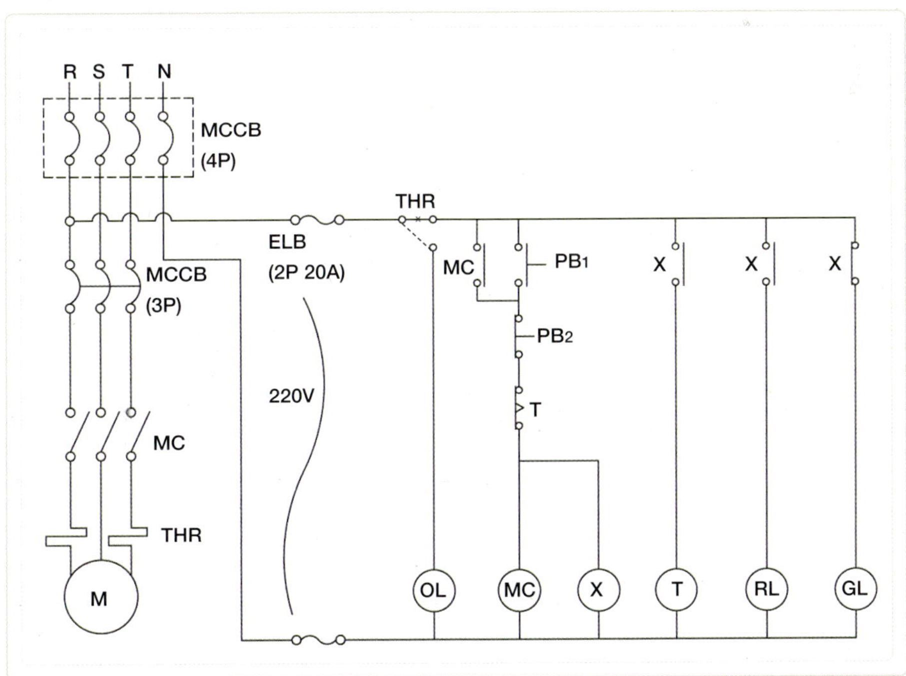

① 3상 4선식(220V/380V)에서 단상 220V(R상과 N선)는 보조 회로의 조작 전원으로 사용하고, 3상 380V는 모터의 운전용으로 사용했다.

② 차단기를 올리면 등공통에 해당되는 중성선(N선)은 각 계전기와 램프의 한쪽 코일까지 이미 흐르게 된다.

③ 하트상은 THR의 b접점을 지나 GL 램프로 전류가 흘러 램프가 점등된다.

④ 기동(PB₁) 버튼을 누르면 순간적으로 전류가 흘러 마그네트(MC)와 릴레이(X)가 동작하면서 a접점에 의해 자기 유지가 된다.

    ㉠ X의 a접점에 의해 타이머가 동작되기 시작하고, 동시에 RL 램프가 점등된다.

    ㉡ X의 b접점에 의해 GL 램프가 소등된다.

⑤ 버튼에서 손가락을 떼어도 자기 유지에 의해 MC와 X는 계속 동작한다.

⑥ 타이머의 설정 시간이 되면 한시 b접점에 의해 마그네트의 자기 유지가 풀리면서 모든 회로가 원상복귀된다.

⑦ 회로 동작 중에 THR이 동작하면 모든 회로가 원상복귀된다.

Step 02 기구 배치도

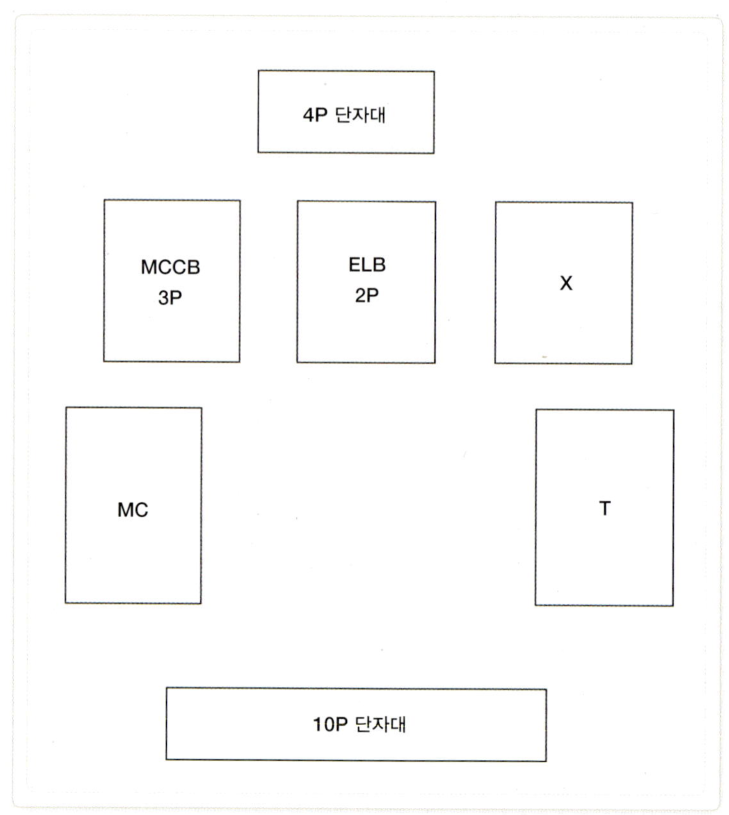

Step 03 속판 배치도

제어함 기구 배치 모습

① 전원 단자재
② 주회로용 차단기(배선용 3P)
③ 보조 회로용 차단기(ELB 2P)
④ 8P 릴레이(X)
⑤ 마그네트(MC)
⑥ 타이머(T)
⑦ 버튼 · 램프 단자대

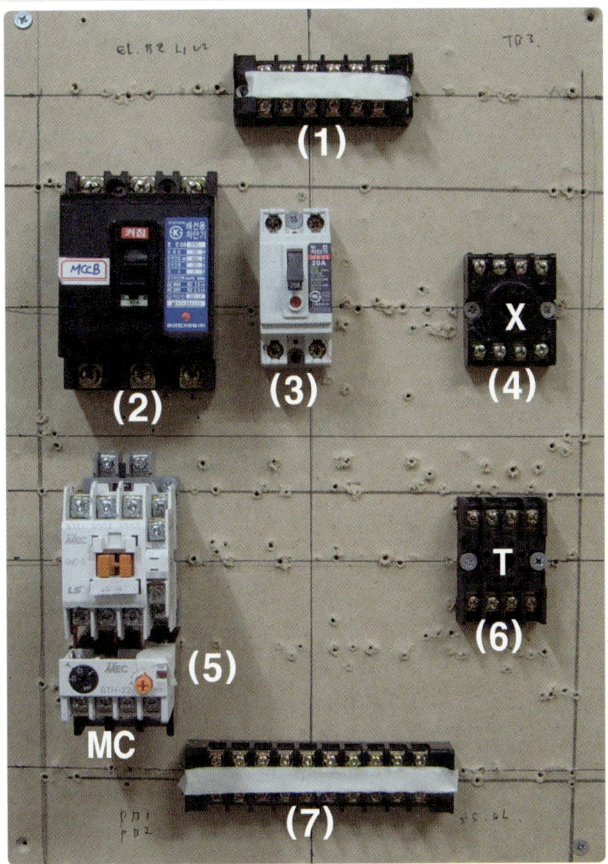

02
기초 실습

외부 버튼 · 램프 단자대

왼쪽부터 모터로 가는 단(U, V, W), PB_1(1), PB_2(3), 공통(2)과 RL(4), GL(5), OL(7), 공통(6)

Step 04 주회로 결선하기

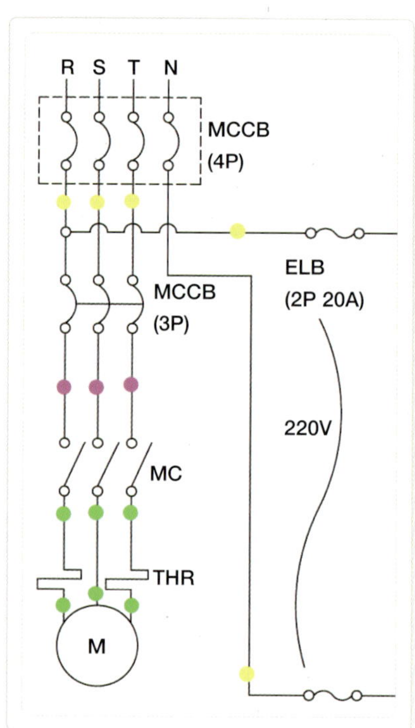

주회로 결선

① 주회로와 보조 회로의 전체를 차단하는 MCCB(4P)는 생략했다.

② 보조 회로의 전원 중 하트상은 R, S, T 중 어느 것을 사용해도 관계없다(여기는 R상 사용).

전원 결선

메인 차단기(MCCB 4P)는 생략되었다.

① 백색(황색) 포인트
 · 단자대(R, S, T)에서 주회로 제어용 차단기(3P)의 1차측으로 갔다.
 · 단자대(R, N)에서 보조 회로 제어용 차단기의 1차측으로 갔다.

② 분홍색 포인트 : 차단기의 2차측에서 마그네트의 주접점 단자(R, S, T)에 물렸다.

③ 녹색 포인트
 · 마그네트의 2차 단자와 THR이 자체 연결되었다.
 · THR의 단자에서 모터로 가는 단자대(U, V, W)로 갔다.

Step 05   보조 회로 결선하기

01 트립 버튼 라인 결선

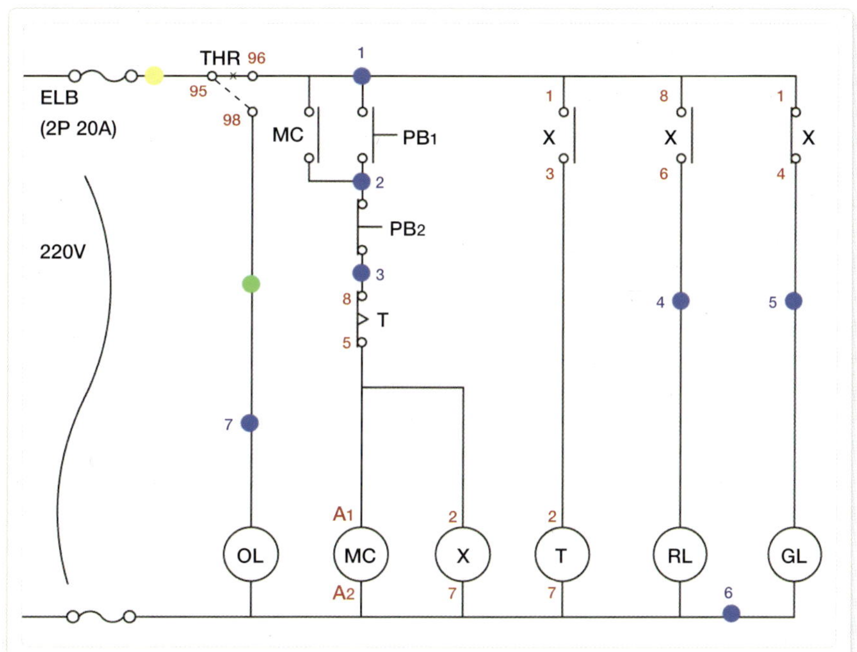

02
기초 실습

하트상측 결선 Ⅰ

① 백색(황색) 포인트 : 차단기의 2차측(R상)
에서 트립 접점의 공통 단자(95·97번)
를 연결시켰다.

② 녹색 포인트 : 트립 α접점(98번)에서 OL
램프로 가는 단자대(7번)로 갔다.

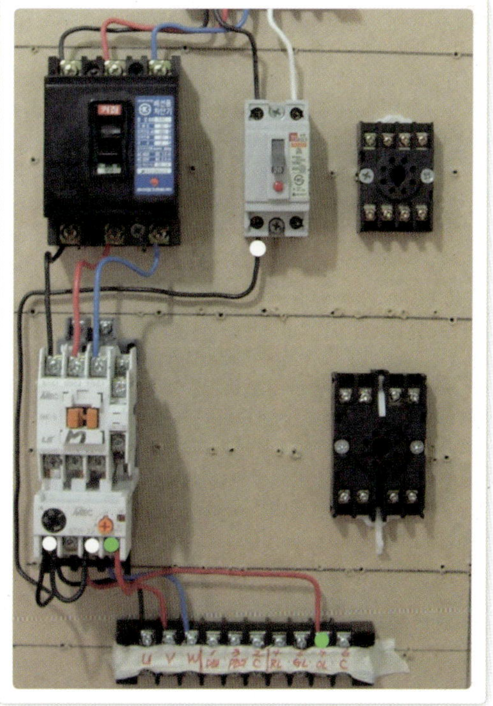

02 　등공통 라인 결선

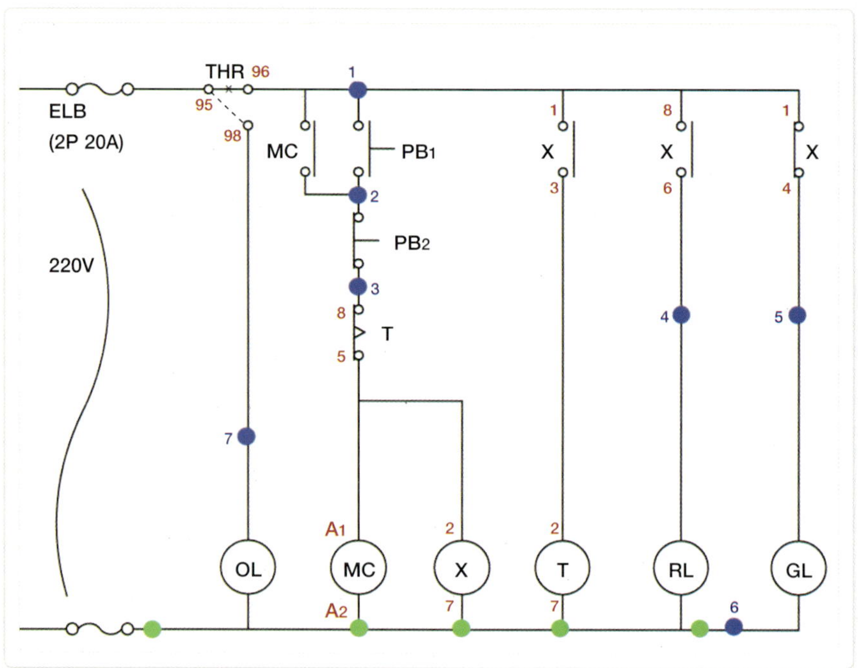

중성선측 결선

차단기의 2차측에서 출발한 중성선(N선)이 MC의 전원(A_2), X의 전원(7번)과 타이머의 전원(7번)을 거쳐, 램프의 공통으로 가는 단자대(6번)로 갔다.

03 스위치 공통 라인 결선

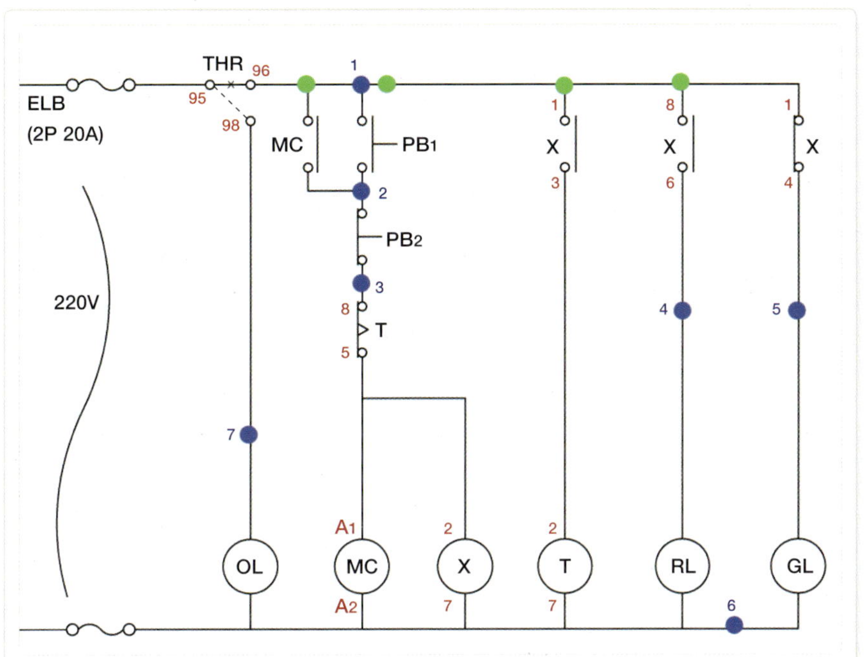

하트상측 결선 Ⅱ

MC의 자기 유지용 a접점에서 트립 b접점(96번)과 PB₁으로 가는 단자대(1번)를 거쳐, X의 a접점(1 · 8번)으로 갔다.

04 MC 라인 결선

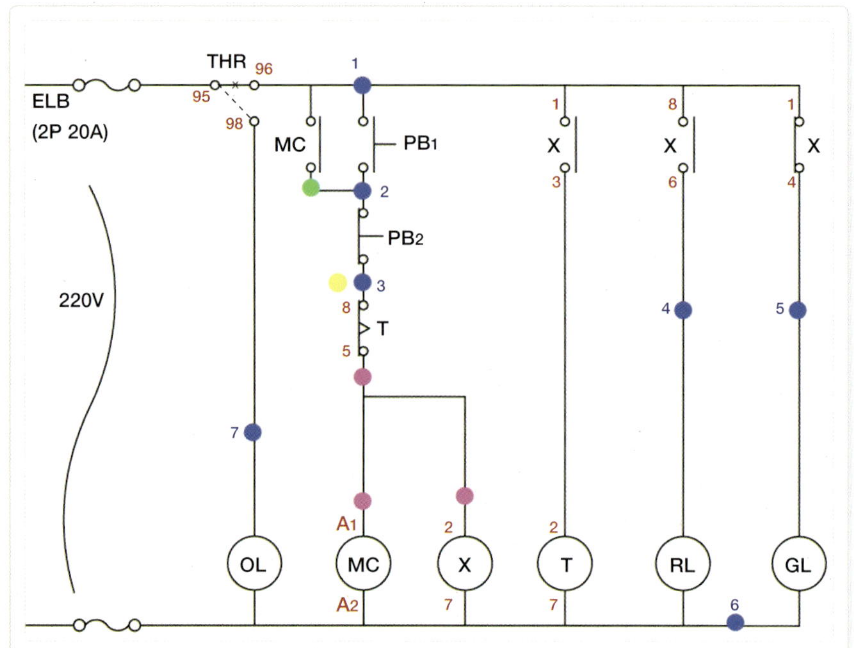

MC · X 라인 결선

① 녹색 포인트 : MC의 자기 유지용 a접점 에서 PB1과 PB2의 공통으로 가는 단자대 (2번)로 갔다.

② 백색(황색) 포인트 : 타이머의 한시 b접점 (8번)에서 PB2로 가는 단자대(3번)로 갔다.

③ 분홍색 포인트 : MC의 전원(A1)에서 타이 머의 한시 b접점(5번)과 X의 전원(2번)으 로 갔다.

05 타이머, 램프 라인 결선

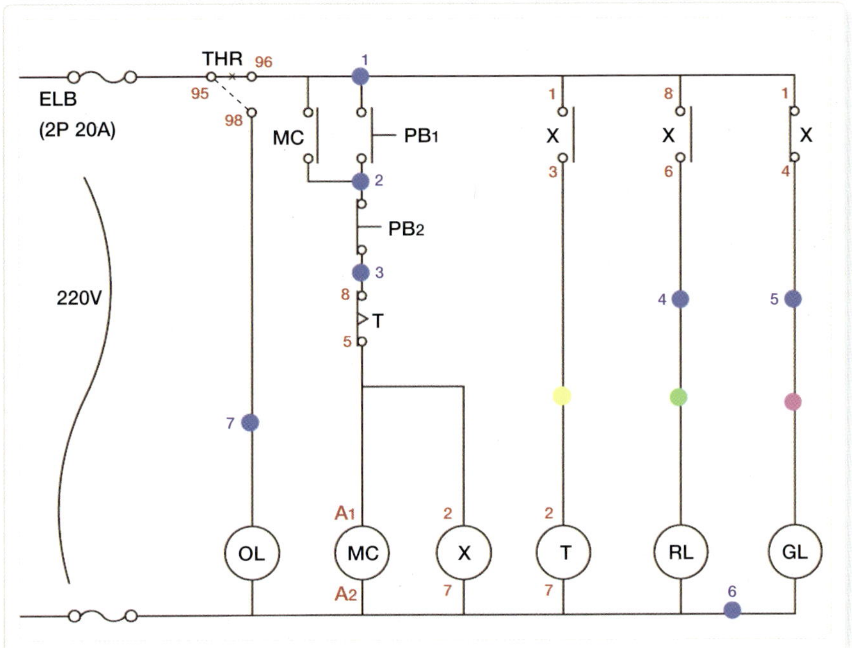

T · RL · GL 결선

① 백색(황색) 포인트 : X의 a접점(3번)에서
T의 전원(2번)으로 갔다.

② 녹색 포인트 : X의 a접점(6번)에서 RL 램
프로 가는 단자대(4번)로 갔다.

③ 분홍색 포인트 : X의 b접점(4번)에서 GL
램프로 가는 단자대(5번)로 갔다.

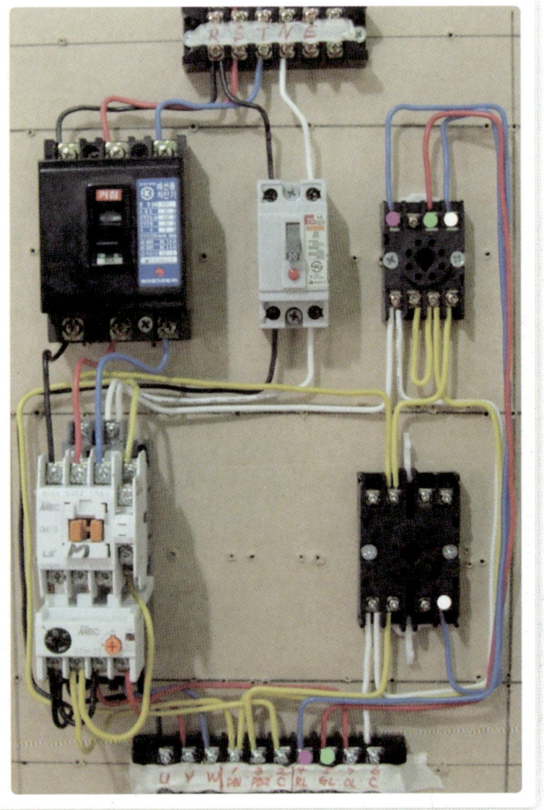

06 THR 결선

THR 동작

과부하가 걸려 트립이 되면 사진의 화살표처럼 갈색의 버튼이 위로 올라오면서 a접점은 붙고 b접점은 떨어진다.
a접점에 의해 단자대의 OL 램프로 가는 전선으로 전류가 흘러 램프가 점등된다.

Step 06 배관 및 입선

배관 · 입선 완료

외부 버튼 및 램프로 가는 전선의 길이는 컨트롤 박스 안에서 한 바퀴 감아 넣을 정도로 충분히 여유를 준다.

Step 07 푸시 버튼 결선

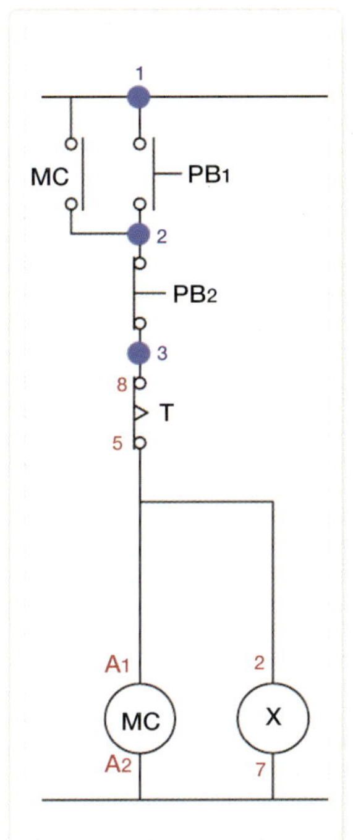

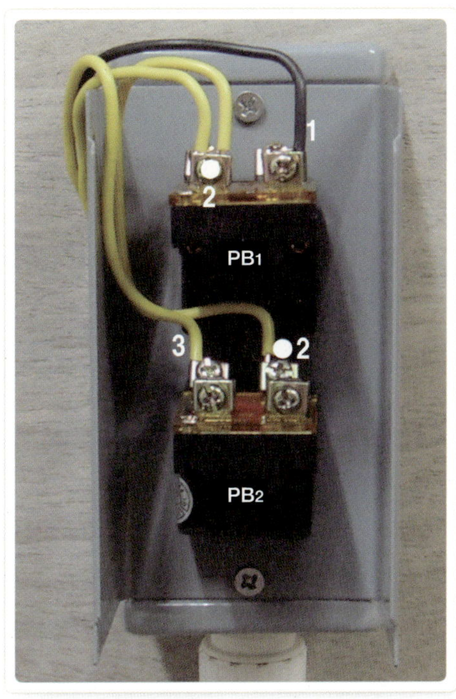

외부 버튼 결선

① 황색 선으로 PB₁과 PB₂를 연결한 다음 제어함의 공통 단자(2번)에서 온 선을 물렸다.

② 제어함의 1번 단자에서 PB₁의 남은 단자에 물렸다.

③ 제어함의 3번 단자에서 PB₂의 남은 단자에 물렸다.

Step 08 램프 결선

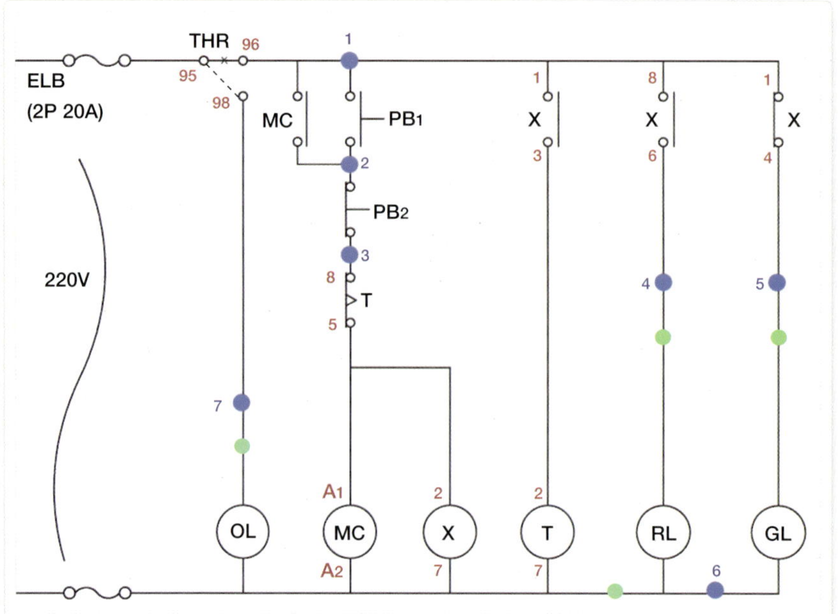

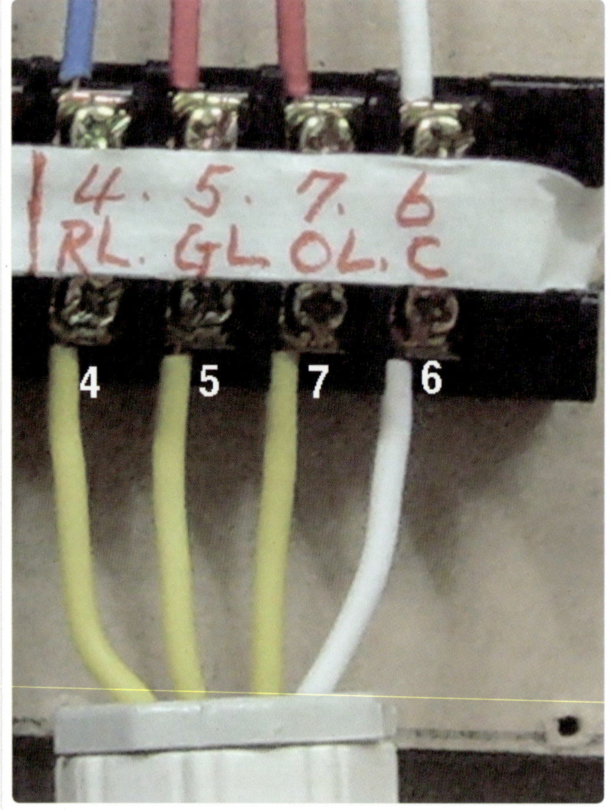

램프의 외부 단자대 결선

① 백색 선으로 OL, GL, RL의 단자를 서로 연결한 다음 제어함의 공통 단자(6번)에 서 온 선을 물렸다.

② 제어함의 4번 단자에서 RL의 남은 단자 에 물렸다.

③ 제어함의 5번 단자에서 GL의 남은 단자 에 물렸다.

④ 제어함의 7번 단자에서 OL의 남은 단자 에 물렸다.

Step 09　결선 완료

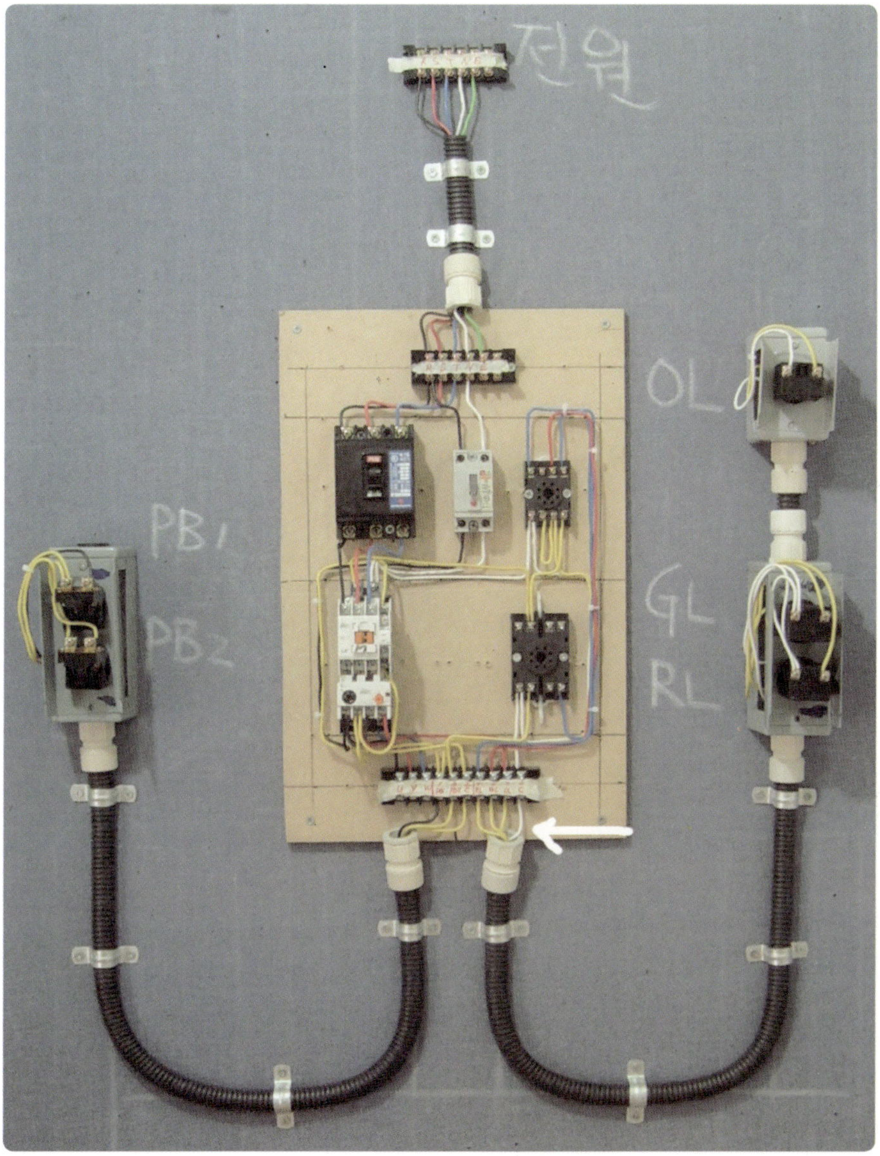

박스 내부 결선 완료

① 화살표 : 속판의 단자대에서 선을 먼저 물려주는 게 좋다.
② 컨트롤 박스 안의 결선은 사진처럼 여유있게 해 주어야 유지 · 보수에 좋다.

Step 10　작업 완료

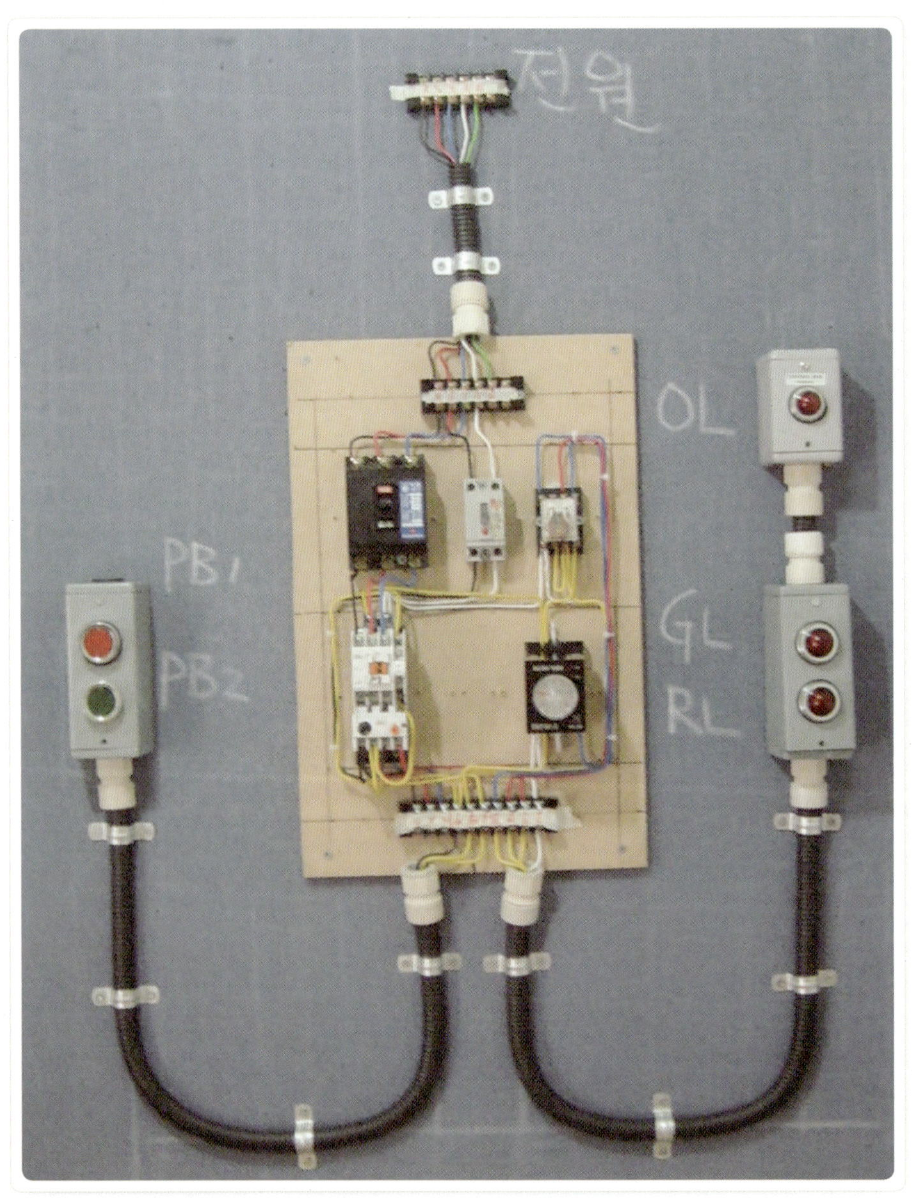

▌ 배관 및 결선이 완료된 모습 ▌

Step 11 동작 테스트

01 동작 테스트 Ⅰ

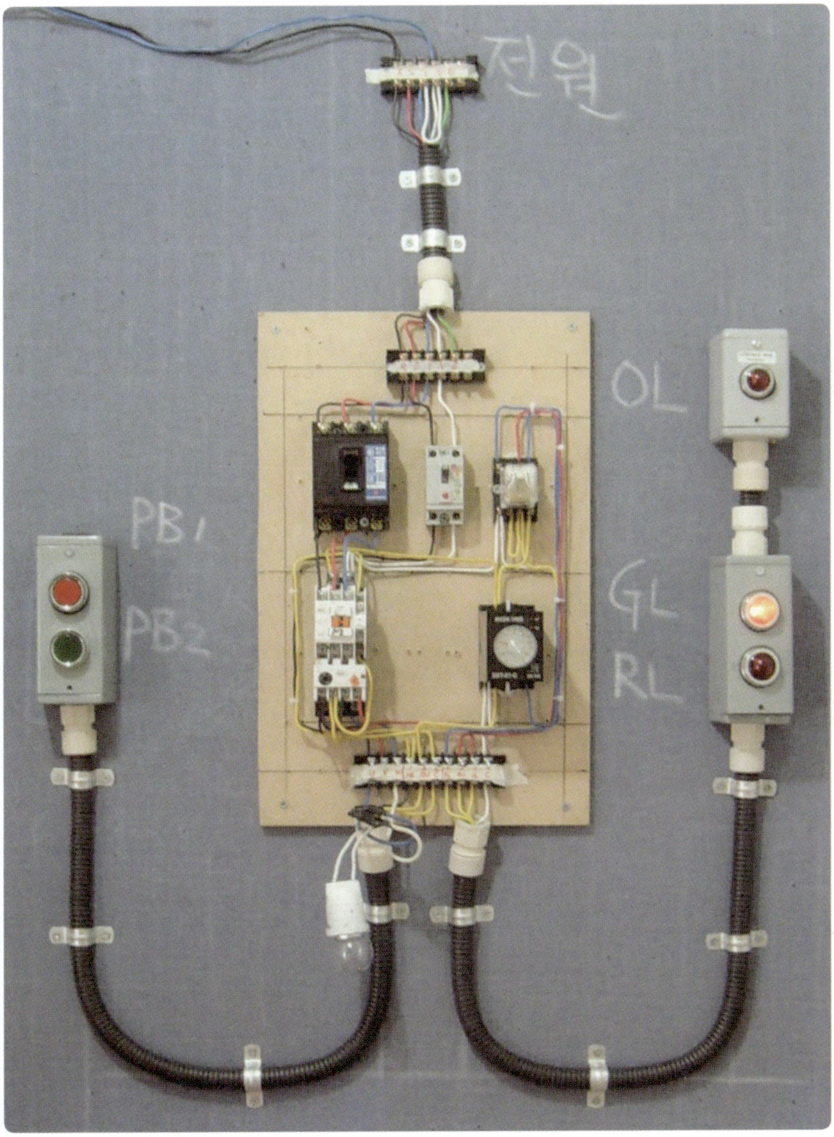

전원 투입 Test

전원이 투입되고 보조 회로용 차단기인 누전 차단기(ELB)를 올리자 릴레이(X)의 B접점을 통해 전류가 흘러 GL 램프
가 점등되었다.

02 동작 테스트 Ⅱ

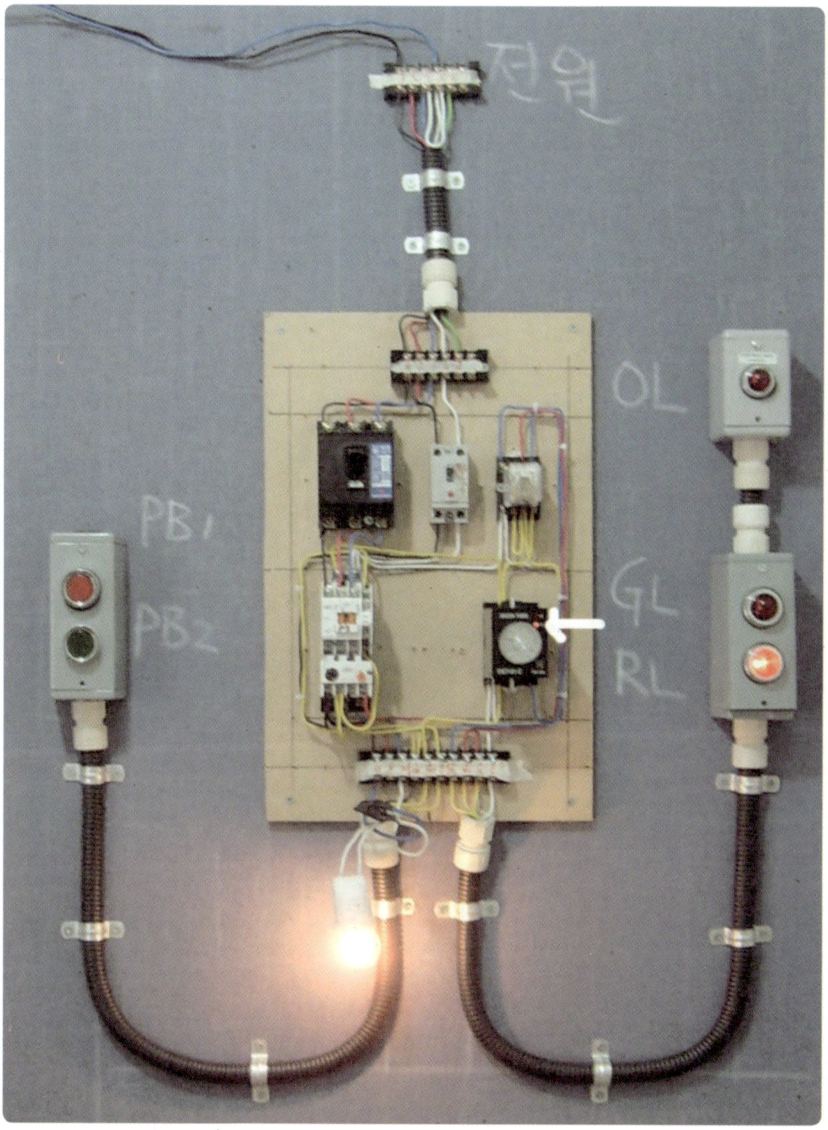

모터 작동 Test

① PB₁을 누르자 마그네트가 동작하고 릴레이의 a접점에 의해 RL 램프가 점등된다.

② 마그네트의 주접점이 붙으면서 모터(백열 전구로 대체)가 동작한다.

③ 타이머도 동작하기 시작한다.

모터 정·역 회로 결선

강의요약

1. 마그네트와 릴레이를 이용한 모터 정·역 회로를 결선 및 동작 테스트를 해 봅니다.
2. 정·역 회로는 현장에서 자주 이용되기 때문에 반드시 이해를 해야 합니다.

필요자재

배선용 차단기(3P×1개), 누전 차단기(ELB×2P×20A×1개), 릴레이(8P×2개), 파일럿 램프×4개, 푸시 버튼 스위치×2개, 단자대(6P×1개, 15P×1개), 컨트롤 박스(2구×3개)

Step 01 동작 설명 및 접점 번호 부여

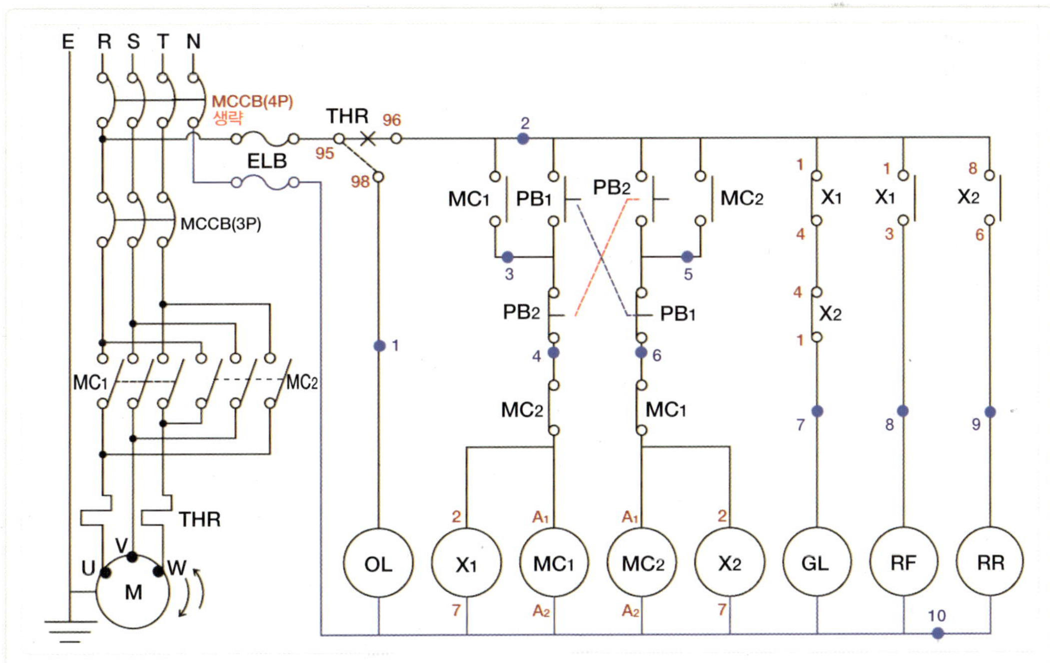

① 3상 4선식(220V/380V)에서 단상 220V(R상과 N선)는 보조 회로의 조작 전원으로 사용하고, 3상 380V는 모터의 운전용으로 사용했다.

② 차단기를 올리면 GL 램프가 바로 점등된다.

③ 정회전(PB$_1$) 버튼을 누르면 순간적으로 전류가 흘러 마그네트(MC$_1$)와 릴레이(X$_1$)가 동작하면서 a접점에 의해 자기 유지가 된다.

　　㉠ X$_1$의 b접점에 의해 GL 램프가 소등되고 a접점에 의해 정회전 램프(RF)가 점등된다.

　　㉡ MC$_1$의 주접점이 붙으면서 모터가 정회전을 한다.

④ 역회전(PB$_2$) 버튼을 누르면 PB$_2$의 정지 버튼에 의해 MC$_1$과 X$_1$이 동작을 멈추고 동시에 PB$_2$의 기동 버튼에 의해 MC$_2$와 X$_2$가 동작하면서 a접점에 의해 자기 유지가 된다.

　　㉠ X$_2$의 b접점에 의해 GL 램프가 소등되는 동시에 a접점에 의해 역회전 램프(RR)가 점등된다.

　　㉡ MC$_2$의 주접점이 붙으면서 모터가 역회전을 한다.

⑤ THR 작동시 모든 회로가 초기화되면서 OL램프가 점등된다.

Step 02 기구 배치도

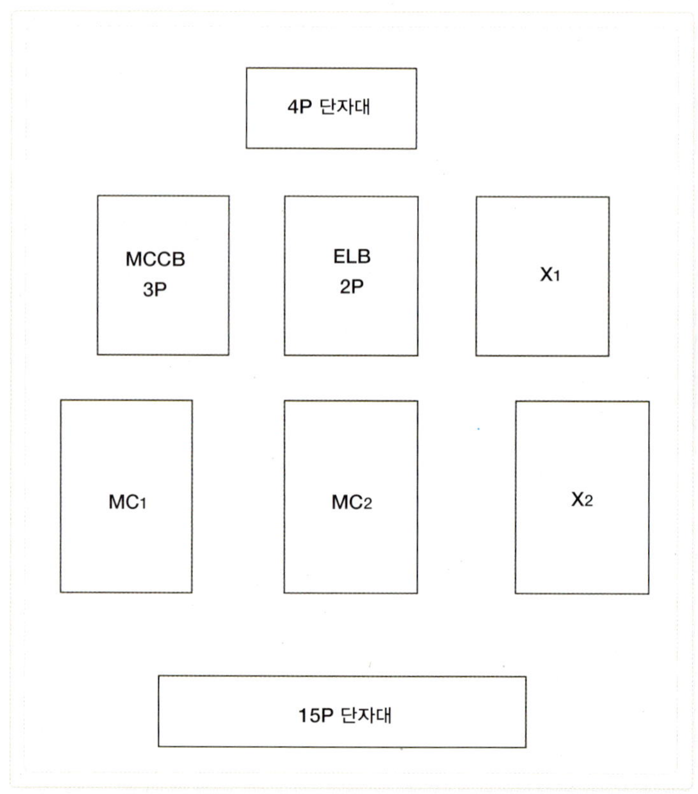

Step 03   속판 배치도

제어함 기구 배치 모습

① 전원 단자대
② 주회로 차단기(배선용 3P)
③ 보조 회로 차단기(ELB 2P)
④ 8P 릴레이(X_1)
⑤ 마그네트(MC_1)
⑥ 마그네트(MC_2)
⑦ 8P 릴레이(X_2)
⑧ 외부 단자대

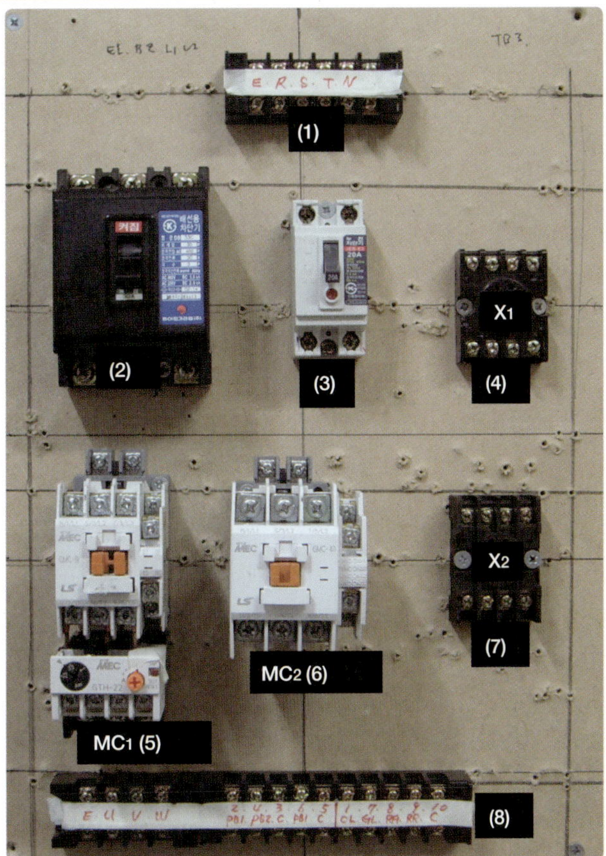

하부 단자대 모습

왼쪽부터 모터로 가는 단자(U, V, W)와 PB_1(2), PB_2(4), 공통(3)과 다시 PB_1(6), 공통(5)이고 OL(1), GL(7), RF(8), RR(9), 공통(10)

Step 04 주회로 결선하기

01 차단기 결선

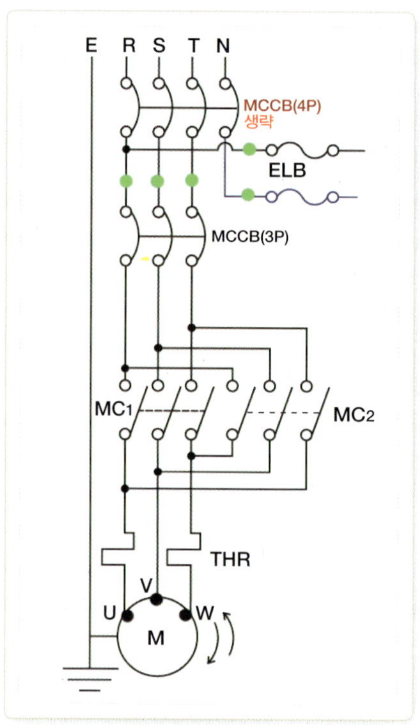

차단기 1차측 결선

메인 차단기(MCCB 4P)는 생략되었다.

백색 포인트는

① 단자대(R, S, T)에서 주회로 제어용 차단기(3P)의 1차측으로 갔다.

② 단자대(R, N)에서 보조 회로 제어용 차단기 1차측으로 갔다.

02 MCCB 결선

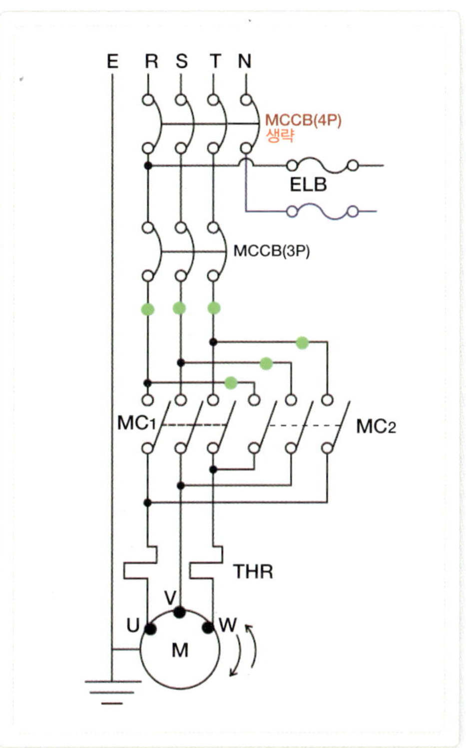

MCCB 2차측 결선

① 차단기의 2차측에서 MC1의 주접점 단자
(R, S, T)에 물렸다.

② 다시 MC1의 주접점 단자(R, S, T)에서 MC2
의 주접점 단자(R, S, T)로 연결되었다.

※ 일부 미리 결선이 되어 있는 부분은 생각하
지 않기로 한다.

03 마그네트 결선

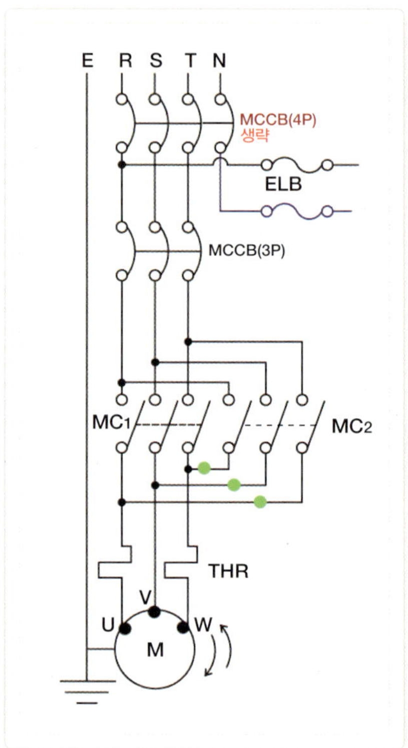

마그네트 2차측 결선

MC1의 2차 단자와 MC2의 2차 단자끼리 연결되었다.

04 모터 단자대 결선

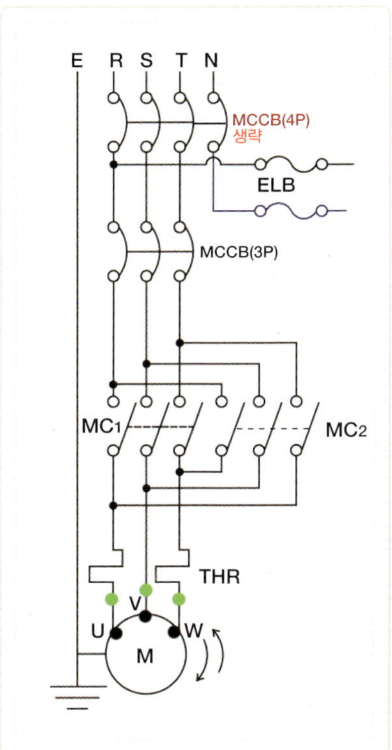

모터 단자대 결선

MC₁의 2차 단자와 THR이 자체 연결되었고,
THR의 단자에서 모터로 가는 단자대(U, V,
W)로 갔다.

Step 05 보조 회로 결선하기

01 등공통 라인 결선

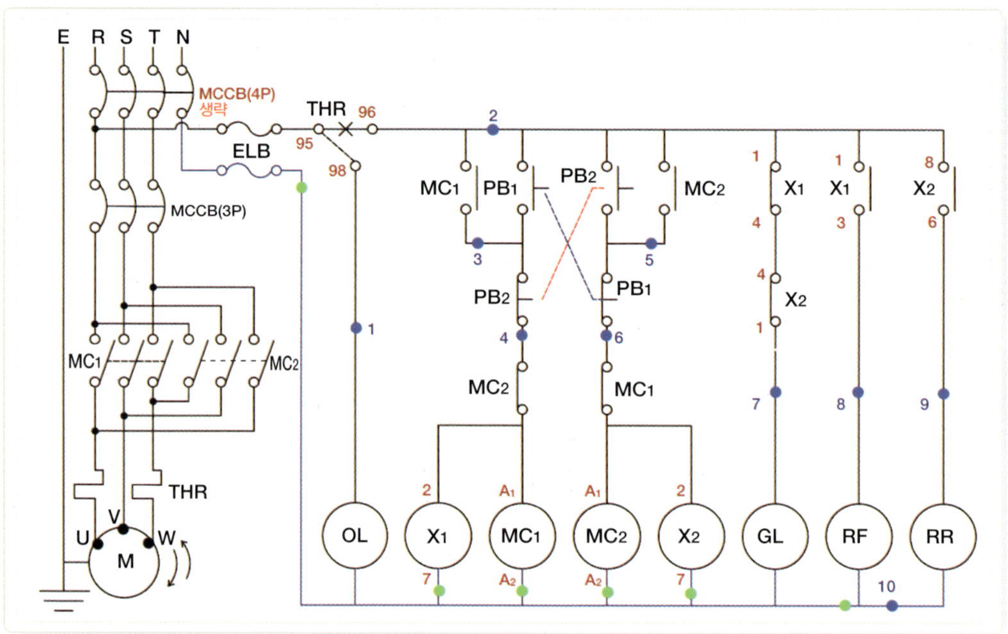

중성선측 결선

차단기의 2차측에서 출발한 중성선(N선)이
MC_1의 전원(A_2)과 MC_2의 전원(A_2), X_1의 전
원(7번)과 X_2의 전원(7번)을 거쳐 램프의 공
통으로 가는 단자대(10번)로 갔다.

02 트립 버튼 라인 결선 Ⅰ

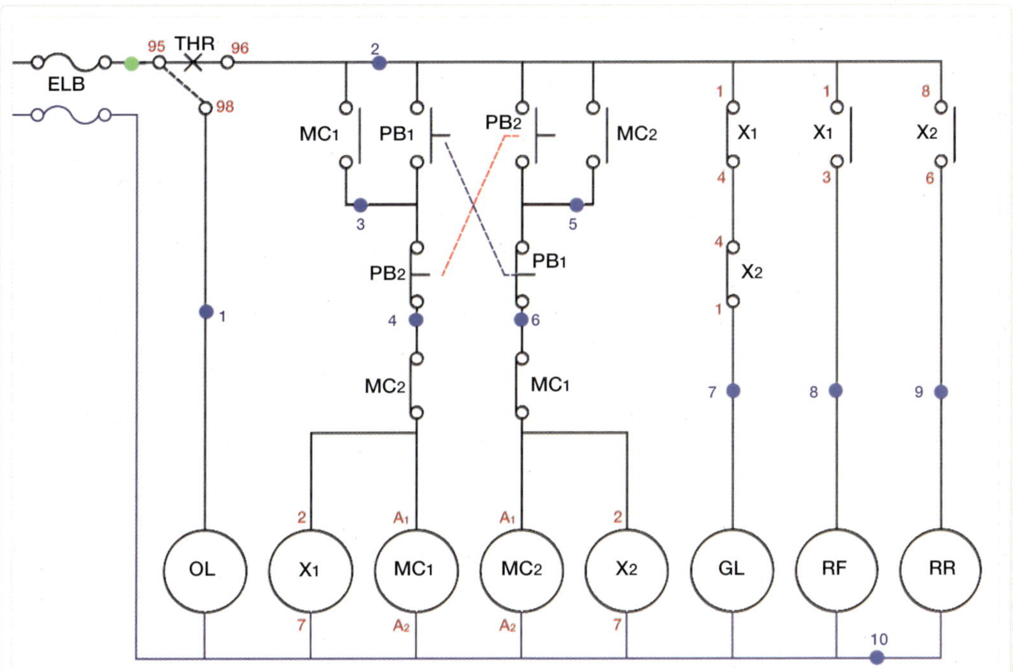

하트상측 결선

① 백색 포인트 : 차단기의 2차측(R상)에서
트립 접점의 공통 단자(95·97번)를 연결
시켰다.

② 트립 접점
· b접점(95·96번)이고, a접점(97·98
번)이다.
· 회로도처럼 a접점과 b접점을 모두 사용
할 때는 공통 접점(95·97번)을 연결시
켜 주어야 한다.
· 만약 어느 한 접점만 사용한다면 공통을
연결해도 그만, 안 해도 그만이다.

03 트립 버튼 라인 결선 Ⅱ

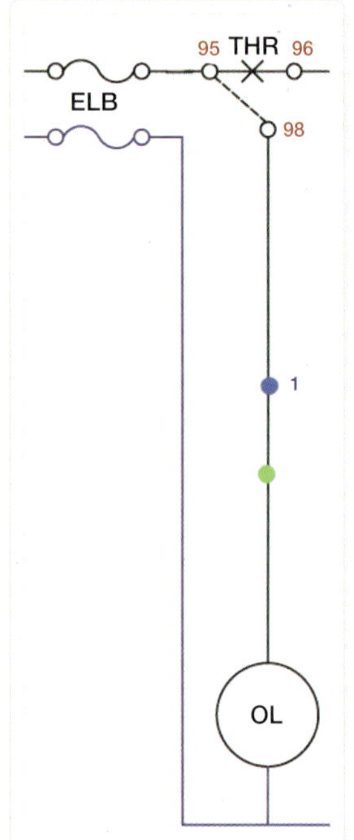

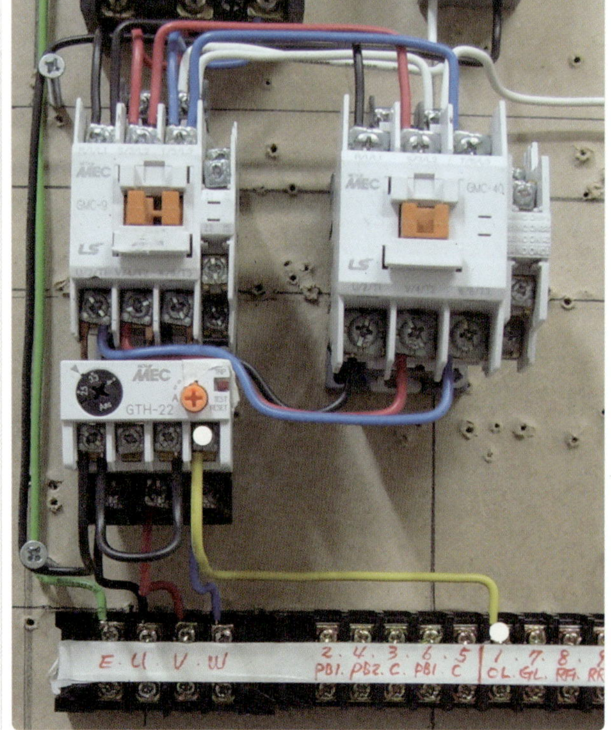

THR 접점 결선 Ⅰ

트립 α접점(98번)에서 OL 램프로 가는 단자
대(1번)로 갔다.

04 스위치 공통 라인 결선

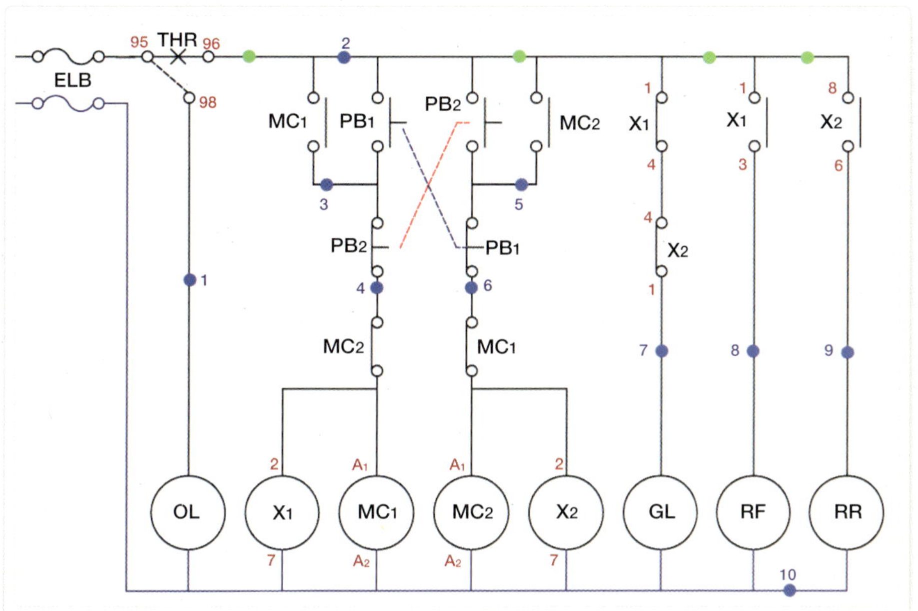

THR 접점 결선 Ⅱ

① MC₁의 자기 유지용 a접점에서 트립 b접점(96번)과 PB₁과 PB₂의 기동부분이 연결되는 단자대(2번)를 거쳐, X₂의 a접점(8번)과 X₁의 a접점(1번)을 거쳐 MC₂의 자기 유지용 a접점으로 갔다.

② MC₁과 MC₂가 서로 인터록이 걸리므로 접점이 바뀌지 않도록 조심해야 한다.

05 MC₁ 라인 결선

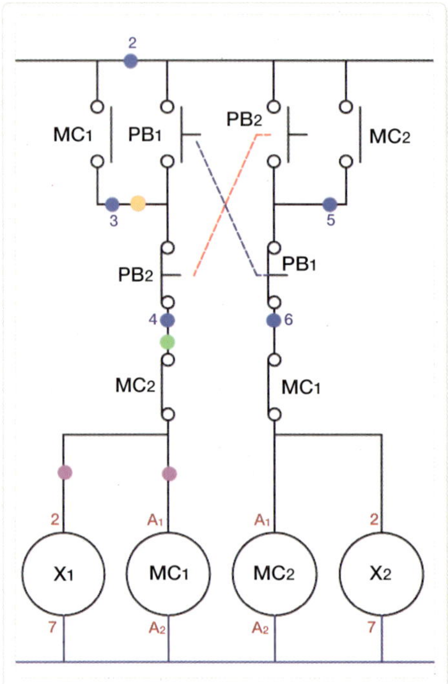

X₁, MC₁ 전원 라인 결선

① 백색 포인트 : MC₁의 자기 유지용 a접점
  에서 PB₁의 기동과 PB₂의 정지가 공통으
  로 연결되는 단자대(3번)로 갔다.

② 녹색 포인트 : MC₂의 b접점에서 PB₂의
  정지로 가는 단자대(4번)로 갔다.

③ 분홍색 포인트 : MC₁의 전원(A₁)에서 MC₂
  의 b접점과 X₁의 전원(2번)으로 갔다.

06 MC₂ 라인 결선

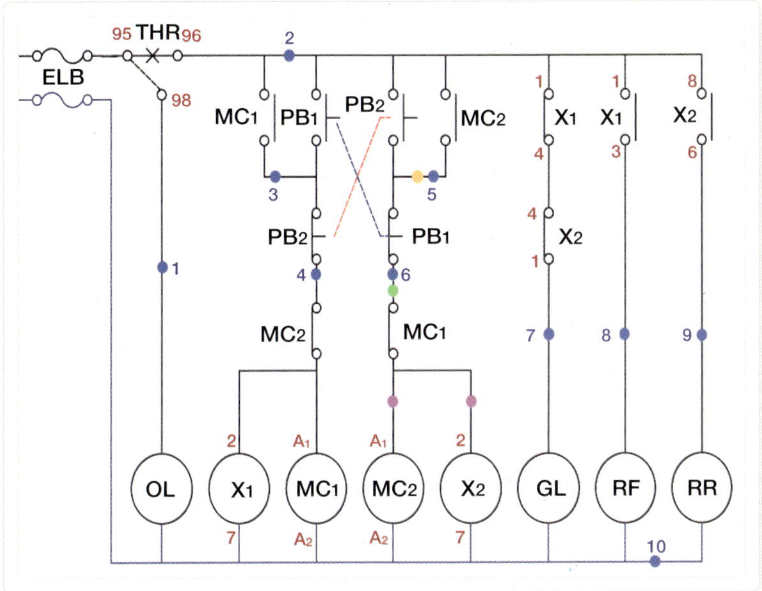

MC₂, X₂ 전원 라인 결선

① 백색 포인트 : MC₂의 자기 유지용 a접점
에서 PB₂의 기동과 PB₁의 정지가 공통으
로 연결되는 단자대(5번)로 갔다.

② 녹색 포인트 : MC₁의 b접점에서 PB₁의 정
지로 가는 단자대(6번)로 갔다.

③ 분홍색 포인트 : MC₁의 b접점에서 MC₂의
전원(A₁)과 X₂의 전원(2번)으로 갔다.

07 램프 라인 결선

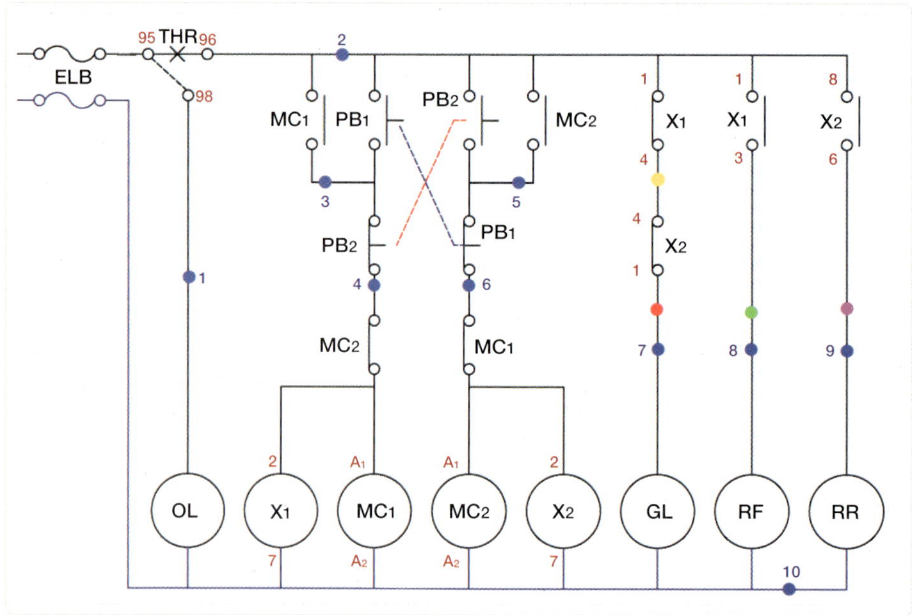

GL, RF, RR 라인 결선

① 황색 포인트 : X₁의 b접점(4번)에서 X₂의 b접점(4번)으로 갔다.

② 백색(적색) 포인트 : X₂의 b접점(1번)에서 GL 램프로 가는 단자대(7번)로 갔다.

③ 녹색 포인트 : X₁의 a접점(3번)에서 RF 램프로 가는 단자대(8번)로 갔다.

④ 분홍색 포인트 : X₂의 a접점(6번)에서 RR 램프로 가는 단자대(9번)로 갔다.

08 푸시 버튼 결선

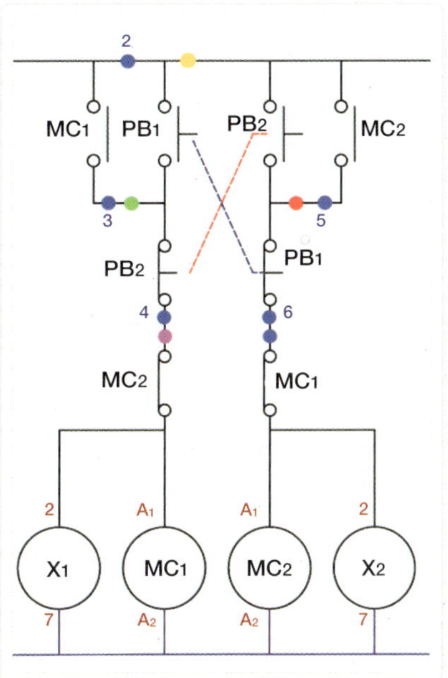

02
기초 실습

PB₁, PB₂의 컨트롤 박스 결선

① 백색(황색) 포인트 : 흑색 선으로 PB₁의 기동과 PB₂의 기동을 서로 연결한 다음 제어함 2번 단자에서 온 선을 물렸다.

② 녹색 포인트 : PB₁의 나머지 기동 단자와 PB₂의 정지를 연결한 다음 제어함 3번 단자에서 온 선을 물렸다.

③ 분홍색 포인트 : PB₂의 나머지 정지 단자에 제어함 4번 단자에서 온 선을 물렸다.

④ 적색 포인트 : PB₂의 나머지 기동 단자와 PB₁의 정지를 적색 선으로 연결한 다음 제어함 5번 단자에서 온 선을 물렸다.

⑤ 청색 포인트 : PB₁의 나머지 정지 단자에 제어함 6번 단자에서 온 선을 물렸다.

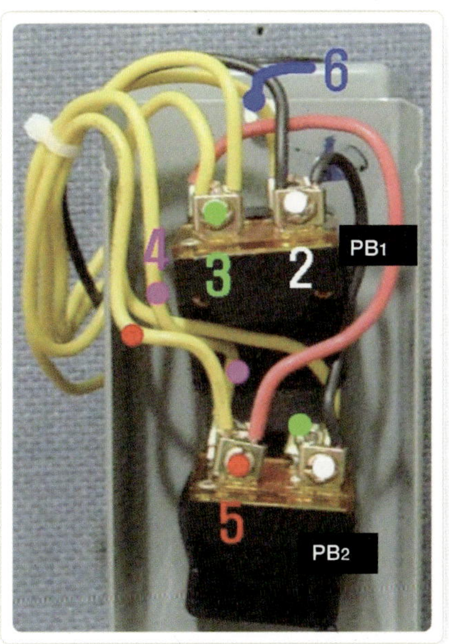

09 램프 결선 Ⅰ

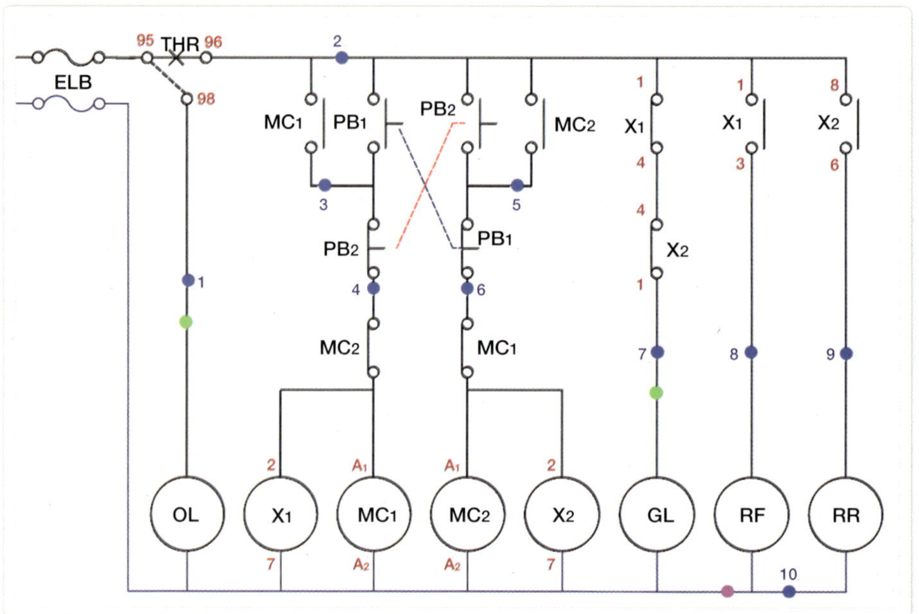

OL, GL의 컨트롤 박스 결선

① 분홍색 포인트 : 백색 선으로 OL과 GL의
   공통을 연결한 다음 RF와 RR의 공통으로
   연결되었다.
② 백색 포인트
   · OL의 남은 단자에 제어함 1번 단자에서
     온 선을 물렸다.
   · GL의 남은 단자에 제어함 7번 단자에서
     온 선을 물렸다.

10 램프 결선 Ⅱ

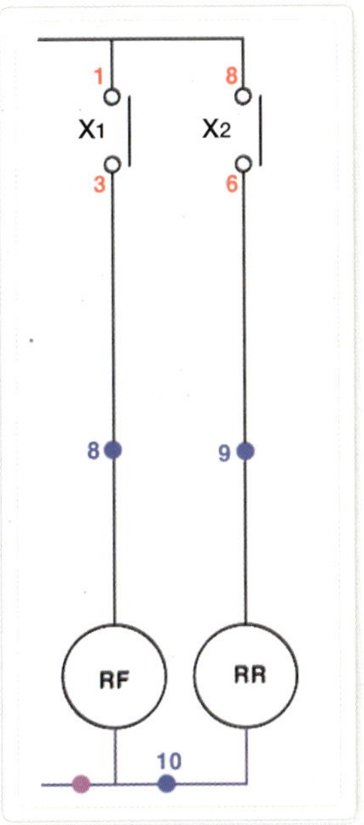

RF, RR의 컨트롤 박스 결선

① 분홍색 포인트 : 백색 선으로 RF와 RR의 공통을 연결한 다음, 제어함 10번 단자에서 온 선을 RR에, OL과 GL의 공통에서 온 선을 RF에 물렸다.

② 녹색 포인트
  · RF의 남은 단자에 제어함 8번 단자대에서 온 선을 물렸다.
  · RR의 남은 단자에 제어함 9번 단자대에서 온 선을 물렸다.

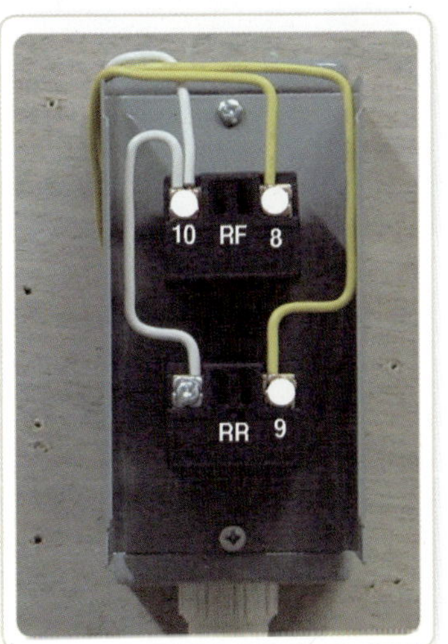

Step 06 결선 완료

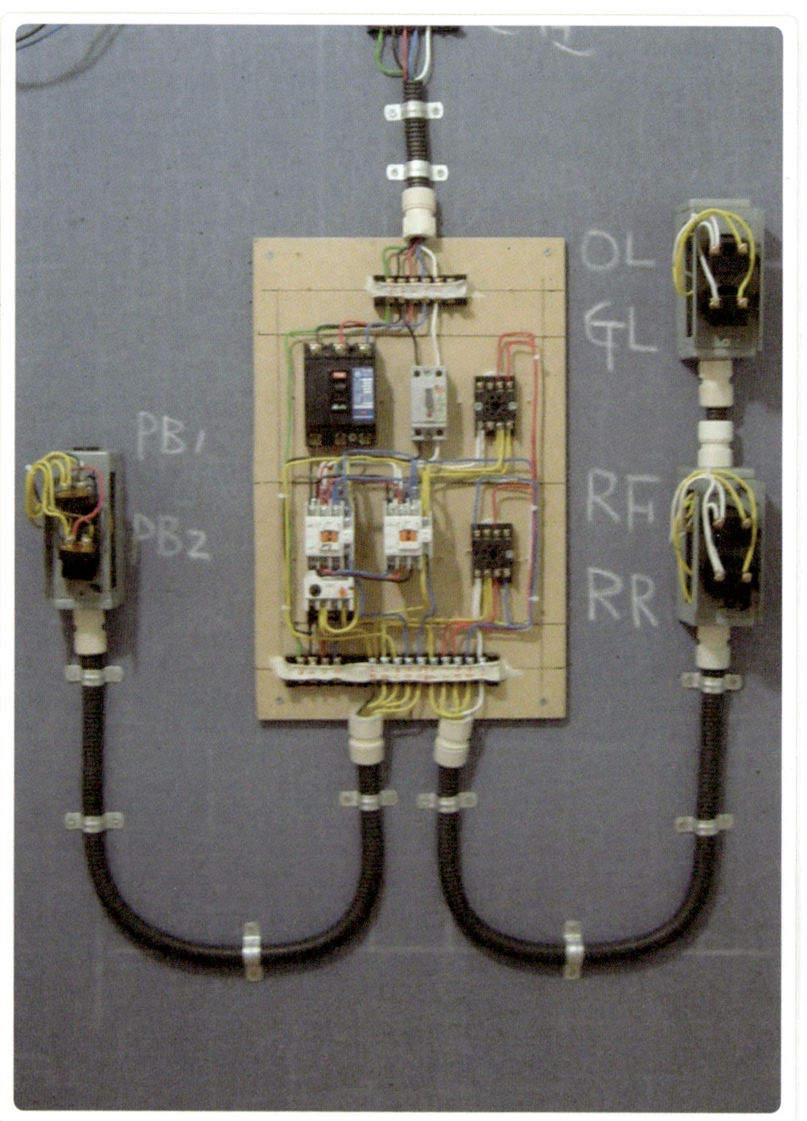

속판 및 외부 결선

제어함의 내부 결선 및 푸시 버튼과 램프가 있는 외부 컨트롤 박스 안에서 결선이 완료된 모습이다.

Step 07 동작 테스트

01 GL 동작 테스트

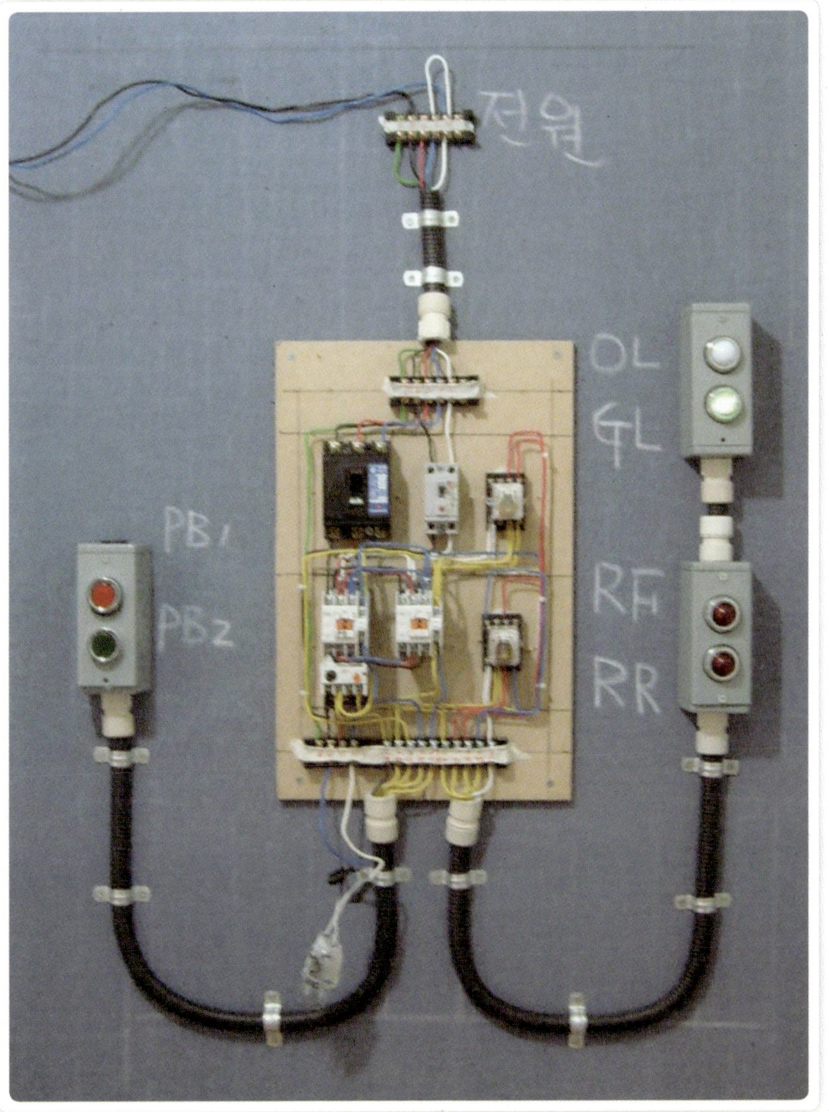

GL 점등 테스트

전원을 투입하자 X_1과 X_2의 b접점을 통해 GL 램프가 점등되었다.

02 모터 동작 테스트 Ⅰ

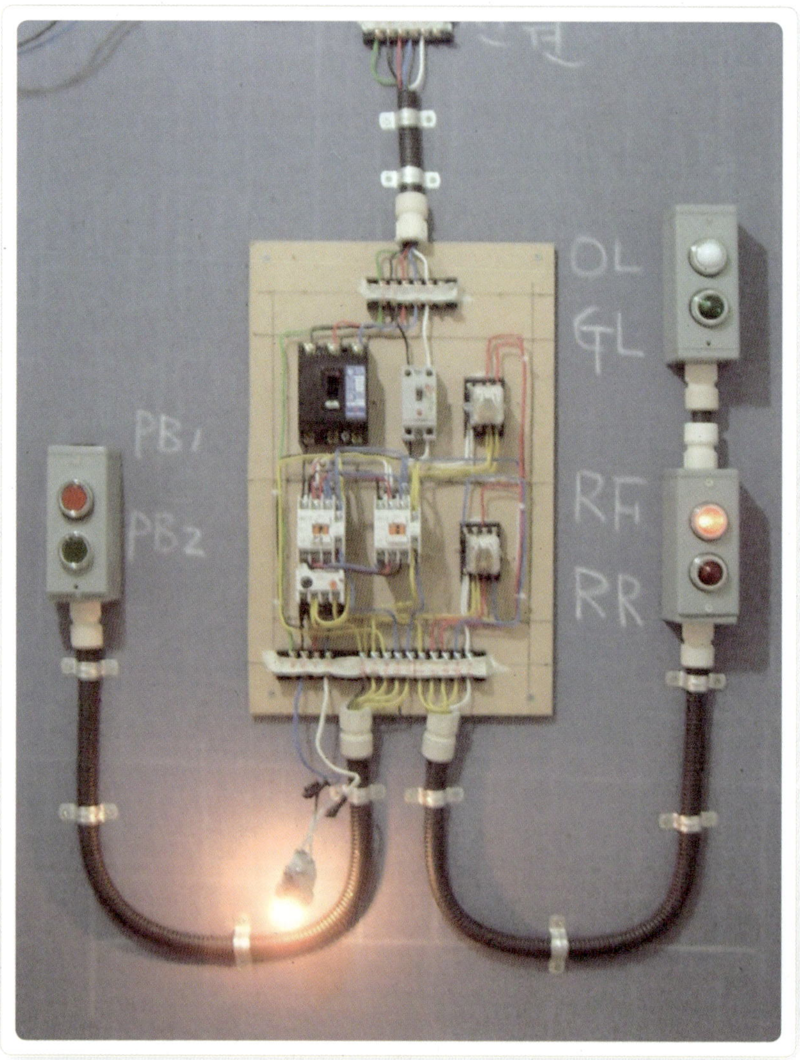

모터 정회전 테스트

① PB1을 누르자 정회전 램프(RF)와 모터(백열 전구로 대신함)가 동작한다.

② MC1의 주접점이 붙으면서 모터가 정회전을 하기 시작한다.

03 모터 동작 테스트 Ⅱ

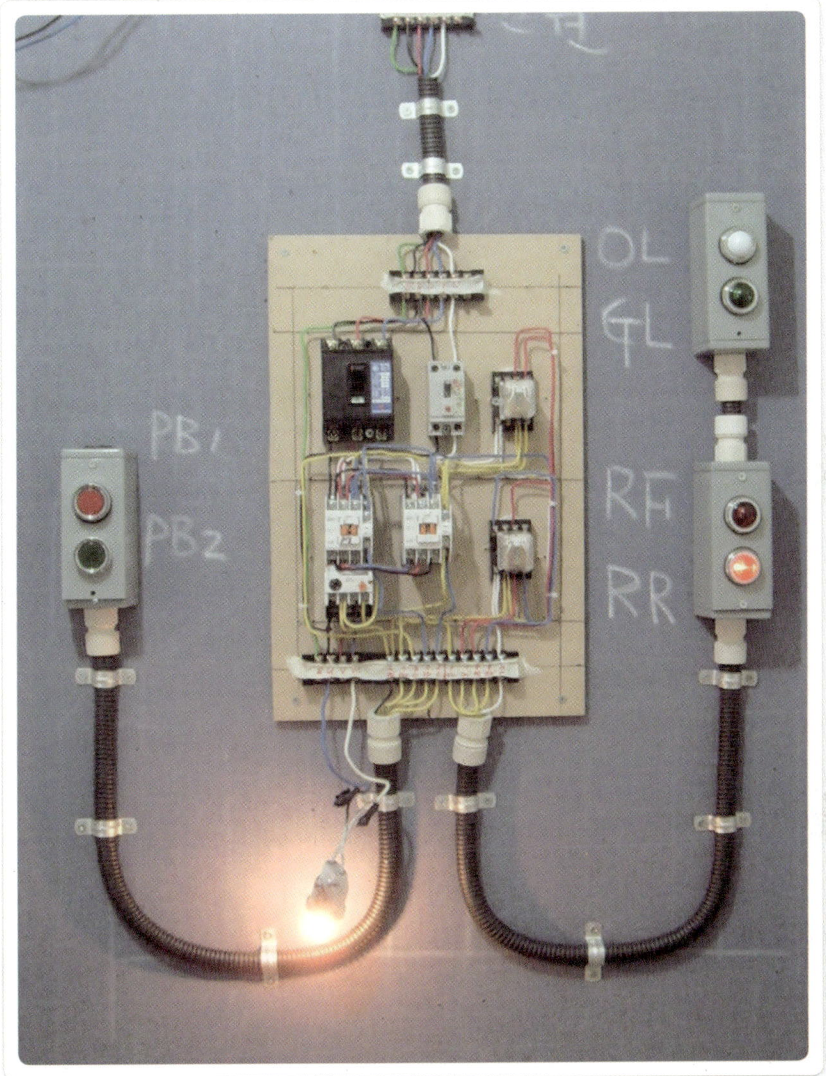

모터 역회전 테스트

① PB$_2$를 누르자 역회전 램프(RR)와 모터(백열 전구로 대신함)가 동작한다.

② MC$_2$의 주접점이 붙으면서 모터가 역회전을 하기 시작한다.

와이-델타 결선

강의요약

마그네트와 릴레이 및 타이머를 이용한 모터 와이-델타 회로를 결선 및 동작 테스트를 해 봅니다.

필요자재

배선용 차단기(3P×1개), 누전 차단기(ELB×2P×20A×1개), 마그네트×3개, 릴레이(8P×2개), 파일럿 램프×4개, 푸시 버튼 스위치×2개, 단자대(6P×1개, 15P×1개), 컨트롤 박스(2구×3개)

Step 01 동작 설명 및 접점 번호 부여

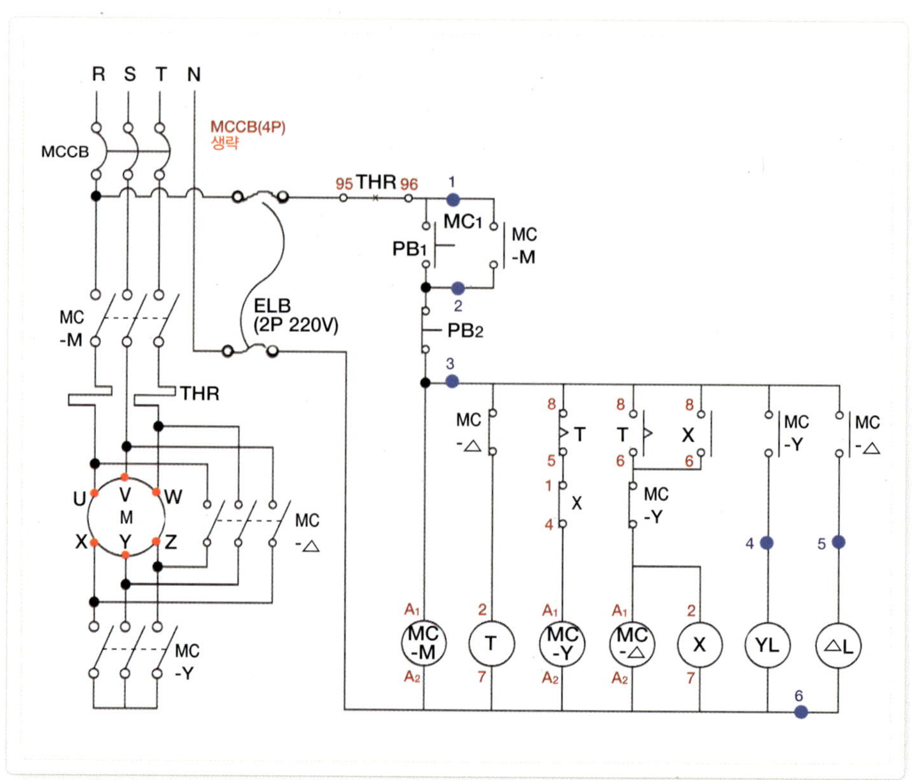

① 버튼(PB₁)을 누르면 MC-M과 T 및 MC-Y에 전원이 투입되며, MC-M의 자기 유지용 a접점에 의해 계속 동작된다.

  ㉠ 주마그네트(MC-M)와 와이(MC-Y) 마그네트의 주접점이 붙으면서 모터가 와이 운전을 하기 시작한다.

  ㉡ MC-Y의 a접점에 의해 램프(YL)가 점등된다.

② 타이머의 설정 시간(대부분 5~6초)이 되면 한시 b접점에 의해 MC-Y가 죽고, 한시 a접점에 의해 MC-△와 릴레이(X)에 전원이 투입되며, X의 자기 유지용 a접점에 의해 계속 동작한다.

  ㉠ 주마그네트(MC-M)는 계속 살아 있고 델타(MC-△) 마그네트의 주접점이 붙으면서 모터가 델타 운전을 하기 시작한다.

  ㉡ MC-△의 a접점에 의해 램프(△L)가 점등된다.

③ 회로 동작 중에 THR이 동작하면 모든 회로가 원상복귀된다.

Step 02　**기구 배치도**

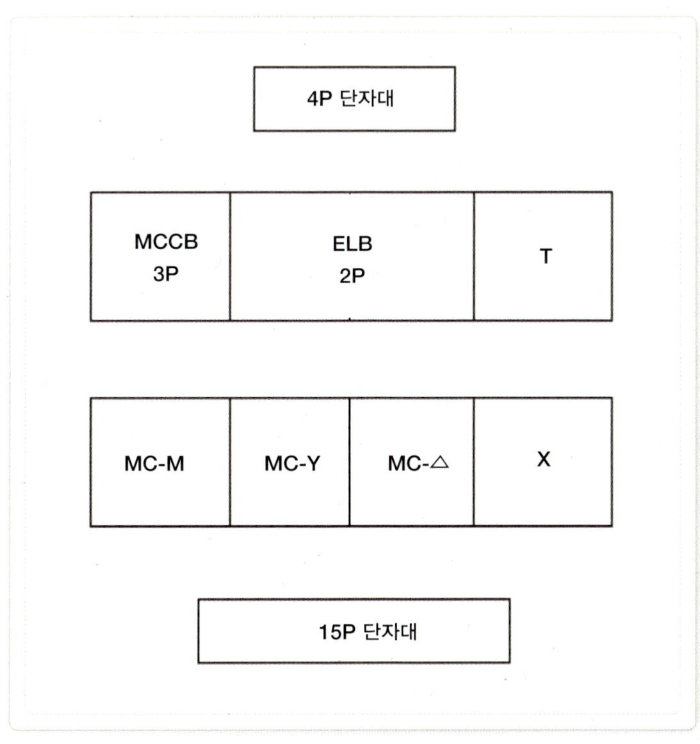

Step 03   속판 배치도

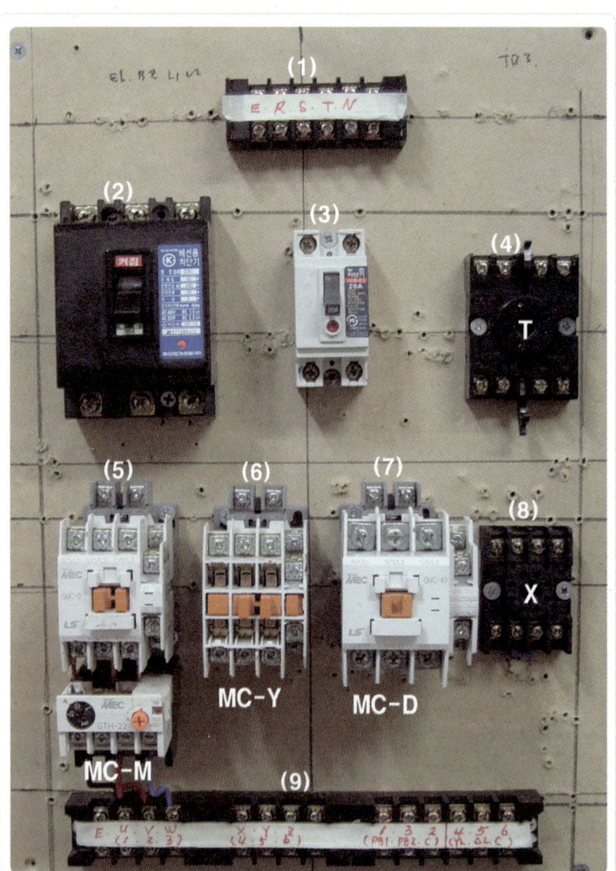

제어함 기구 배치 모습

① 상부 전원 단자대
② MCCB(3P)
③ ELB(2P)
④ 타이머(T)
⑤ 마그네트(MC-M)
⑥ 마그네트(MC-Y)
⑦ 마그네트(MC-△)
⑧ 11P 릴레이(X)
⑨ 하부 단자대

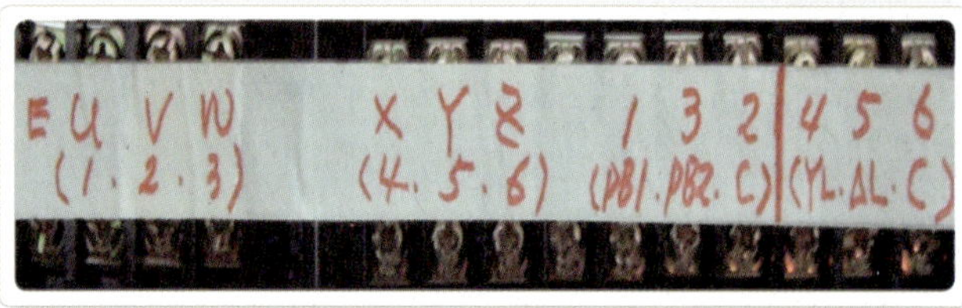

외부 버튼 · 램프 단자대

왼쪽부터 모터로 가는 단자(U, V, W, X, Y, Z), PB₁(1), PB₂(3), 공통(2)과 YL(4), △L(5), 공통(6)

Step 04 주회로 결선하기

01 차단기 결선

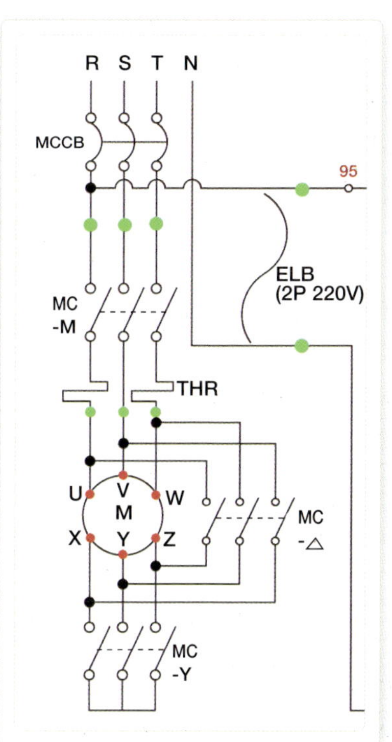

차단기 1차측 결선

① 백색(녹색) 포인트
  · 단자대(R, S, T)에서 주회로 제어용 차
    단기(3P)의 1차측으로 갔다.
  · 단자대(R, N)에서 보조 회로 제어용 차
    단기의 1차측으로 갔다.
② 보조 회로용 차단기(ELB)의 R상이 회로도
   에서는 MCCB의 2차측에서 갔으나, 실제
   결선에서는 전원 단자대에서 갔다.

02 MCCB 결선

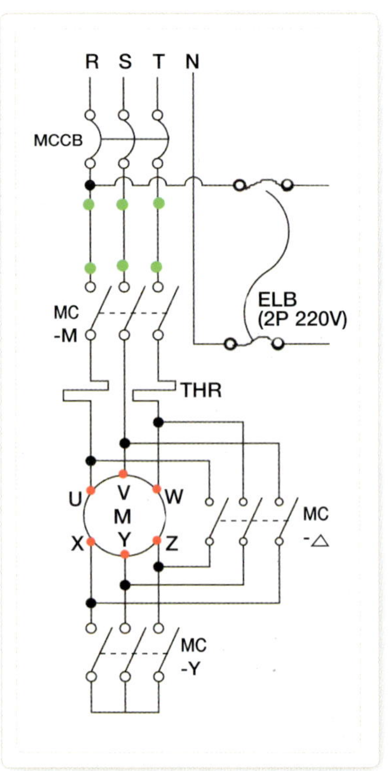

MCCB 2차측 결선

주회로용 차단기(MCCB × 3P)의 2차측에서
MC–M의 주접점 단자(R, S, T)에 물렸다.

03 U · V · W 결선

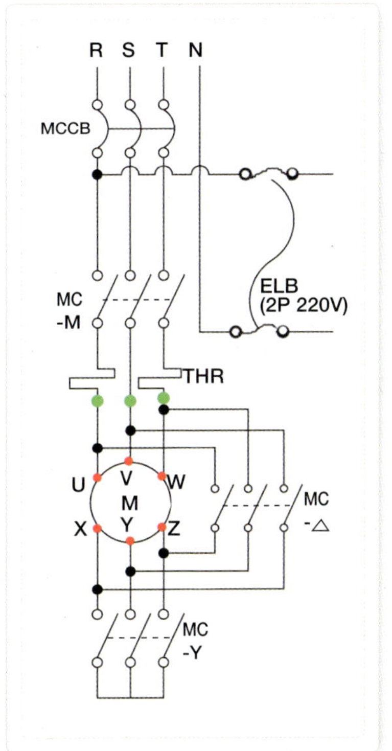

U · V · W 결선

마그네트(MC-M)의 2차 단자와 THR이 자체
연결되었고, THR의 단자에서 모터로 가는
단자대(U, V, W)로 갔다.

04 MC-△ 결선

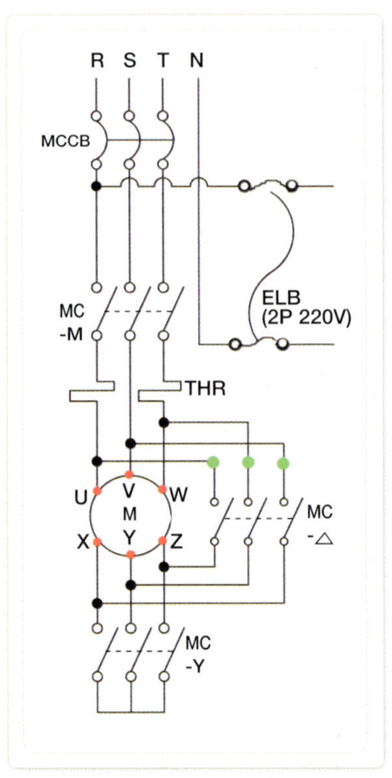

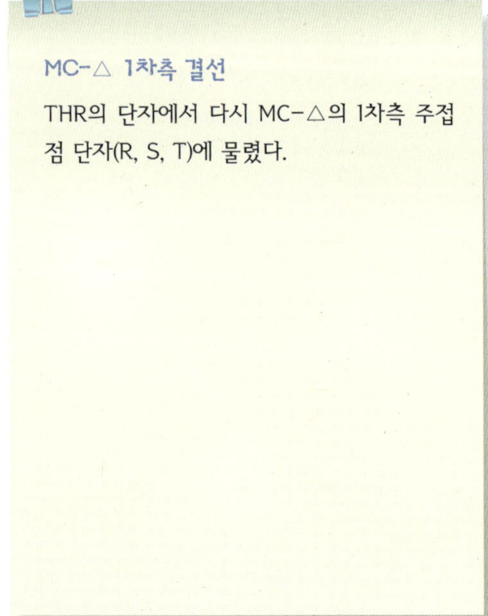

MC-△ 1차측 결선

THR의 단자에서 다시 MC-△의 1차측 주접
점 단자(R, S, T)에 물렸다.

05 X · Y · Z 결선

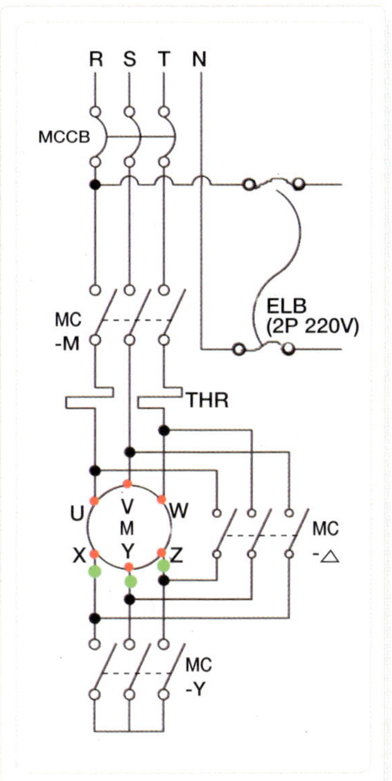

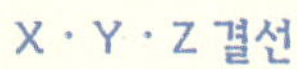

X · Y · Z 결선

MC-Y의 2차측 주접점 단자에서 모터로 가
는 단자대(X, Y, Z)로 갔다.

※ 회로도에서는 MC-Y의 1차측에서 모터로 가
　게 되어 있으나, 작업의 편리성(최단 거리로
　결선)을 위해 2차측에서 연결했다.

06 MC-Y, MC-△ 결선

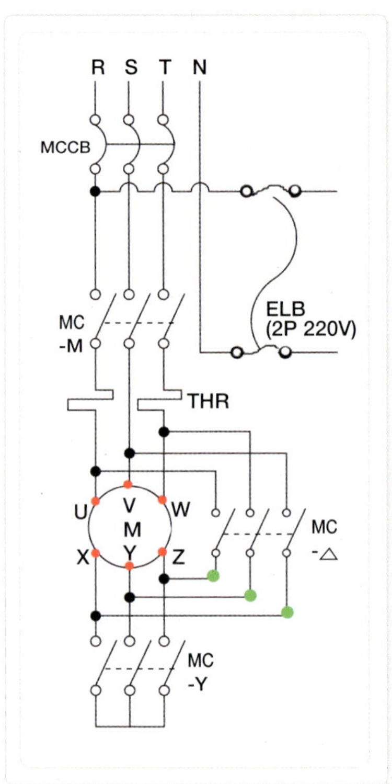

MC-Y, MC-△ 2차측 결선

백색 포인트는 MC-Y의 2차측 주접점 단자
에서 MC-△의 2차측 단자대로 물렸다.

07 MC−Y 결선

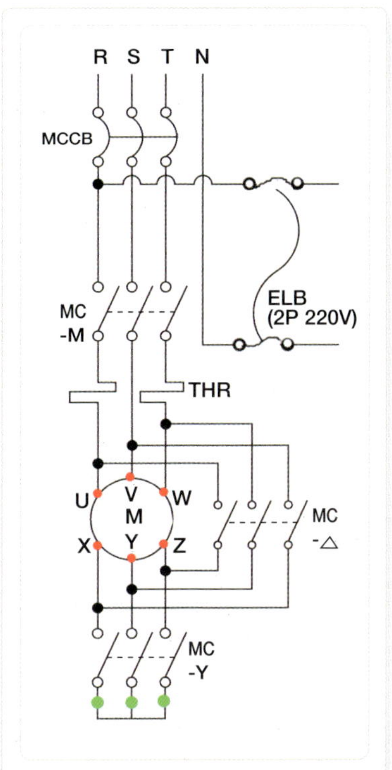

MC−Y 공통 결선

MC−Y의 1차측 주접점 단자를 공통으로 서
로 연결시켰다.

※ 회로도에서는 MC−Y의 2차측을 COM으로 연
   결하게 되어 있으나, 작업의 편리성을 위해
   1차측에서 연결시켰다. 실제 현장에서 자주
   이용하는 방법이다.

Step 05　보조 회로 결선하기

01　등공통 라인 결선

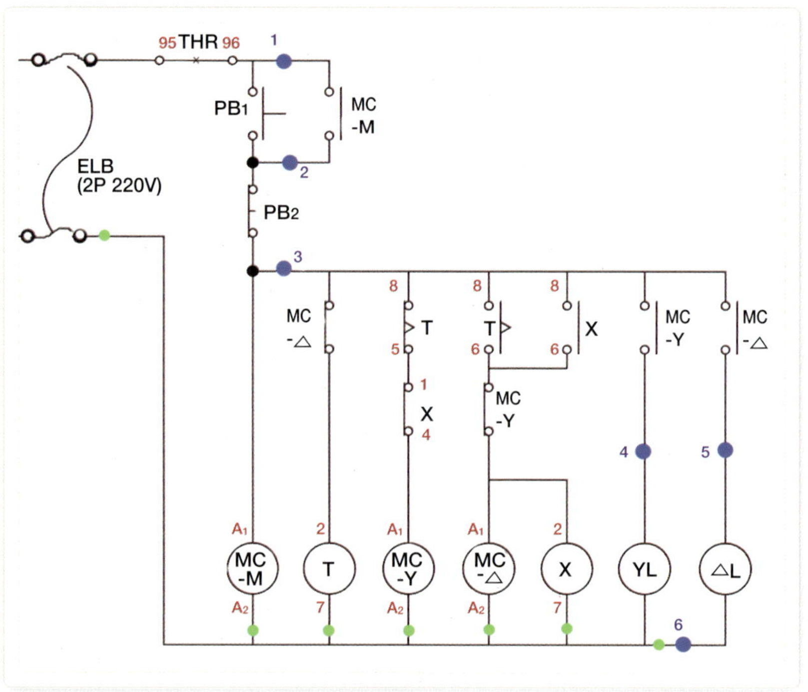

중성선측 라인 결선

차단기의 2차측에서 출발한 중성선(N선)이 MC-M의 전원(A2)과 MC-Y의 전원(A2) 및 MC-△의 전원(A2)을 거쳐, T의 전원(7번), X의 전원(7번)을 거쳐 램프의 공통으로 가는 단자대(6번)로 갔다.

02 트립 버튼 라인 결선

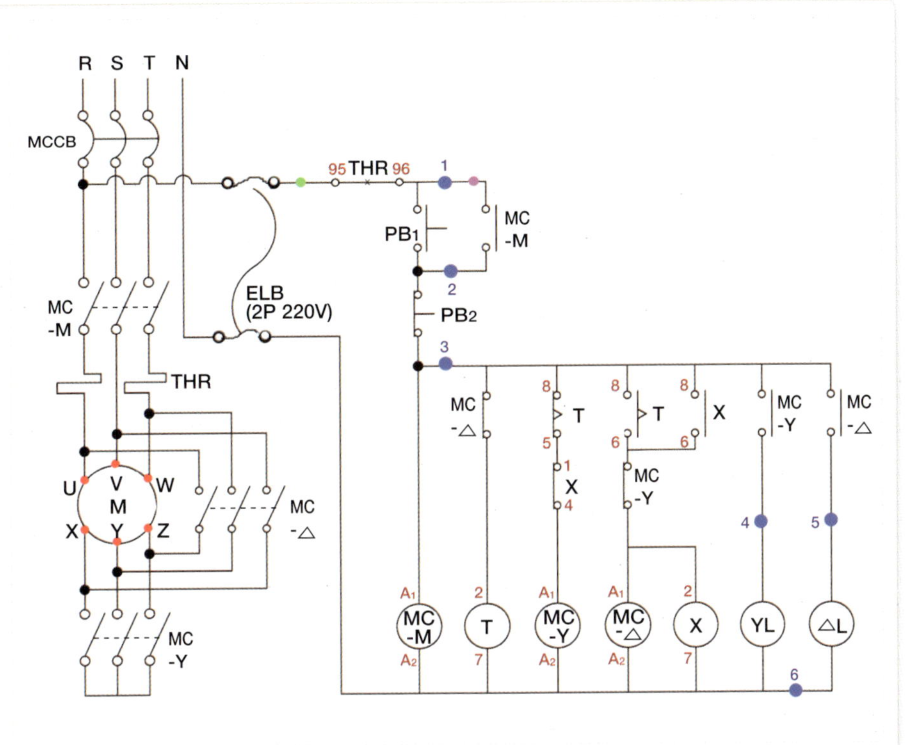

하트상측 결선

① 백색 포인트 : 차단기의 2차측(R상)에서 트립, b접점의 공통 단자(95번)로 갔다.

※ 위 회로도에서는 트립 a접점을 사용하지 않았다.

② 분홍색 포인트 : MC-M의 자기 유지용 a접점에서 트립 b접점(96번)을 거쳐, PB1 으로 가는 단자대(1번)로 갔다.

03 스위치 공통 라인 결선

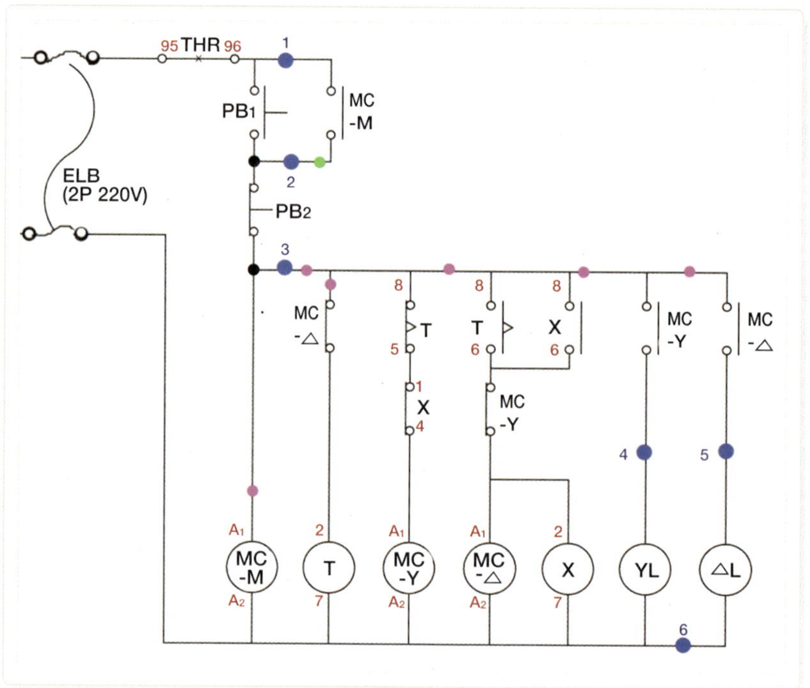

푸시 버튼 라인 결선

① 녹색 포인트 : MC−M의 자기 유지용 a접점에서 PB₁과 PB₂의 공통으로 가는 단자대(2번)로 갔다.

② 분홍색 포인트 : MC−M의 전원(A₁)에서 MC−Y의 a접점과 MC−△의 a접점과 b접점을 거쳐 T의 한시 접점 공통(8번)과 X의 a접점(8번)을 거쳐, PB₂로 가는 단자대(3번)로 갔다.

04 MC-Y 라인 결선

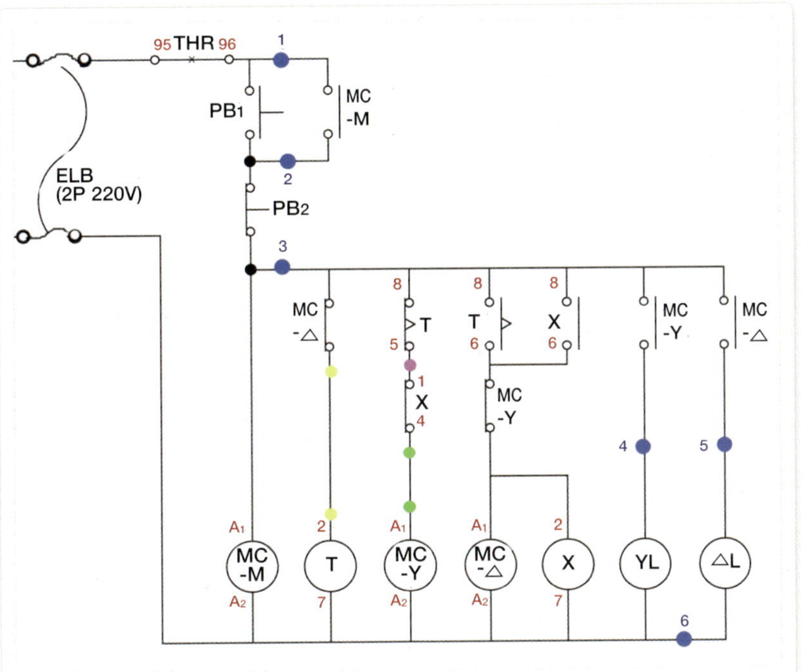

T, MC-Y 전원 결선

① 황색 포인트 : MC-△의 b접점에서 T의
  전원(2번)으로 갔다.

② 분홍색 포인트 : T의 한시 b접점(5번)에서
  X의 b접점(1번)으로 갔다.

③ 녹색 포인트 : X의 b접점(4번)에서 MC-Y
  의 전원(A1)으로 갔다.

05 MC-△ 라인 결선

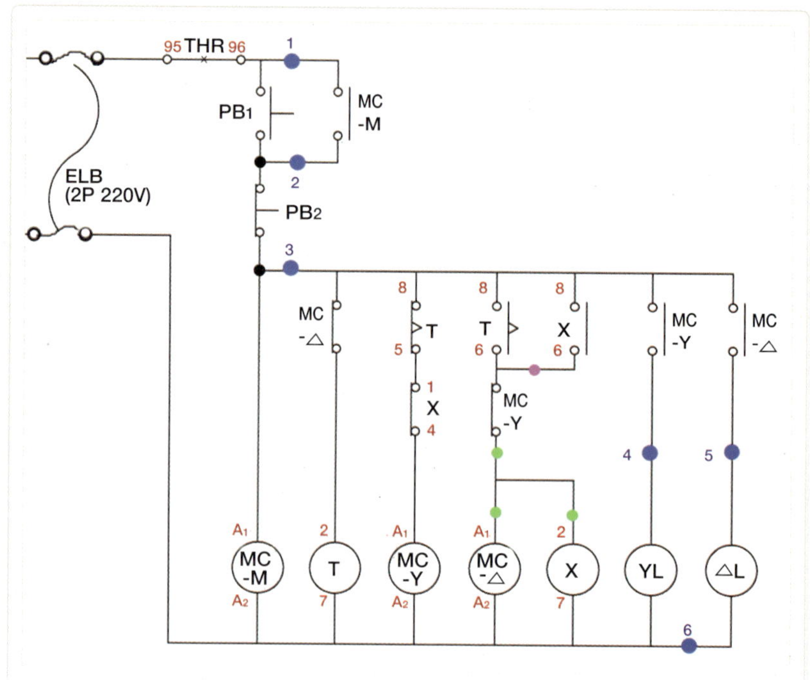

MC-△, X 전원 결선

① 분홍색 포인트 : T의 한시 a접점(6번)에서 X의 자기 유지용 a접점(6번)을 거쳐 MC-Y의 b접점으로 갔다.

② 녹색 포인트 : MC-Y의 b접점에서 X의 전원(2번)을 거쳐 MC-△의 전원(A₁)으로 갔다.

06 램프 라인 결선

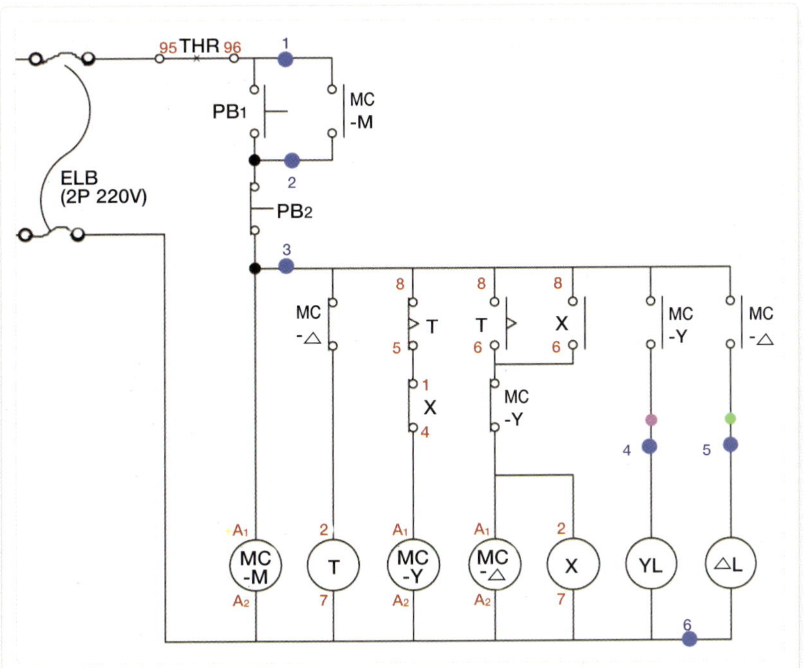

02
기초 실습

YL, △L 결선

① 분홍색 포인트 : MC－Y의 a접점에서 YL
로 가는 단자대(4번)로 갔다.

② 녹색 포인트 : MC－△의 a접점에서 △L
로 가는 단자대(5번)로 갔다.

07 푸시 버튼 결선

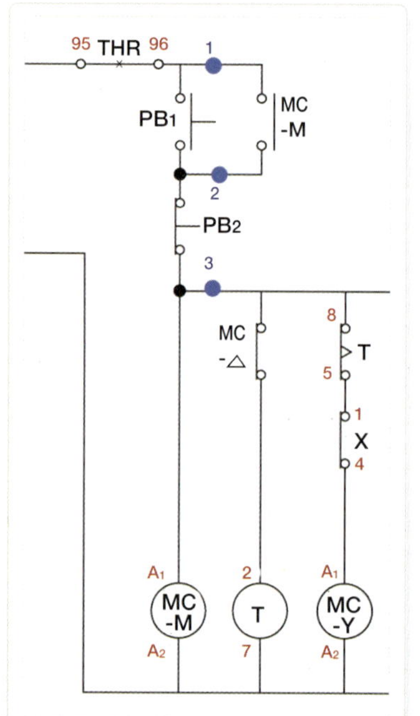

PB₁, PB₂ 결선

① 황색 선으로 PB₁과 PB₂를 연결한 다음 제어함의 공통 단자(2번)에서 온 선을 물렸다.

② 제어함의 1번 단자에서 온 선을 PB₁의 남은 단자에 물렸다.

③ 제어함의 3번 단자에서 온 선을 PB₂의 남은 단자에 물렸다.

08 램프 결선

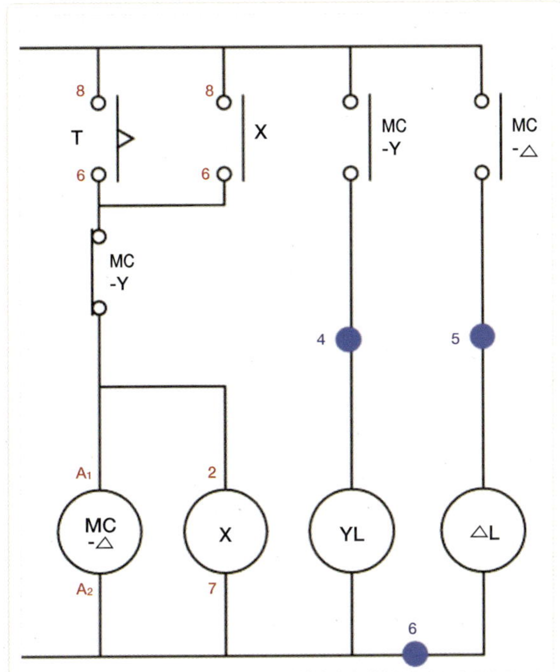

YL, △L 결선

① 백색 선으로 YL과 △L의 단자를 서로 연결한 다음 제어함의 공통 단자(6번)에서 온 선을 물렸다.

② 제어함의 4번 단자에서 온 선을 YL의 남은 단자에 물렸다.

③ 제어함의 5번 단자에서 온 선을 △L의 남은 단자에 물렸다.

Step 06　동작 테스트

01　동작 테스트 Ⅰ

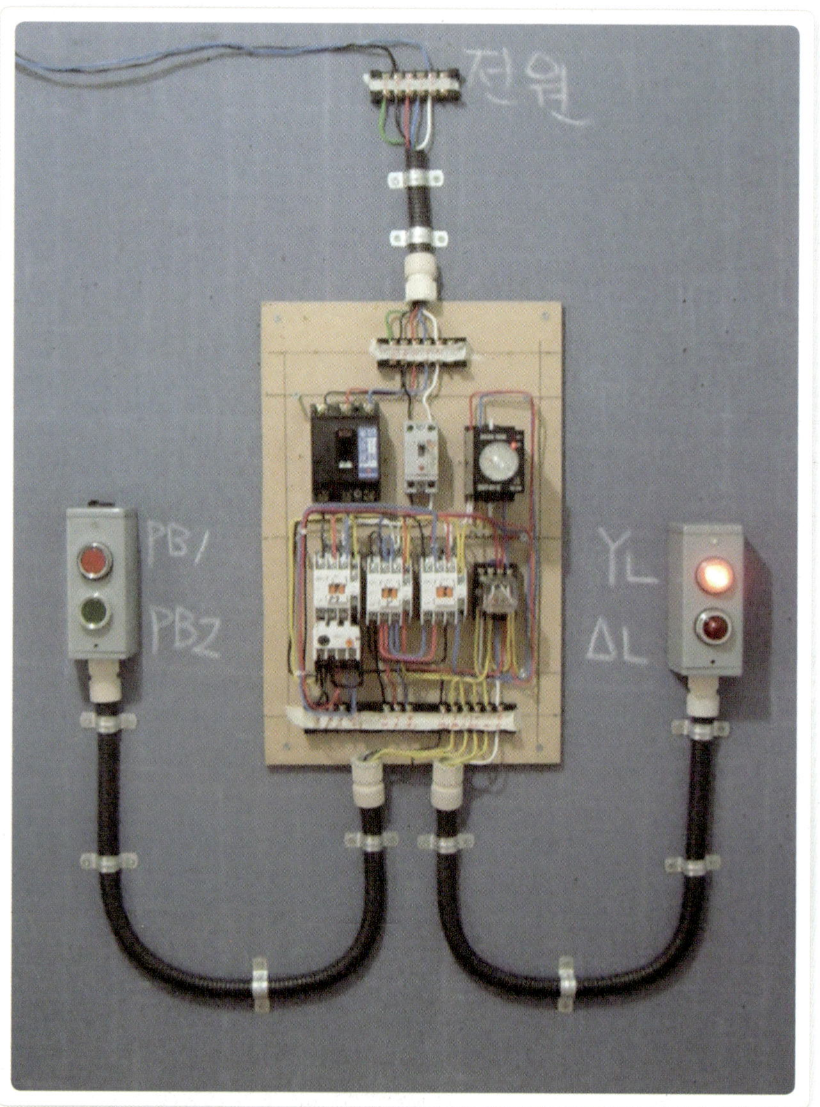

와이-모터 동작

① PB1을 누르자 YL 램프가 점등되고 타이머의 전원 표시(LED)가 점등되었다.
② MC-M과 MC-Y 마그네트가 동작하면서 와이 운전을 하고 있다.

02 동작 테스트 Ⅱ

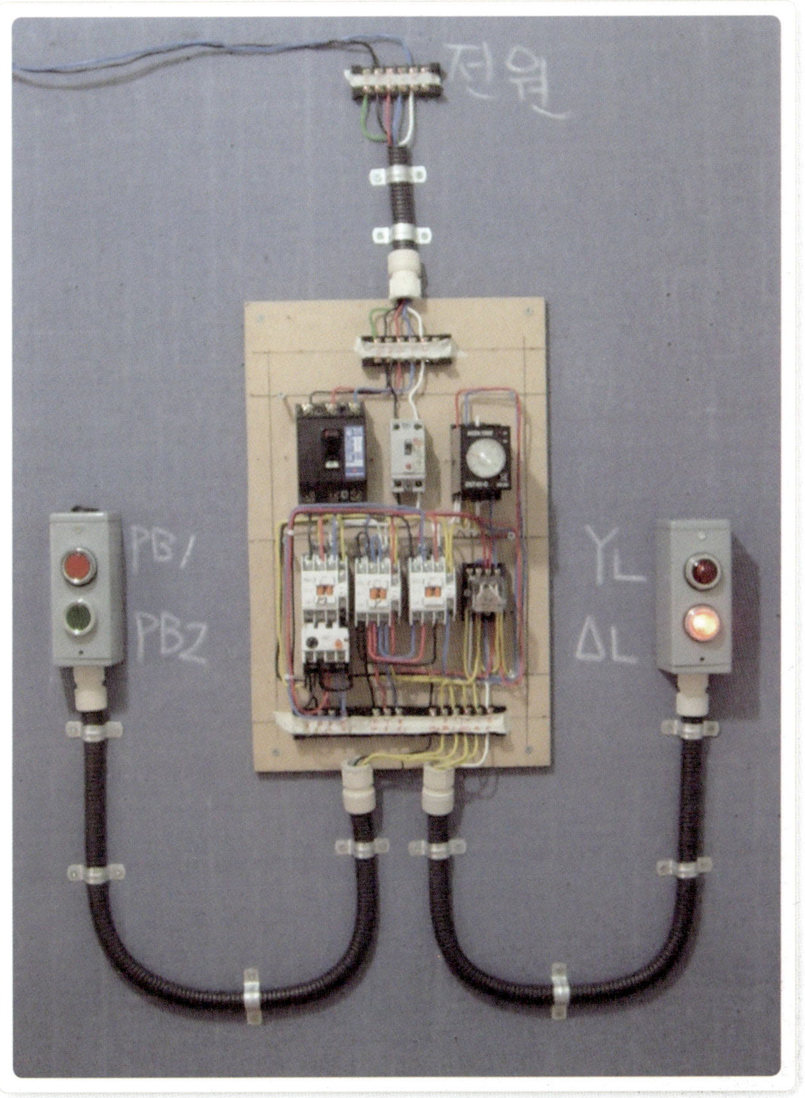

델타-모터 동작

① 타이머의 설정 시간이 되자 △L 램프가 점등되었다.
② MC−M과 MC−△ 마그네트가 동작하면서 델타 운전을 하고 있다.

3상 유도 전동기 교대 운전 결선

강의요약
1. 타이머에 의해 모터 2대가 차례로 동작하는 회로를 익힙니다.
2. 회로도에서 접점이 부족할 경우 해결하는 능력을 키웁니다.

필요자재
배선용 차단기(MCCB×3P), 누전 차단기(ELB×2P), 마그네트(THR 조립×2개), 단자대(4P×1개, 15P×1개),
푸시 버튼×2개, 파일럿 램프×2개, 컨트롤 박스(2구×2개)

Step 01 동작 설명 및 접점 번호 부여

01 3상 유도 전동기의 동작

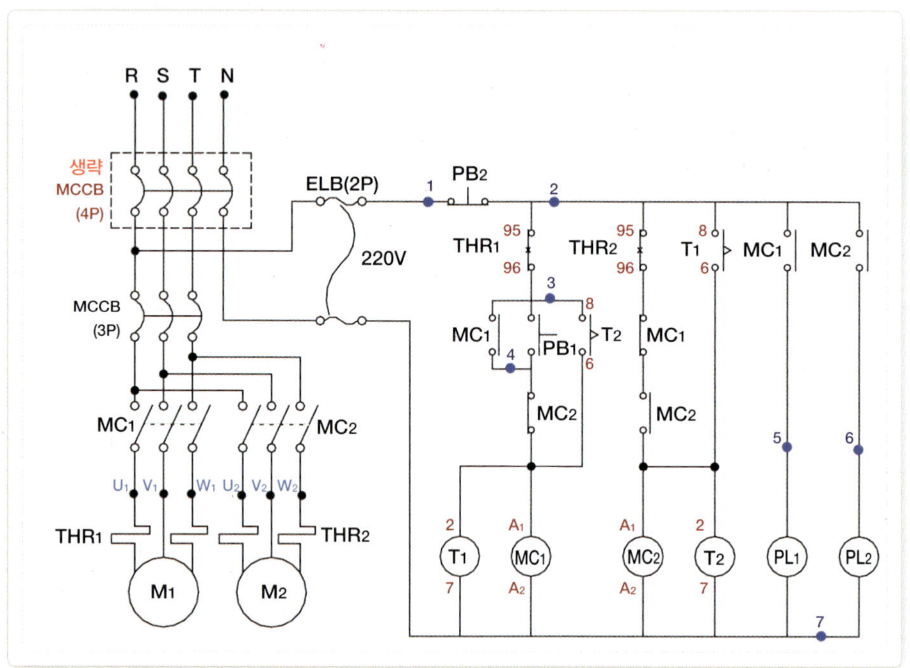

① 기동(PB₁) 버튼을 누르면 순간적으로 전류가 흘러 MC₁과 T₁이 동작하면서 MC₁의 a접점에 의해 자기 유지가 된다.

  ㉠ MC₁의 a접점에 의해 PL₁ 램프가 점등된다.

  ㉡ MC₁의 주접점이 붙으면서 M₁ 모터가 작동하기 시작한다.

② T₁의 설정 시간이 되면 한시 a접점에 의해 MC₂와 T₂가 동작한다.

  ㉠ a접점에 의해 PL₂ 램프가 점등된다.

  ㉡ b접점에 의해 MC₁과 T₁이 동작을 멈춘다.

  ㉢ MC₂의 주접점이 붙으면서 M₂ 모터가 동작하기 시작한다.

③ T₂의 설정 시간이 되면 다시 MC₁과 T₁이 동작하고 MC₂와 T₂가 멈추는 반복 동작을 한다.

02 접점 부여의 응용

회로도에서 MC₁과 MC₂의 a접점이 1개씩 부족한 상태일 경우 어떻게 해결하는지 살펴보기로 한다.

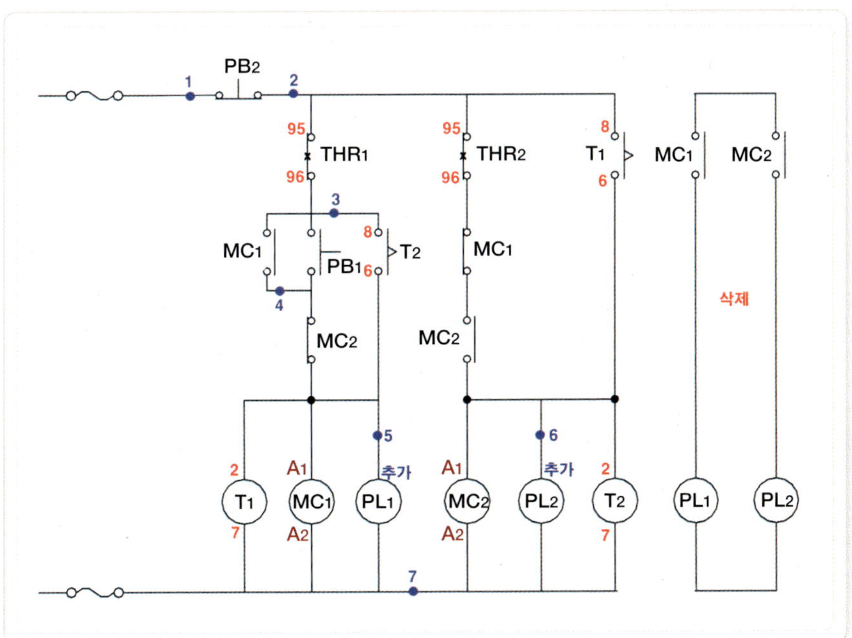

병렬의 개념을 이용한 방법

① 오른쪽의 회로도를 삭제하고 대신 램프를 해당 마그네트와 병렬로 연결한다.

② 램프의 점등은 각각 MC₁과 MC₂에 의해 이루어지므로 부족한 접점을 없애는 대신,

  · PL₁은 MC₁과 T₁이 병렬로 연결되어 있는 부분에 추가로 병렬로 결선한다.

  · PL₂는 MC₂와 T₂가 병렬로 연결되어 있는 부분에 추가로 병렬로 결선한다.

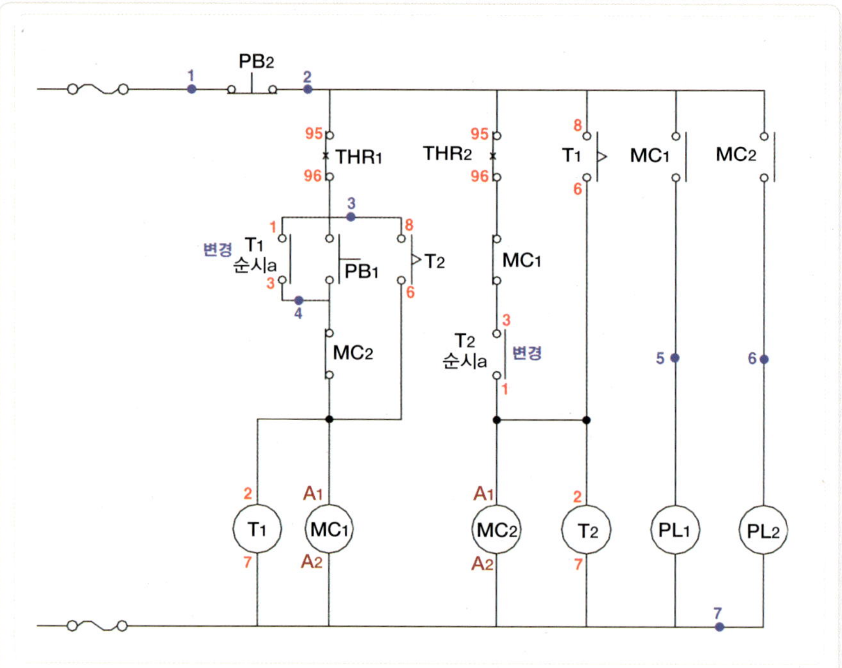

다른 계전기의 접점을 이용한 방법

마그네트와 함께 동작하는 타이머의 남는 접점을 이용해 마그네트의 부족한 접점을 대체한다.

① MC_1의 자기 유지용 a접점 대신 T_1의 순시 a접점으로 대체한다.

② MC_2의 자기 유지용 a접점 대신 T_2의 순시 a접점으로 대체한다.

※ 교재에서는 이 방법을 이용하기로 한다.

Step 02 기구 배치도

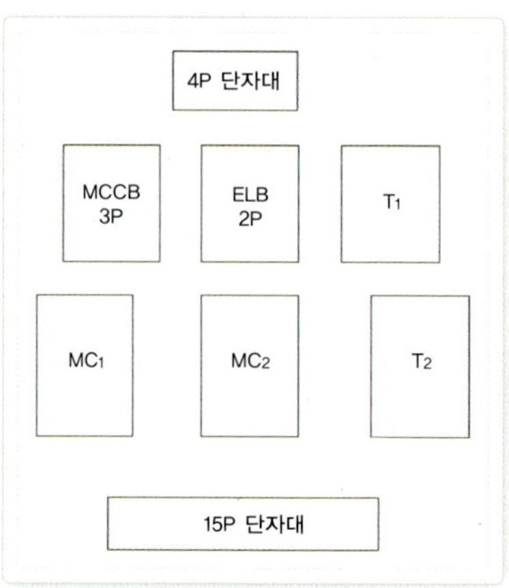

Step 03 속판 배치도

제어함 기구 배치 모습

① 전원 단자대
② MCCB(3P)
③ ELB(2P)
④ 타이머(T_1)
⑤ 마그네트(MC_1)
⑥ 마그네트(MC_2)
⑦ 타이머(T_2)
⑧ 하부 단자대

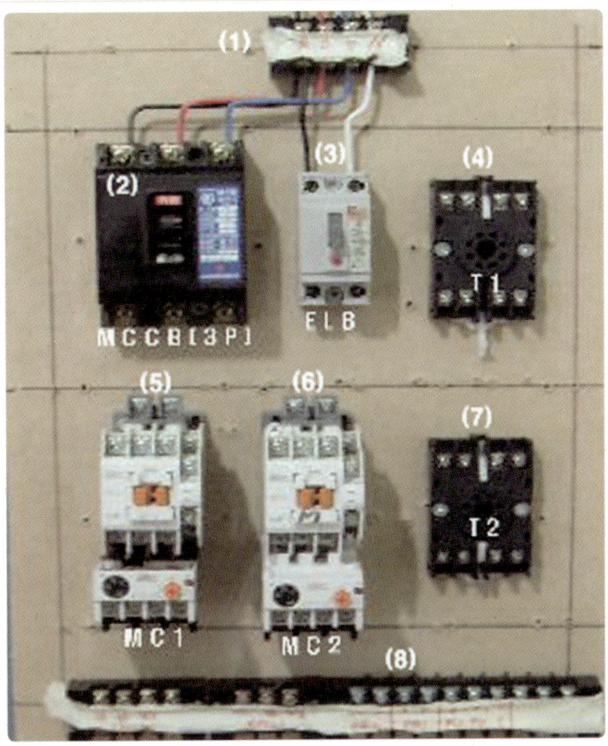

외부 하단 단자대

왼쪽부터 M_1 모터 단자(U, V, W), M_2 모터 (U_2, V_2, W_2), PB_2(1 · 2번), PB_1(3 · 4번)과 PL_1(5), PL_2(6), 공통(7)

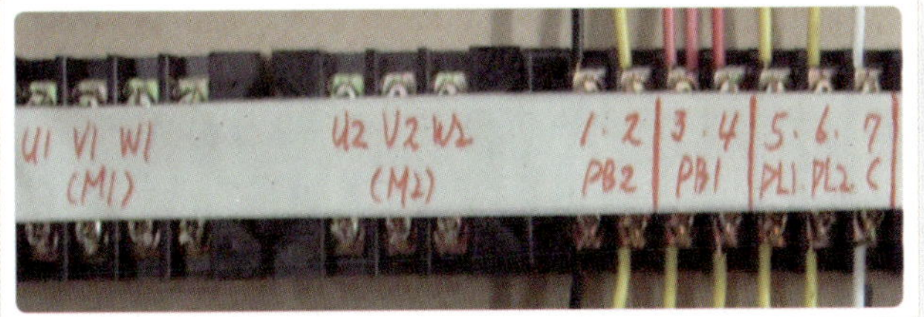

02
기초 실습

Step 04 **주회로 결선하기**

01 MCCB 결선

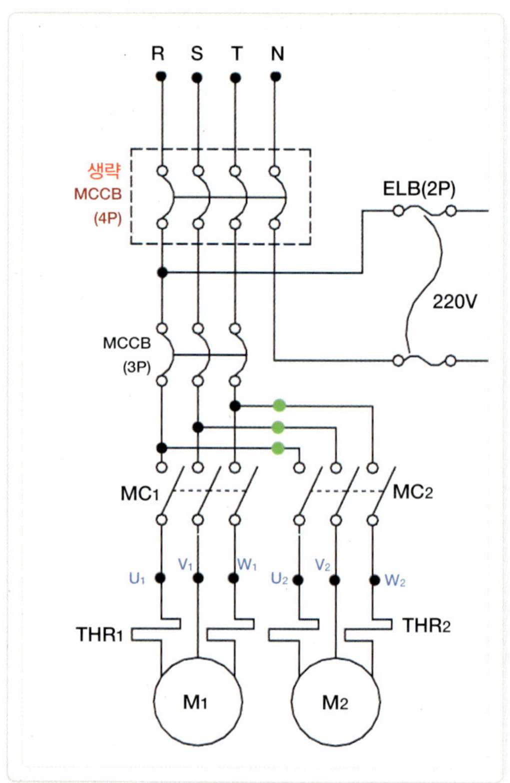

MCCB 2차측 결선

① 차단기의 2차측에서 MC1의 주접점 단자 (R, S, T)에 물렸다.

② 다시 MC1에서 MC2의 1차측 주접점 단자 에 물렸다.

02 모터 결선

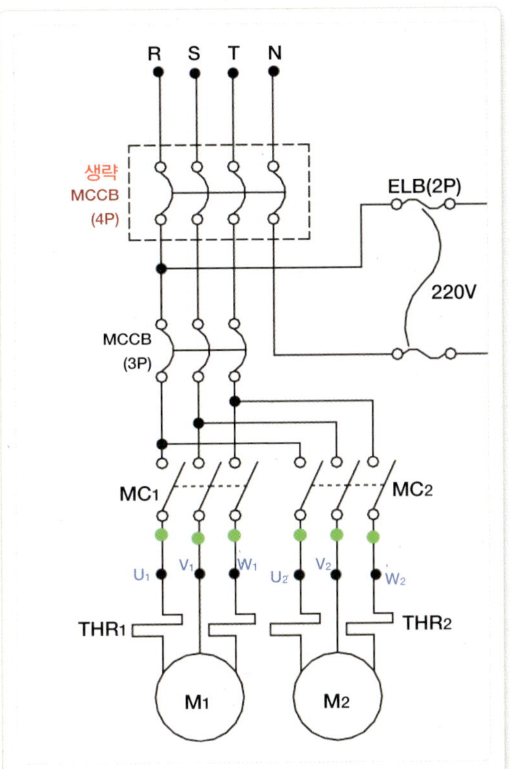

모터 라인 결선

① MC₁의 2차 단자와 THR이 자체 연결되었고, THR의 단자에서 M₁ 모터로 가는 단자대(U, V, W)로 갔다.

② MC₂의 2차 단자와 THR이 자체 연결되었고, THR의 단자에서 M₂ 모터로 가는 단자대(U₂, V₂, W₂)로 갔다.

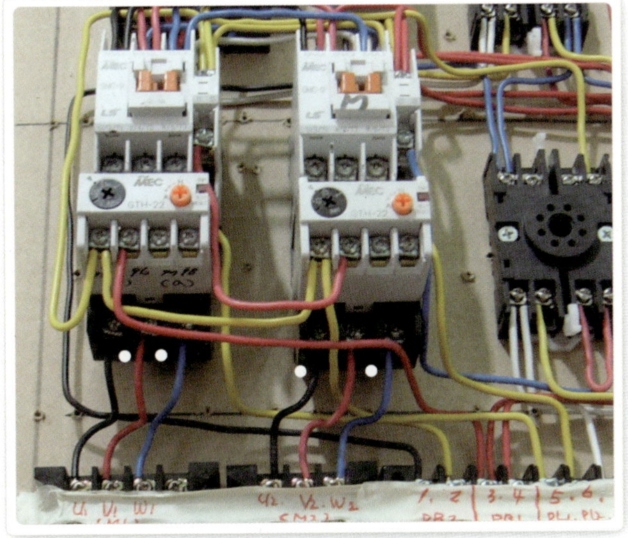

01 등공통 라인 결선

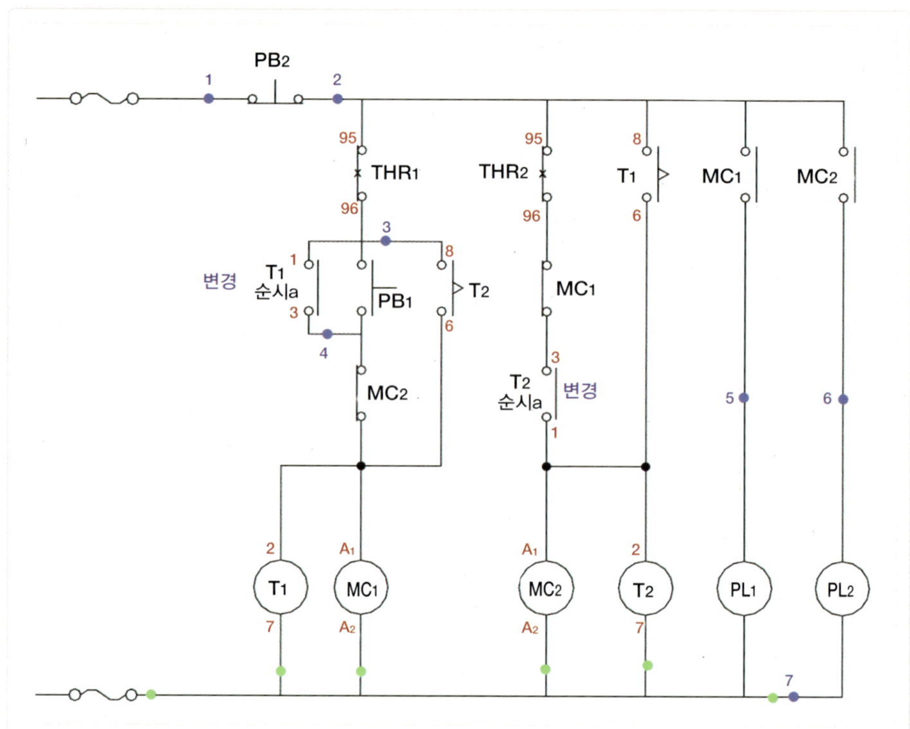

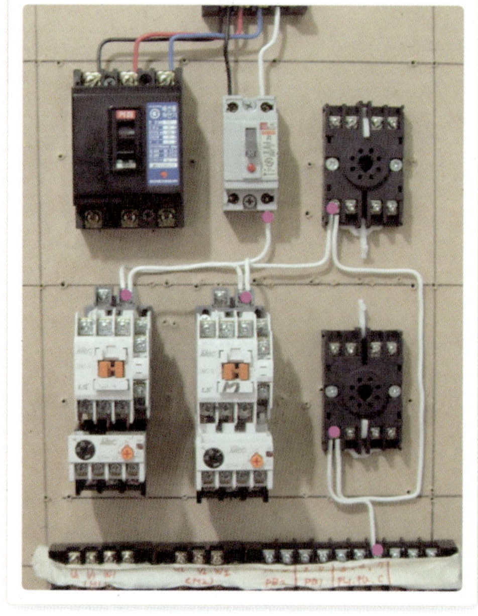

중성선측 결선

차단기의 2차측에서 출발한 중성선(N선)이 MC₁의 전원(A₂)과 MC₂의 전원(A₂)과 T₁의 전원(7번)과 T₂의 전원(7번)을 거쳐, 램프의 공통으로 가는 단자대(7번)로 갔다.

02 스위치 공통 라인 결선

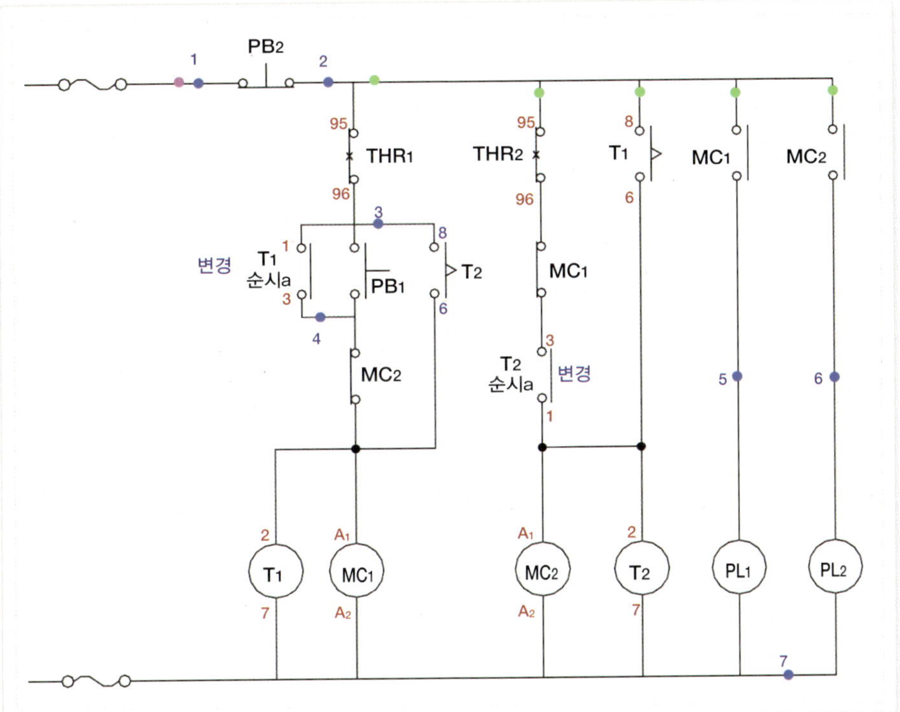

하트상측 결선

① 분홍색 포인트 : 차단기 2차측(R상)에서 PB2로 가는 단자대(1번)로 갔다.

② 백색(녹색) 포인트 : T1의 한시 a접점(8번)에서 MC2의 a접점과 MC1의 a접점을 거쳐, MC1의 트립 공통(95번)과 MC2의 트립 공통(95번)을 거쳐, PB2로 가는 단자대(2번)로 갔다.

03 MC₁ 라인 결선 Ⅰ

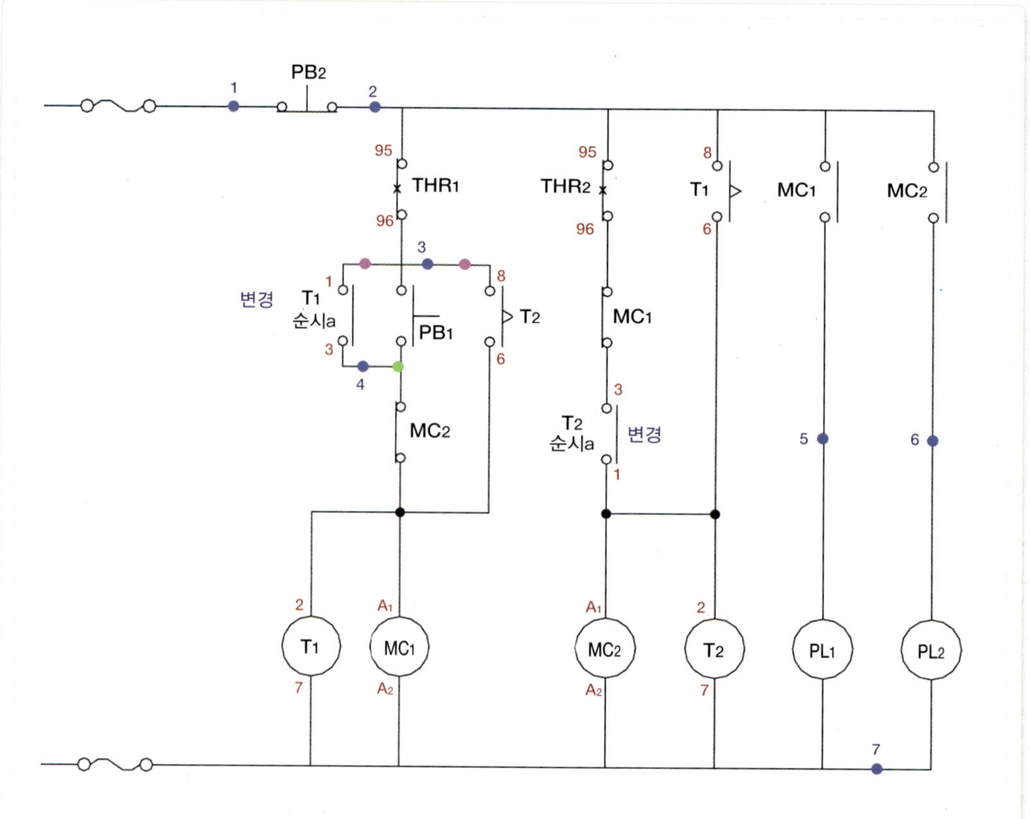

PB₁ 라인 결선

① 백색(분홍색) 포인트 : MC₁의 트립 b접점 (96번)에서 PB₁으로 가는 단자대(3번)와 T₁의 순시 a접점(1번)을 거쳐, T₂의 한시 a접점으로 갔다.

② 녹색 포인트 : T₁의 순시 a접점(3번)에서 MC₂의 b접점을 거쳐 PB₁으로 가는 단자 대(4번)로 갔다.

04 MC₁ 라인 결선 Ⅱ

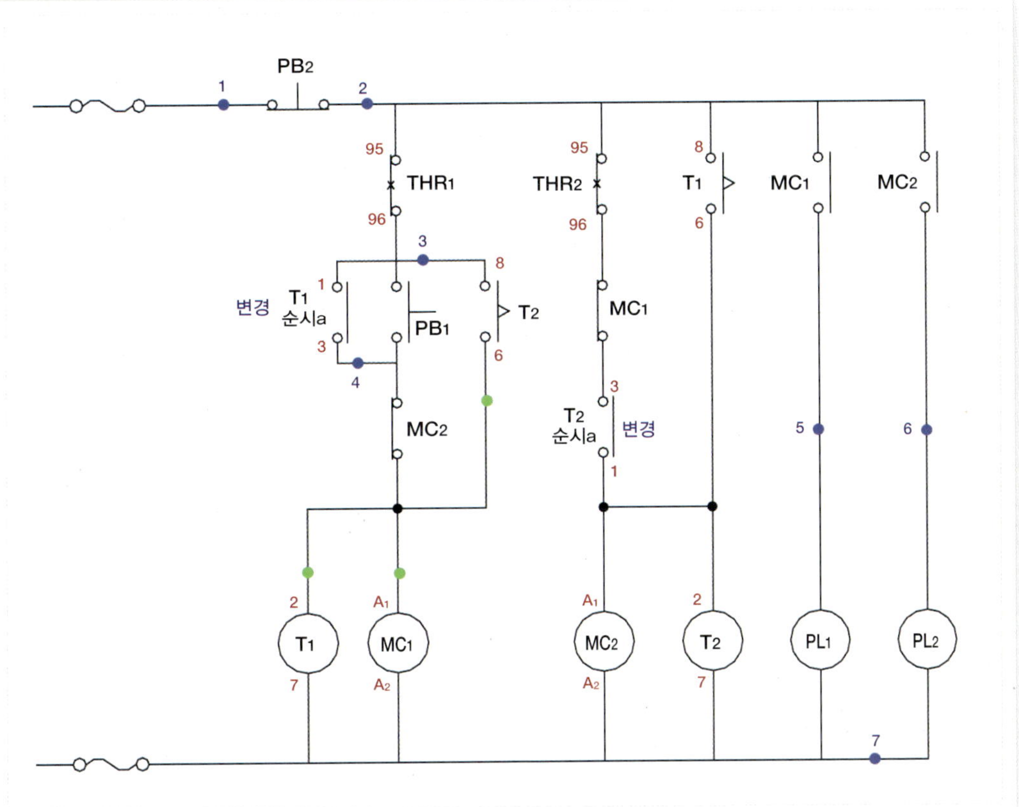

T₁, MC₁ 전원 결선

MC₁의 전원(A₁)에서 T₂의 한시 a접점(6번)과
T₁의 전원(2번)을 거쳐 MC₂의 b접점으로 갔다.

02
기초 실습

05 MC₂ 라인 결선

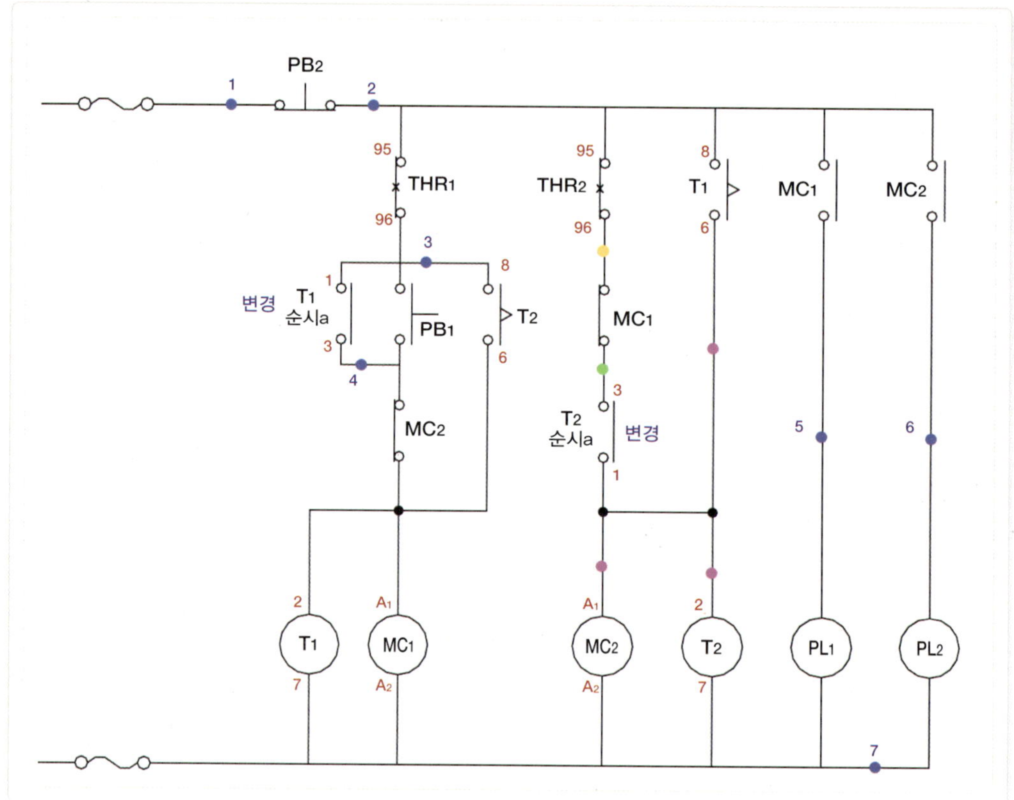

MC₂, T₂ 전원 결선

① 백색(황색) 포인트 : MC₁의 b접점에서 MC₂의 트립 b접점(96번)으로 갔다.

② 녹색 포인트 : MC₁의 b접점에서 변경된 T₂의 순시 a접점(3번)으로 갔다.

③ 분홍색 포인트 : T₁의 한시 a접점(6번)에서 MC₂의 전원(A₁)과 T₂의 전원(2번)과 순시 a접점(1번)으로 갔다.

06 램프 라인 결선

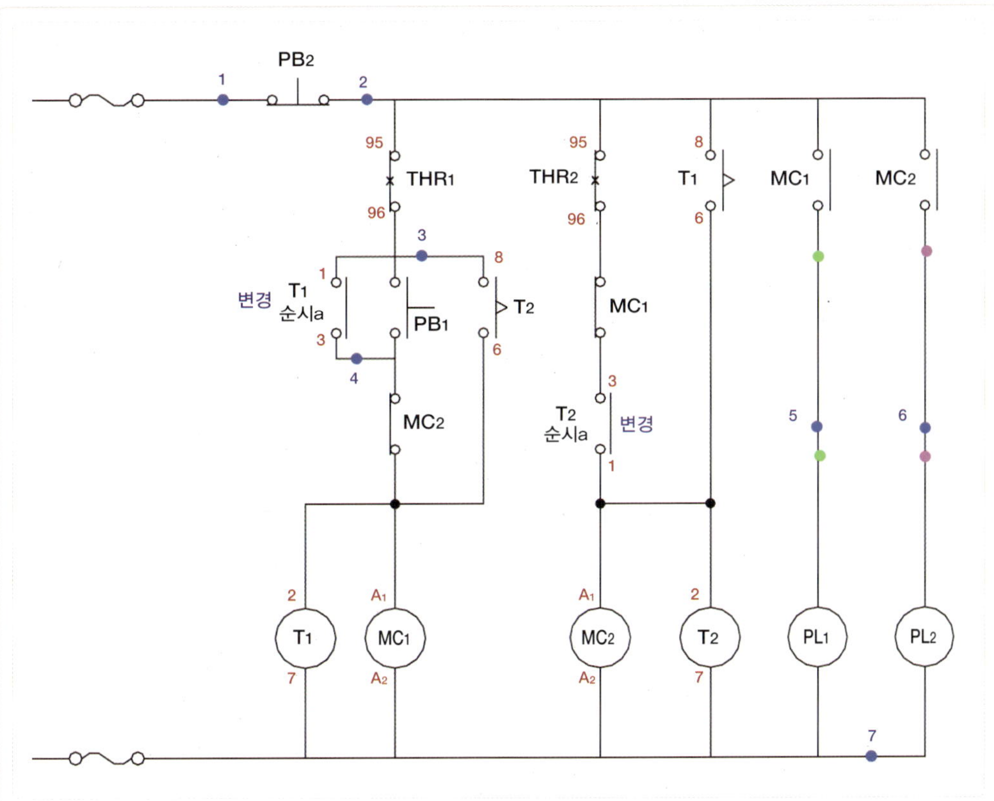

PL₁, PL₂ 결선

① 백색(녹색) 포인트 : MC₁의 a접점에서 PL₁
으로 가는 단자대(5번)로 갔다.

② 분홍색 포인트 : MC₂의 a접점에서 PL₂로
가는 단자대(6번)로 갔다.

07 푸시 버튼 결선

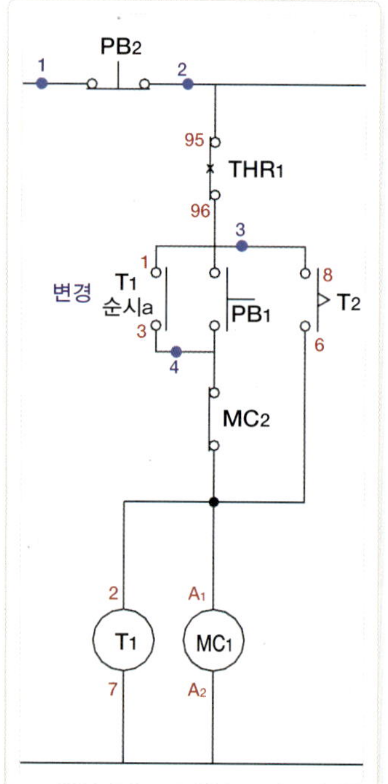

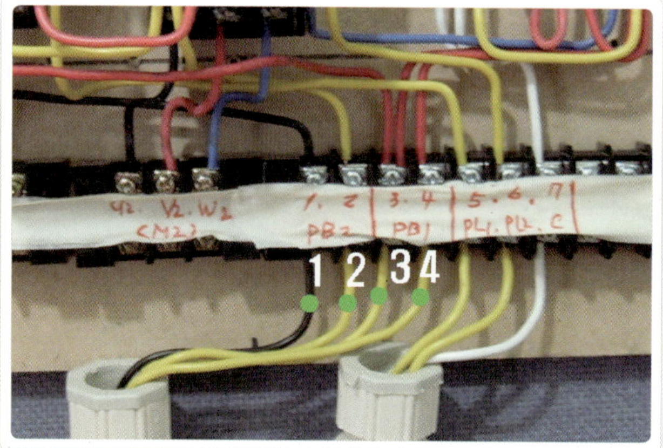

외부 PB₁, PB₂ 결선

① 제어함의 3번과 4번 단자에서 온 선을 PB₁의 단자에 물렸다.

② 제어함의 1번과 2번 단자에서 온 선을 PB₁의 단자에 물렸다.

08 램프 결선

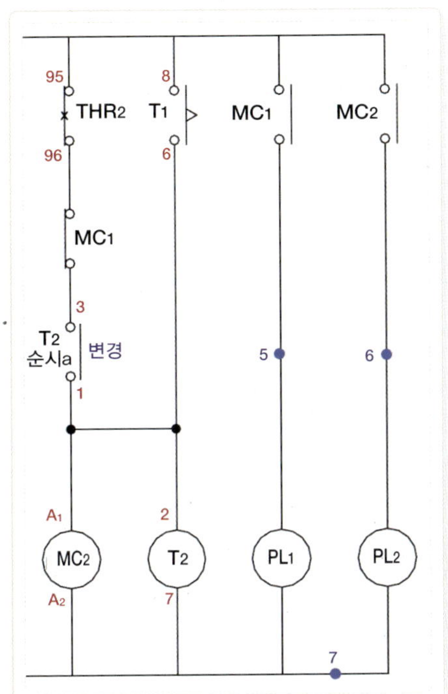

외부 PL₁, PL₂ 결선

① 백색 선으로 PL₁, PL₂의 단자를 서로 연결
한 다음 제어함의 공통 단자(7번)에서 온
선을 물렸다.
② 제어함의 5번 단자에서 온 선을 PL₁의 남
은 단자에 물렸다.
③ 제어함의 6번 단자에서 온 선을 PL₂의 남
은 단자에 물렸다.

01 동작 테스트 Ⅰ

M₁ 모터 동작

버튼을 누르자 M₁ 모터(백열 전등으로 대체)와 PL₁ 램프가 점등되었다.

02 동작 테스트 Ⅱ

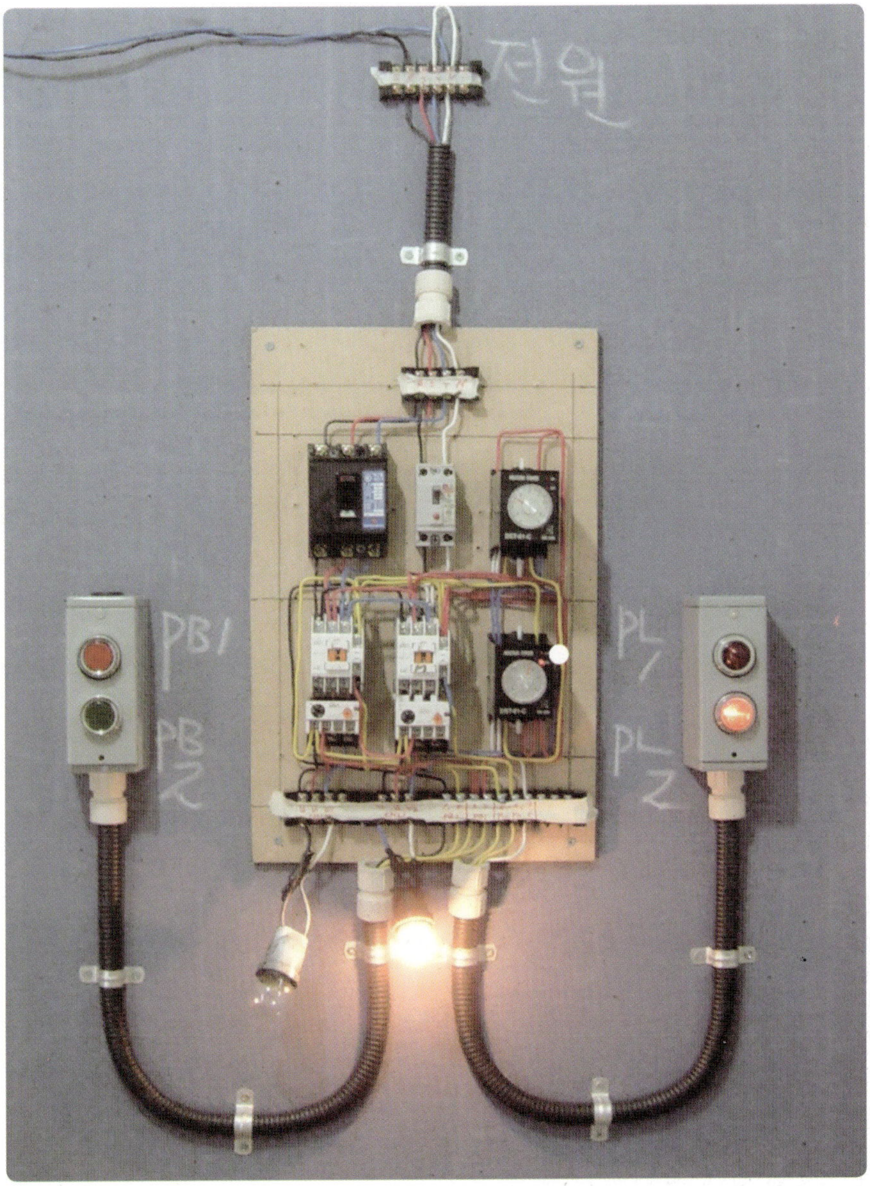

M₂ 모터 동작

t_1초 후 M₂ 모터(백열 전등으로 대체)와 PL₂ 램프가 점등되었다.

보안등 제어 회로 결선

 광전식 자동 점멸기의 결선

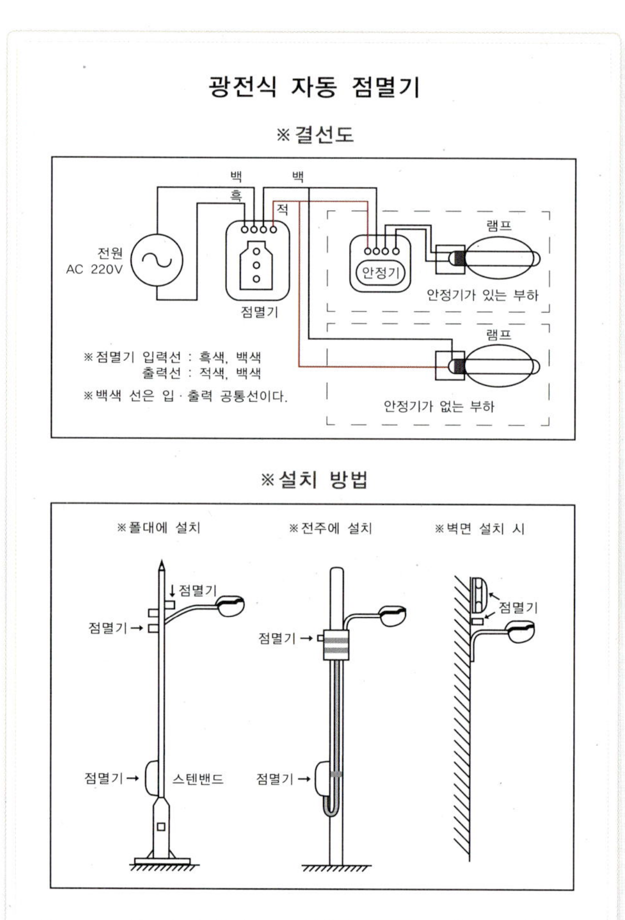

결선도

광전식 자동 점멸기의 제품 속에 들어 있는 결선도이다.

점멸기의 설치 높이는 지면으로 부터 1,800 ~2,000mm를 권장하고, 위치는 등기의 불빛을 피하는 뒷면이나 윗부분에 설치할 것을 권하고 있다.

Step 02 광전식 점멸기의 일반

광전식 점멸기의 외관

상부의 작은 구멍으로 빛이 투과되고 하단의 큰 구멍은 나사로 고정시키는 부위이다.

케이스를 벗겨낸 모습

내부에 회로 기판이 들어 있으므로 빗물에 의한 누전을 조심해야 한다.

내부 기판 모습

입 · 출력 선이 구분되어 있는데, 백색 선은 공통으로 서로 연결되어 있다.

센서 부위 모습

① 녹색 포인트 : 십자 드라이버로 조절이 가능하다. 빛의 밝기를 감지하는 범위를 조절하는 데 시계 방향이 가장 민감하게 반응(약간 어두워도 동작)하고, 반시계 방향은 둔하게 반응(아주 어두워야 동작)한다.

② 분홍색 포인트 : 빛을 감지하는 센서이다.

기판 모습

① 백색 포인트 : 공통선인 백색 전선이 서로 연결되어 납땜되어 있다.

② 흑색 포인트 : 입력측 전선(흑색)이 납땜되어 있다.

③ 적색 포인트 : 출력선(적색)이 납땜이 되어 있으며 서로 떨어져 있다.

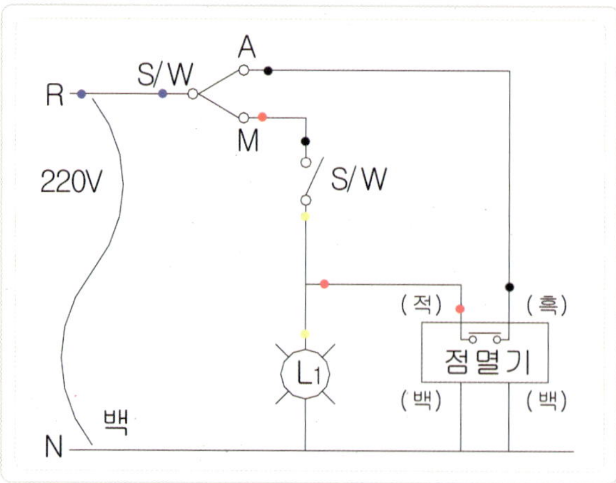

회로도 동작

셀렉터 스위치를

① 수동 : 스위치에 의해 램프가 점등된다.

② 자동 : 전류가 점멸기의 접점(1 · 3번)을 통해 램프가 점등된다.

실제 결선 모습

입·출력의 백색(공통)을 분리하지 않고 함께
연결한다(기판에서 백색 선 2가닥이 서로 연
결되어 있기 때문).

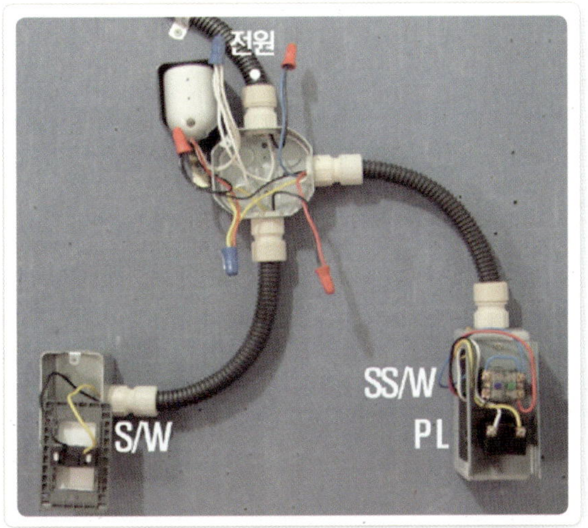

셀렉터 스위치 결선

자동(A)과 수동(M) 접점이 어느 것인지 미리
테스터기로 체크해야 한다.

조인트 박스 안에서 연결된 모습

① 전원 : 상단 배관(흑, 백)

② 일반 스위치 : 하단 배관(흑, 황)

③ 셀렉터, 램프 : 우측 배관(흑, 적, 청)

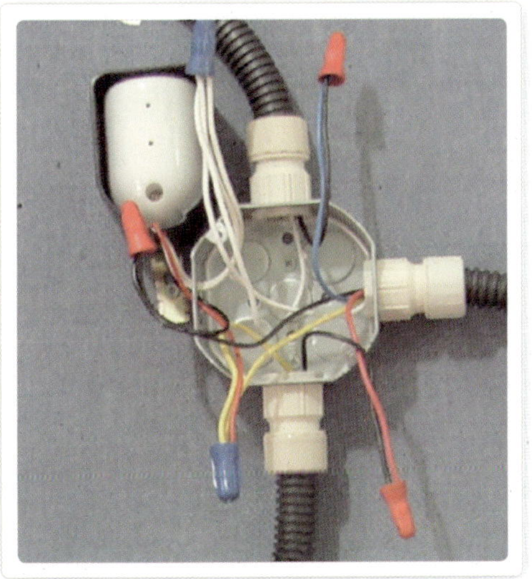

02
기초 실습

자동 점등

셀렉터 스위치를 자동(A : 오른쪽)에 놓고 점
멸기로 점등한다(센서 작동을 위해 조건을
어둡게 하였음).

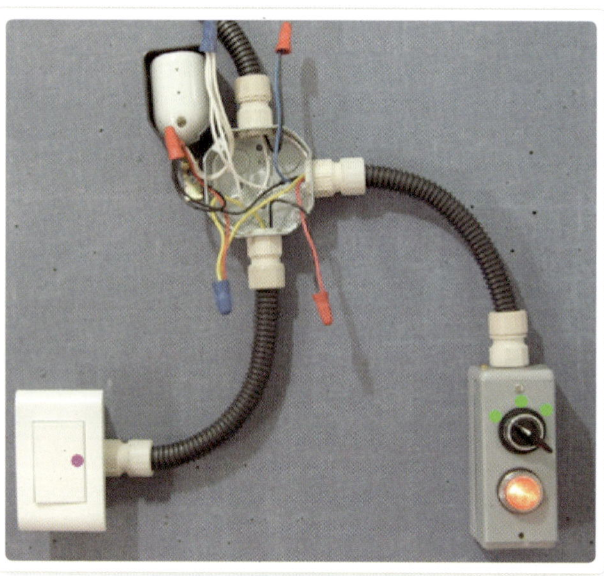

수동 점등

셀렉터 스위치를 수동(M : 왼쪽)에 놓고 일반
스위치로 점등한다.

MEMO

Part

03

자동 제어 회로 실전 실습

1. 보안등 제어 회로 결선(응용)

2. 인쇄기 제어 회로 결선

3. 운반용 기계 제어 회로 결선

4. 교차로 신호등 제어 회로 결선

5. 냉각수 순환 펌프 결선

보안등 제어 회로 결선(응용)

강의요약

2편에서 배운 보안등 제어 회로를 응용하여 결선 및 동작 테스트를 해 봅니다.

필요자재

누전 차단기(ELB×2P×20A×1개), 릴레이(8P×1개), 타이머×1개, 점멸기×1개, 단자대(4P×1개, 10P×1개), 셀렉터 스위치×1개, 푸시 버튼 스위치(ON×1개, OFF×1개), 파일럿 램프×1개, 컨트롤 박스(2구×1개, 3구×1개)

Step 01 동작 설명 및 접점 번호 부여

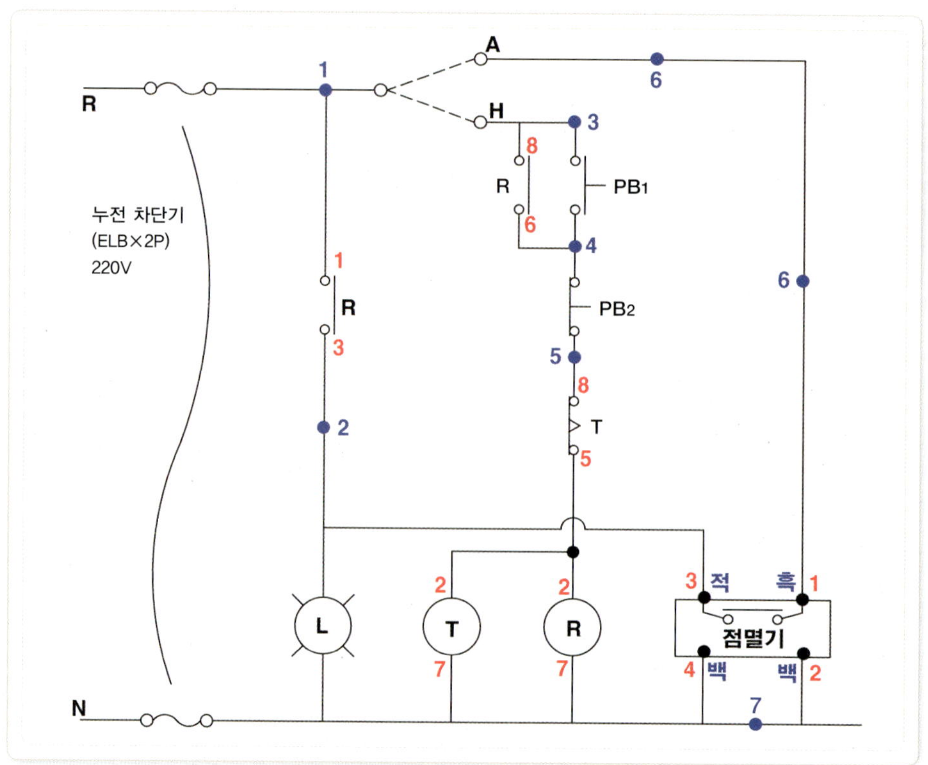

① **수동일 때**

기동(PB$_1$) 버튼을 누르면 타이머(T)와 릴레이(R)에 전원이 흐름과 동시에,

㉠ R의 a접점에 의해 자기 유지가 되고 다른 a접점에 의해 램프가 점등된다.

㉡ 타이머의 설정 시간(t초)이 되면 한시 b접점에 의해 전류가 끊겨 자기 유지가 풀리면서 모든 회로가 원상복귀된다(램프 소등).

② **자동일 때**

점멸기에 바로 전원이 투입되면서 작동하기 시작한다.

㉠ 주변의 조도가 일정값 이상일 경우 램프는 소등된 상태를 유지한다.

㉡ 주변의 조도가 일정값 이하가 되면 점멸기의 a접점이 붙으면서 램프가 점등된다.

Step 02 기구 배치도

전체 기구 배치

① 전원(220V)은 상부 단자대(4P)에서 받고 제어함의 외부로 나가는 접점용 단자대(10P)는 하부에서 나간다.

② 배관은 CD 파이프로 한다.

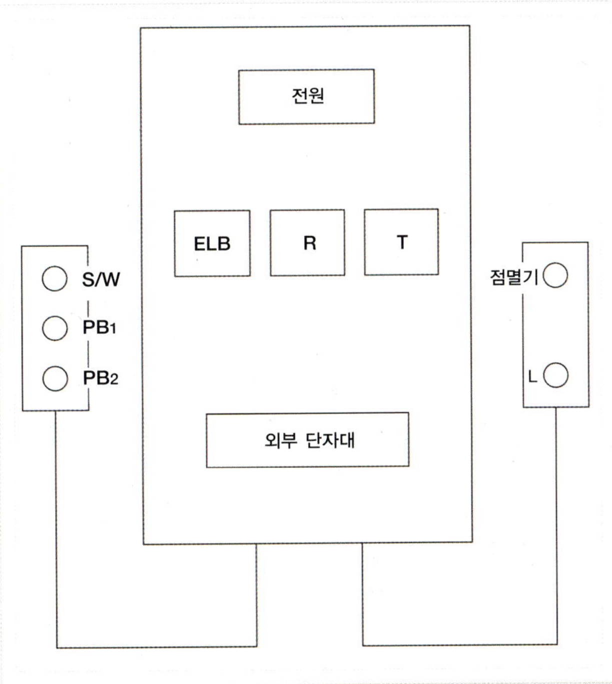

 속판 배치도

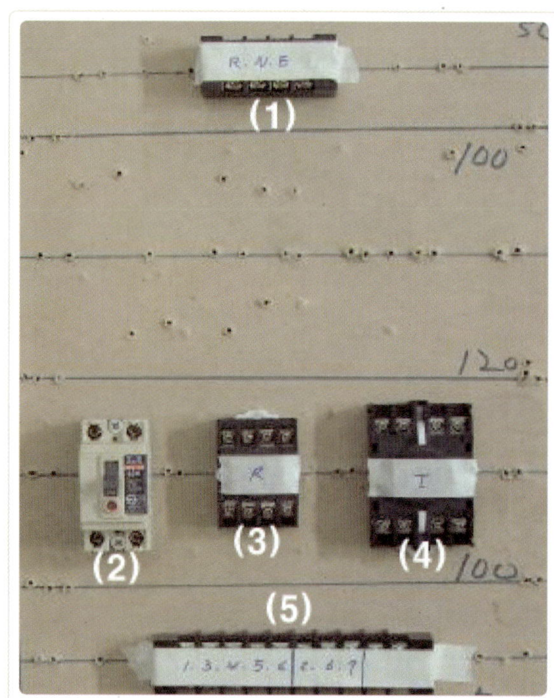

제어함 기구 배치 모습

① 전원 단자대
② 차단기(ELB 2P)
③ 8P 릴레이(R)
④ 타이머(T)
⑤ 외부 단자대

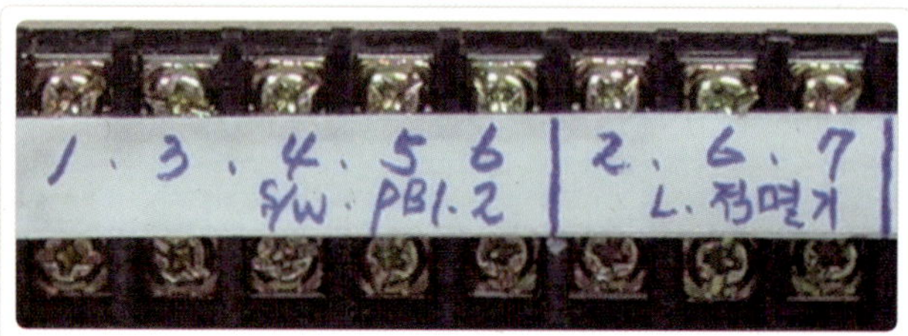

하단 단자대

셀렉터 스위치(1 · 3 · 6번), 푸시 버튼
(3 · 4 · 5번), 램프와 점멸기(2 · 6 · 7번)

Step 04 — 보조 회로 결선하기

01 차단기 1차측 결선

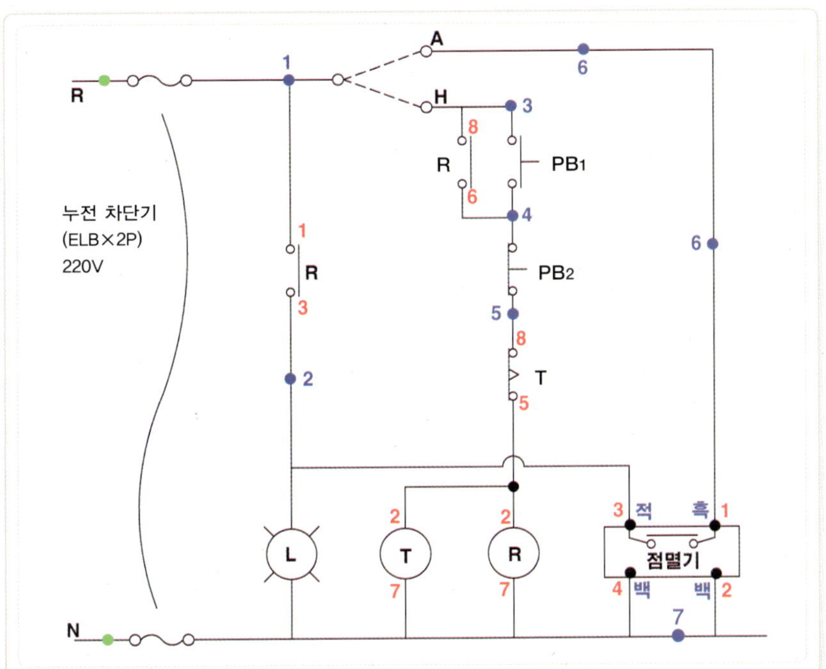

전원 결선

① 전원 단자대의 2차측에서 누전 차단기의 1차측으로 갔다.

② 중선선(N선)을 기준으로 3개의 하트상(R, S, T) 중 임의의 한 상(R상)과 결합하여 단상 220V를 만들었다.

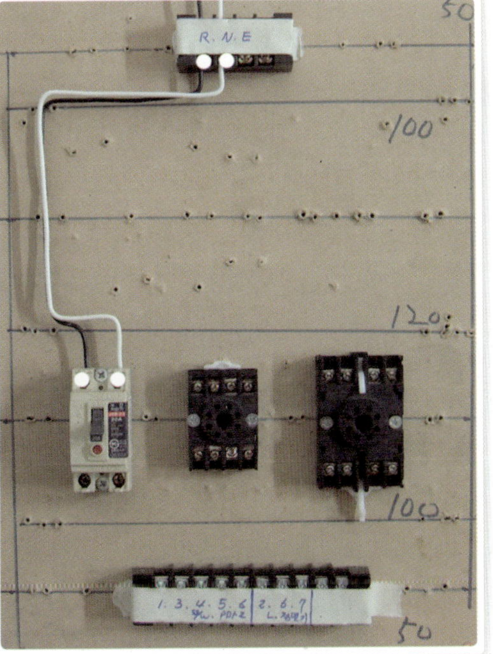

02 등공통 라인 결선

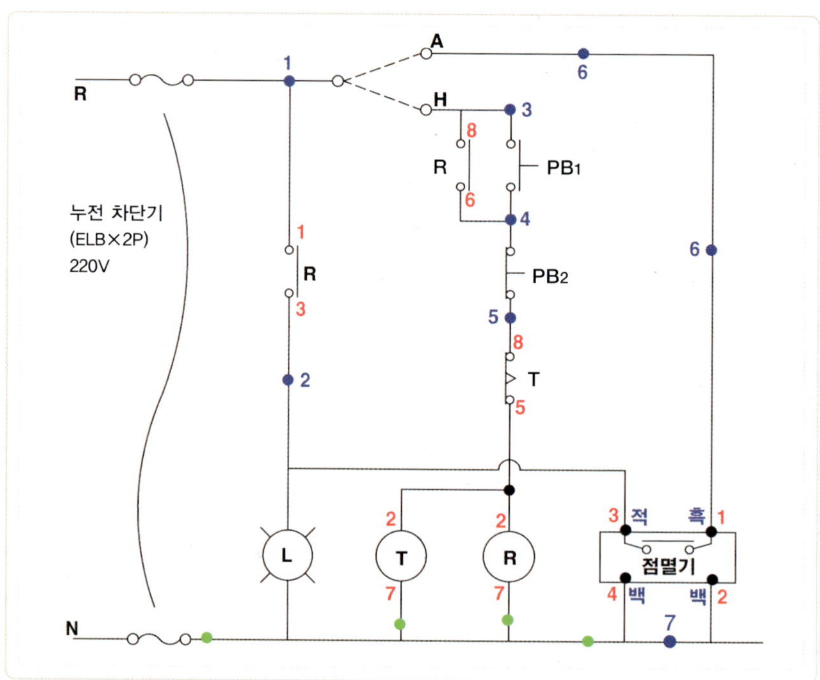

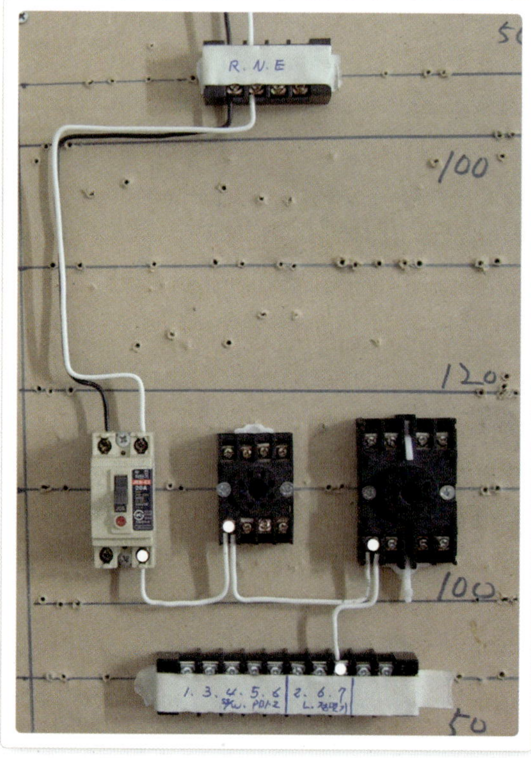

중성선측 결선

① 누전 차단기의 중성선측 단자에서 릴레이의 전원(7번)과 타이머의 전원(7번)을 거쳐, 램프와 점멸기가 공통으로 연결되는 단자대(7번)로 갔다.

② 결선 순서는 반드시 정해져 있지 않으나, 보통 공통 라인을 먼저 해 주어야 작업이 편하다.

03 차단기(하트상) 2차측 결선

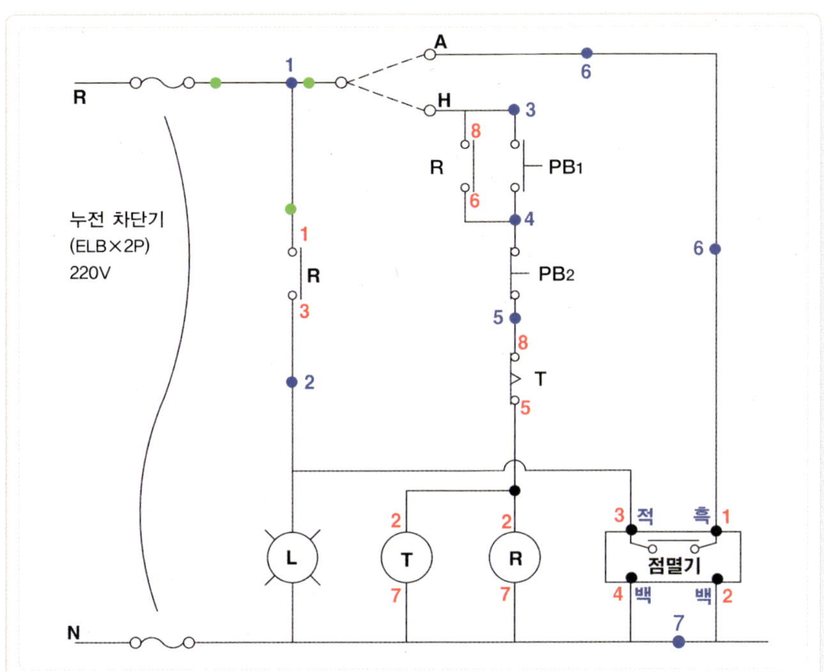

03
실전 실습

하트상측 결선

누전 차단기의 하트상 단자에서 셀렉터 스위치의 공통으로 가는 단자대(1번)와 릴레이의 a접점(1번)으로 갔다.

04 램프(L) 라인 결선

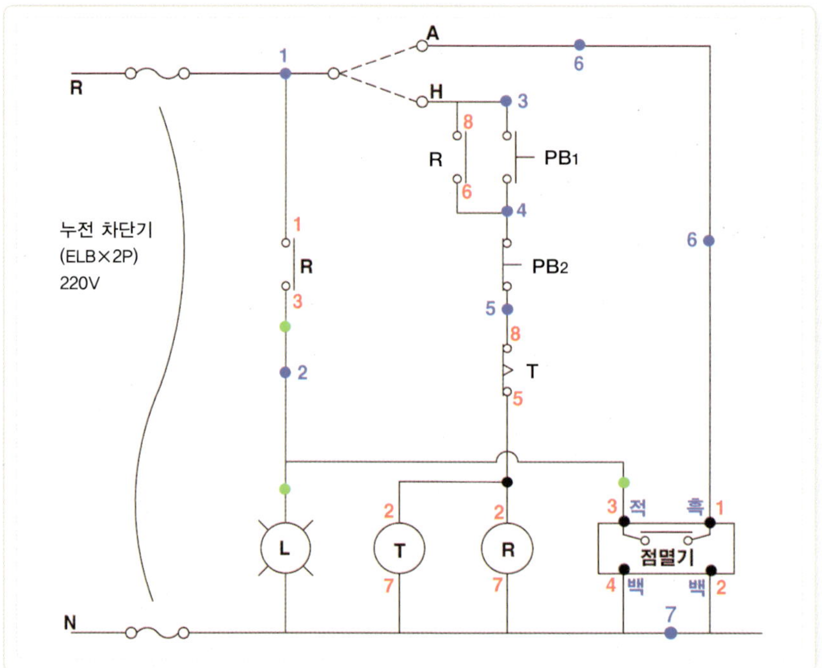

램프 라인 결선

① 릴레이의 a접점(3번)에서 점멸기의 출력
   (적색 : 3번)과 램프가 연결되는 단자대
   (2번)로 갔다.
② 점멸기 a접점(1 · 3번)은 점멸기의 센서
   작동에 의해 붙는다.

05 수동 라인 결선 Ⅰ

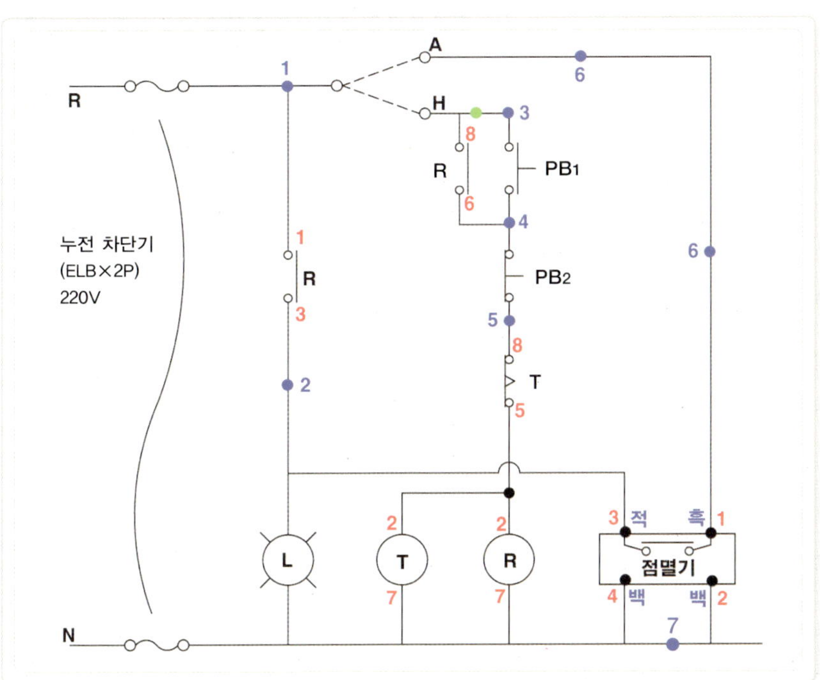

셀렉터(수동) 결선

릴레이의 a접점(8번)에서 셀렉터 스위치의
수동과 PB₁이 연결되는 단자대(3번)로 갔다.

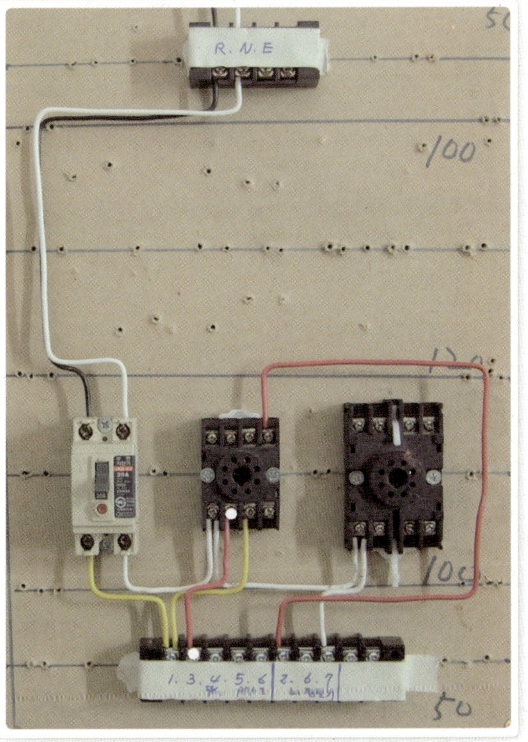

06 수동 라인 결선 Ⅱ

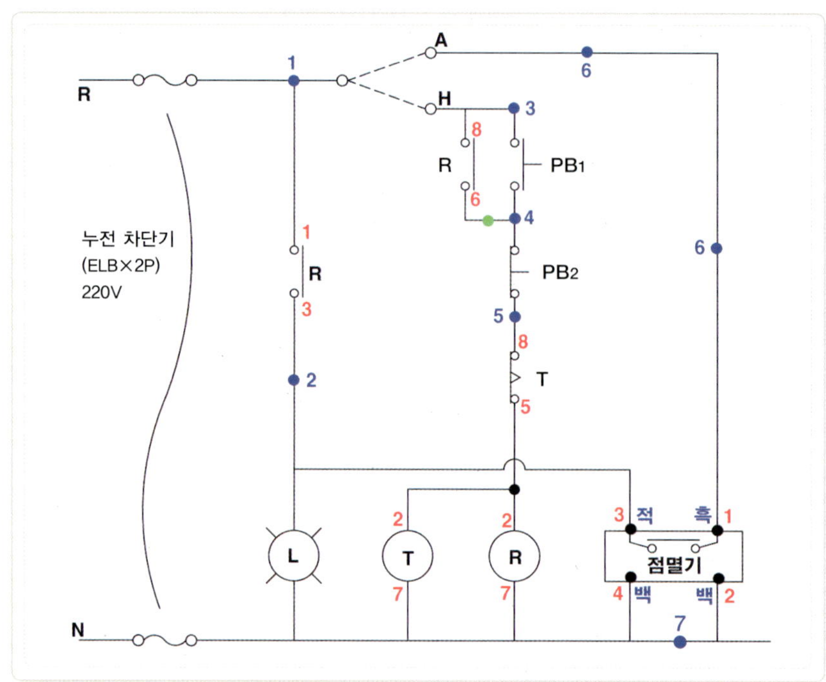

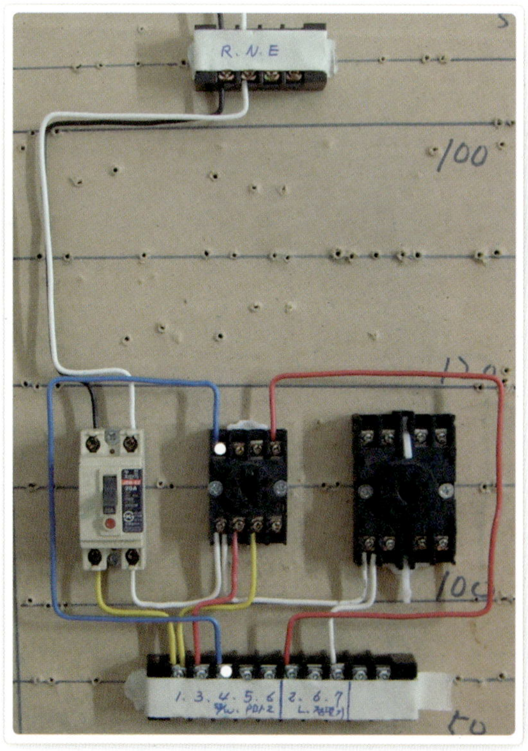

PB1, PB2 공통 결선

릴레이의 a접점(6번)에서 PB1과 PB2가 연결
되는 단자대(4번)로 갔다.

07 수동 라인 결선 Ⅲ

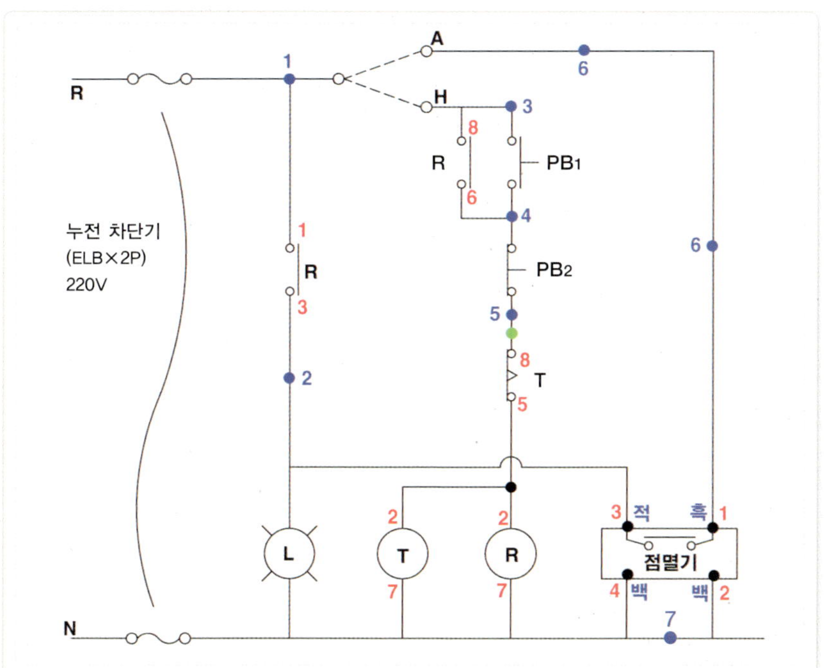

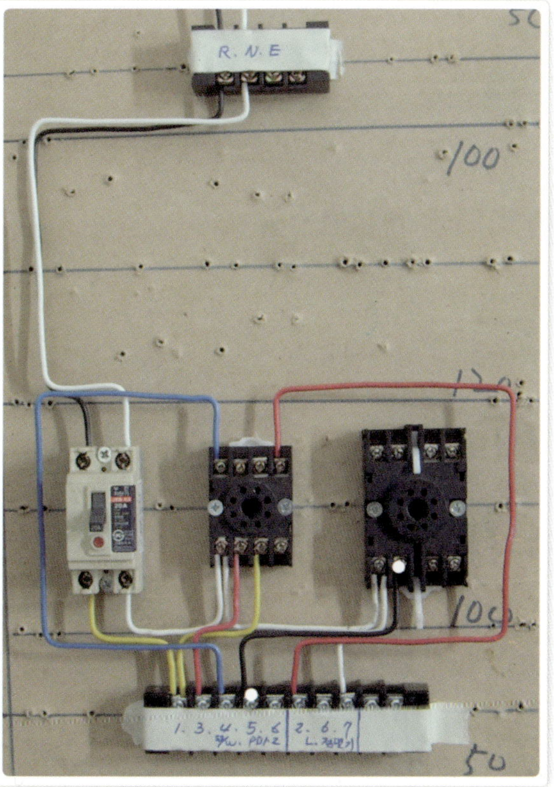

PB₂ 출력 결선

타이머의 한시 b접점(8번)에서 PB₂로 가는
단자대(5번)로 갔다.

03
실전 실습

08 수동 라인 결선 Ⅳ

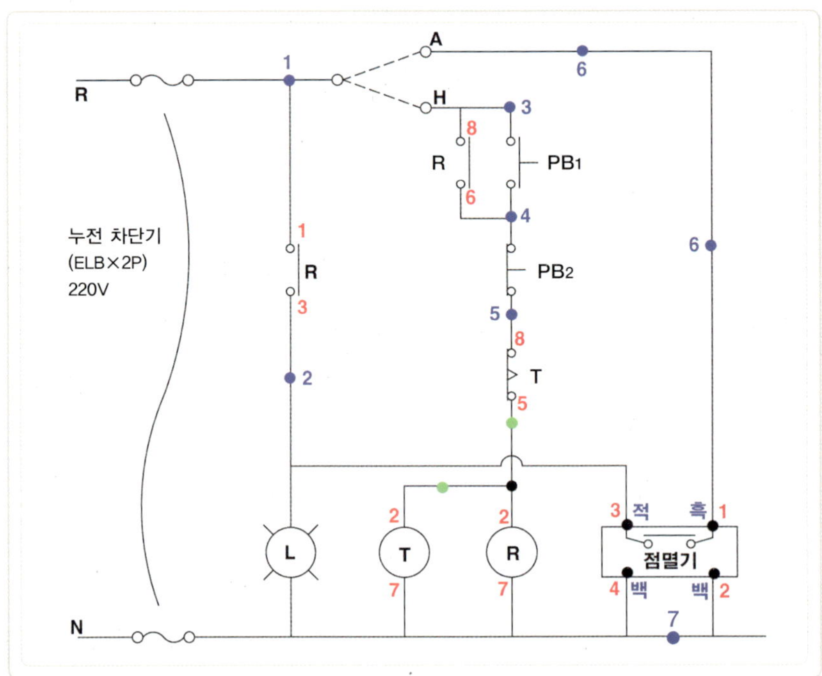

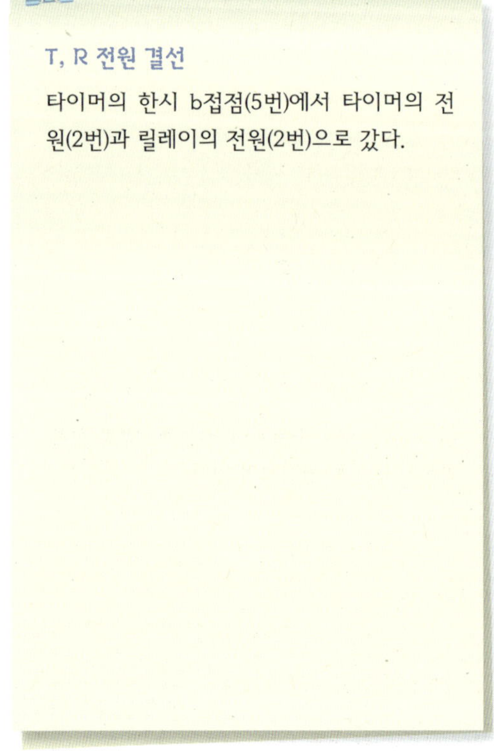

T, R 전원 결선

타이머의 한시 b접점(5번)에서 타이머의 전원(2번)과 릴레이의 전원(2번)으로 갔다.

09 자동 라인 결선

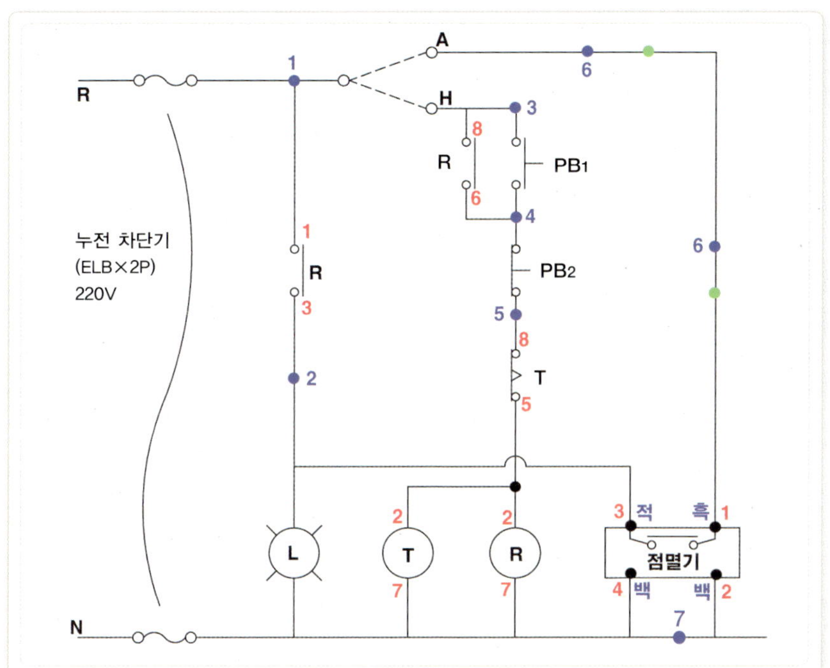

03
실전 실습

점멸기 결선

셀렉터 스위치의 자동으로 가는 단자대(6번)
에서 점멸기의 하트상 전원(흑색:1번)으로 가
는 단자대(6번)로 갔다.

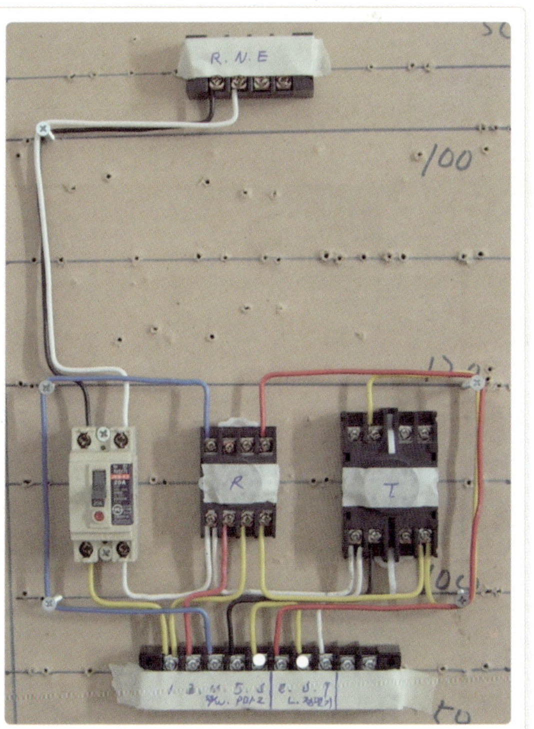

10 제어함의 결선 완료 모습

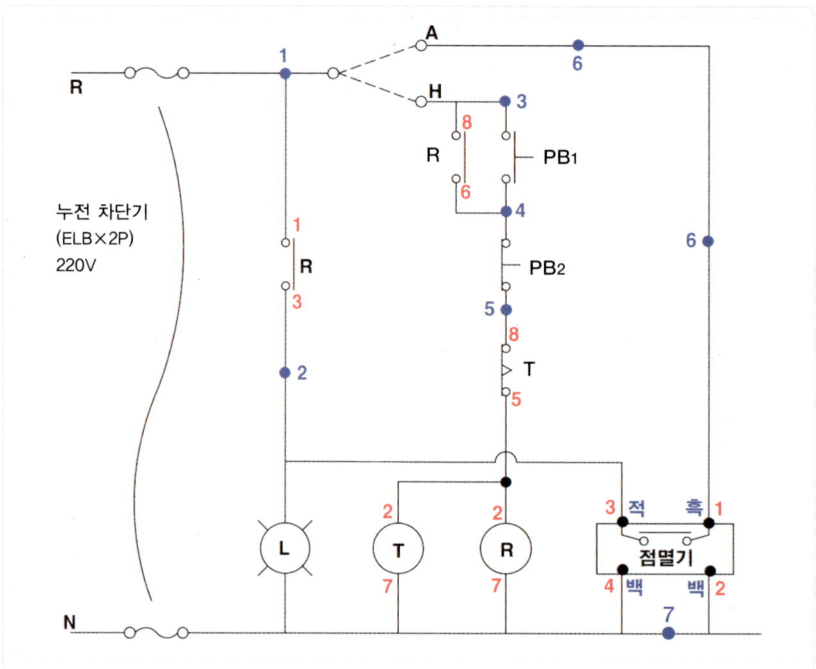

결선 완료

① 회로도에 그려진 점멸기의 내부 결선도를
보면 적색과 흑색이 a접점으로 되어 있
고, 백색은 서로 연결되어 있다.

② 백색 2가닥은 내부 기판에서 서로 연결되
어 있으므로 임의의 1가닥은 연결하지 않
고 그냥 테이핑해서 두어도 상관없다.

Step 05   배관 완료

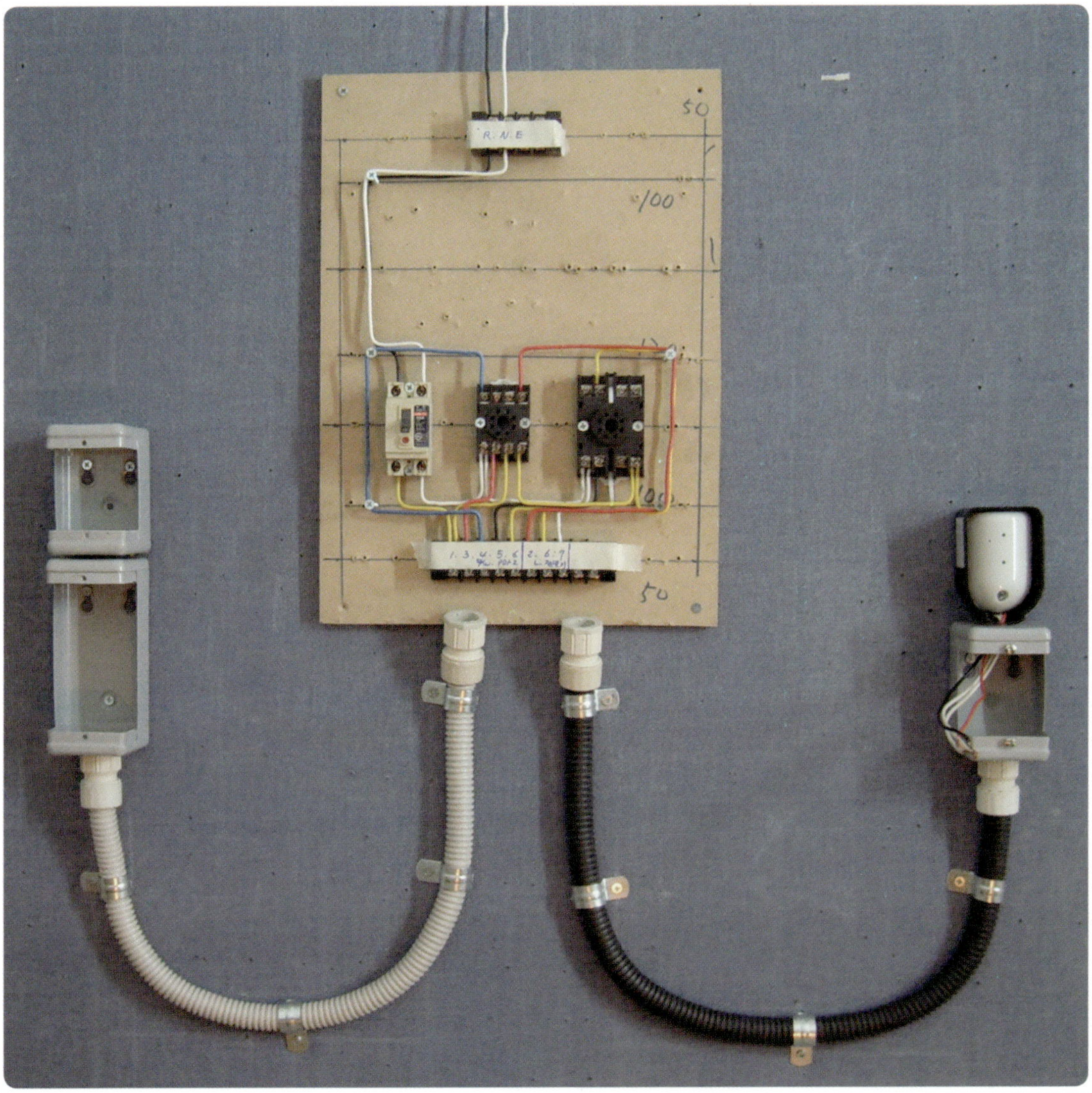

외부 배관 모습

① CD 파이프를 보면 왼쪽이 난연용이고, 오른쪽이 일반용이다.

② 파이프를 고정시키는 새들은 반새들과 온새들로 구분되는데, 사진에서는 반새들(비스를 박는 부분이 1개임)을 사용했다.

③ 실제 점멸기를 고정시키는 위치는 보안등의 뒤쪽이나 위쪽에 잡아야 한다.

  ## 스위치 결선

셀렉터, PB₁, PB₂의 결선을 살펴보면 다음과 같다.

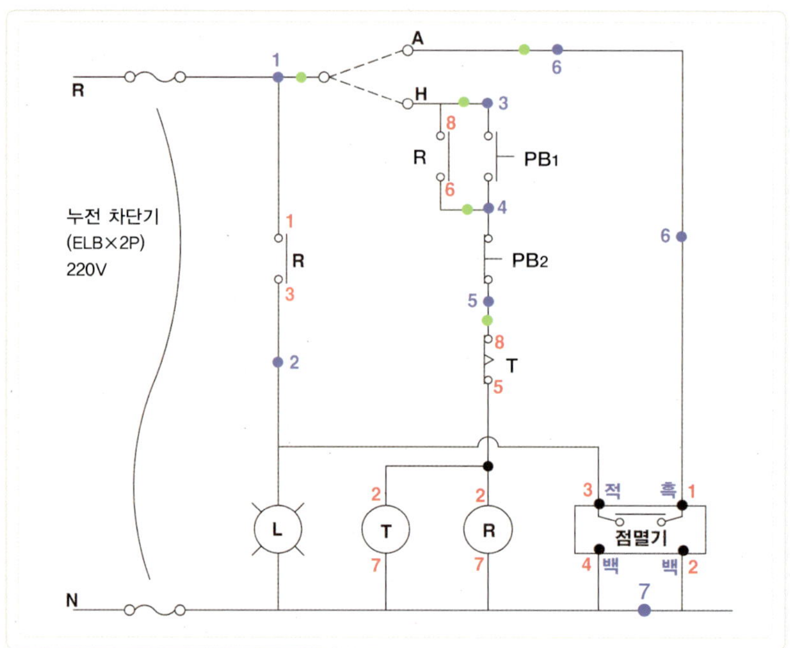

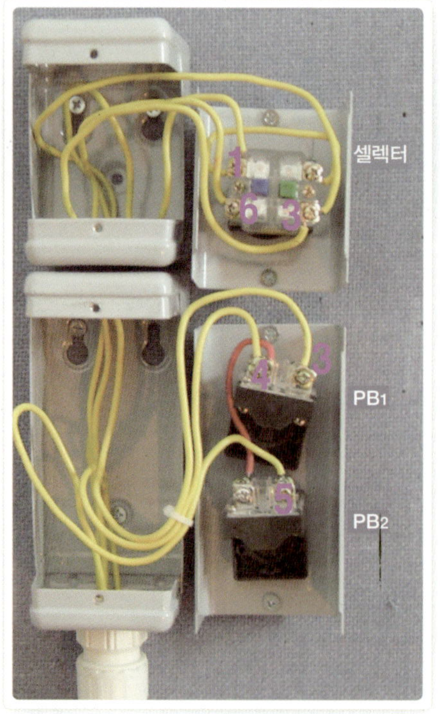

외부 버튼 결선

① 제어함의 단자대(1번)에서 온 선이 셀렉터
  의 수동과 자동을 공통으로 연결한 단자
  에 물렸다.
② 제어함 3번 선이 셀렉터의 수동 단자에
  물린 뒤, 밑에 있는 PB₁으로 갔다.
③ 제어함 6번 선이 자동 단자에 물렸다.
④ 제어함 4번 선이 PB₁과 PB₂를 공통으로
  연결한 단자에 물렸다.
⑤ 제어함 3번 선이 PB₁의 다른 단자에 물렸다.
⑥ 제어함 5번 선이 PB₂의 다른 단자에 물렸다.

외부 단자대 결선

셀렉터 스위치와 PB₁, PB₂로 가는 단자에 선
이 물린 모습이다.

입선 및 결선 완료

기구 배치도의 왼쪽 배관 및 입·결선이 완
료된 모습이다.

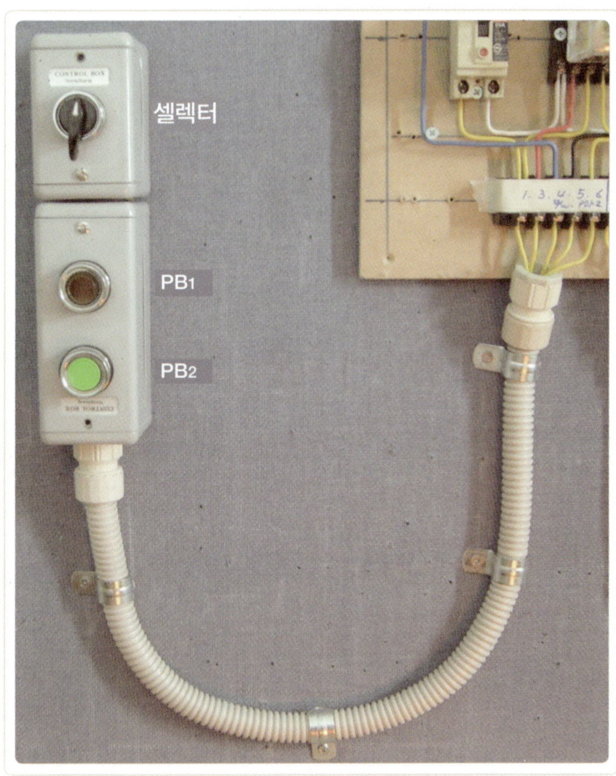

Step 07　점멸기 결선

램프와 점멸기의 결선을 살펴보면 다음과 같다.

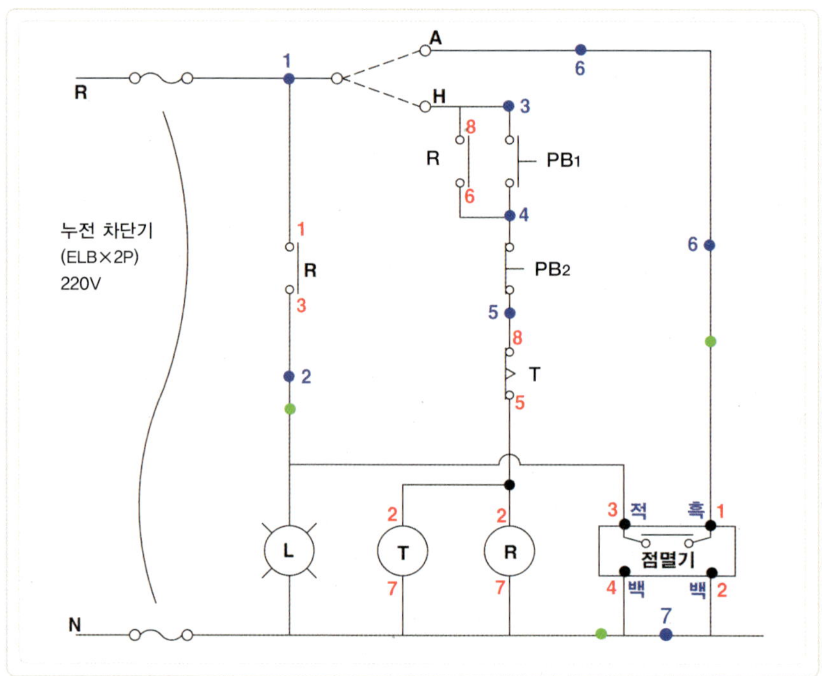

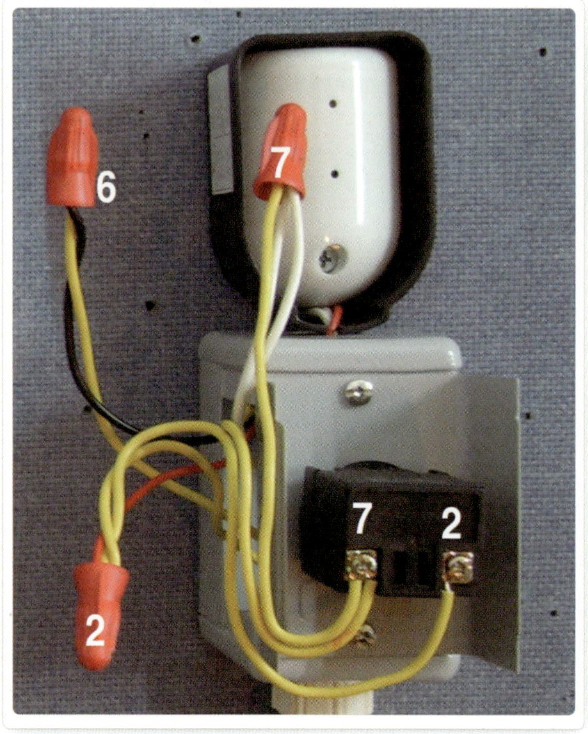

점멸기, 램프 결선

① 제어함의 단자대(2번)에서 온 선이 컨트롤 박스 안에서 와이어 커넥터로 연결되어 램프의 단자와 점멸기의 적색 선에 연결되었다.

② 제어함 6번 선이 점멸기의 흑색 선과 연결되었다.

③ 제어함 7번 선이 램프의 다른 단자에 물린 뒤, 점멸기의 백색 선 2가닥과 와이어 커넥터로 연결되었다.

외부 단자대 결선

램프와 점멸기로 가는 단자에 선이 물린 모습(2 · 6 · 7번)이다.

점멸기, 램프 입선 및 결선

기구 배치도의 오른쪽 배관 및 입 · 결선이 완료된 모습이다.

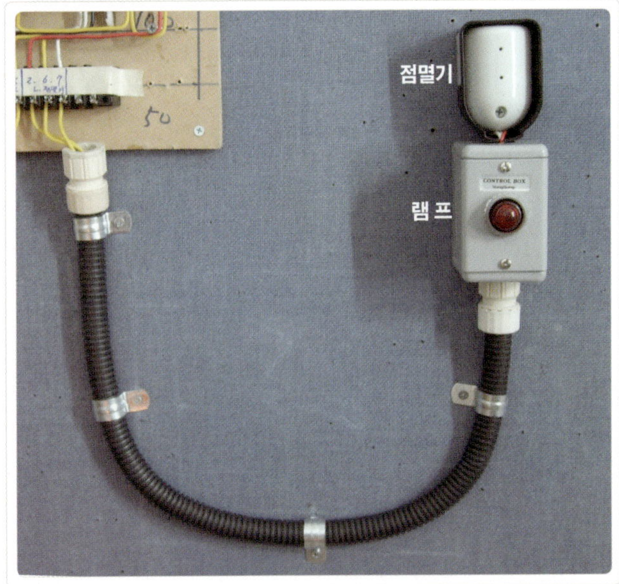

인쇄기 제어 회로 결선

강의요약

1. 인쇄 기계(윤전기)의 제품 이송에 대한 회로도를 그려보고 결선해 봅니다.
2. 이를 통해 릴레이, 타이머, 마그네트 등 계전기가 어떻게 사용되는지를 이해합니다.

필요자재

릴레이(8P×2개), 타이머×1개, 마그네트×1개, 센서 1개(1a1b), 비상 스위치×1개, 셀렉터 스위치×1개, 푸시 버튼
(ON×1개, OFF×1개), 파일럿 램프(운전×1개, 경보×1개)

Step 01 동작 설명 및 접점 번호 부여

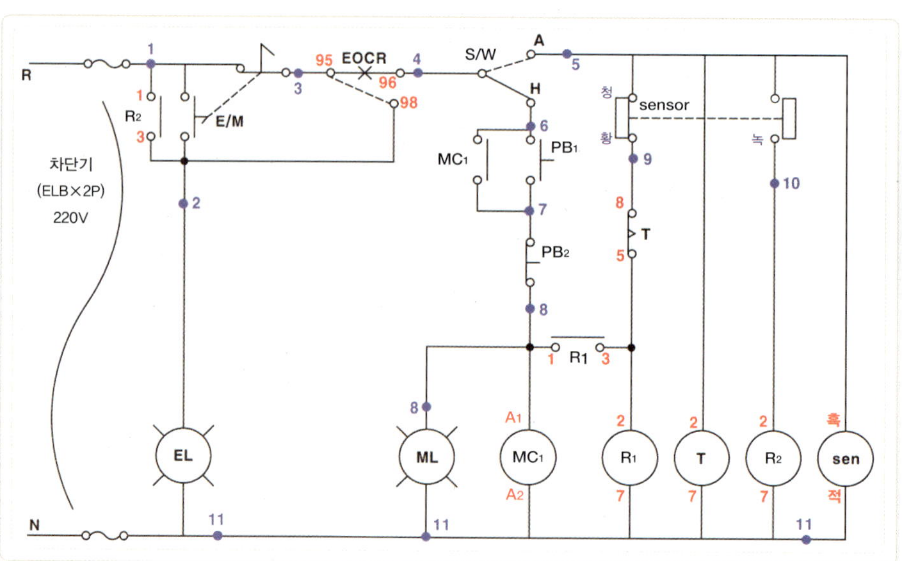

① 수동일 때
  ㉠ 셀렉터 스위치를 수동으로 놓고 근무자가 기동 버튼(PB_1)을 누르면 MC_1 동작 – ML 점등 –
    M(모터) 작동 – 제품 이송

ⓛ 정지 버튼(PB₂)을 누르면 MC₁ 정지 – M 정지 – 제품 이송 정지

ⓒ 기계 작동 이상 발견 시 비상 버튼을 누르면 경보 램프가 작동되면서 모든 회로 원상복귀(리셋 버튼 누르면 경보 해제)

ⓔ 과전류로 EOCR 작동 시 모든 회로 원상복귀

② **자동일 때**

㉠ 셀렉터 스위치를 자동으로 놓으면 T(타이머) 동작 – R(릴레이) 동작 – MC₁ 동작 – ML 점등 – M 작동 – 제품 이송 – t초 후(1시간 설정) 기계 정지

ⓛ 기계 이상 시 센서 작동 – R 정지 – MC₁ 정지 – M 정지 – 제품 이송 정지 – 경보 램프 작동(원인 제거되면 경보 해제)

ⓒ 과전류로 EOCR 작동 시 모든 회로 원상복귀

이설 작업 중인 인쇄소의 윤전기 모습 Ⅰ

각종 우편물 봉투를 생산해 내는 장비이다.

이설 작업 중인 인쇄소의 윤전기 모습 Ⅱ

① 장비 이설을 위해 판넬의 외부 단자대에 물려 있던 선들을 모두 풀어 정리한 것이 보인다.

② 선을 풀 때는 일정한 리스트를 만들어 1가닥이라도 틀리지 않도록 주의해야 한다.

03
실전 실습

Step 02 · 기구 배치도

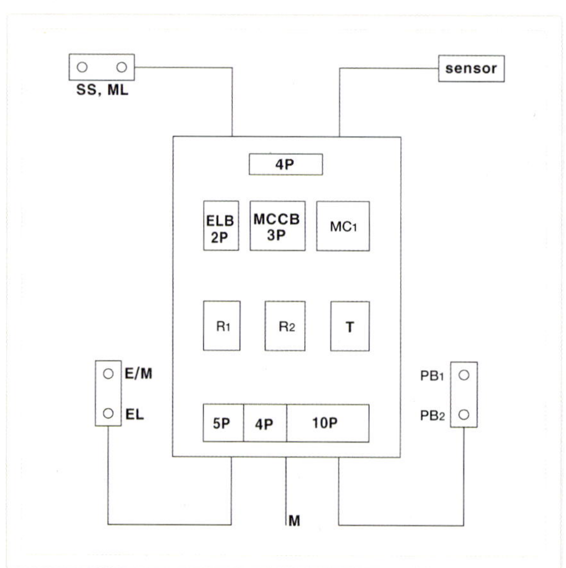

전체 기구 배치

① 전원은 3상 4선식(보조 회로 : 220V / 주 회로 : 380V)을 사용한다.
② 배관은 CD 파이프로 한다.

Step 03 · 속판 배치도

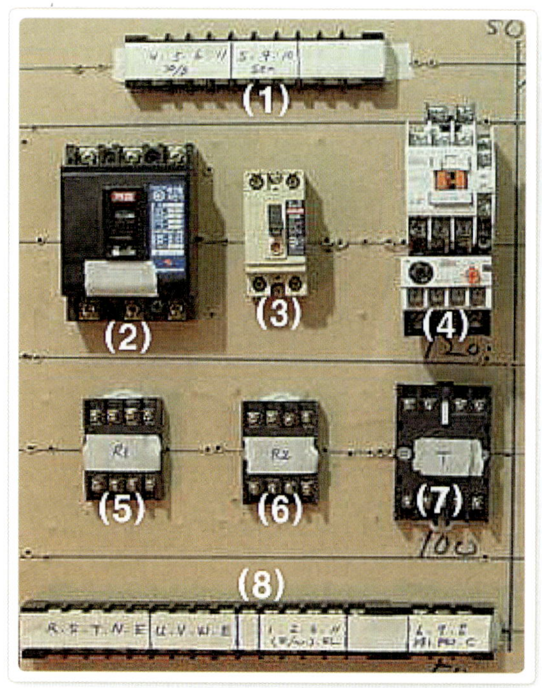

제어함 기구 배치 모습

① 상단 외부 단자대
② 주회로 차단기(배선용 3P)
③ 보조 회로 차단기(ELB 2P)
④ 마그네트(MC1)
⑤ 8P 릴레이(R1)
⑥ 8P 릴레이(R2)
⑦ 타이머(T)
⑧ 하단 외부 단자대

하단 단자대

전원(R, S, T, N, E), 모터(U, V, W ,E), 비상 스위치 및 비상 램프(1 · 2 · 3 · 11번), PB₁ · PB₂(6 · 7 · 8번)

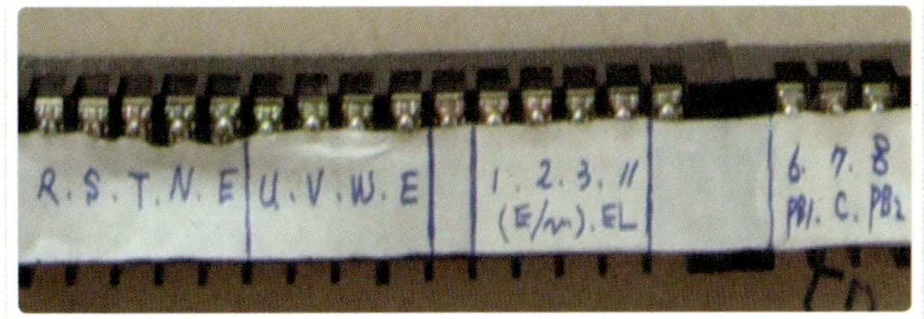

Step 04 주회로 결선하기

01 동작 설명

주회로 동작

① 차단기(MCCB × 3P)를 올린 상태에서 보조 회로의 마그네트가 동작하면 주접점(MC₁)이 붙으면서 모터가 작동한다.

② 모터에 과부하가 걸리면 EOCR이 트립되어 모터가 정지된다.

③ 주회로용 차단기(MCCB 3P)를 내리면 주회로만 차단되어 모터가 정지된다.

03
실전 실습

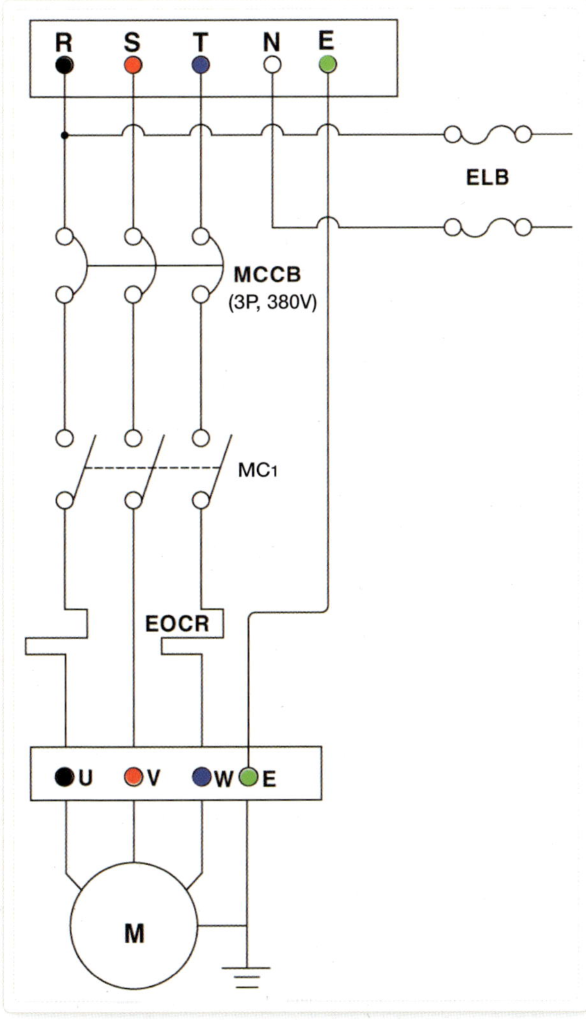

02 차단기 1차측 결선

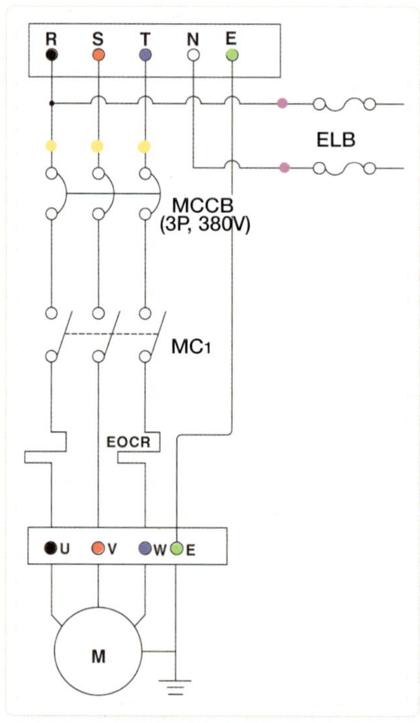

전원측 결선 회로도

① 백색(황색) 포인트 : 단자대에서 온 흑 · 적 · 청(R · S · T)색 선이 배선용 차단기의 1차측에 물렸다.

② 분홍색 포인트 : 단자대에서 온 흑 · 백(R · N)색 선이 누전 차단기의 1차측에 물렸다.

전원측 실제 결선

① 전원 단자대가 제어함의 상단에 위치할 경우 : 단자대의 윗부분에 전원을 물린다.

② 전원 단자대가 제어함의 하단에 위치할 경우 : 단자대의 아래에 전원을 물린다.

03 마그네트 1차측 결선

MC₁ 1차측 결선 회로도

① 배선용 차단기(MCCB 3P) 2차측에서 마그네트의 1차측 단자로 갔다.

② 주회로용 차단기는 모터의 과부하나 단락 예방을 위해 MCCB(배선용)를 사용한다.

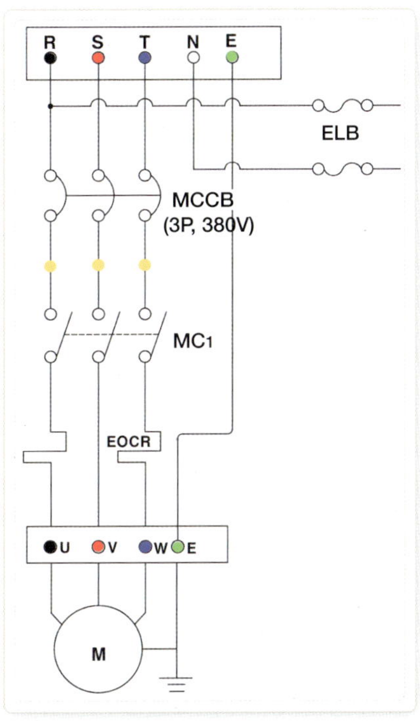

MC₁ 1차측 실제 결선

① 결선할 때 주회로와 보조 회로를 가급적 분리해 주는 게 좋다.

② 사진처럼 주회로는 왼쪽, 보조 회로는 오른쪽 혹은 그 반대로 하되, 위치는 주로 전원 단자대와 차단기, 마그네트의 위치에 의해 결정된다.

04 마그네트 2차측 결선

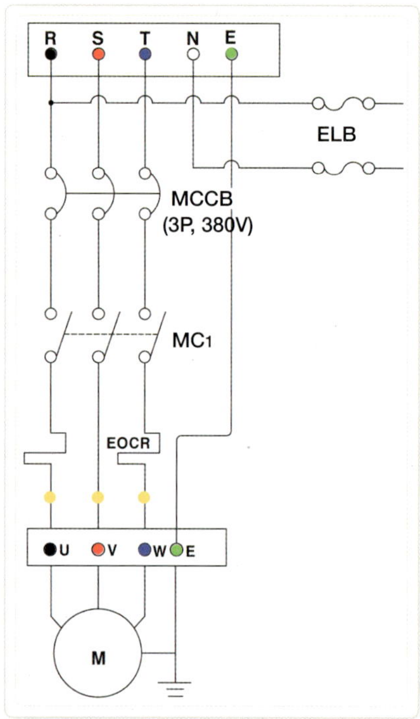

MC₁ 2차측 결선 회로도

① 마그네트의 2차측에서 EOCR을 거쳐 나온 단자대에서 모터로 가는 단자대(U, V, W)로 갔다.

② 마그네트의 2차측 단자에서 직접 모터로 가지 않고 반드시 EOCR을 거쳐야 과부하 시 트립 기능을 활용할 수가 있다.

MC₁ 2차측 실제 결선

① 마그네트와 EOCR은 서로 정격 용량이 맞는 것을 선택해야 한다.
  · EOCR의 용량이 작으면 잦은 트립이 발생한다.
  · 반대로 용량이 너무 크면 과전류 시 트립이 안 되어 마그네트나 모터의 소손으로 이어진다.

② 보조 회로의 전원을 주회로용 차단기(3P×배선용)의 1차나 2차측에서 분기해오지 않고, 전원 단자대에서 직접 분기해오는 것이 중요하다. 그래야 이 다음에 주회로용 차단기를 유지·보수할 때 영향을 받지 않는다.

Step 05 · 보조 회로 결선하기

01 등공통 라인 결선

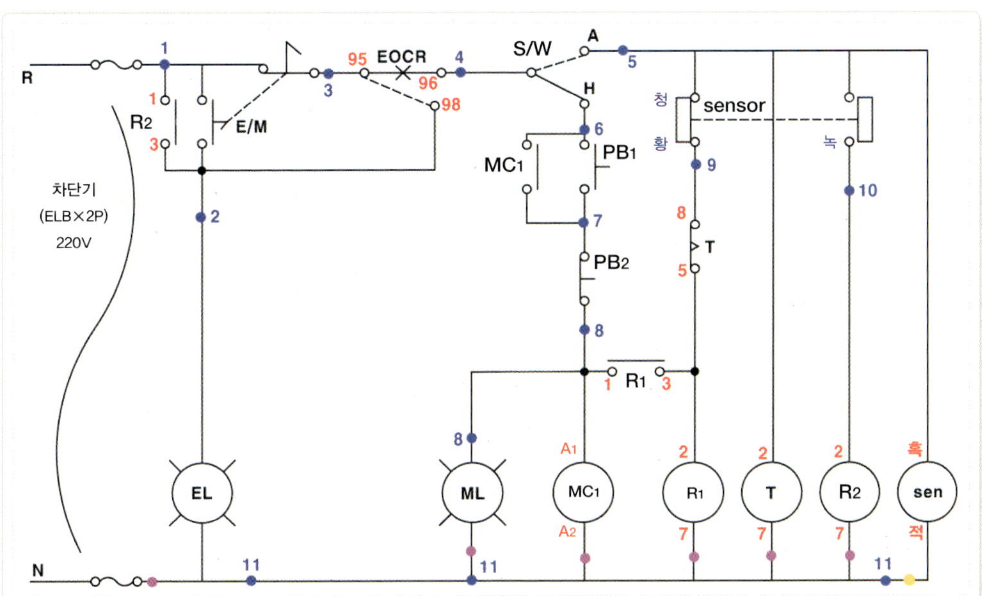

중성선측 라인 결선

① 분홍색 포인트 : 누전 차단기의 중성선측
  단자에서 MC의 전원(A2)과 ML로 가는 단
  자대(11번)를 거쳐, R1의 전원(2번), R2의
  전원(2번), T의 전원(2번)을 거친 뒤 EL로
  가는 단자대(11번)로 갔다.

② 백색 포인트(황색)
  · 센서의 전원으로 가는 단자(11번)는 아
    직 연결하지 않았다.
  · 이 경우 ML 단자대(11번)에서 갈 수도
    있고, 공통으로 연결해 백색 포인트의
    단자에서 별도로 갈 수도 있다.

02 하트 라인 결선

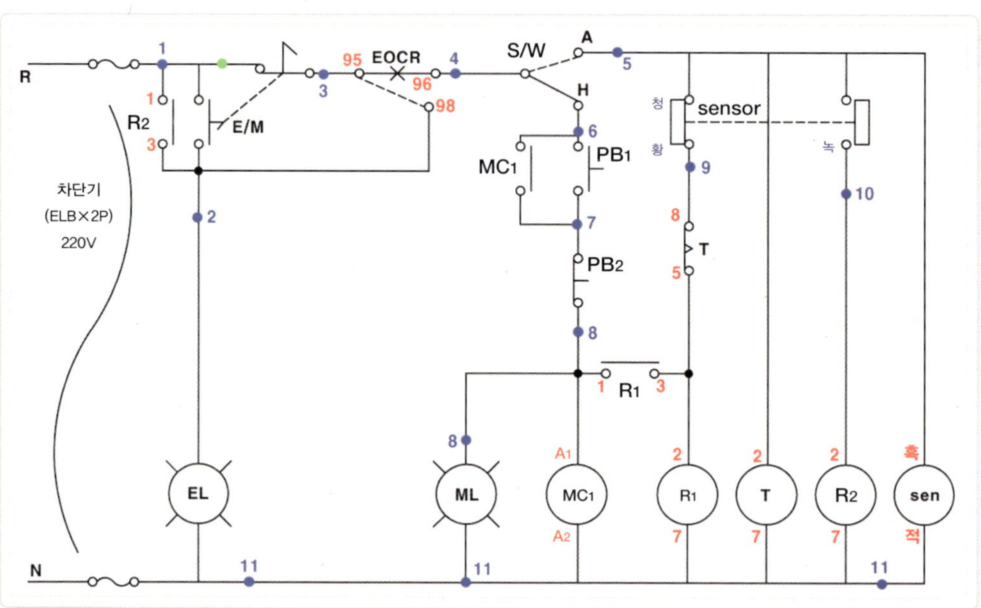

하트상측 라인 결선

누전 차단기의 하트상 단자에서 R₂의 a접점
(1번)과 비상 스위치의 공통으로 가는 단자대
(1번)로 갔다.

03 EOCR 공통 라인 결선

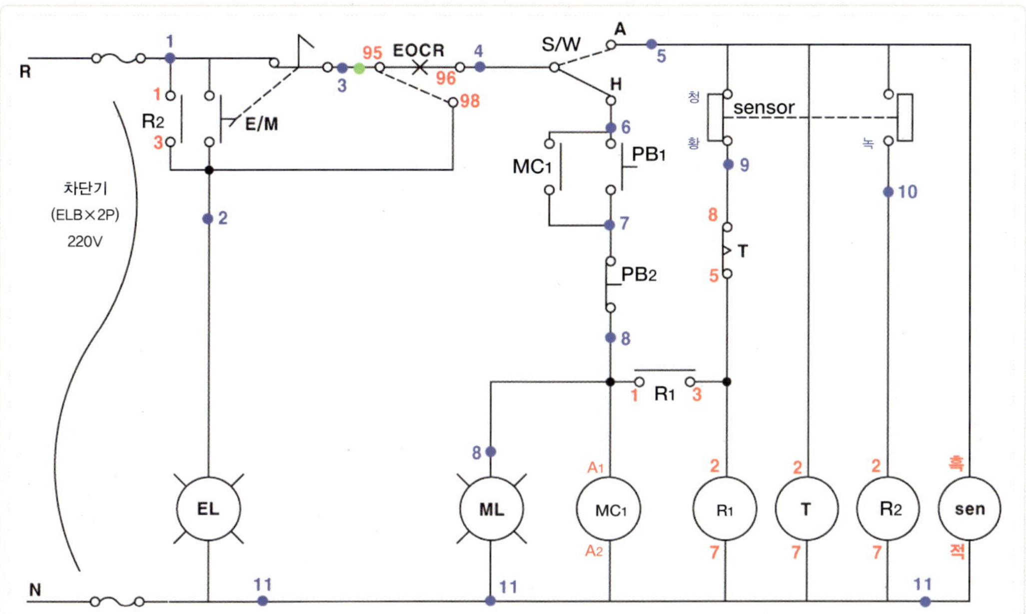

EOCR 접점 결선 I

EOCR의 트립 접점의 공통을 연결한 뒤, 비상 스위치의 b접점으로 가는 단자대(3번)로 갔다.

① 트립 a접점 : 97 · 98번

② 트립 b접점 : 95 · 96번

※ 사진에서 95번, 97번을 공통으로 연결했다.

04 EOCR 트립 b접점 결선

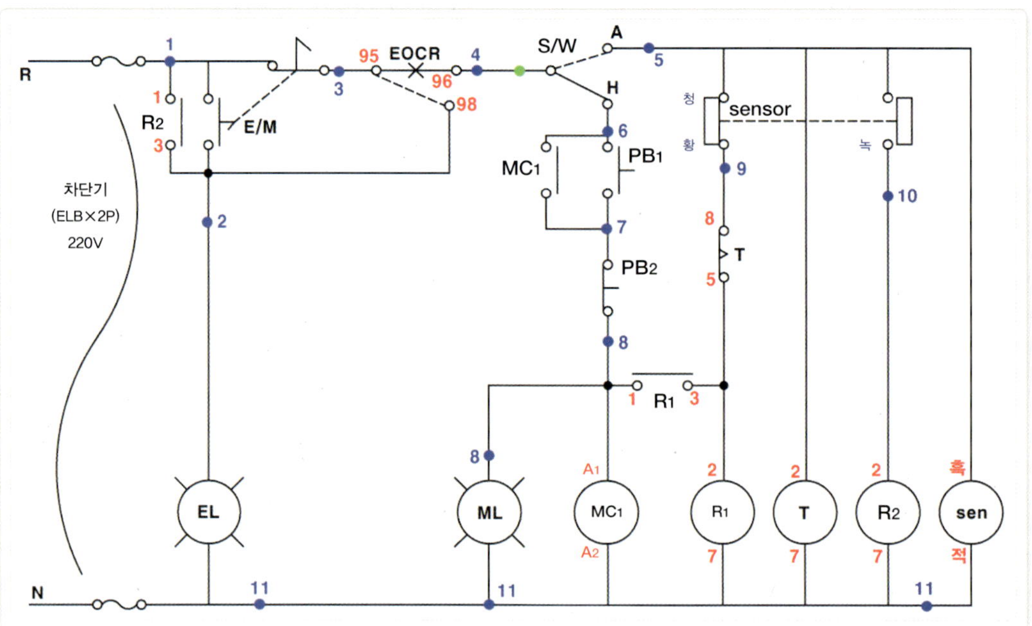

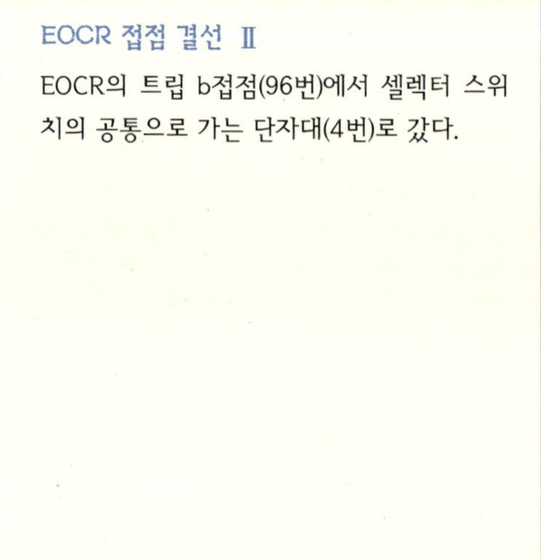

EOCR의 트립 b접점(96번)에서 셀렉터 스위치의 공통으로 가는 단자대(4번)로 갔다.

05 비상 램프 결선

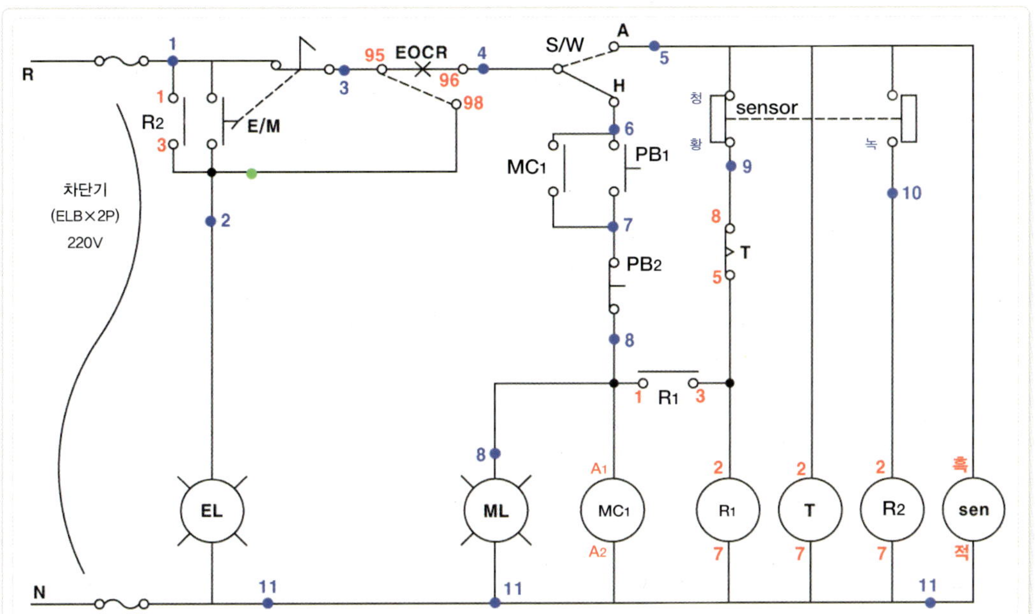

EOCR 접점 결선 Ⅲ

EOCR의 트립 a접점(98번)에서 R2의 a접점 (3번)을 거쳐, 비상 스위치와 EL이 연결되는 단자대(2번)로 갔다.

06 수동 라인 결선 Ⅰ

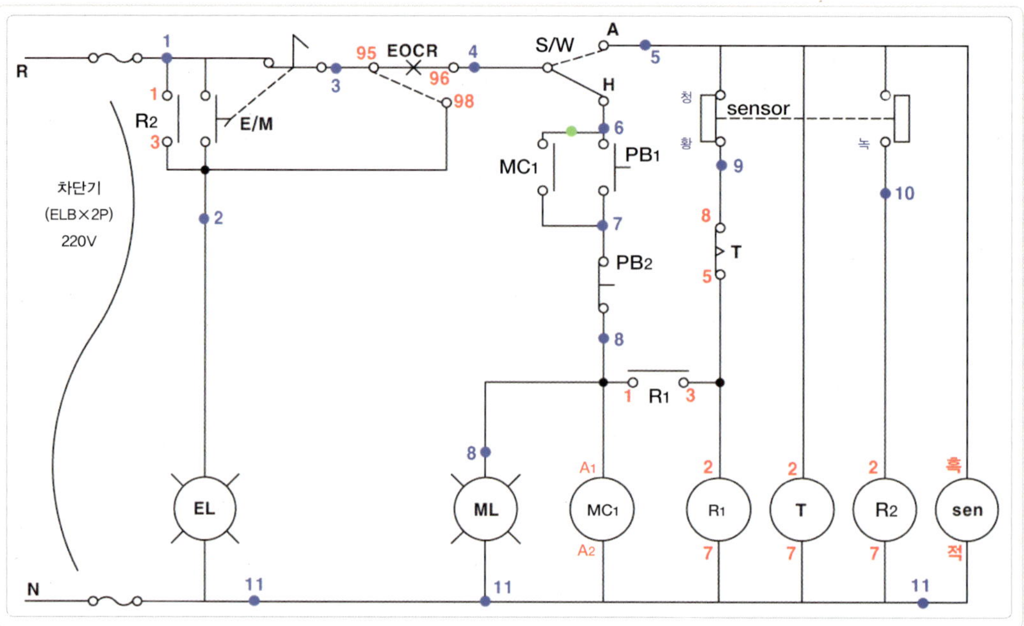

MC₁ 라인 결선 Ⅰ

① 셀렉터 스위치의 수동으로 가는 단자대
   (6번)에서 MC₁의 a접점과 PB₁으로 가는
   단자대(6번)로 갔다.
② 상단과 하단의 6번 단자대를 반드시 연결
   해 주어야 회로도의 셀렉터 스위치와 PB₁
   이 연결된다.

07 수동 라인 결선 Ⅱ

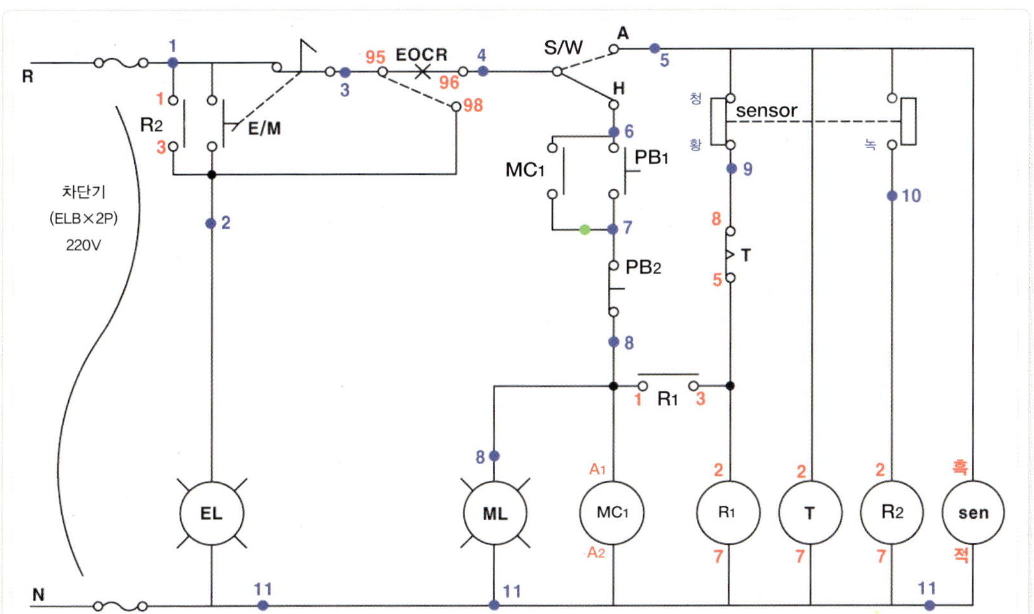

MC₁ 라인 결선 Ⅱ

MC₁의 α접점에서 PB₁과 PB₂가 공통으로 연결되는 단자대(7번)로 갔다.

08 수동 라인 결선 Ⅲ

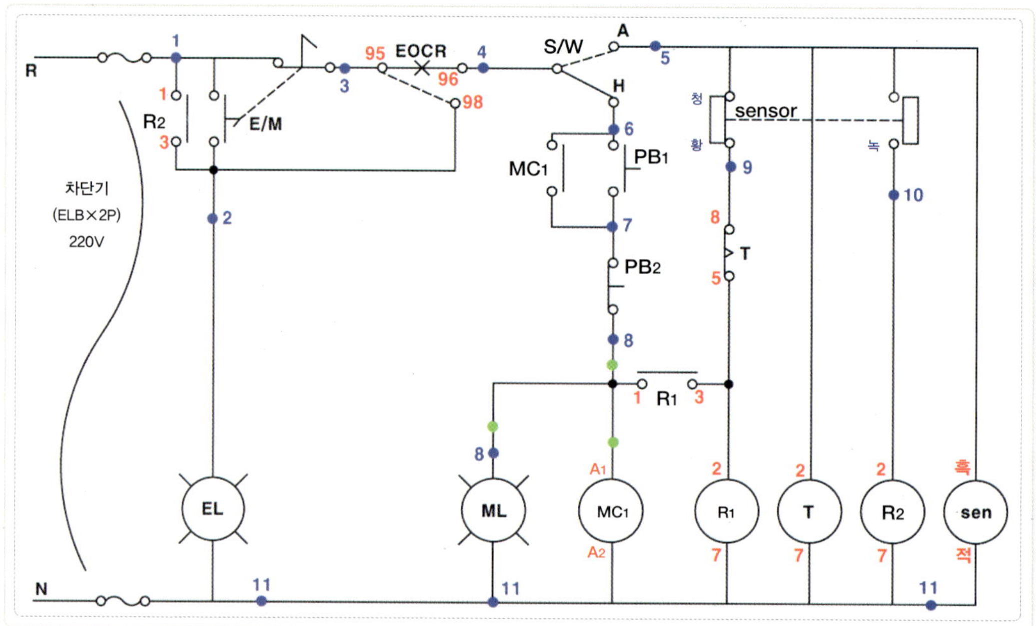

MC₁ 라인 결선 Ⅲ

MC₁의 전원(A₁)에서 ML로 가는 단자대(8번)와 R₁의 α접점(1번)을 거쳐, PB₂로 가는 단자대(8번)로 갔다.

※ MC₁의 전원(A₁)으로 가는 황색 선이 잘 보이지 않으므로 유의해서 보도록 한다.

09 자동 라인 결선 Ⅰ

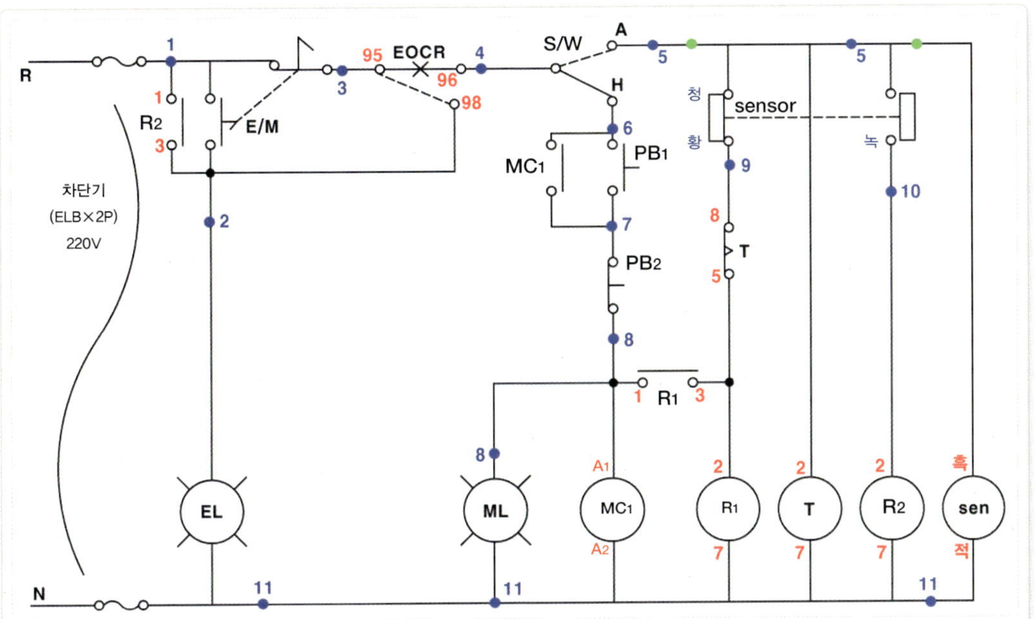

셀렉터 스위치 자동 결선 Ⅰ

셀렉터 스위치의 자동으로 가는 단자대(5번)
에서 센서의 공통으로 가는 단자대(5번)로
갔다.

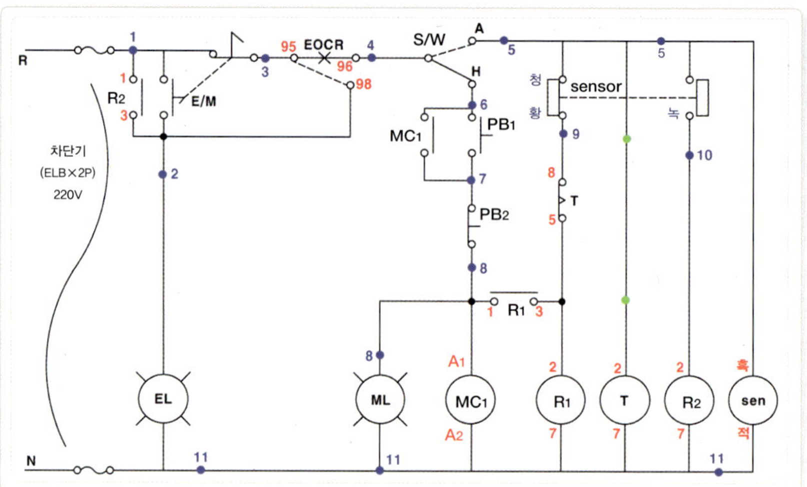

회로도의 응용 - 변경 전

① 상황 : 위의 사진에서 타이머의 전원이 셀렉터 스위치의 자동과 센서의 공통이 만나는 곳에 연결되어 있다. 이 경우 동작은 설정 시간 후 한시 b접점에 의해 릴레이(R_1)의 전원이 끊어진 뒤 다시 복귀되지 않는다.

② 문제점 : 만약 컨베이어 라인에 이상이 발생되어 센서가 작동했을 때 그 잘못된 부분을 해결하면 다시 가동되어야 하는데, 타이머의 한시 b접점이 복귀되지 않아 정상 가동을 할 수 없게 된다.

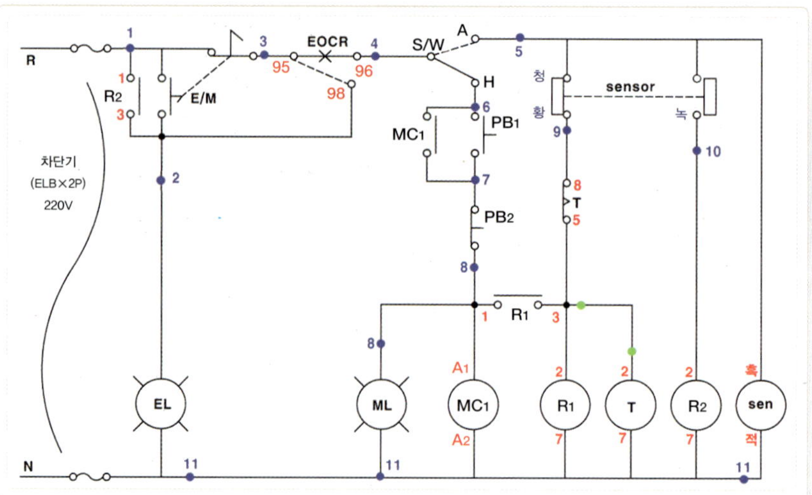

회로도의 응용 - 변경 후

타이머의 전원을 사진처럼 R_1의 전원과 병렬로 연결하면 설정 시간 후 한시 b접점에 의해 타이머의 전원도 끊겨 원상 복귀된다.

10 자동 라인 결선 Ⅱ

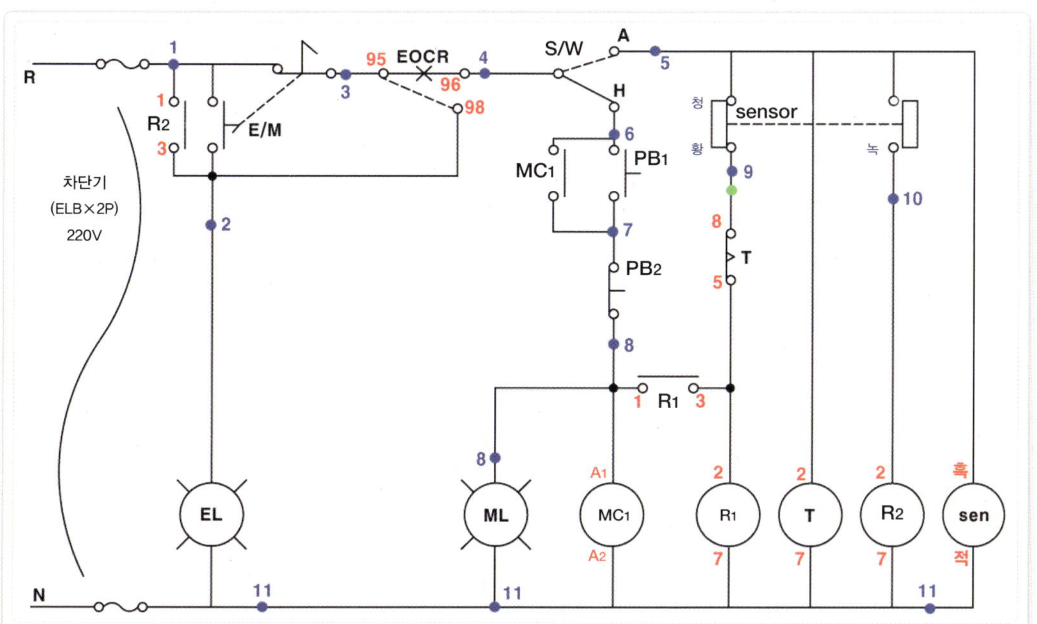

센서 b접점 결선

① 센서의 b접점으로 가는 단자대(9번)에서
   타이머의 한시 b접점(8번)으로 갔다.
② 대부분 센서의 접점 표시는 NO(a접점)와
   NC(b접점)로 표시되어 있다.

11 자동 라인 결선 Ⅲ

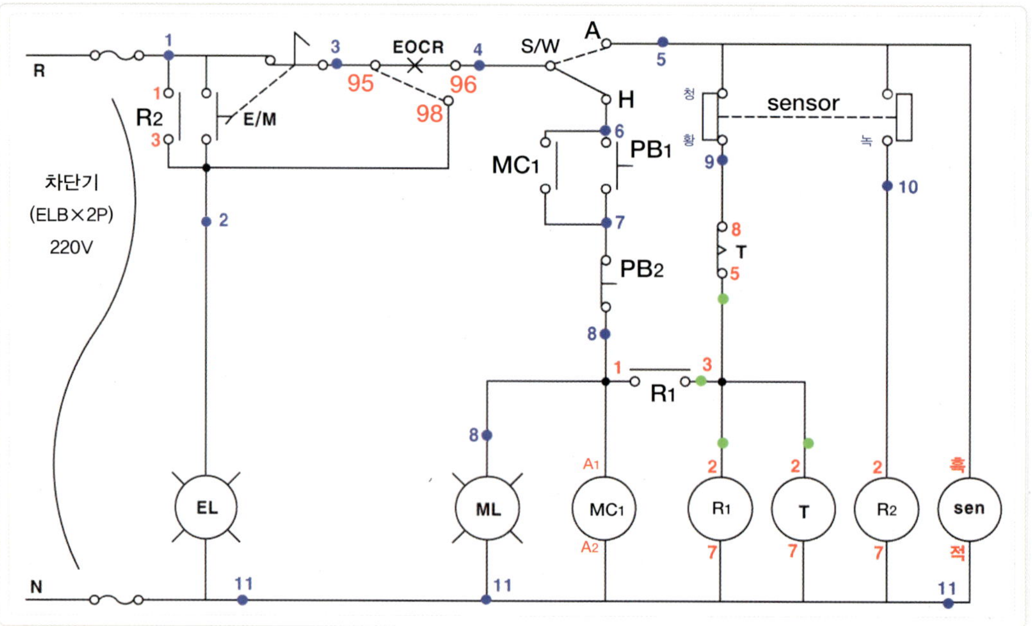

R₁, T 전원 변경 결선

변경된 회로도에 의해 결선되었다. 타이머의
한시 b접점(5번)에서 R₁의 a접점(3번)과 전원
(2번)을 거쳐 타이머의 전원(2번)으로 갔다.

12 자동 라인 결선 Ⅳ

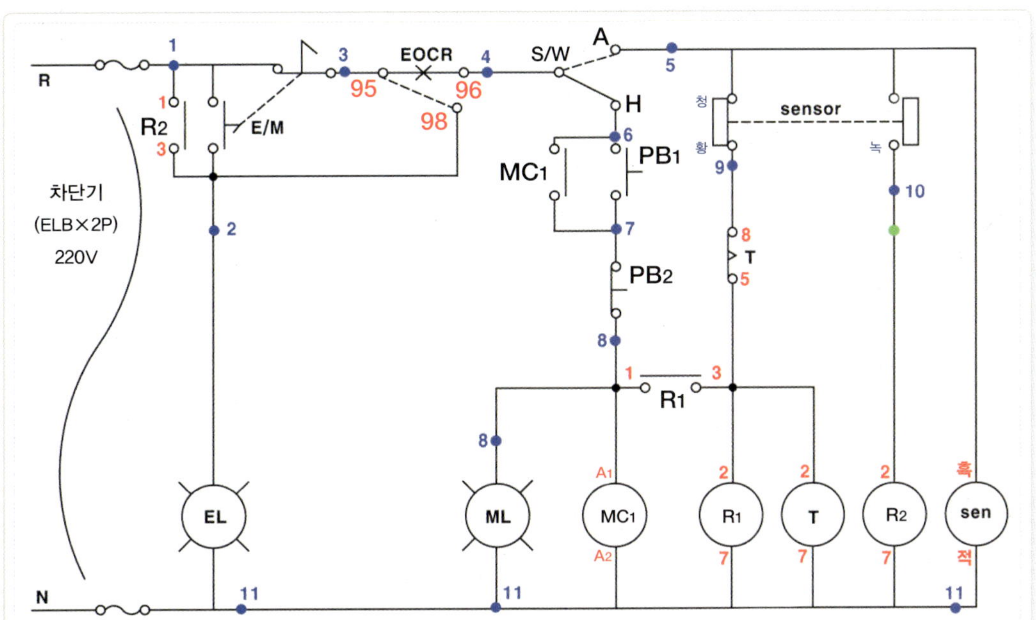

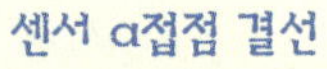

센서 α접점 결선

센서의 α접점으로 가는 단자대(10번)에서 R₂
의 전원(2번)으로 갔다.

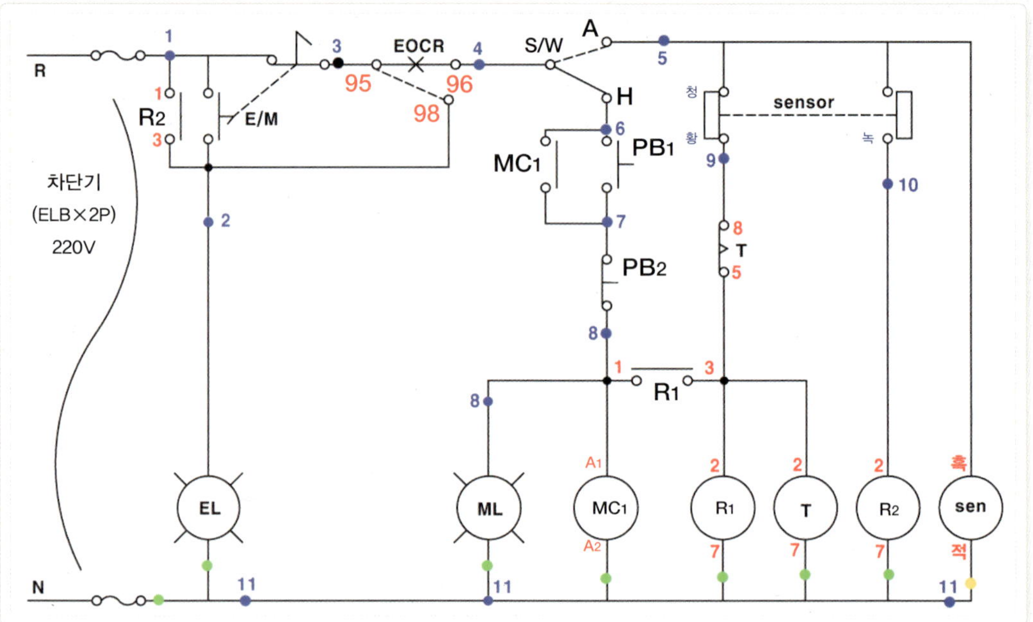

단자대 COM 결선

사진에서는 센서의 전원(11번)을 ML 단자대의 윗부분에서 연결했다. 이를 아랫부분(백색 포인트)에서 연결할 수도 있고, 센서에서 온 선을 곧바로 ML 단자에 물려도 된다. 이는 현장 여건(단자대가 여유가 있는지의 여부)에 따라 적절하게 적용시키면 된다.

Step 06   배관 완료

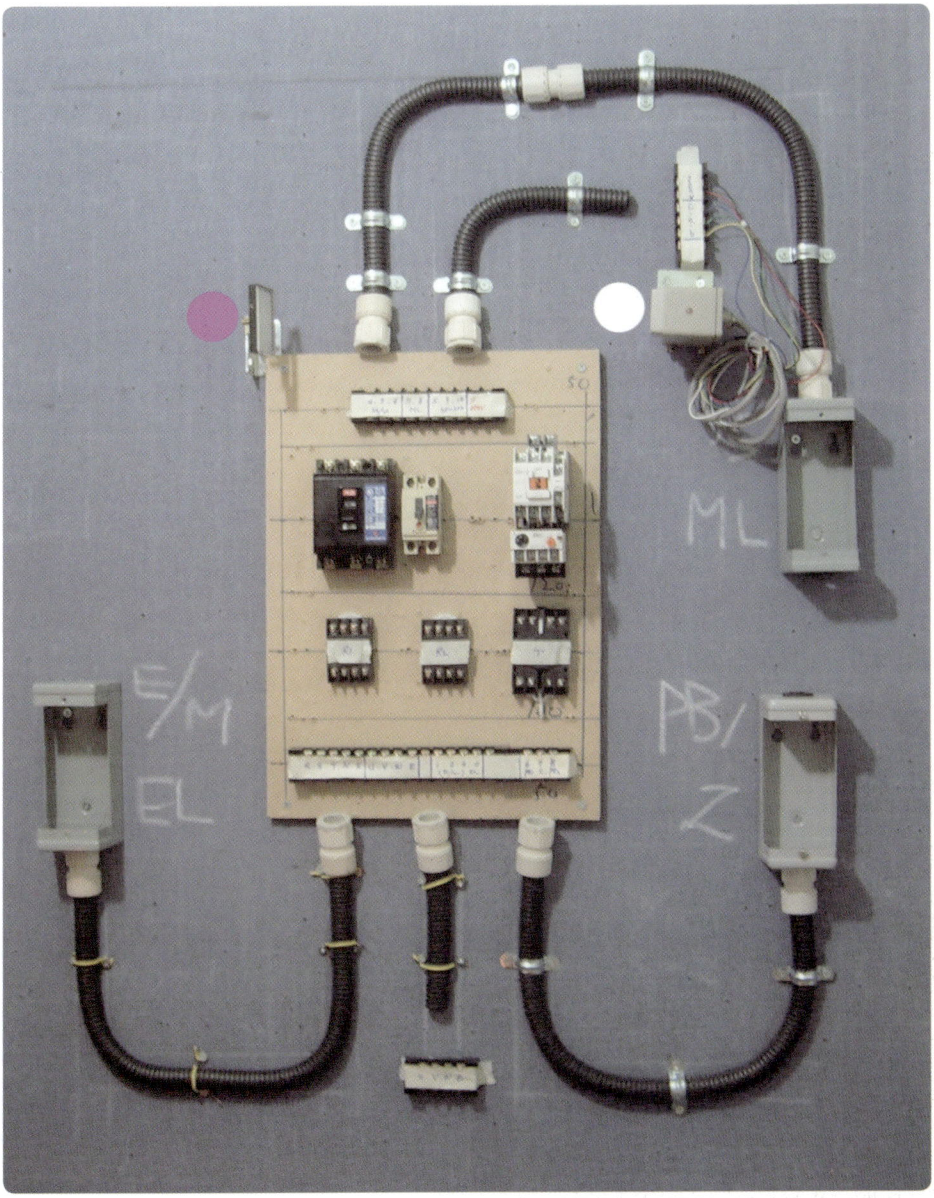

배관이 완료된 모습

센서 본체(투광부 : 백색 포인트)와 수신부(분홍색 포인트)이다.

01 새들이 없을 때의 배관 고정

배관 고정　Ⅰ

파이프의 양쪽에 비스를 박는다.
이때 10mm 정도의 여유를 둔다.

배관 고정　Ⅱ

전선의 피복을 벗겨 비스에 한 바퀴 감은 뒤
비스를 완전히 조인다.

배관 고정　Ⅲ

반대편도 같은 방법으로 작업해 주면 된다.
① 녹색 포인트 : 비스로 정상 작업을 한 모습
② 분홍색 포인트 : 전선으로 작업을 한 모습

02 비상 스위치(E/M), 비상 램프(EL) 결선

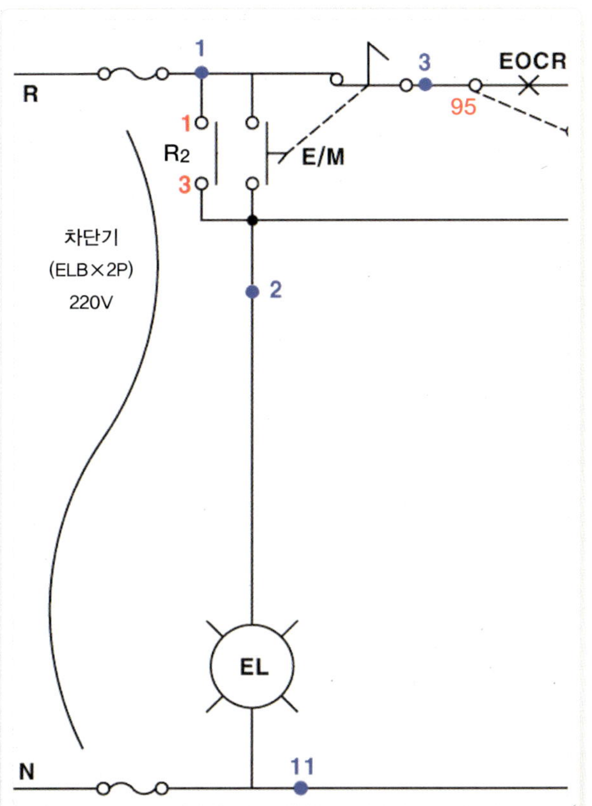

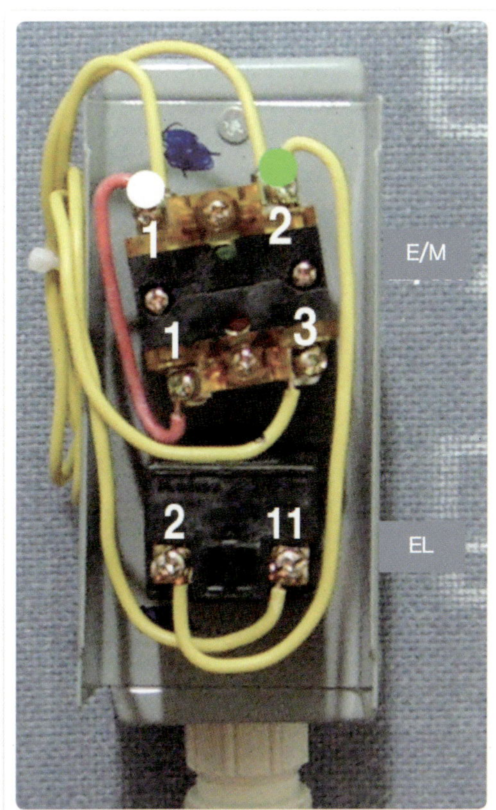

03
실전 실습

비상 스위치, 램프의 결선

① 비상 스위치의 a접점과 b접점을 연결한 공통(적색 선)에 단자대 1번에서 온 선을 물렸다.

② 비상 스위치의 a접점과 EL을 연결한 공통에 단자대 2번에서 온 선을 물렸다.

③ 비상 스위치의 b접점에 단자대 11번에서 온 선을 물렸다.

03 셀렉터 스위치 결선

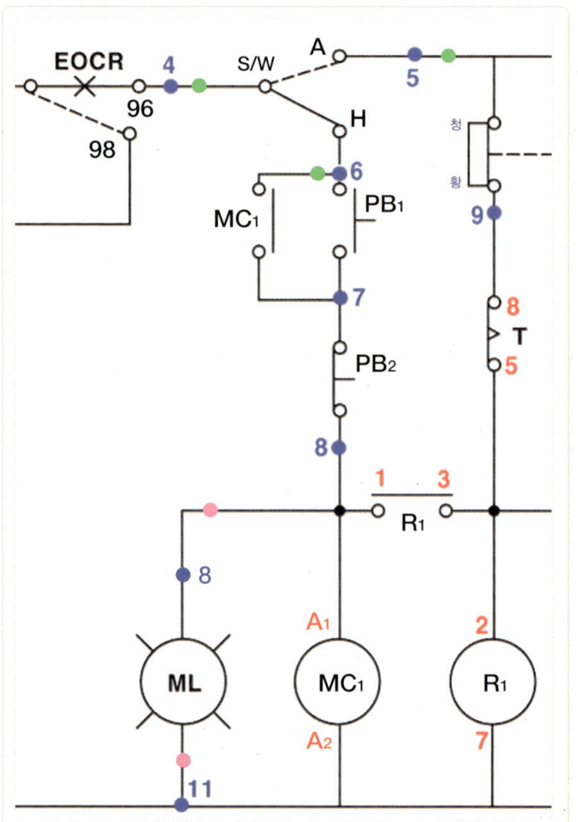

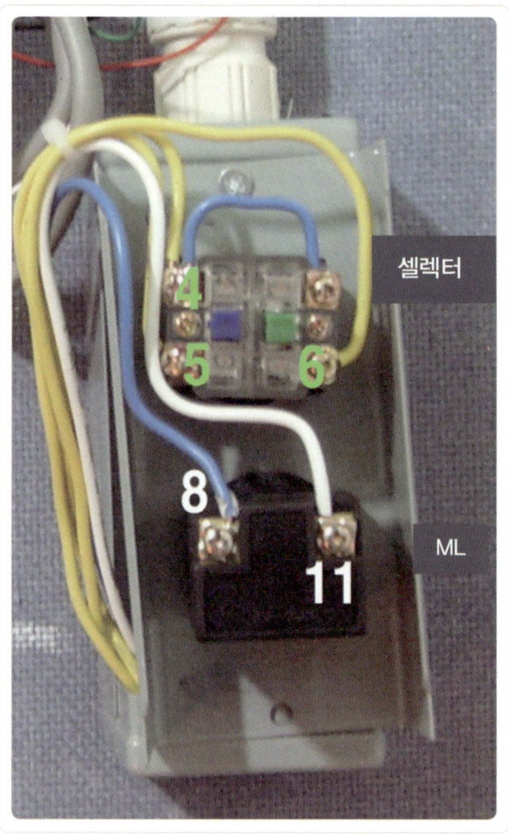

셀렉터 스위치, 램프 결선

① 셀렉터의 자동과 수동을 연결한 공통(청색 선)에 제어함의 단자대 4번에서 온 선을 물렸다.

② 셀렉터의 자동에 제어함의 단자대 5번에서 온 선을 물렸다.

③ 셀렉터의 수동에 제어함의 단자대 6번에서 온 선을 물렸다.

④ ML의 전원에 각각 제어함의 단자대 8 · 11번에서 온 선을 물렸다.

04 푸시 버튼 스위치 결선

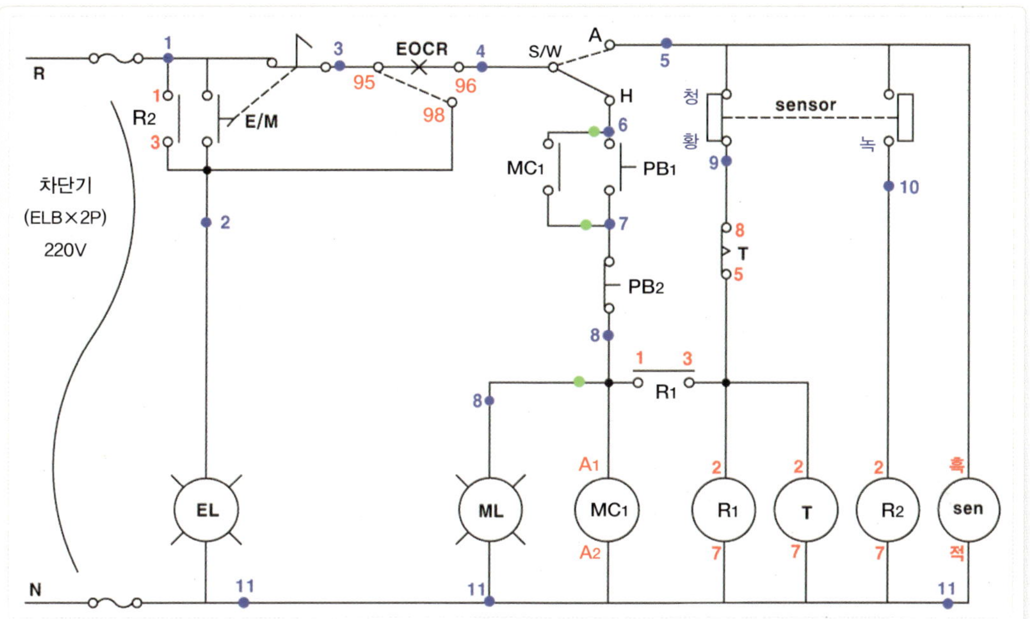

① PB1과 PB2를 연결한 공통에 제어함의 단자대 7번에서 온 선을 물렸다.

② PB1의 다른 단자에 제어함의 단자대 6번에서 온 선을 물렸다.

③ PB2의 다른 단자대에 제어함의 단자대 8번에서 온 선을 물렸다.

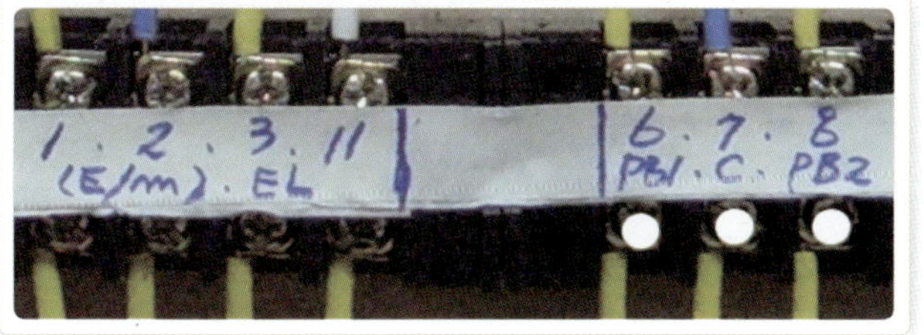

05 센서 결선

반사판 모습

본체의 투광부에서 온 신호를 받아 다시 돌려보내는 역할을 하는 일종의 반사판으로, 투광부(본체)와 높이를 맞추어야 한다.

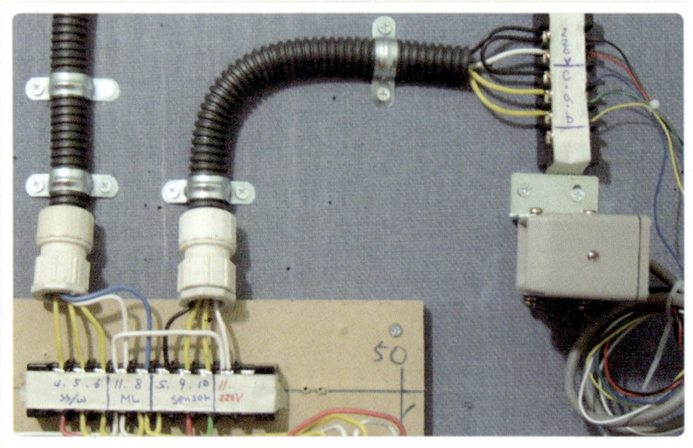

센서 본체가 연결된 모습

실제 사용될 때는 기계에 고정되어 제품이 지나가면서 신호를 차단하면 접점이 동작한다.

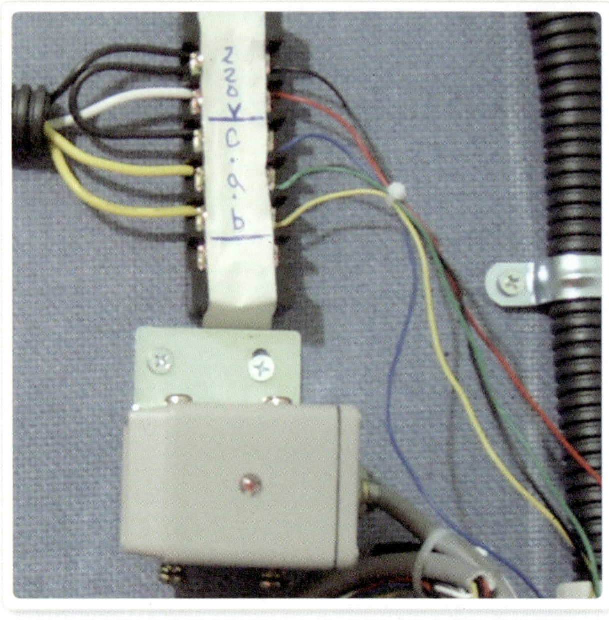

전원 및 접점 결선

① 전원(220V) : 흑색·적색 선
② 공통(C : 청색 선), a접점(녹색 선), b접점(황색 선)

Step 07   동작 테스트

01   수동 테스트

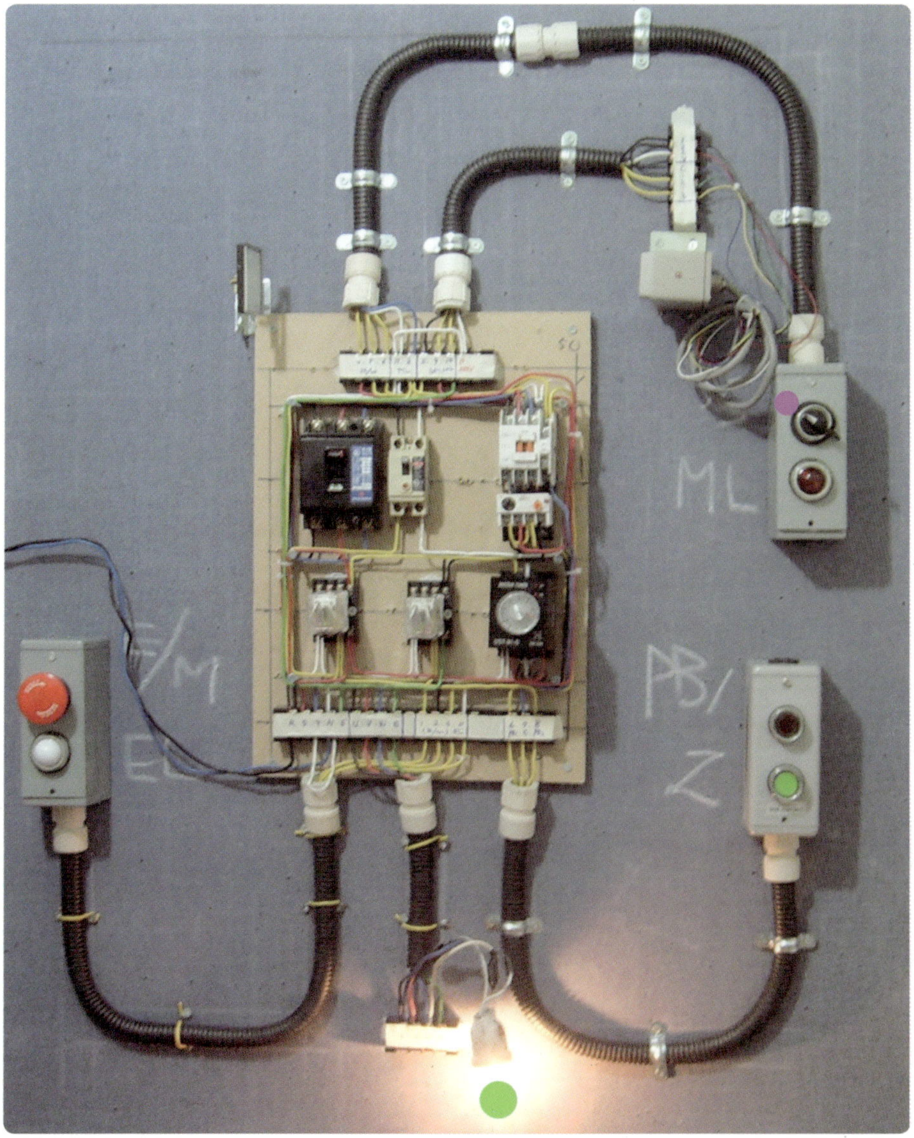

푸시 버튼에 의한 동작

셀렉터 스위치를 수동 위치(분홍색 포인트)에 놓고 PB₁을 누르자 램프가 점등되었다(모터 대신 램프로 대체).

02 자동 테스트

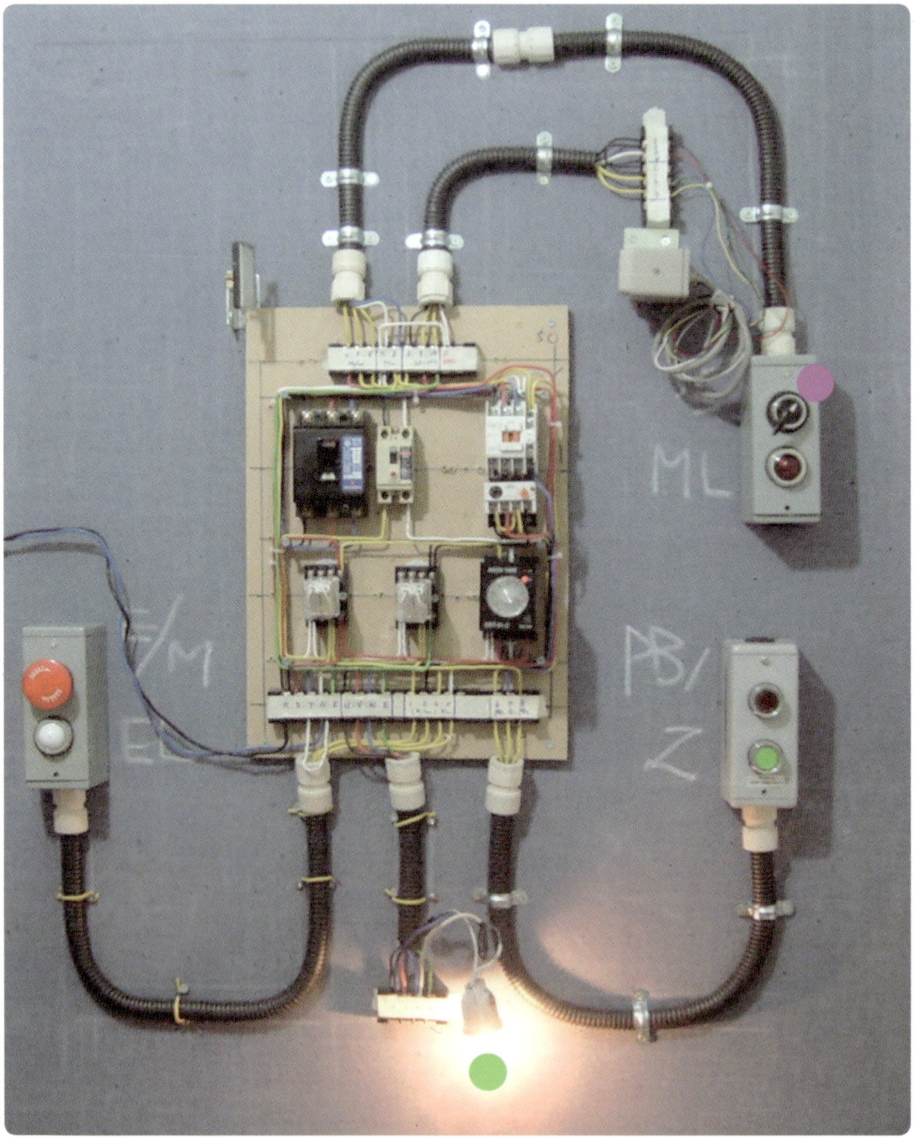

자동에 의한 동작

셀렉터 스위치를 자동(오른쪽 방향 : 분홍색 포인트)으로 놓자

① R_1이 동작하여 ML 램프가 점등된다.

② 동시에 T에 전원이 투입되었다는 표시(LED)가 떴다.

③ T의 설정 시간이 되면 한시 b접점에 의해 R이 차단되면서 ML 램프도 소등된다.

 03 센서 테스트

센서 작동 I

센서의 본체에 전원이 투입되자 LED 램프가
들어온(백색 포인트) 상태에서 노트로 신호를
차단시켰다.

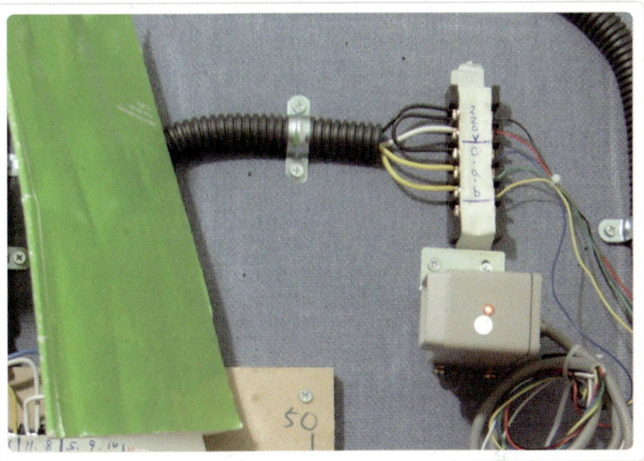

센서 작동 II

신호가 차단되자 센서의 a접점에 의해 R_2가
동작하면서 EL 램프가 점등(백색 화살표)되
고, 모터가 동작을 멈췄다(백색 포인트).

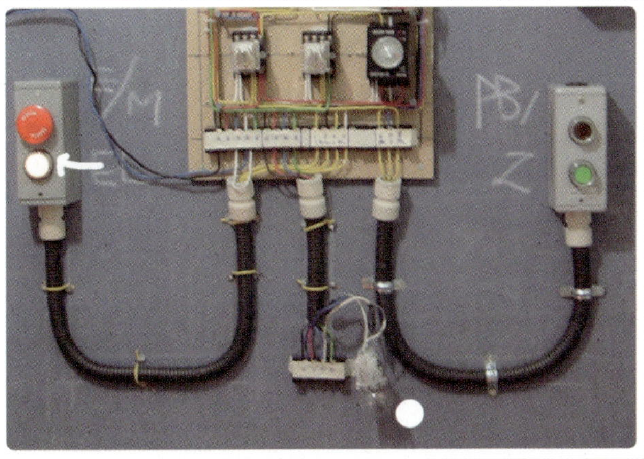

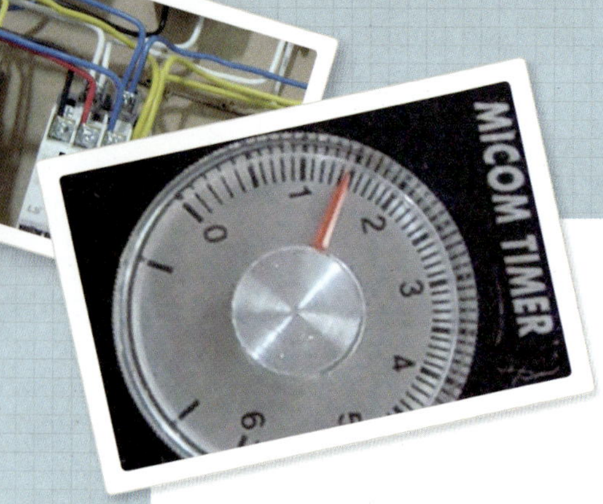

운반용 기계 제어 회로 결선

강의요약

1. 철근을 운반하는 호이스트 기계의 회로도를 그려보고 결선해 봅니다.
2. 이를 통해 릴레이, 타이머, 마그네트, 센서, 리밋 등의 계전기가 어떻게 사용되는지를 이해합니다.

필요자재

배선용 차단기(3P×1개), 누전 차단기(2P×1개), 릴레이(8P×2개), 플리커 릴레이×1개, 마그네트×2개, 리밋 스위치×3개, 비상 스위치×1개, 푸시 버튼(ON×1개, OFF×1개), 파일럿 램프(경보×1개), 버저×1개

Step 01   동작 설명 및 접점 번호 부여

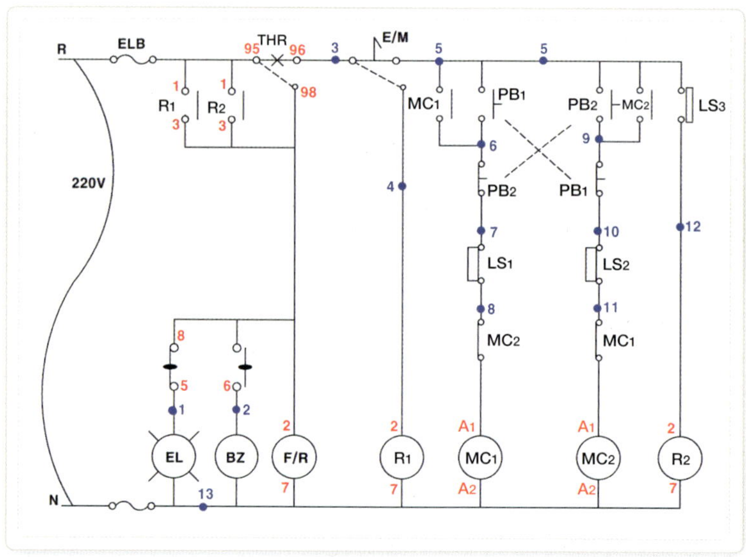

자동 제어는 몇 개의 기본적인 회로의 조합이라고 볼 수 있는데, 여기서도 자기 유지 회로, 인터록 회로, 정·역 회로, 촌동 회로 등으로 구성되어 있다.

① PB₁을 누르면 MC₁이 동작하여 모터가 정회전하며 호이스트가 전진한다.

② PB$_2$를 누르면 MC$_2$가 동작하여 모터가 역회전하며 호이스트가 후진한다.

③ 호이스트가 정해진 범위를 벗어나 전진하면 LS$_1$에 의해 모터가 정지한다.

④ 호이스트가 정해진 범위를 벗어나 후진하면 LS$_2$에 의해 모터가 정지한다.

⑤ 운반대에 적재한 물건이 과중량이 되면 LS$_3$에 의해 R$_2$가 동작하면서 버저와 비상 램프가 교대로 동작한다.

호이스트 모습

현장에 있는 철근을 운반하는 기계(호이스트)이다. 실제는 아주 복잡하지만 여기서는 간단한 가정을 하고 회로도를 구성해 본다.

03
실전 실습

Step 02 기구 배치도

전체 기구 배치

① 전원은 3상 4선식(보조 회로 : 220V / 주 회로 : 380V)을 사용한다.

② 배관은 CD 파이프로 한다.

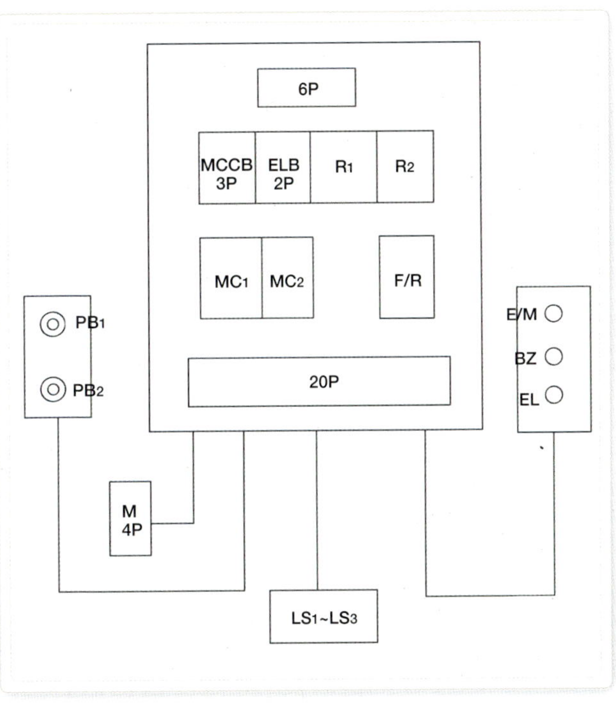

 속판 배치도

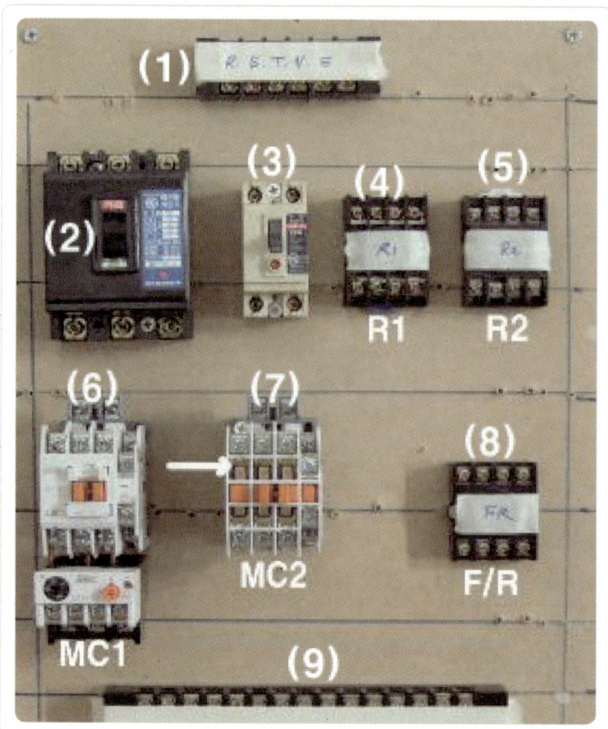

제어함 기구 배치 모습

백색 화살표가 가리키는 것은 상부 커버를 벗겨 동편 단자를 본 모습이다.

① 상부 전원 단자대
② 주회로 차단기(배선용 3P)
③ 보조 회로 차단기(ELB 2P)
④ 8P 릴레이(R_1)
⑤ 8P 릴레이(R_2)
⑥ 마그네트(MC_1)
⑦ 마그네트(MC_2)
⑧ 플리커 릴레이(F/R)
⑨ 하부 단자대

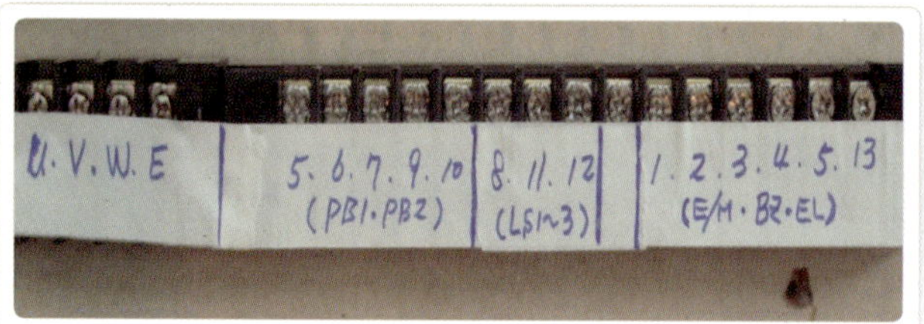

하단 단자대

모터(U, V, W, E), PB_1 · PB_2(5 · 6 · 7 · 9 · 10번), 리밋 스위치(8 · 11 · 12번), 비상 스위치 및 버저, 비상 램프(1 · 2 · 3 · 4 · 5 · 13번)

 주회로 결선하기

01 동작 설명

주회로 설명

차단기(MCCB×3P)를 올린 상태에서 보조 회로의 MC$_1$이 동작하면 주접점(MC$_1$)이 붙으면서 모터가 정회전을 하고, 보조 회로의 MC$_2$가 동작하면 주접점(MC$_2$)이 붙으면서 모터가 역회전을 한다.

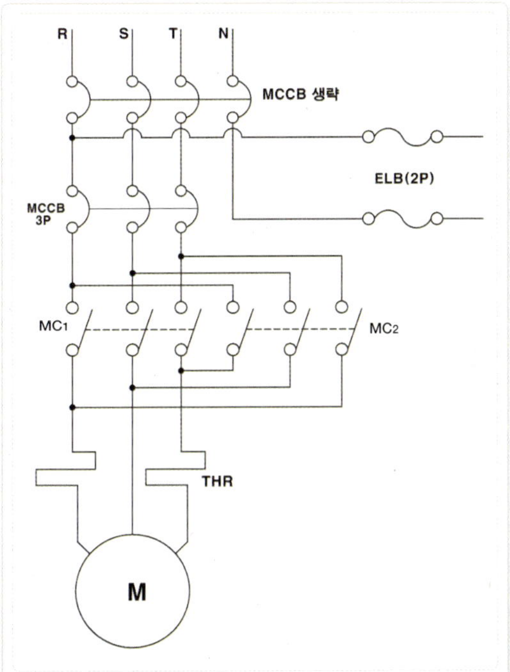

03
실전 실습

주회로 결선이 완료된 모습

MC$_1$과 MC$_2$의 2차측(U, V, W)을 결선할 때 MC$_1$에 있는 EOCR을 통과하기 전에서 결선했다.

02 차단기 1차측 결선

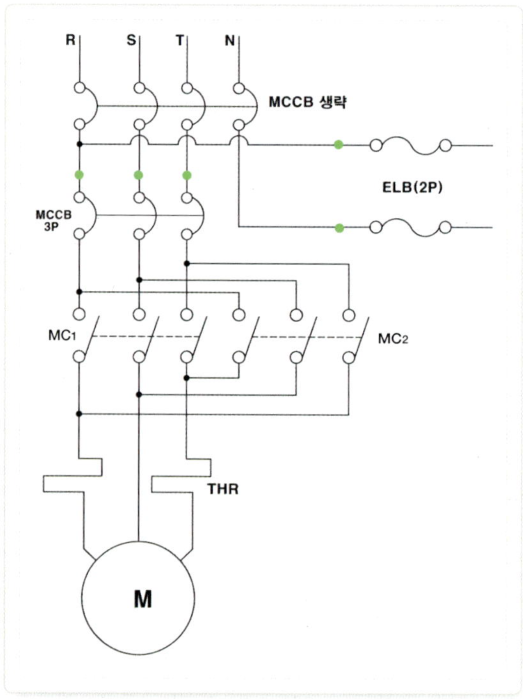

전원측 결선

전원 단자대의 2차측에서 주회로용 차단기 (MCCB 3P)와 보조 회로용 차단기(ELB 2P) 의 1차로 갔다.

03 마그네트(MC₁) 1차측 결선

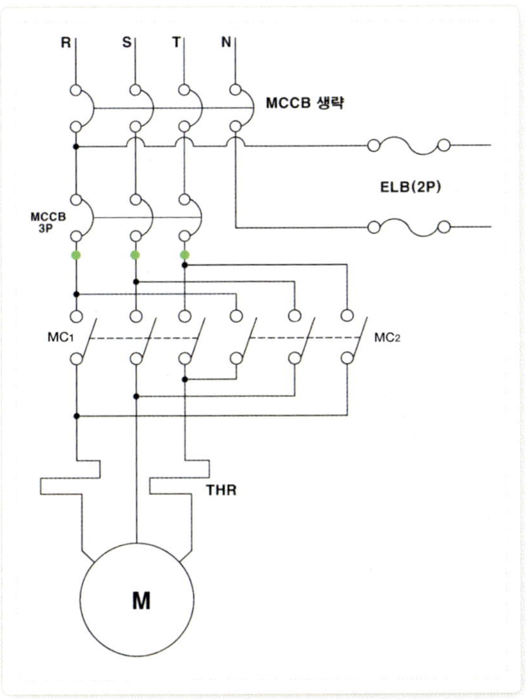

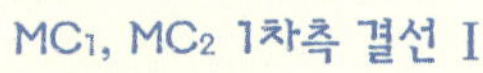

MC₁, MC₂ 1차측 결선 Ⅰ

주회로용 차단기 2차측에서 MC₁의 주접점
1차측(R, S, T)으로 갔다.

03
실전 실습

04 마그네트(MC₂) 1차측 결선

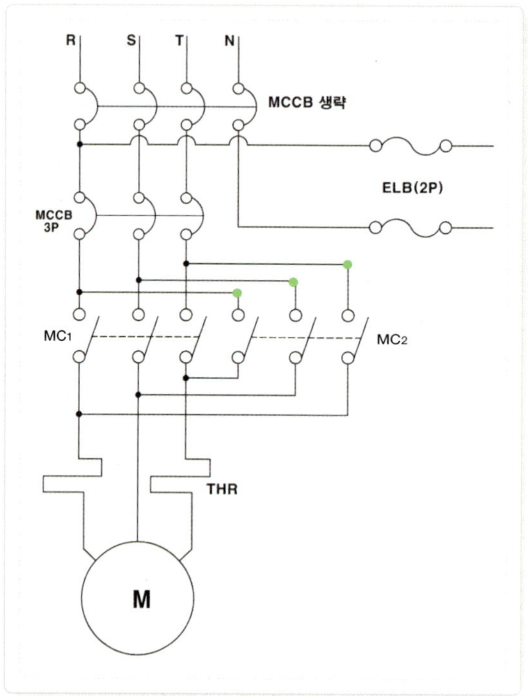

마그네트(MC₂) 1차측 결선

MC₁, MC₂ 1차측 결선 Ⅱ

MC₁의 1차측에서 MC₂의 1차측(R, S, T)으로 갔다.

05 마그네트 2차측 결선 I

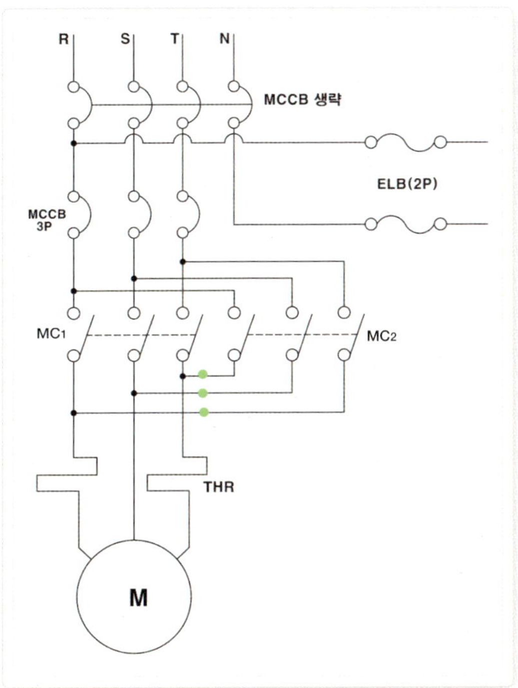

03
실전 실습

MC1, MC2 2차측 결선

MC1의 2차측(U, V, W)에서 MC2의 2차측(U,
V, W)로 갔다.

06 마그네트 2차측 결선 Ⅱ

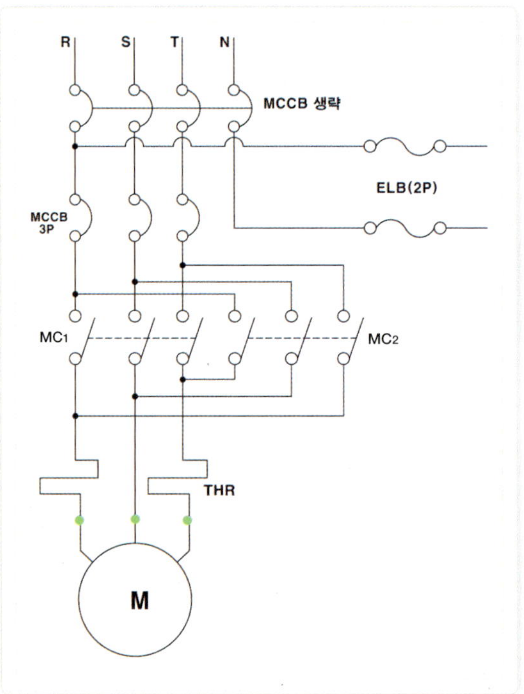

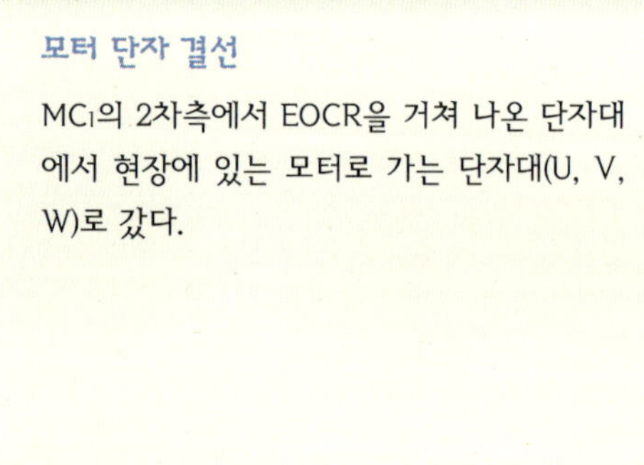

모터 단자 결선

MC1의 2차측에서 EOCR을 거쳐 나온 단자대에서 현장에 있는 모터로 가는 단자대(U, V, W)로 갔다.

Step 05 보조 회로 결선하기

01 등공통 라인 결선하기

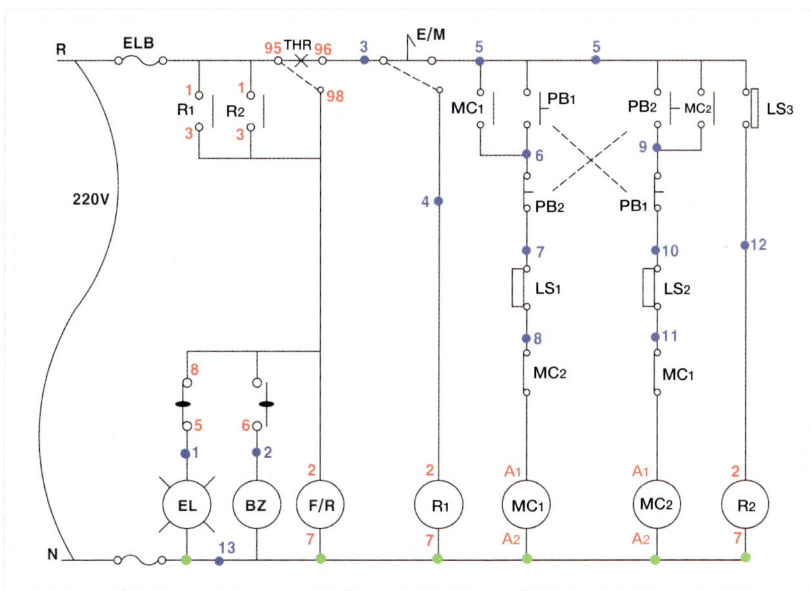

중성선측 결선

누전 차단기의 중성선측 단자에서 MC₁의 전원(A₂)과 MC₂의 전원(A₂)을 거쳐, R₁의 전원(7번)과 R₂의 전원(7번), F/R의 전원(7번)을 거쳐서 E/M, BZ, EL의 공통으로 연결되는 단자대(13번)로 갔다.

02 하트 라인 결선

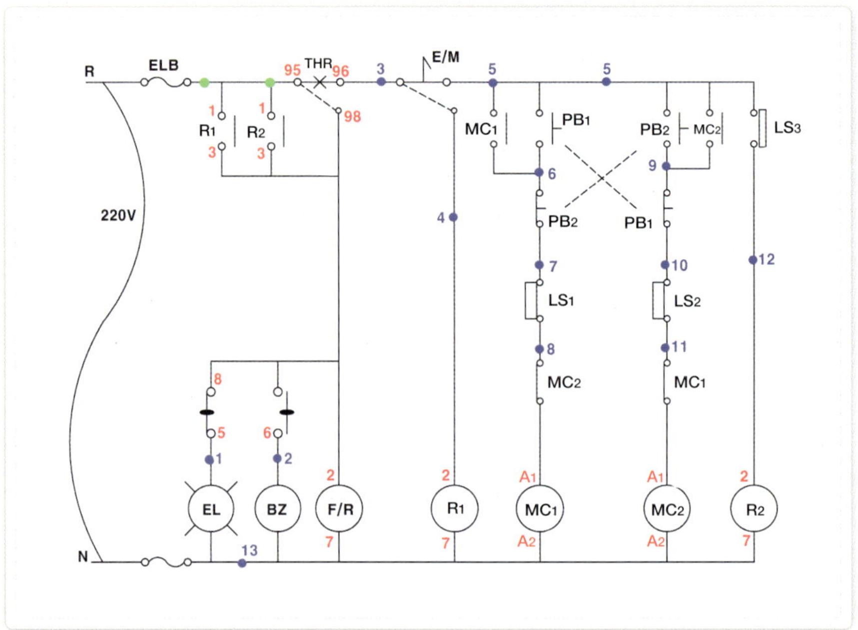

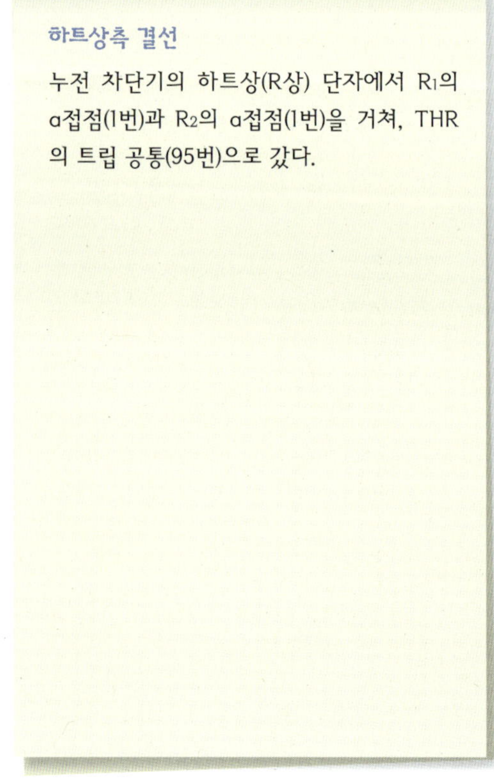

하트상측 결선

누전 차단기의 하트상(R상) 단자에서 R₁의
a접점(1번)과 R₂의 a접점(1번)을 거쳐, THR
의 트립 공통(95번)으로 갔다.

03 트립 a접점 라인 결선 Ⅰ

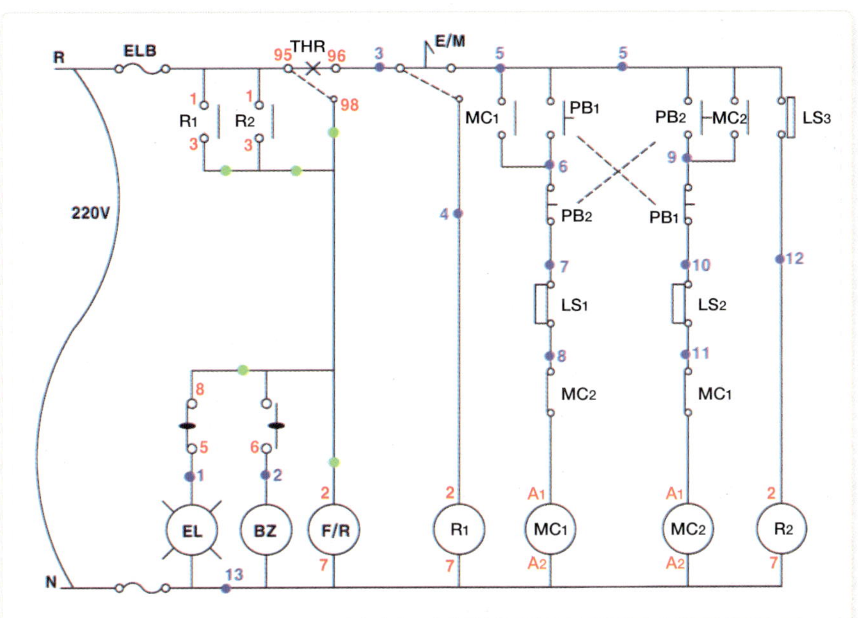

경보 라인 결선 Ⅰ

R₁의 a접점(3번)에서 R₂의 a접점(3번), F/R의
전원(2번)과 공통(8번)을 거쳐, THR의 트립 a
접점(98번)으로 갔다.

04 트립 a접점 라인 결선 Ⅱ

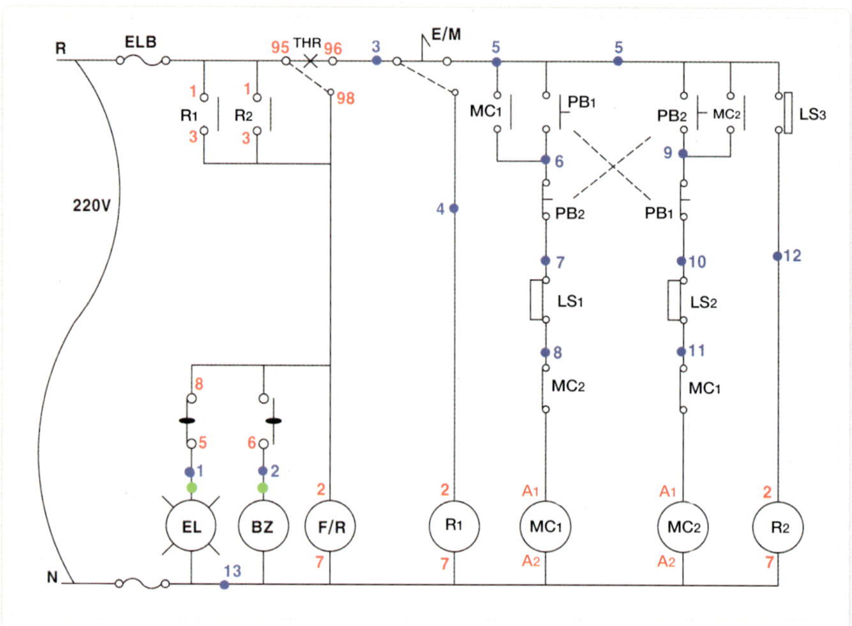

경보 라인 결선 Ⅱ

① F/R의 b접점(5번)에서 EL로 가는 단자대
(1번)로 갔다.

② F/R의 a접점(6번)에서 BZ로 가는 단자대
(2번)로 갔다.

05 트립 b접점 라인 결선

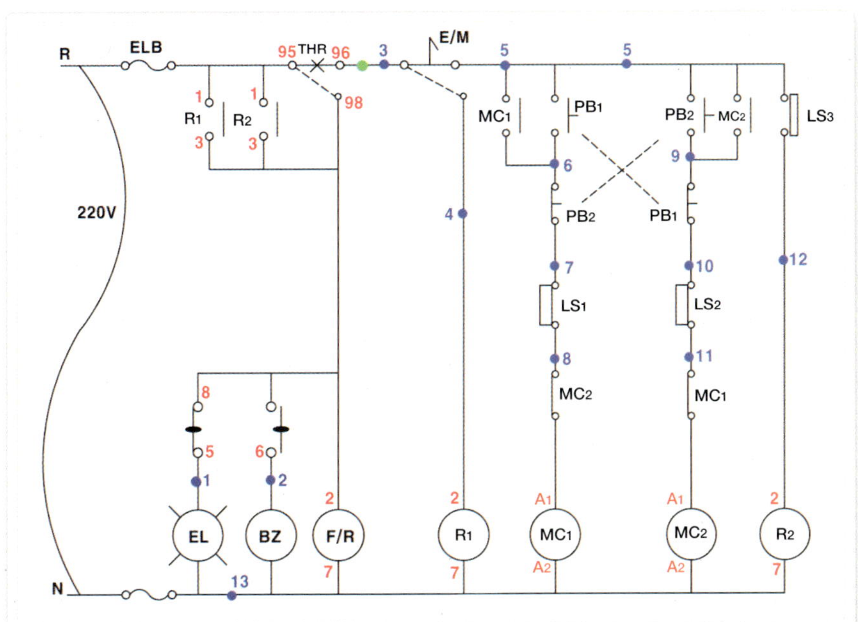

트립 접점 결선

THR의 트립 b접점(96번)에서 E/M으로 가는
단자대(3번)로 갔다.

06 E/M(비상 스위치) a접점 결선

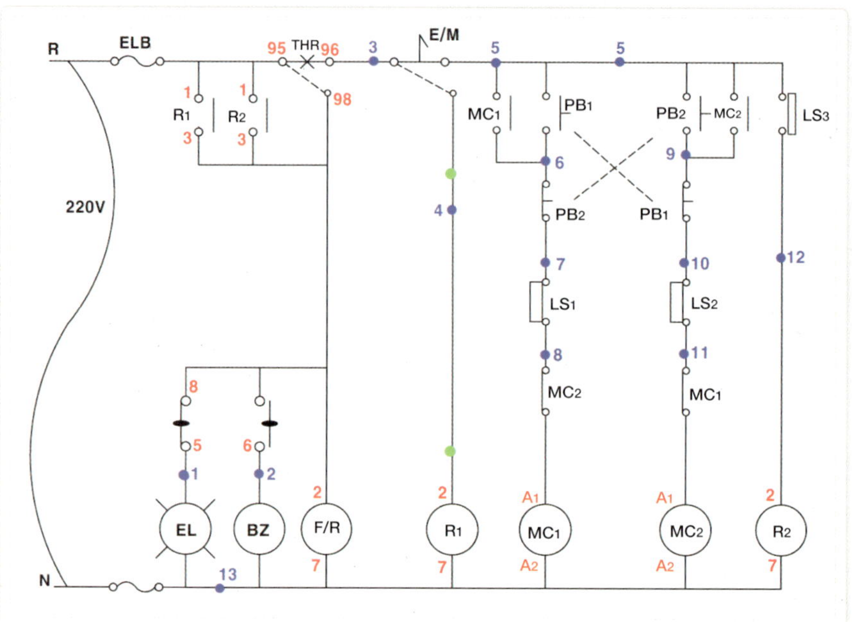

R₁ 전원 결선

R₁의 전원(2번)에서 E/M의 a접점으로 가는 단자대(4번)로 갔다.

07 E/M(비상 스위치) b접점 결선

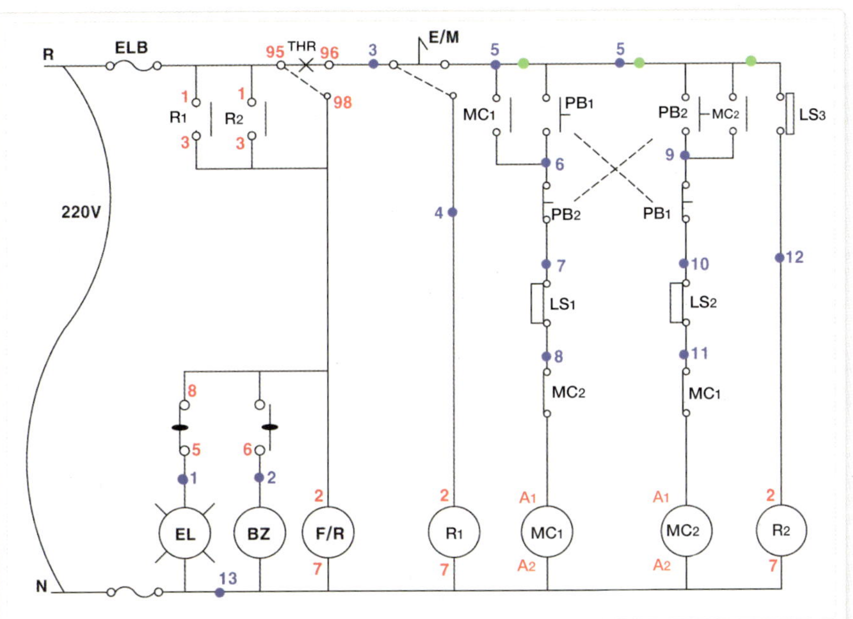

비상 스위치 접점 결선

MC1의 a접점과 MC2의 a접점을 거쳐, E/M
으로 가는 단자대(5번)와 PB1 · PB2의 a접점
공통으로 가는 단자대(5번)로 갔다.

08 MC₁ 라인 결선 Ⅰ

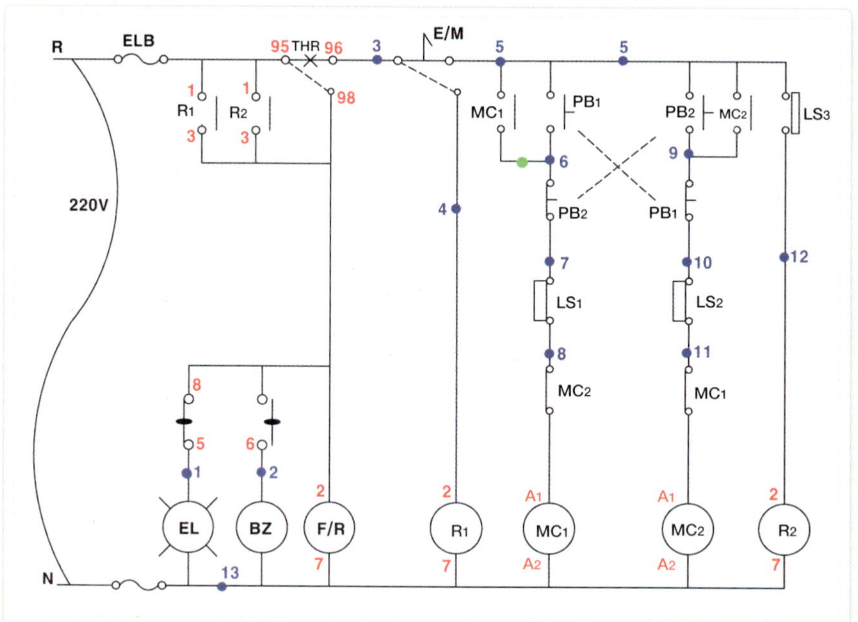

PB₁, PB₂ 공통 결선

MC₁의 a접점에서 PB₁(a접점)과 PB₂(b접점)의 공통으로 가는 단자대(6번)로 갔다.

09 MC₁ 라인 결선 Ⅱ

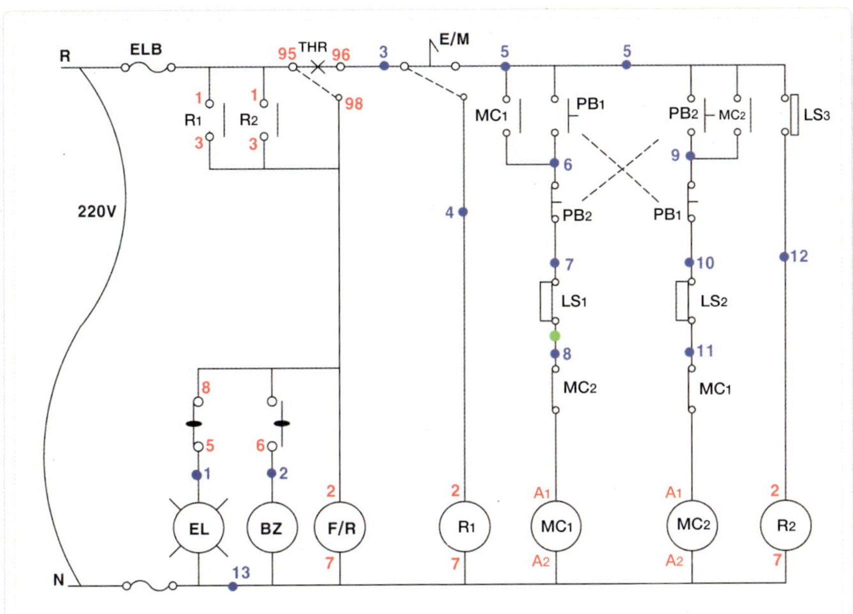

MC₂ 인터록 접점 결선

MC₂의 b접점에서 LS₁의 b접점으로 가는 단
자대(8번)로 갔다.

10 MC₁ 라인 결선 Ⅲ

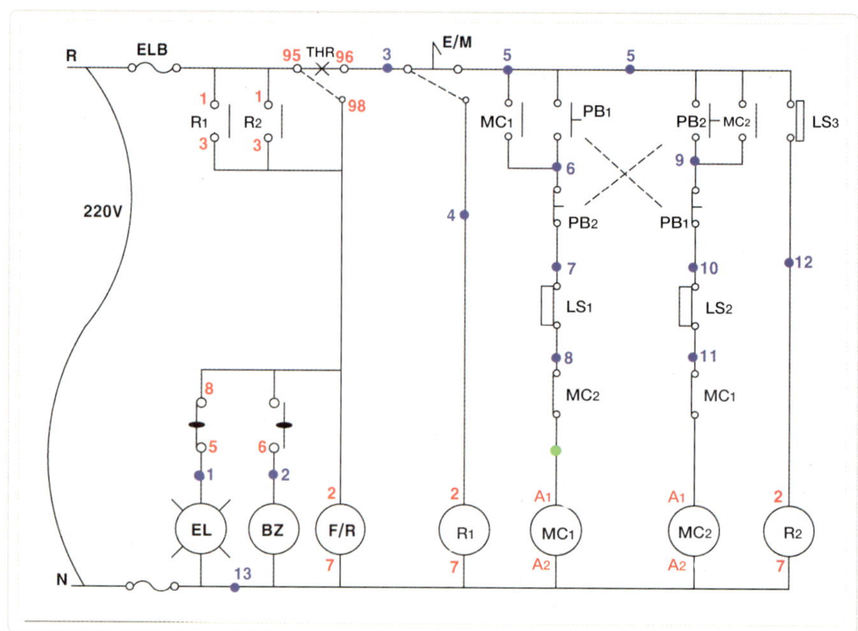

MC₁ 전원 결선

MC₂의 b접점에서 MC₁의 코일(A₁)로 갔다.

11 MC₂ 라인 결선 Ⅰ

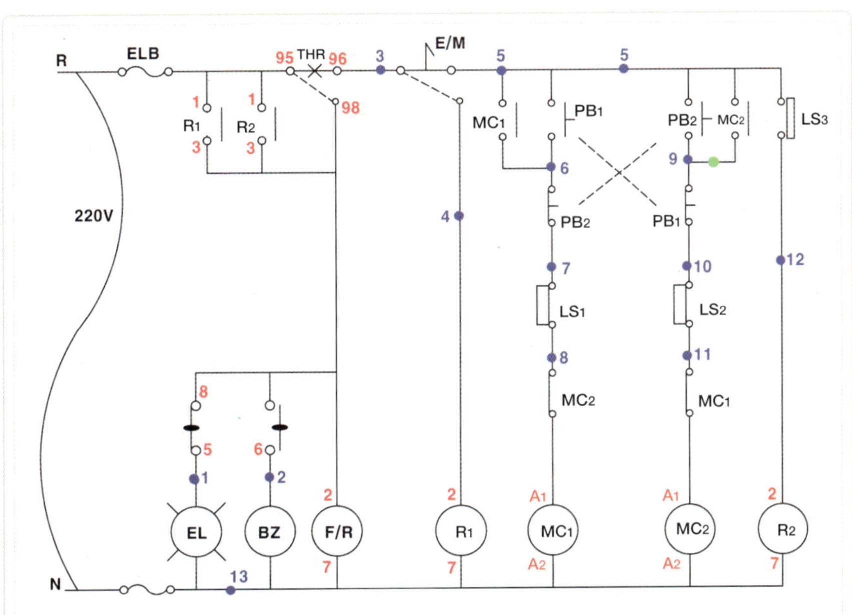

PB₂, PB₁ 공통 결선

① MC₂의 a접점에서 PB₂(a접점)와 PB₁ (b접점)의 공통으로 가는 단자대(9번)로 갔다.

② a접점과 b접점이 마그네트에 물린 부분을 잘 보아야 한다(혼동되기 쉬움).

12 MC₂ 라인 결선 Ⅱ

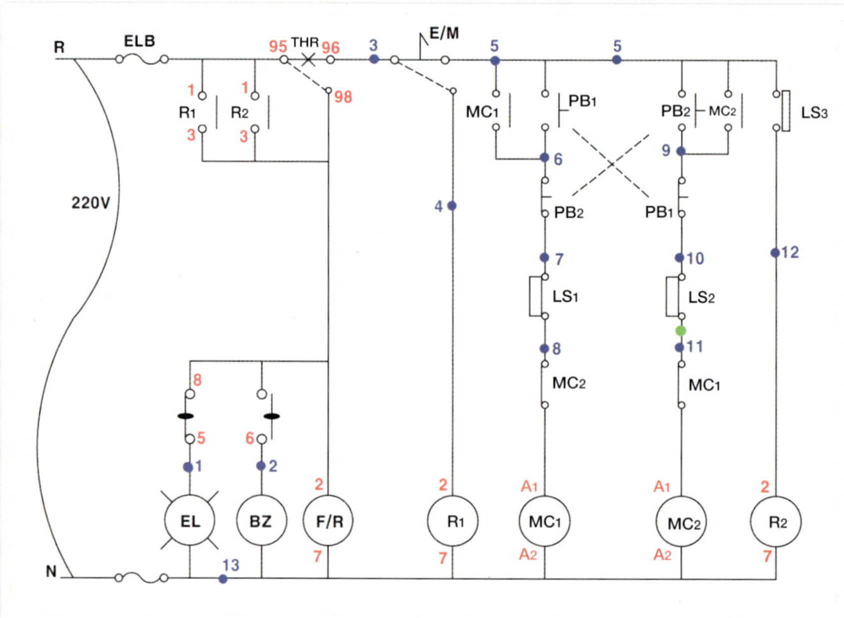

MC₂ 라인 결선

① MC₁의 b접점에서 LS₂의 b접점으로 가는 단자대(11번)로 갔다.

② MC₁과 MC₂의 b접점이 서로 반대로서, 인터록을 걸어준 부위이다.

13 MC₂ 라인 결선 Ⅲ

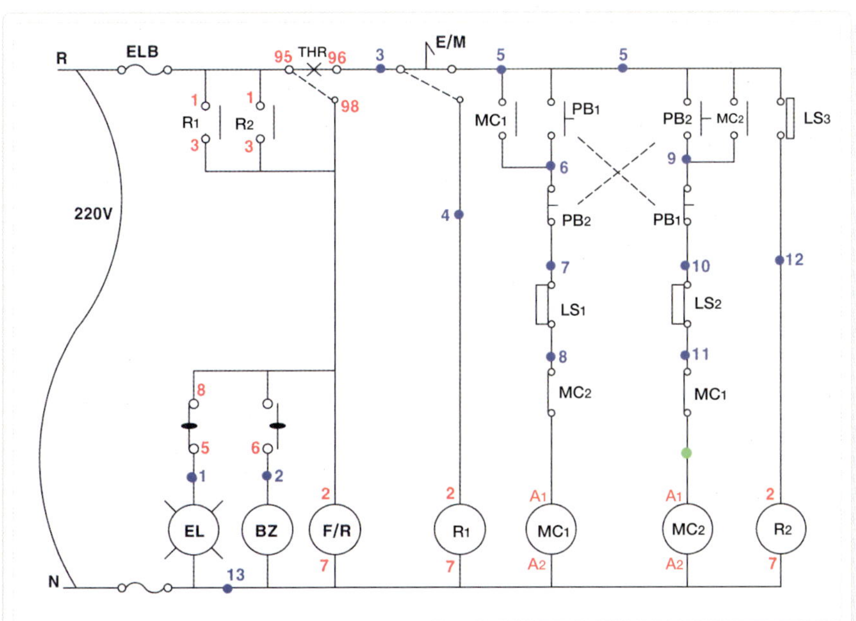

MC₂ 전원 결선

MC₁의 b접점에서 MC₂의 코일(A₁)로 갔다.

14 R₂ 라인 결선

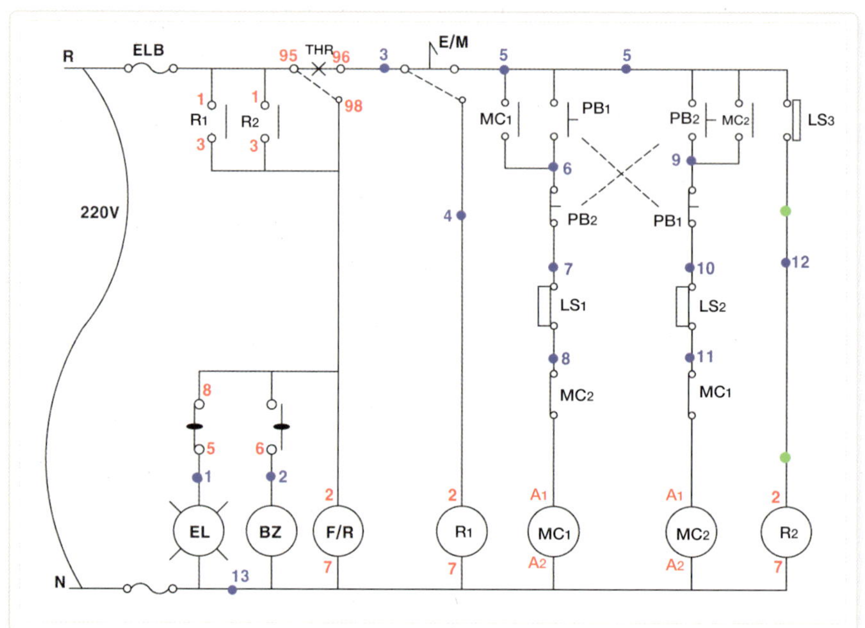

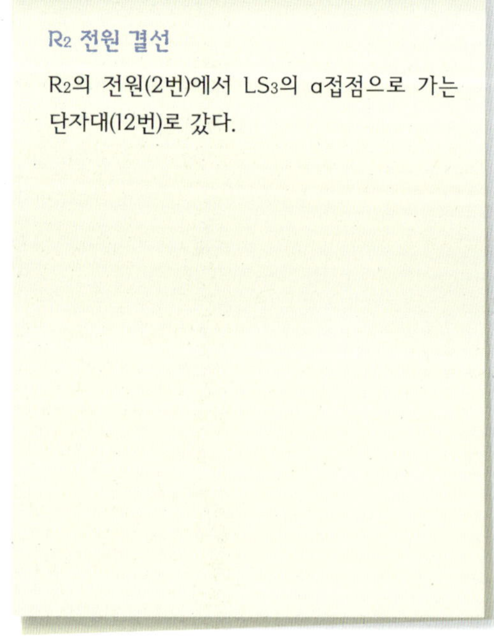

R₂ 전원 결선

R₂의 전원(2번)에서 LS₃의 a접점으로 가는 단자대(12번)로 갔다.

Step 06 · 배관 및 입선 완료

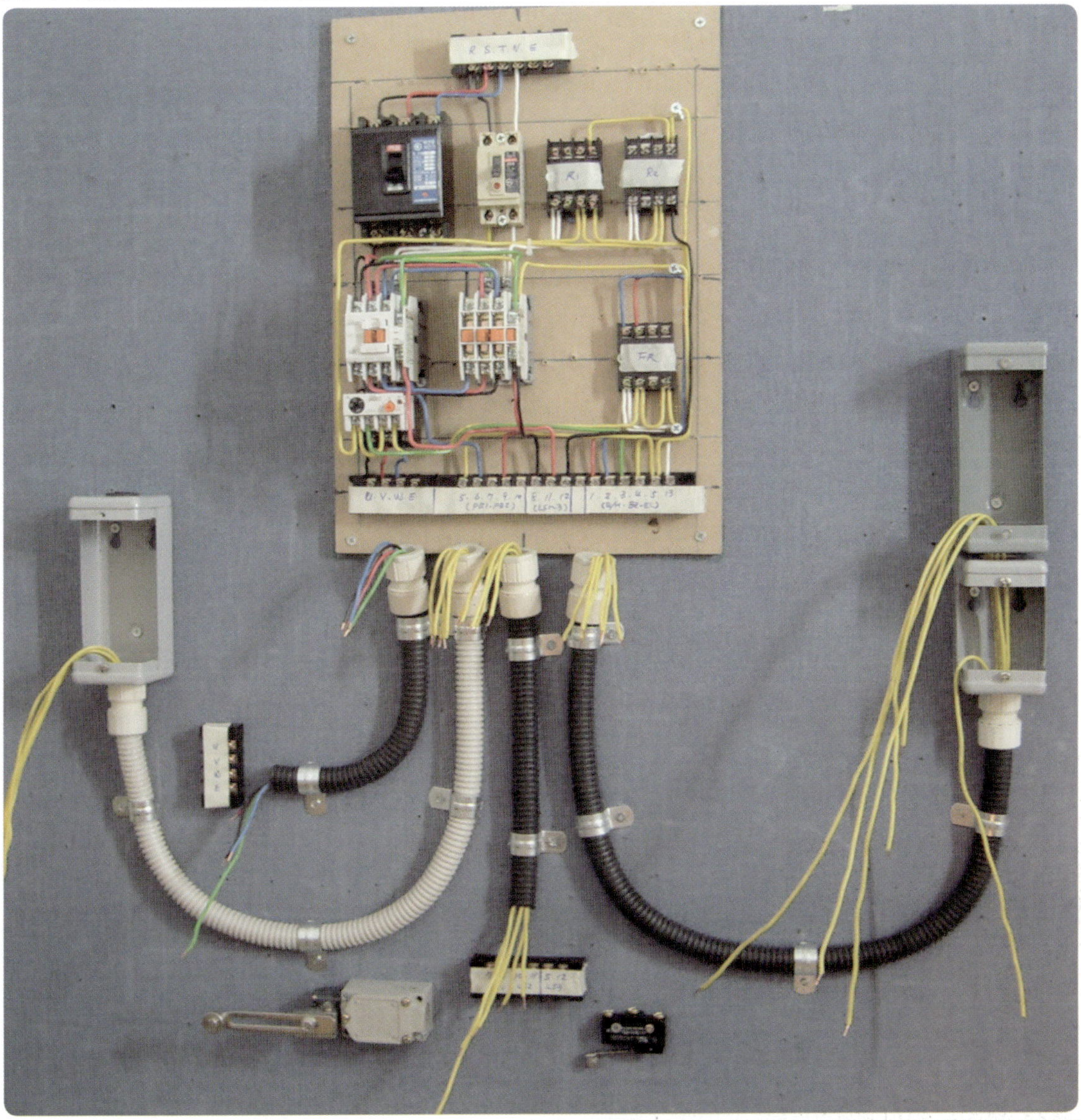

배관 및 입선이 완료된 모습

입선은 1가닥씩 하는게 아니라 필요한 가닥수를 재단한 다음 한꺼번에 입선한다.

01 PB₁, PB₂ 결선하기

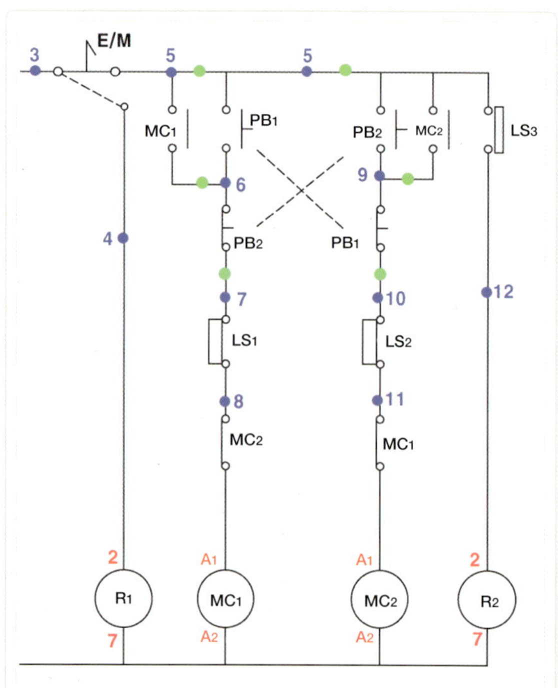

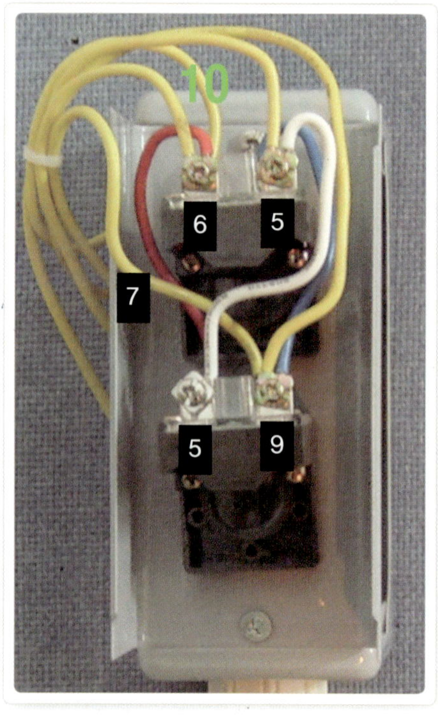

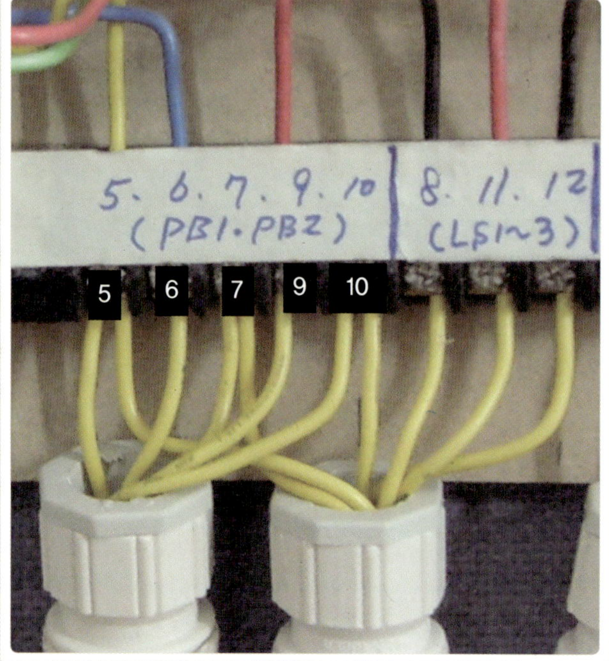

푸시 버튼 결선

① PB₁과 PB₂의 a접점을 연결한 공통에 제어함의 단자대 5번에서 온 선을 물렸다.

② PB₁의 a접점과 PB₂의 b접점을 연결한 공통에 제어함의 단자대 6번에서 온 선을 물렸다.

③ PB₂의 다른 단자대에 제어함의 단자대 7번에 서 온 선을 물렸다.

④ PB₂의 a접점과 PB₁의 b접점을 연결한 공통에 제어함의 단자대 9번에서 온 선을 물렸다.

⑤ PB₁의 다른 단자대에 제어함의 단자대 10번에서 온 선을 물렸다.

02 E/M, BZ, EL 결선하기

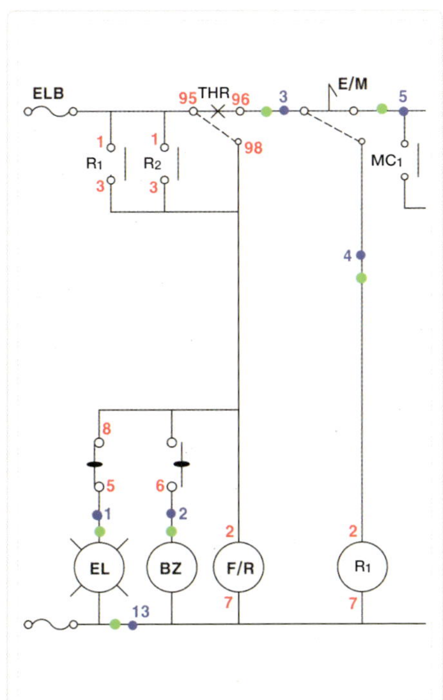

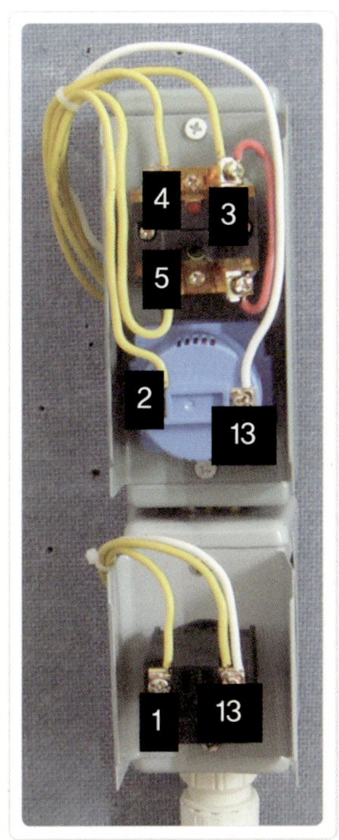

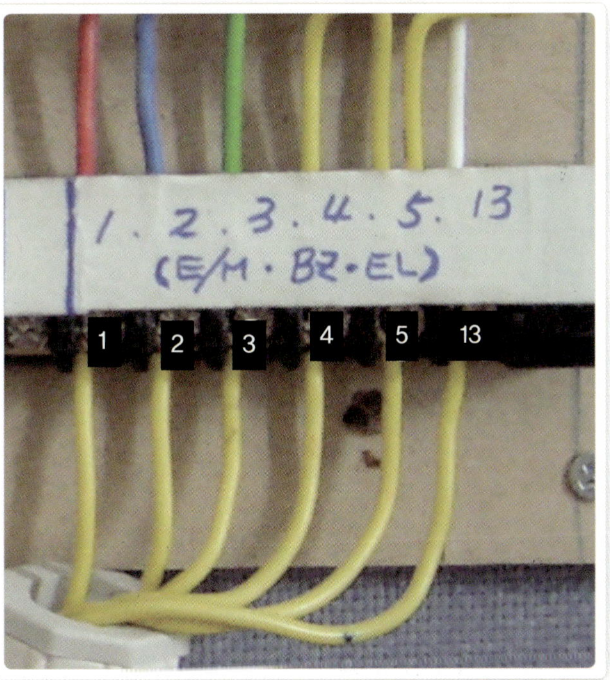

외부 경보 기구 결선

① E/M의 a · b접점을 연결한 공통에 제어
   함의 단자대 3번에서 온 선을 물렸다.

② E/M의 b접점에 제어함의 단자대 5번에서
   온 선을 물렸다.

③ E/M의 a접점에 제어함의 단자대 4번에
   서 온 선을 물렸다.

④ BZ와 EL을 연결한 공통에 제어함의 단자
   대 13번에서 온 선을 물렸다.

⑤ BZ의 다른 단자에 제어함의 단자대 2번
   에서 온 선을 물렸다.

⑥ EL의 다른 단자에 제어함의 단자대 1번에
   서 온 선을 물렸다.

03 리밋 라인 결선하기

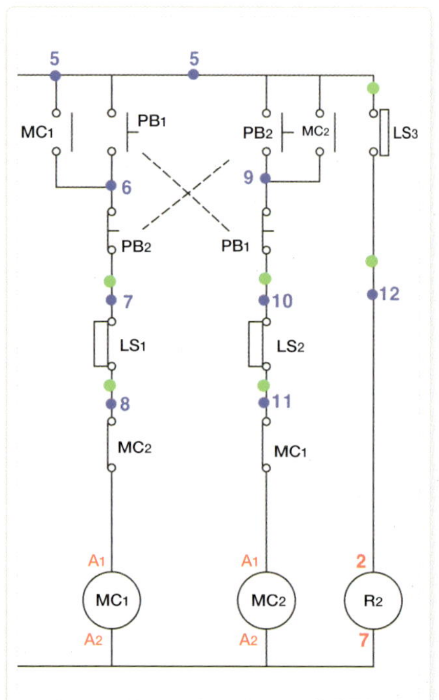

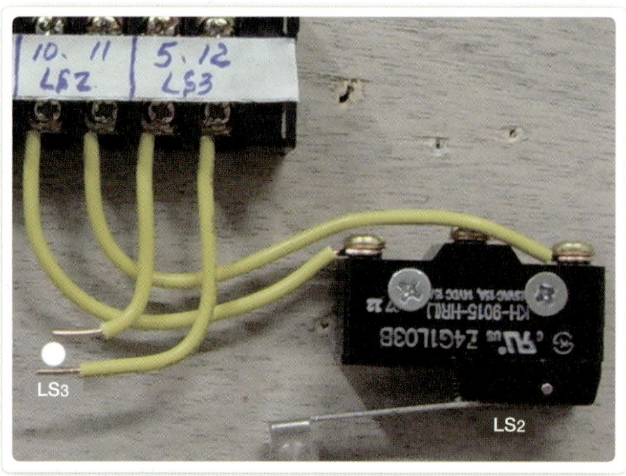

외부 리밋 스위치 결선

① LS1에 제어함의 단자 7 · 8번에서 온 선을 각각 물렸다.

② LS2에 제어함의 단자 10 · 11번에서 온 선을 각각 물렸다.

③ LS3에 제어함의 단자 5 · 12번에서 온 선을 각각 물렸다.

결선 완료

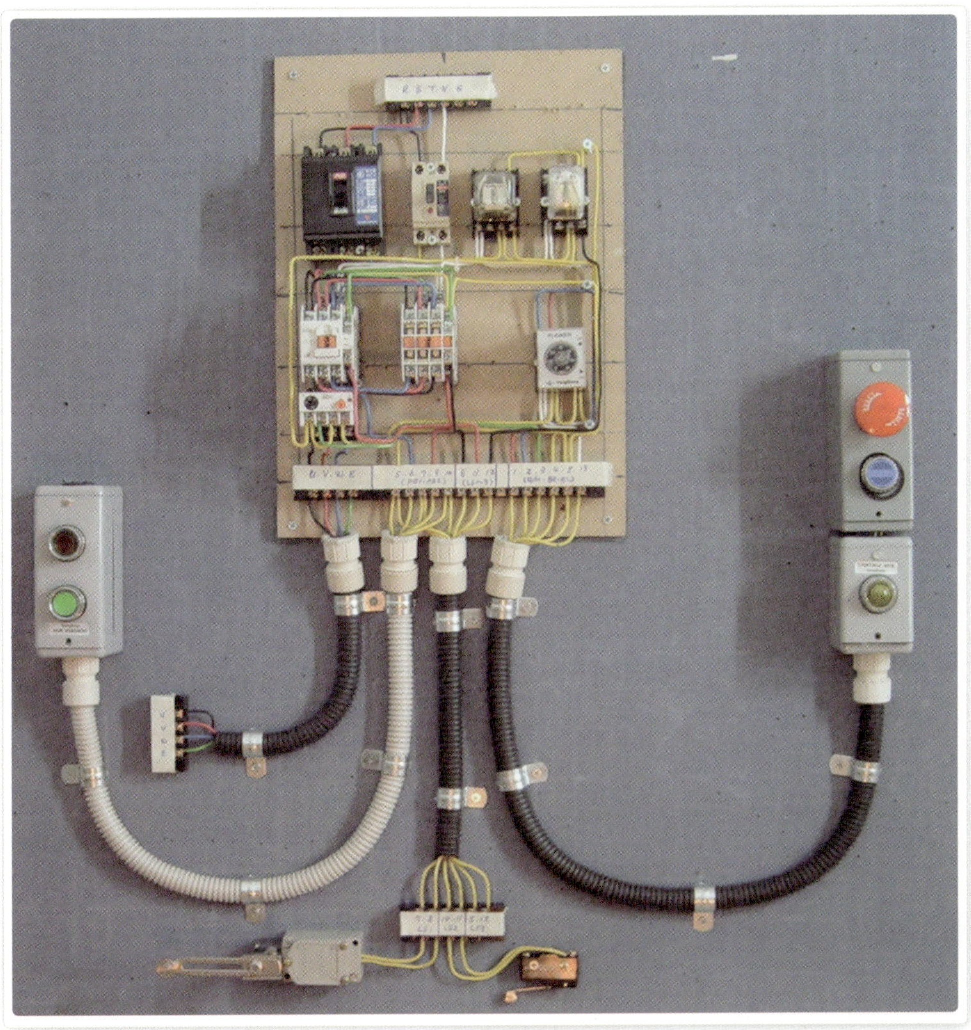

│ 결선 완료 모습 │

Step 09 · 동작 테스트

01 임시 전원 투입하기

단상 전원 임시 결선

녹색 포인트 부분을 보면 3상 4선식에서 중성선(N선)과 T상을 임시로 연결했다.
이렇게 되면 T상에도 중성선(N선)이 흐르게 된다. 즉, 보조 회로 차단기(ELB 2P)와 주회로 차단기 R상, T상에 220V가 흐르는 것이다.

모터 결선

백색 포인트 부분에선 모터 대신 백열 전구를 U와 W에 물렸다. T상을 중성선과 연결했으므로 380V가 아닌 220V가 흐르게 하기 위함이다.

02 호이스트 전진(정회전)

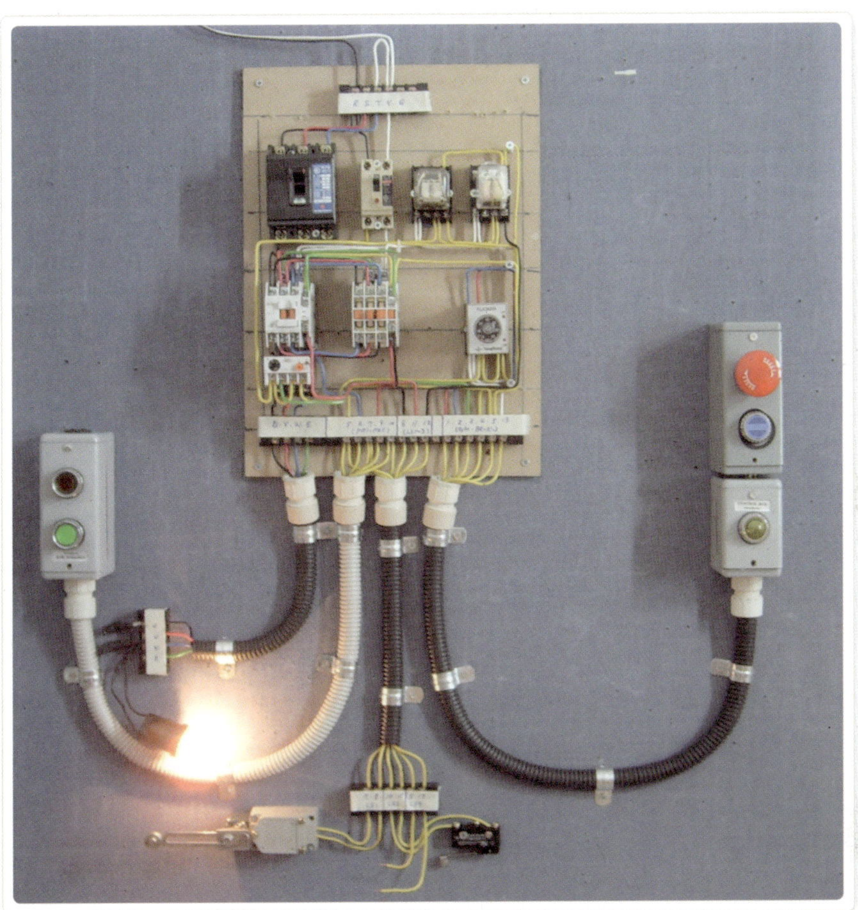

정회전 동작

PB₁을 누르자 MC₁이 동작하고 모터가 전진
(정회전)한다. 모터 대신 백열 전구로 대체
했다.

① 분홍색 포인트 : MC₁이 동작하여 단자가
들어간 모습
② 녹색 포인트 : MC₂가 동작하지 않아 단자
가 그대로 있는 모습

03 호이스트 후진(역회전)

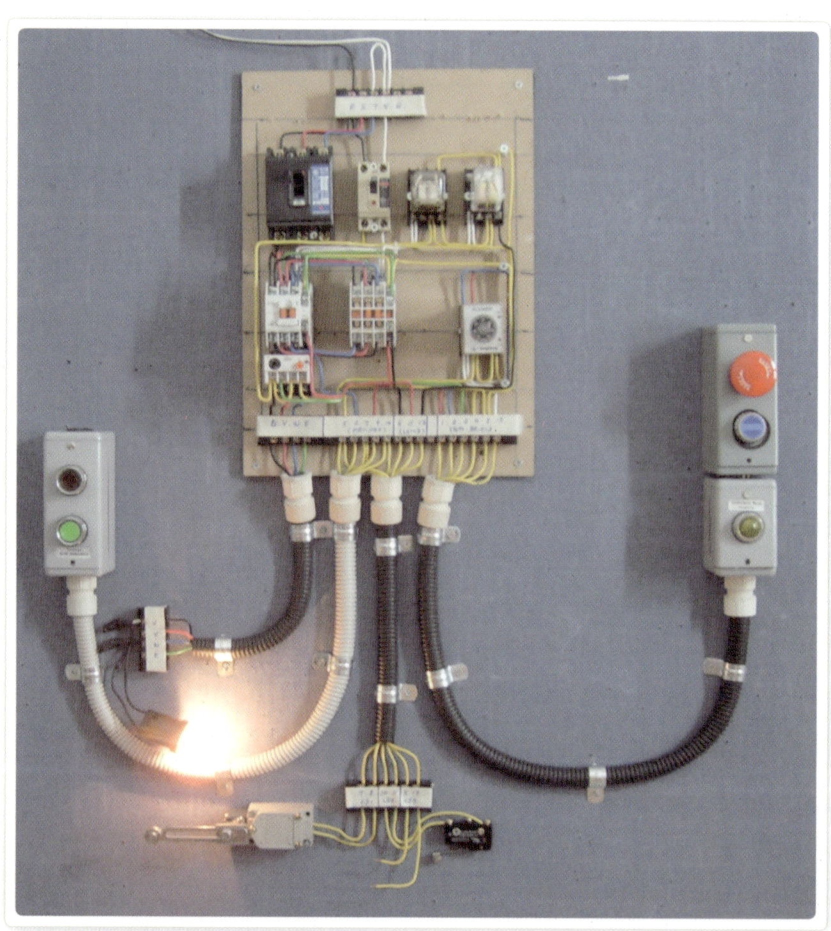

역회전 동작

① PB₂를 누르자 MC₂가 동작하고 모터가 후진(역회전)한다. 모터 대신 백열 전구로 대체했다.

② 녹색 포인트 : MC₂가 동작하여 단자가 들어간 모습이다.

04 비상 정지

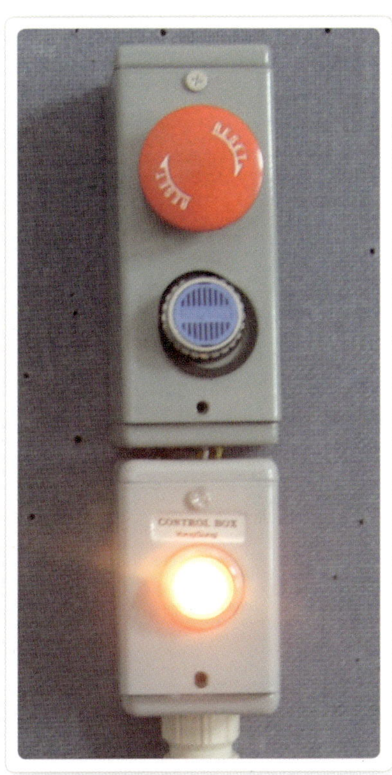

경보 라인 동작

① 비상 버튼(E/M)을 누르자 R₁에 의해 플리커 릴레이(F/R)가 동작을 한다.

② F/R의 설정된 시간의 간격으로 a접점과 b접점이 교대 동작을 하고, 그 때마다 비상 램프(EL)와 버저(BZ)가 교대로 동작한다.

교차로 신호등 제어 회로 결선

강의요약

1. 교차로의 신호등 제어 회로의 회로도를 그려보고 결선해 봅니다.
2. 이를 통해 릴레이, 타이머 등의 계전기가 어떻게 조합되는지를 이해합니다.

필요자재

누전 차단기(2P×1개), 릴레이(8P×1개, 11P×1개), 플리커 릴레이×1개, 타이머×4개, 푸시 버튼(ON×1개, OFF × 1개), 파일럿 램프×5개, 단자대(4P×1개, 10P×1개)

Step 01 동작 설명 및 접점 번호 부여

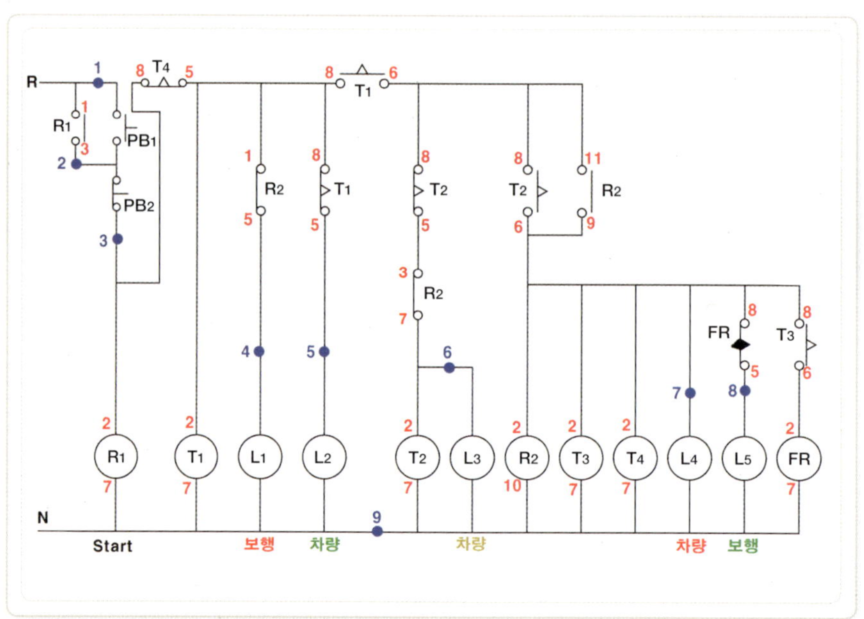

① PB₁을 누르면 R₁(시작)이 동작하면서 T₁과 L₁(보행자 적색), L₂(차량 녹색)가 동시에 점등된다.

② t_1초 후 L₂ 소등, T₂ 동작, L₃(차량 황색) 점등된다.

③ t_2초 후 R₂ · T₃ · T₄ 동작, L₄(차량 적색) · L₅(보행 녹색) 점등된다.

④ 동시에 R₂에 의해 L₁ · T₂ · L₃ 소등된다.

⑤ t_3초 후 FR 동작하면서 L₅ 교차 깜박거린다.

⑥ t_4초 후 모든 회로가 원상복귀되면서 처음부터 다시 시작한다.

| 신호등 모습 |

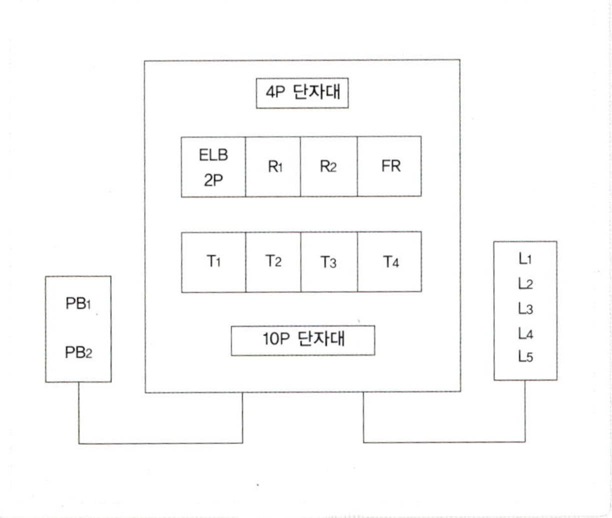

| 교차로 사거리 신호등 모습 |

03
실전 실습

Step 02 기구 배치도

작업판의 기구 배치

① 전원은 단상 2선식(R, N : 220V)을 사용한다.

② 배관은 CD 파이프로 한다.

4P 단자대			
ELB 2P	R₁	R₂	FR

T₁	T₂	T₃	T₄

| 10P 단자대 |

| PB₁ | PB₂ |

| L₁ L₂ L₃ L₄ L₅ |

Step 03 속판 배치도

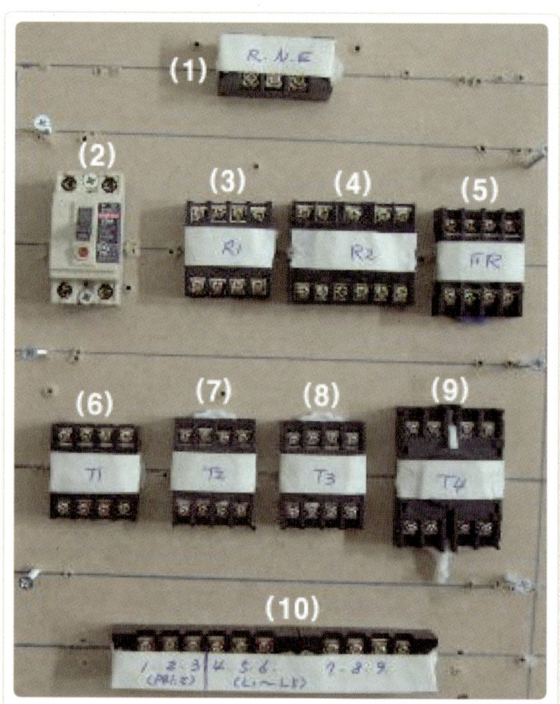

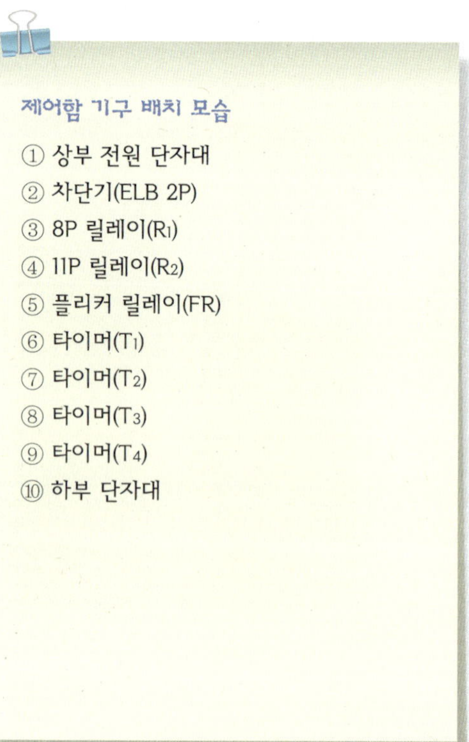

① 상부 전원 단자대
② 차단기(ELB 2P)
③ 8P 릴레이(R_1)
④ 11P 릴레이(R_2)
⑤ 플리커 릴레이(FR)
⑥ 타이머(T_1)
⑦ 타이머(T_2)
⑧ 타이머(T_3)
⑨ 타이머(T_4)
⑩ 하부 단자대

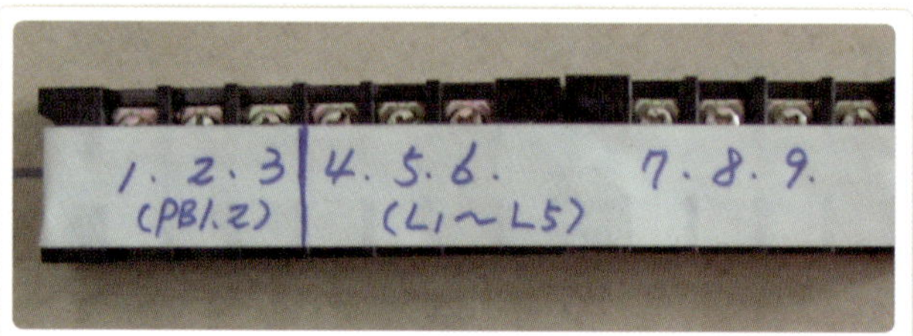

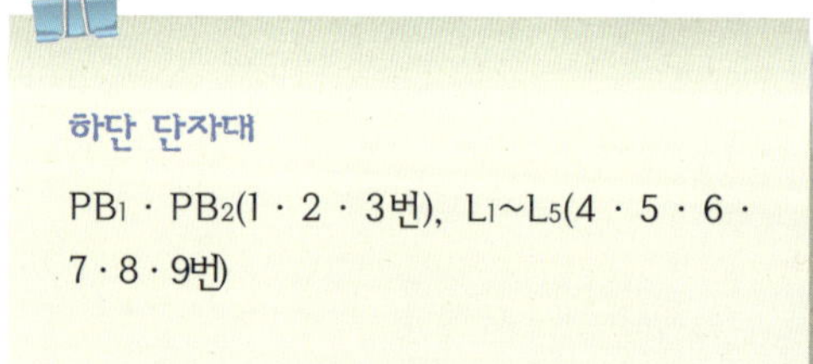

하단 단자대

PB_1 · PB_2(1 · 2 · 3번), L_1~L_5(4 · 5 · 6 · 7 · 8 · 9번)

Step 04 제어함 결선하기

01 등공통 라인 결선

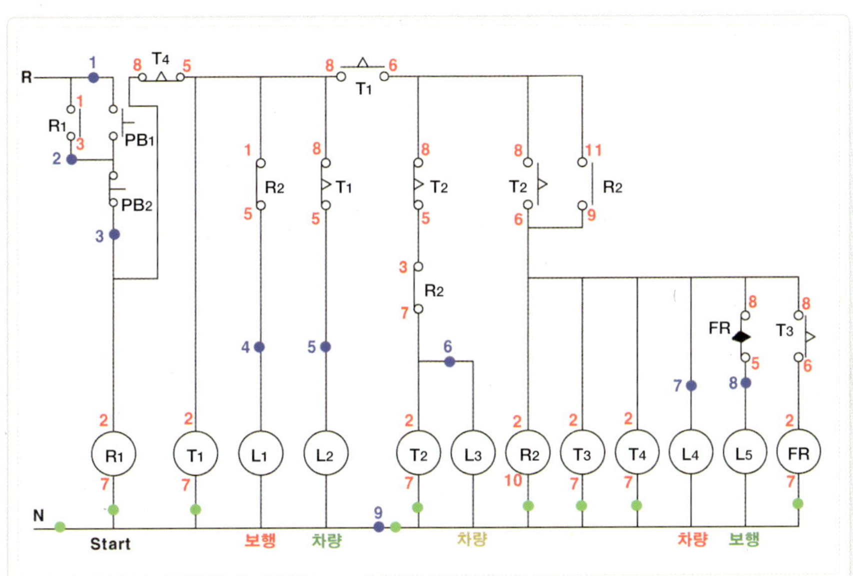

중성선측 결선

차단기의 중성선측에서 R_1의 전원(7번)과 R_2의 전원(7번), FR의 전원(7번), T_4의 전원(7번)을 거쳐, L_1~L_5의 공통으로 가는 단자대(9번)와 T_3의 전원(7번), T_2의 전원(7번), T_1의 전원(7번)으로 갔다.

02 R₁ 라인 결선 Ⅰ

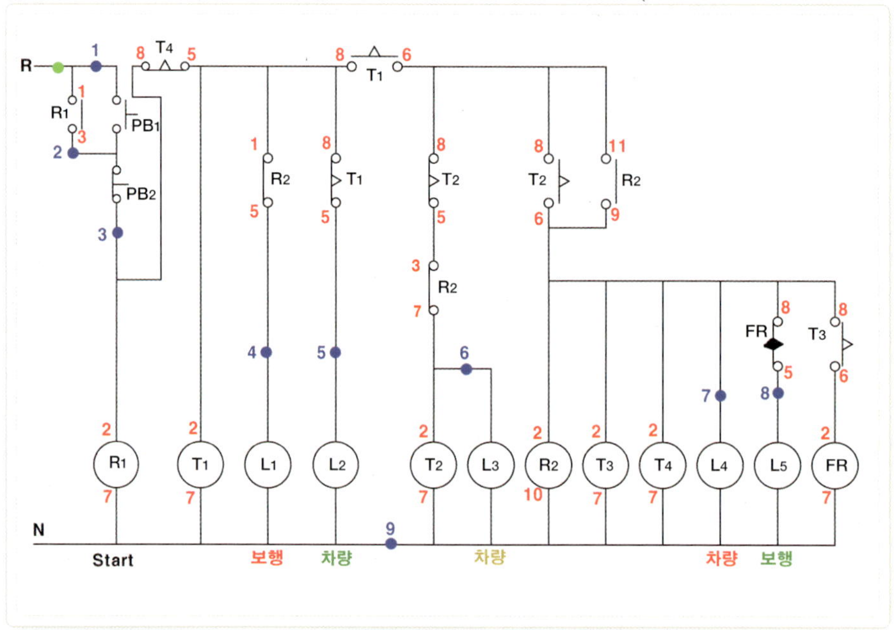

외부 단자대 1번 결선

차단기의 R상에서 R₁의 a접점(1번)과 PB₁으로 가는 단자대(1번)로 갔다.

03 R₁ 라인 결선 Ⅱ

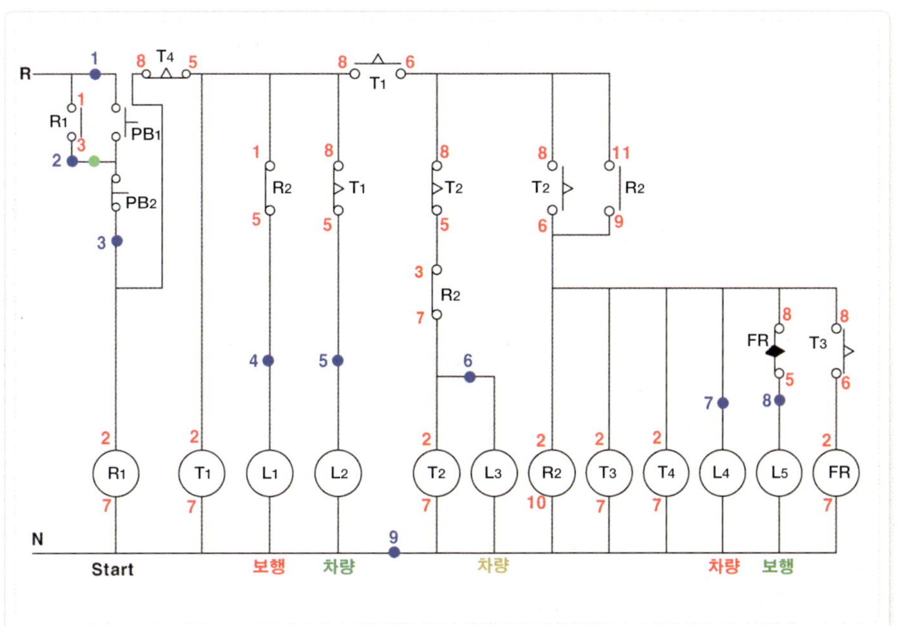

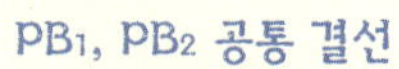

PB₁, PB₂ 공통 결선

R₁의 a접점(3번)에서 PB₁과 PB₂의 공통으로
가는 단자대(2번)로 갔다.

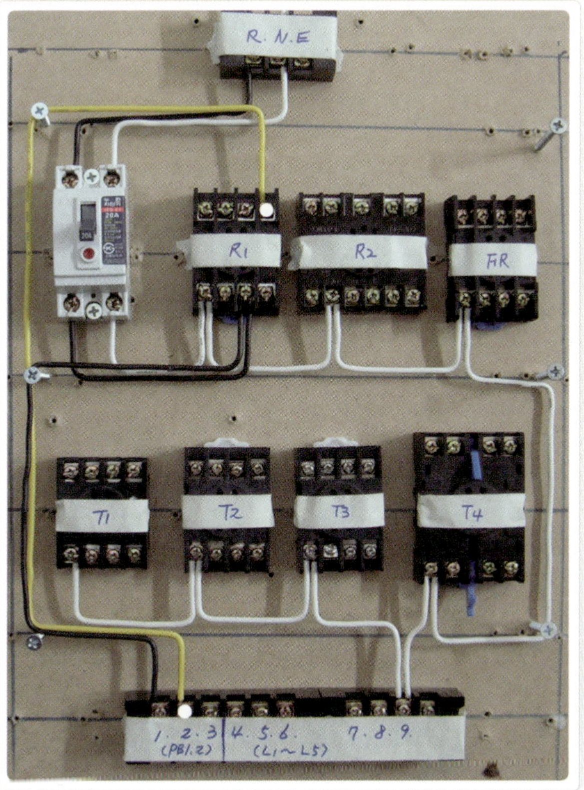

04 R₁ 라인 결선 Ⅲ

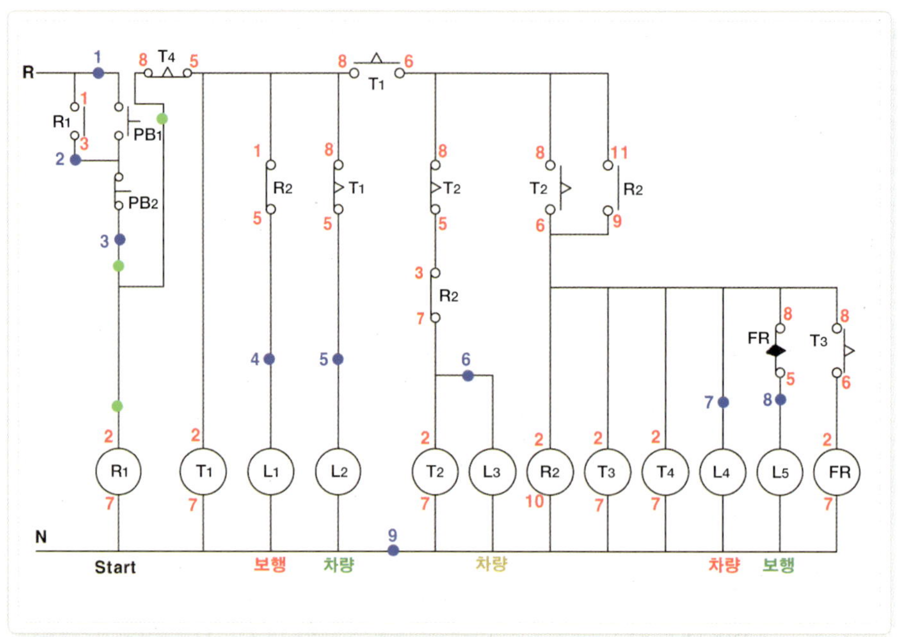

R₁ 전원 결선

R₁의 전원(2번)에서 PB₂로 가는 단자대(3번)와 T₄의 b접점(8번)으로 갔다.

05 T₁ 라인 결선 I

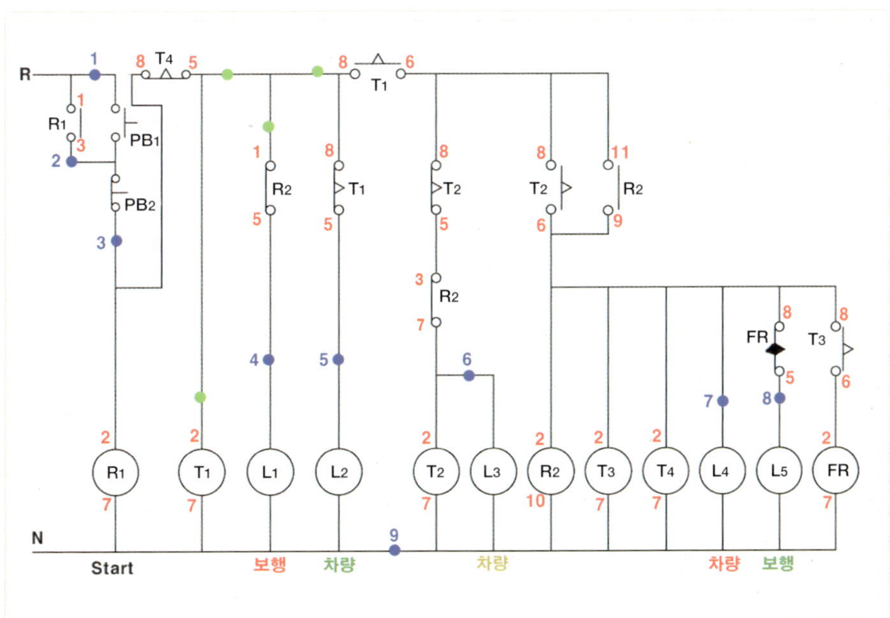

03
실전 실습

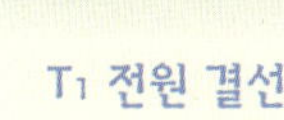

T₁ 전원 결선

T₄의 b접점(5번)에서 R₂의 b접점(1번)과 T₁의
접점 공통(8번)과 전원(2번)으로 갔다.

06 T₁ 라인 결선 Ⅱ

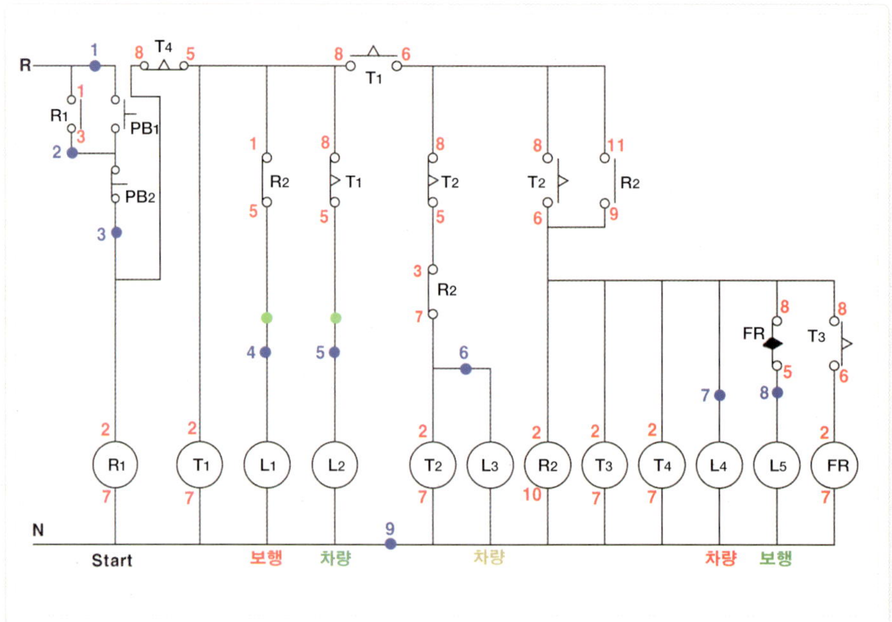

L₁, L₂ 전원 결선

① R₂의 5번에서 L₁으로 가는 단자대(4번)로 갔다.

② T₁의 b접점(5번)에서 L₂로 가는 단자대 (5번)로 갔다.

07 T₂ 라인 결선 Ⅰ

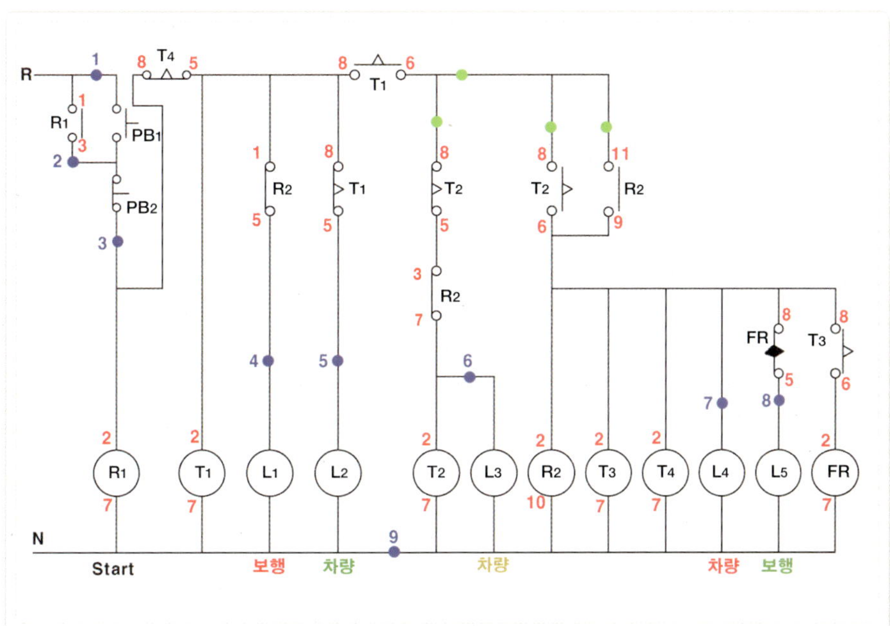

T₂ 라인 결선

R₂의 a접점(11번)에서 T₁의 a접점(6번)과 T₂
의 접점 공통(8번)으로 갔다.

08 T₂ 라인 결선 Ⅱ

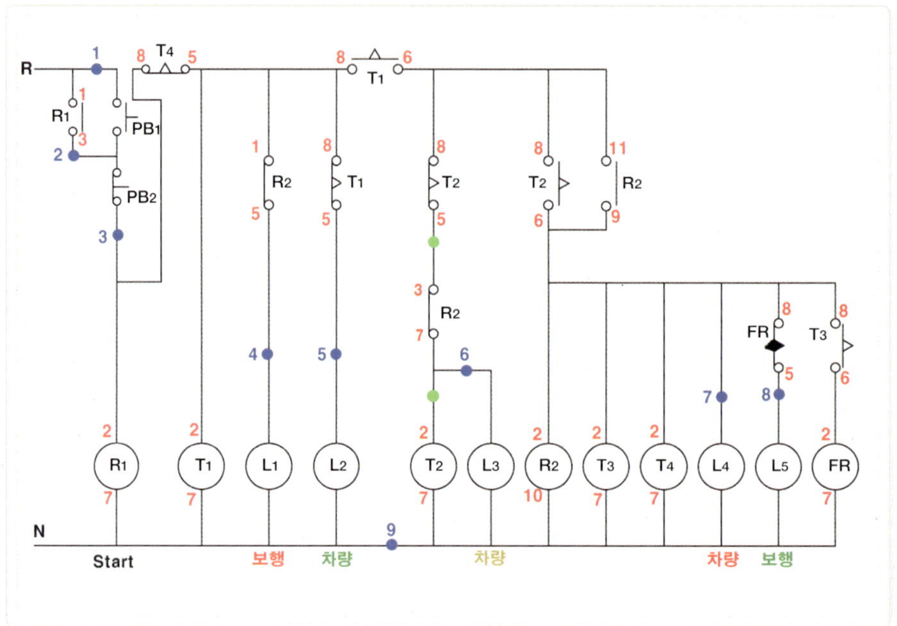

T₂, L₃ 전원 결선

① T₂의 b접점(5번)에서 R₂의 b접점(3번)으로 갔다.

② R₂의 b접점(7번)에서 L₃로 가는 단자대(6번)와 T₂의 전원(2번)으로 갔다.

09 R₂ 라인 결선

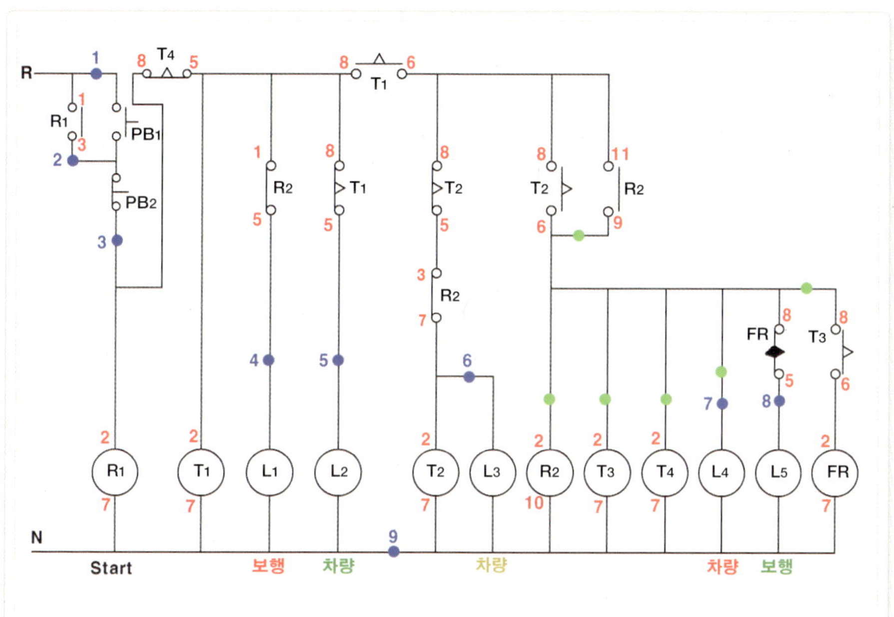

R₂, T₃, T₄, L₄ 전원 결선

T₂의 a접점(6번)에서 R₂의 a접점(9번)과 전원(2번)과 FR의 b접점(8번)을 거쳐, T₄의 전원(2번)과 T₃의 전원(2번)과 L₄로 가는 단자대(7번)를 지나 T₃의 a접점(8번)으로 갔다.

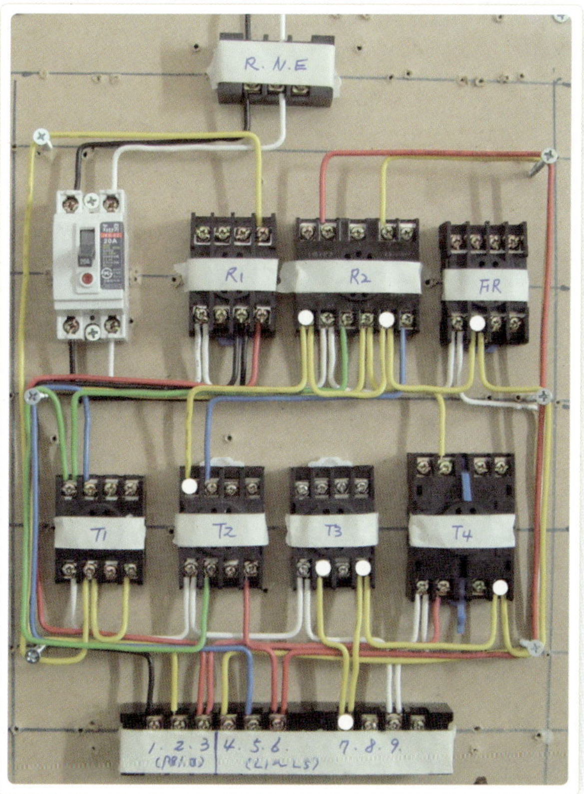

03
실전 실습

10 FR 라인 결선

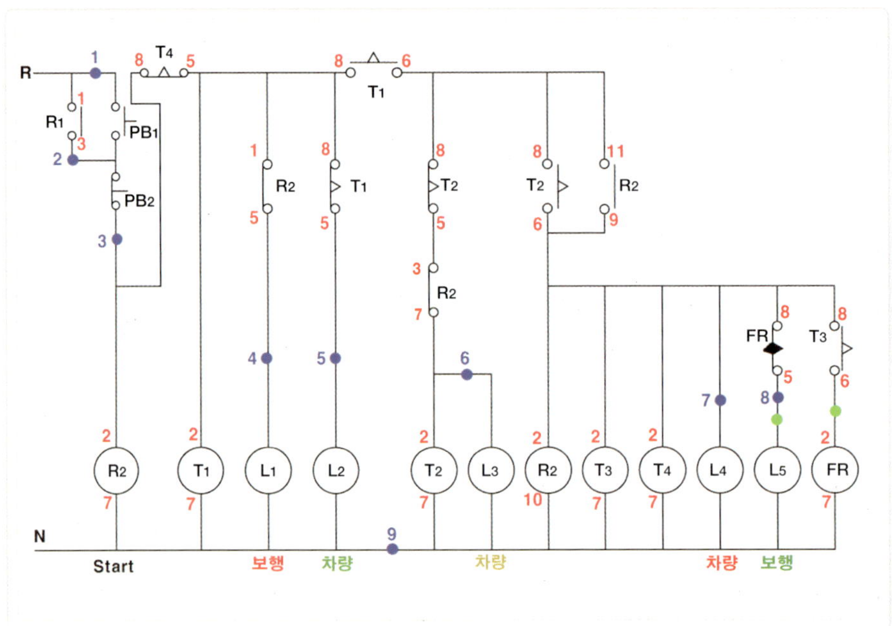

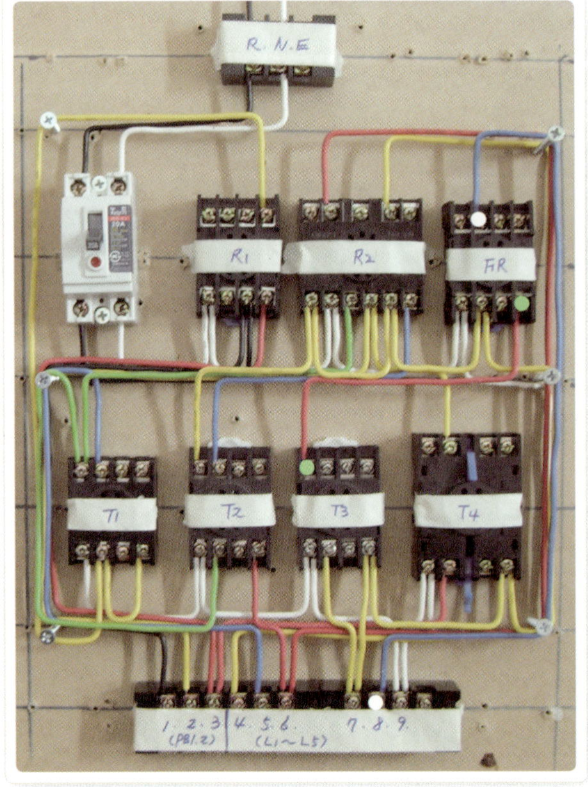

L5, FR 전원 결선

① FR의 b접점(5번)에서 L5로 가는 단자대
(8번)로 갔다.

② T3의 a접점(6번)에서 FR의 전원(2번)으로
갔다.

11 PB₁, PB₂ 결선

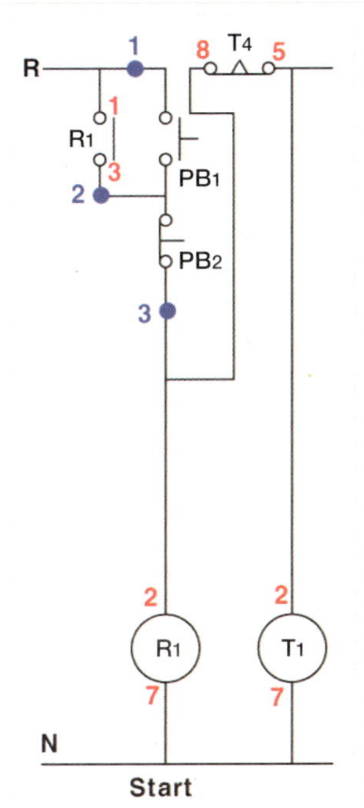

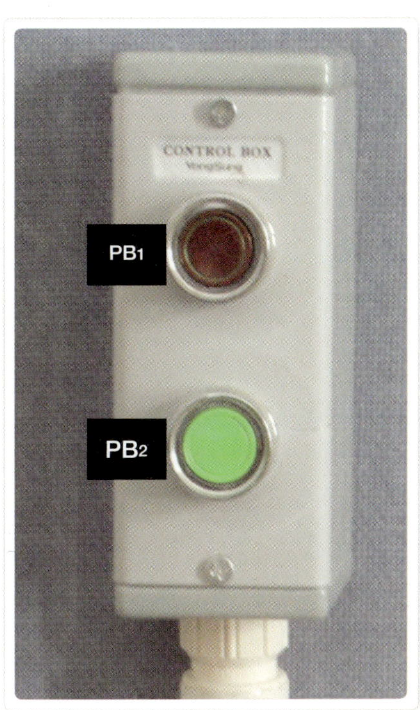

03
실전 실습

푸시 버튼 결선

① 컨트롤 박스의 PB₁과 PB₂를 공통으로 연결한 다음 제어함의 단자대에서 온 선 2번을 물렸다.
② PB₁의 다른 단자에 제어함의 단자대에서 온 선 1번을 물렸다.
③ PB₂의 다른 단자에 제어함의 단자대에서 온 선 3번을 물렸다.

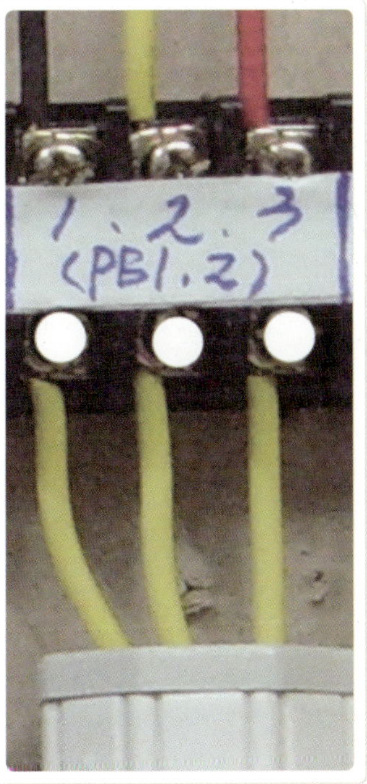

12 L₁, L₂ 결선

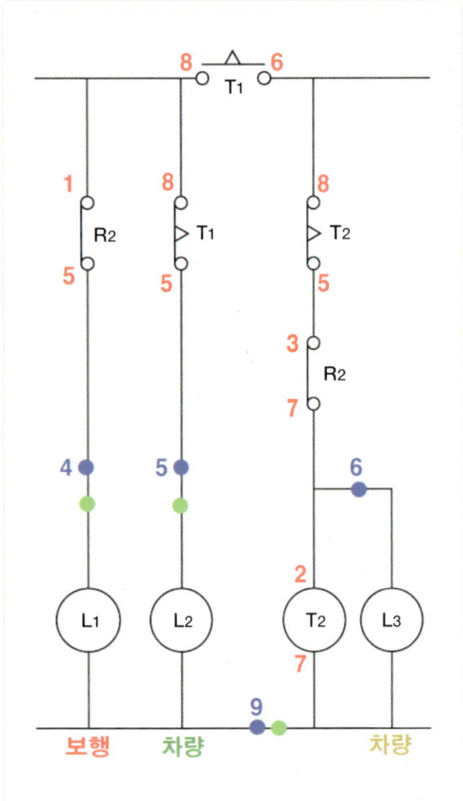

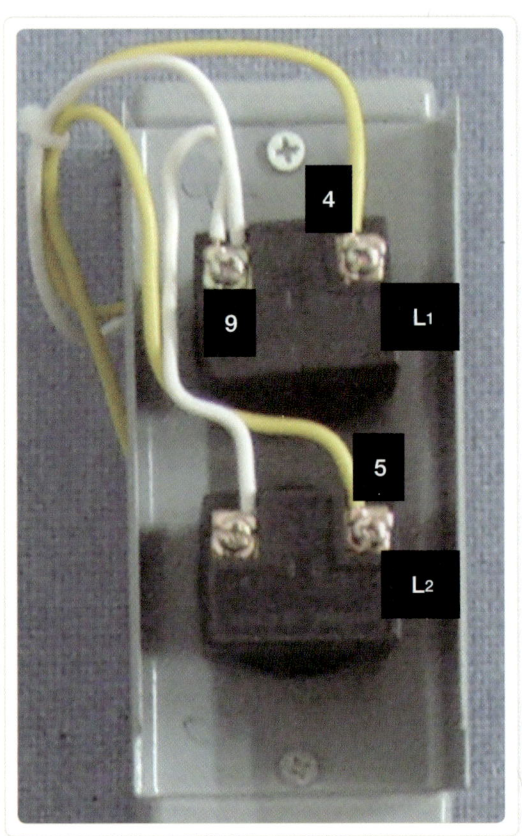

램프 결선 Ⅰ

① L₁과 L₂를 공통으로 연결한 다음 제어함의 단자대에서 온 선 9번을 물렸다.

② L₁의 다른 단자에 제어함의 단자대에서 온 선 4번을 물렸다.

③ L₂의 다른 단자에 제어함의 단자대에서 온 선 5번을 물렸다.

13 L₃, L₄ 결선

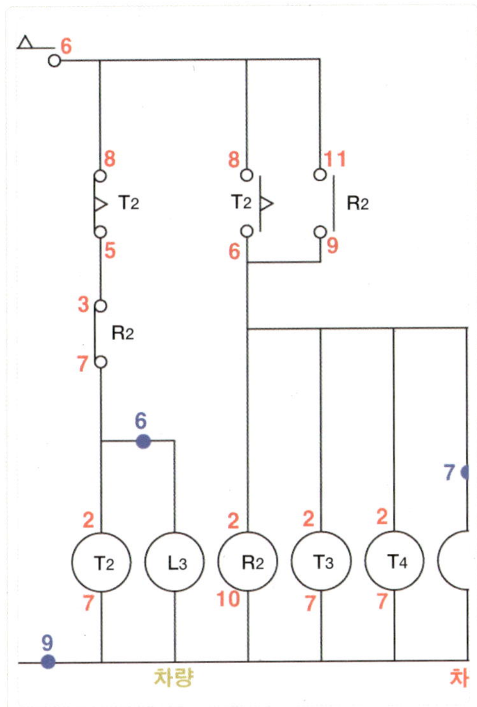

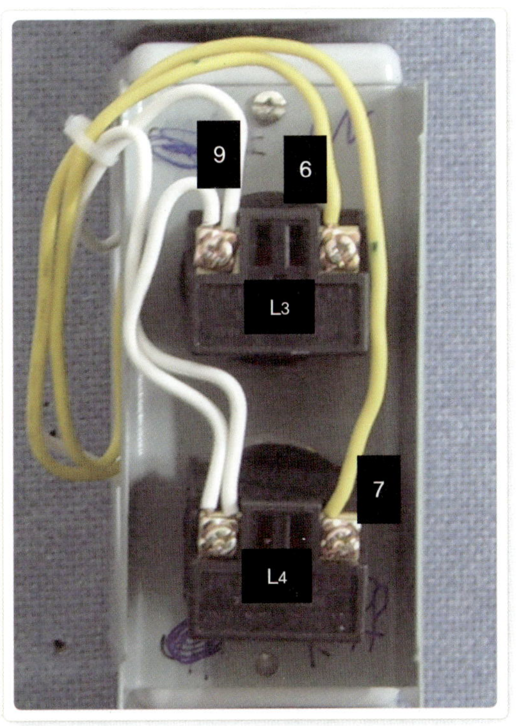

03
실전 실습

램프 결선 Ⅱ

① L₃와 L₄를 공통으로 연결한 다음 L₁과 L₂를 연결한 공통(9번)과 연결했다.

② L₃의 다른 단자에 제어함의 단자대에서 온 선 6번을 물렸다.

③ L₄의 다른 단자에 제어함의 단자대에서 온 선 7번을 물렸다.

14 L₅ 결선

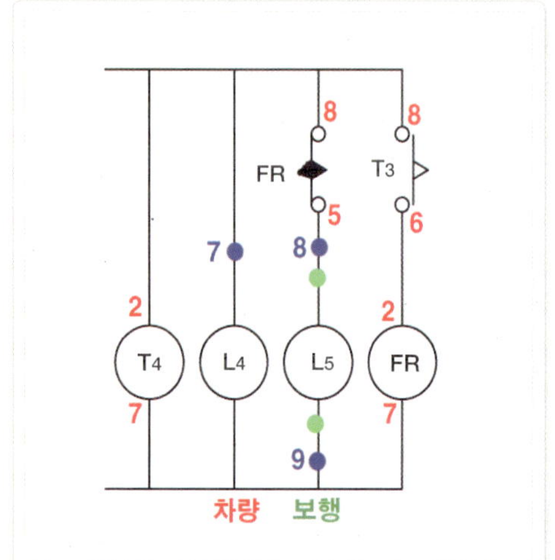

램프 결선 Ⅲ

① L₃와 L₄를 공통으로 연결한 단자(9번)와
   연결했다.
② L₅의 다른 단자에 제어함의 단자대에서
   온 선 8번을 물렸다.

Step 05　입선 완료

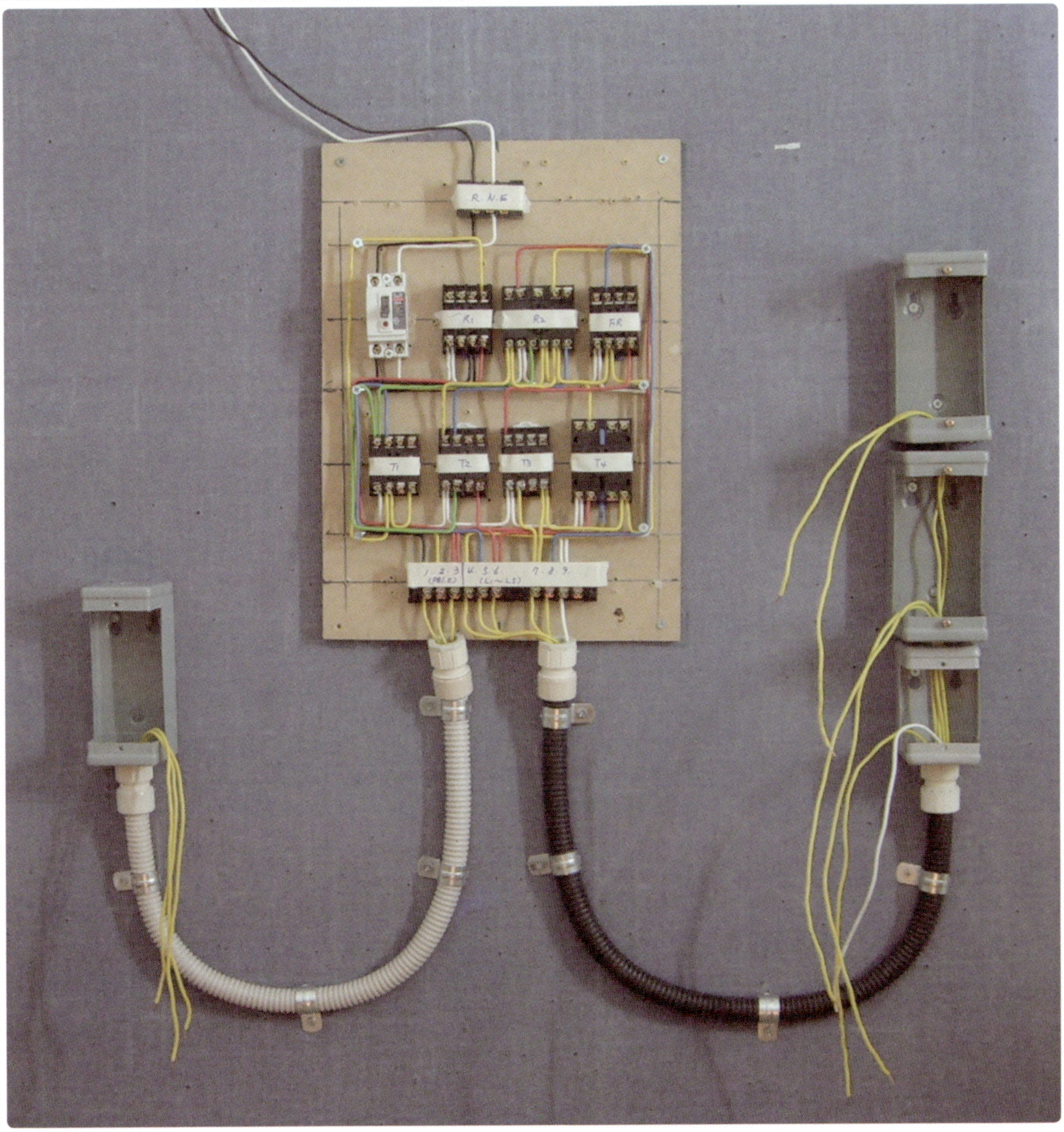

배관 및 입선

배관 및 입선이 완료된 모습으로, 제어함의 단자대에서 먼저 물렸다.

Step 06 · 결선 완료

결선 완료

컨트롤 박스 내부에서 결선이 완료된 모습이다.

Step 07 동작 테스트

01 L₁과 L₂ 점등

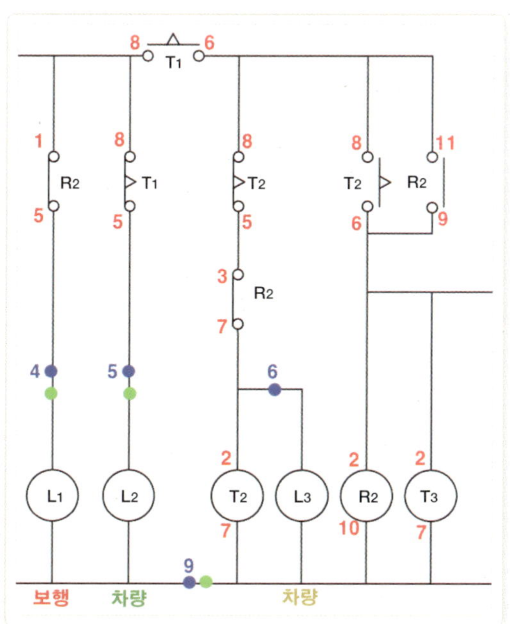

차량 녹색 신호 동작

① 시작 버튼을 누르자 보행은 적색(L₁) 램프
   가 점등되고, 차량은 녹색(L₂) 램프가 점
   등된다.
② 이때 T₁의 LED(전원 표시)에 불이 들어와
   있다.

02 L₁과 L₃ 점등

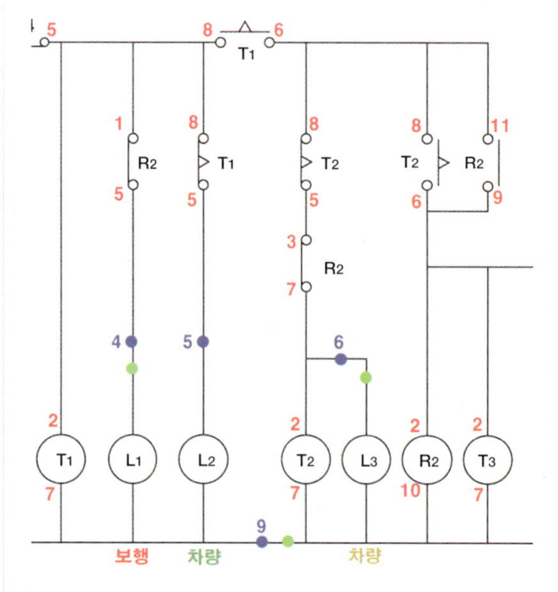

차량 황색 신호 동작

① t_1초 후 L₂가 소등되고, 차량 황색(L₃) 램프가 점등된다.

② 이때 T₁의 LED(동작 표시)와 T₂의 LED(전원 표시)에 불이 들어 와 있다.

03 L_4와 L_5 점등 I

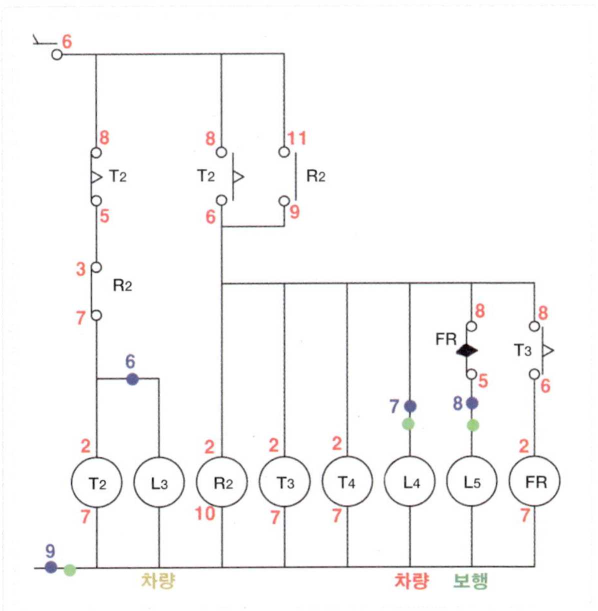

03
실전 실습

보행자 녹색 동작

① t_2초 후 L_3가 소등되고, 차량 적색(L_4) 램프와 보행자 녹색(L_5) 램프가 점등된다.

② 이때 T_1의 LED(동작 표시)와 T_3의 LED(전원 표시) 및 T_4의 LED(전원 표시)에 불이 들어 와 있다.

04 L₄와 L₅ 점등 Ⅱ

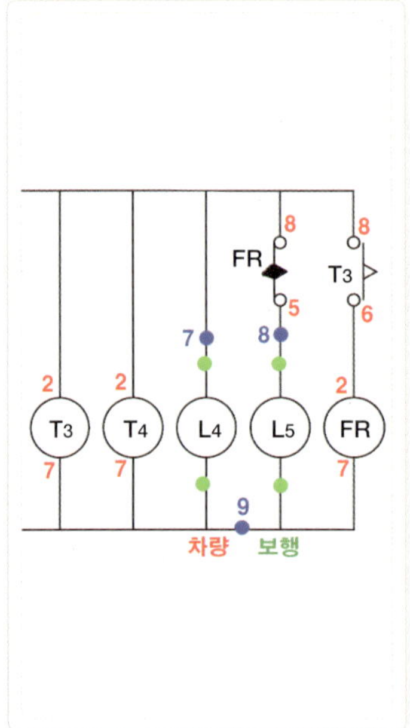

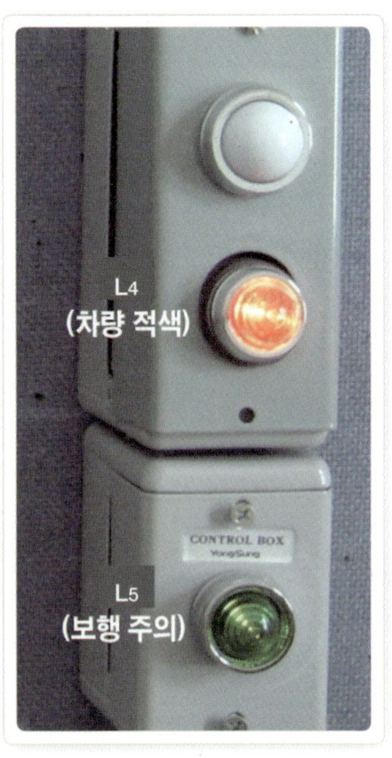

보행자 신호 교차 동작

① t_3초 후 FR에 의해 보행자 녹색(L₅) 램프
  가 교차 깜박거린다.

② 이때 T₁의 LED(동작 표시)와 T₃의 LED(동
  작 표시) 및 T₄의 LED(전원 표시)에 불이
  들어 와 있다.

냉각수 순환 펌프 결선

강의요약

1. 냉각수 순환 펌프 회로도를 그려보고 결선해 봅니다.
2. 이를 통해 릴레이, 타이머 등의 계전기가 어떻게 조합되는지를 이해합니다.

필요자재

마그네트×2개, 릴레이(8P×2개), 타이머×2개, 셀렉터 스위치×1개, 푸시 버튼×4개, 파일럿 램프×5개, 단자대 (6P×1개, 15P×1개), 컨트롤 박스(5구×2개)

03
실전 실습

Step 01 　동작 설명 및 접점 번호 부여

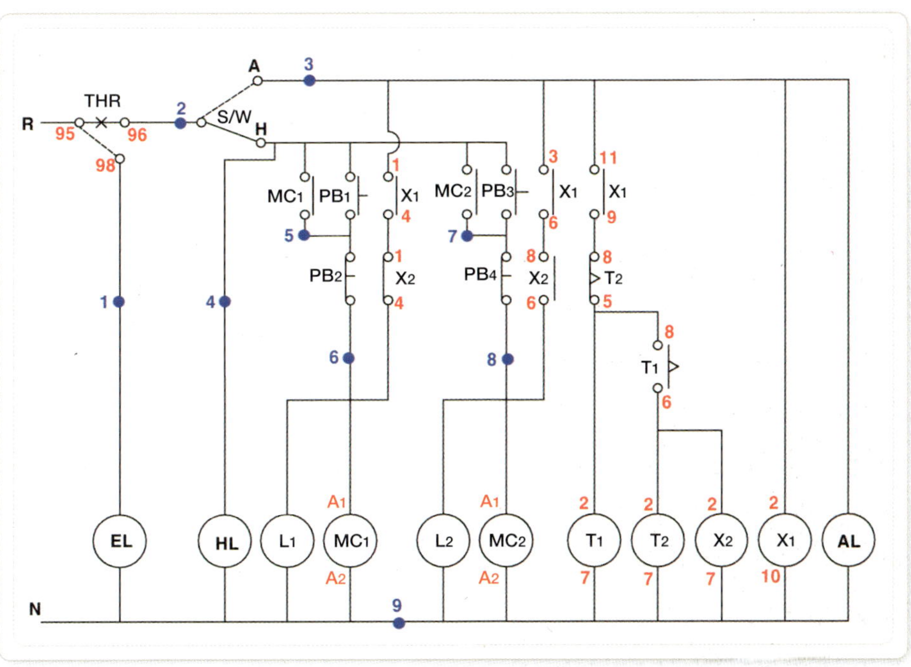

① **수동일 때**

　㉠ 수동 표시 램프(HL)가 점등되고, PB₁을 누르면 MC₁에 의해 모터(M₁)가 작동하며 램프(L₁)는 점등된다(PB₂를 누르면 M₁ 모터 정지).

　㉡ PB₂를 누르면 MC₂에 의해 모터(M₂)가 작동하고, 램프(L₂)는 점등된다(PB₂를 누르면 M₁ 모터 정지).

② **자동일 때**

　㉠ 자동 표시 램프(AL) 점등과 동시에 X₁ 동작에 의해 MC₁, T₁이 동작한다.

　㉡ MC₁에 의해 모터(M₁)가 작동하고, 램프(L₁)는 점등된다.

　㉢ t_1초 후 X₂와 T₁이 동작한다.

　　X₂에 의해 MC₁ 전원이 차단되면서 모터(M₁)는 정지함과 동시에 MC₂가 동작하면서 모터(M₂)가 작동하고, 램프(L₂)는 점등된다.

　㉣ t_2초 후 모든 회로가 원상복귀하면서 처음 동작을 반복한다.

Step 02 기구 배치도

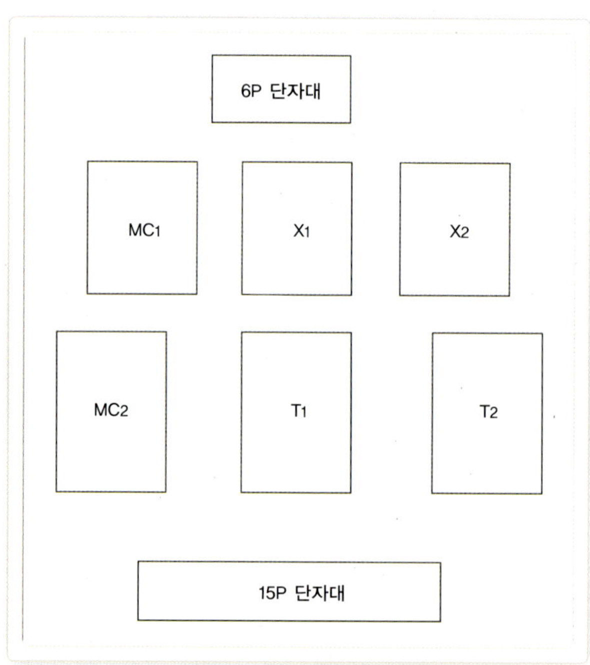

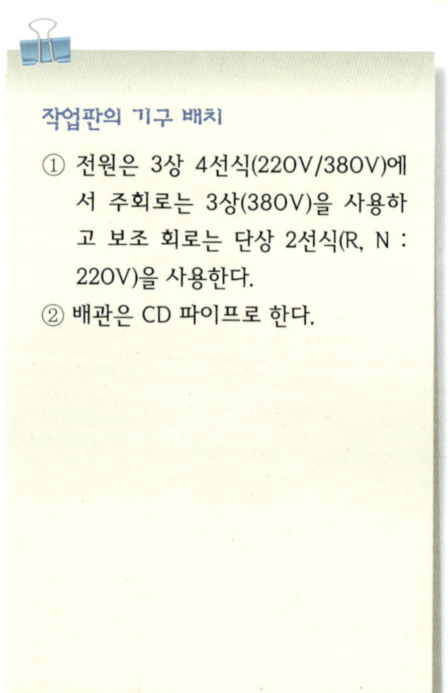

작업판의 기구 배치

① 전원은 3상 4선식(220V/380V)에서 주회로는 3상(380V)을 사용하고 보조 회로는 단상 2선식(R, N : 220V)을 사용한다.

② 배관은 CD 파이프로 한다.

Step 03   속판 배치도

제어함 기구 배치 모습

① 상부 전원 단자대
② 마그네트(MC₁)
③ 11P 릴레이(X₁)
④ 8P 릴레이(X₂)
⑤ 마그네트(MC₂)
⑥ 타이머(T₁)
⑦ 타이머(T₂)
⑧ 하부 단자대

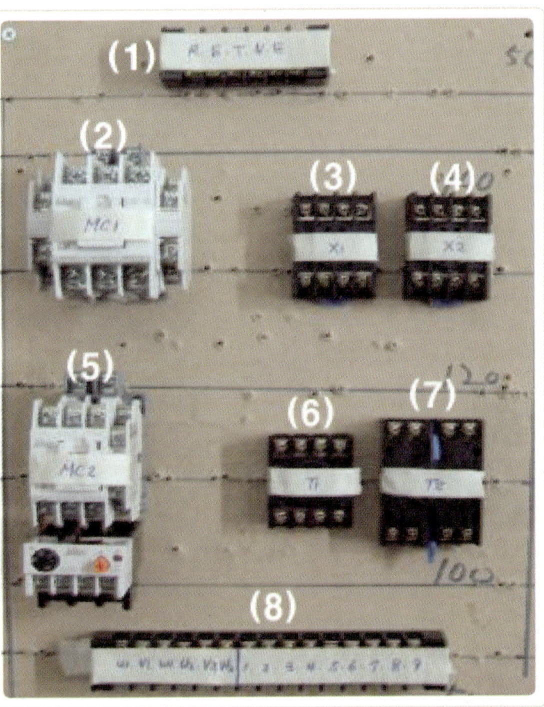

하단 단자대

모터₁(U₁, V₁, W₁), 모터₂(U₂, V₂, W₂)

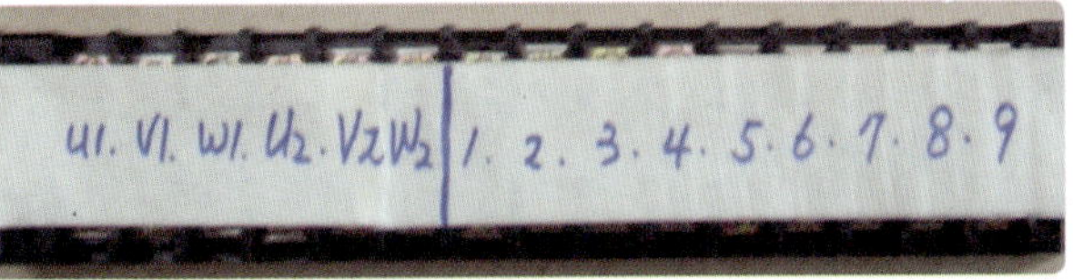

03
실전 실습

 ## 주회로 결선하기

01 전원 단자 2차측 결선

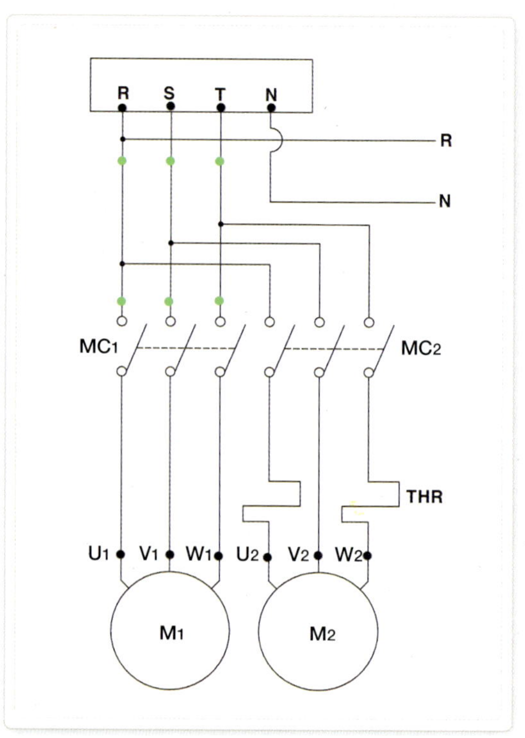

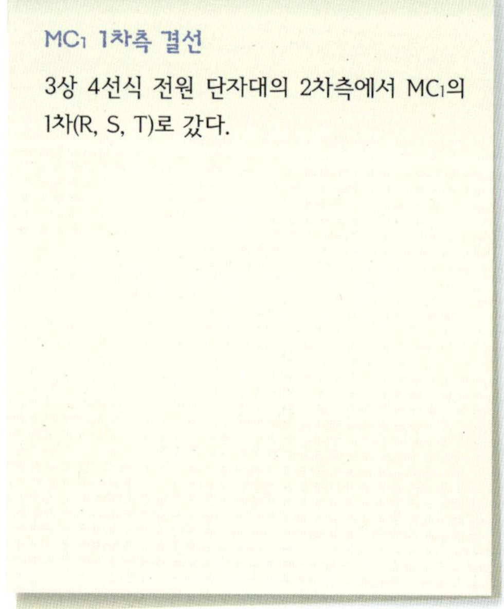

MC1 1차측 결선

3상 4선식 전원 단자대의 2차측에서 MC1의
1차(R, S, T)로 갔다.

02 마그네트 1차측 결선

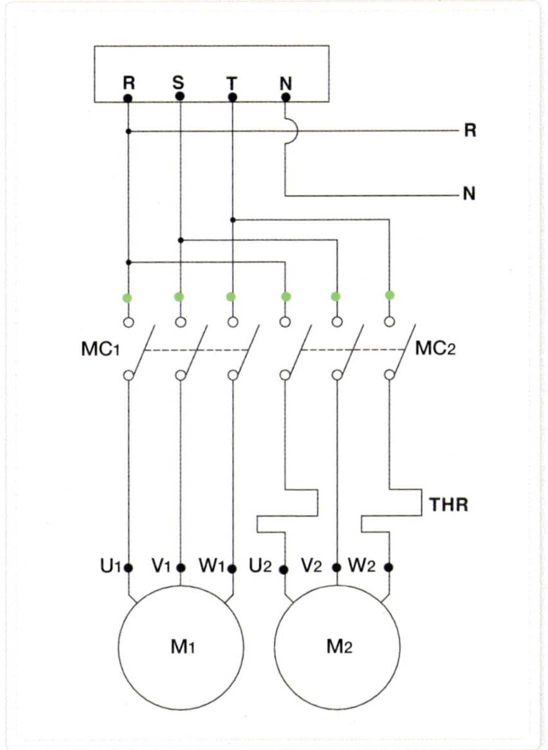

MC2 1차측 결선

MC1의 1차(R, S, T)에서 MC2의 1차(R, S, T)로 갔다.

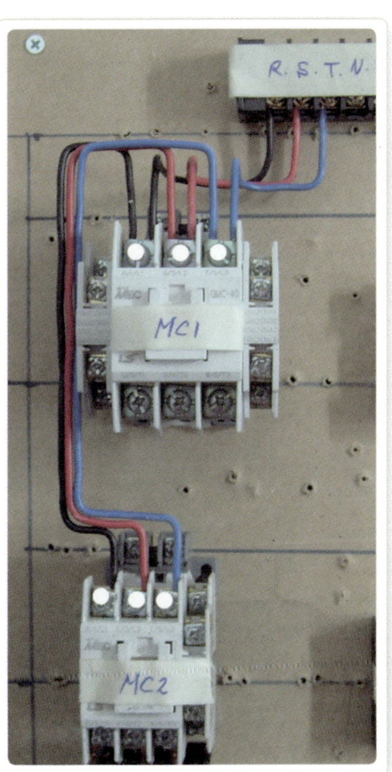

03 MC₁ 2차측 결선

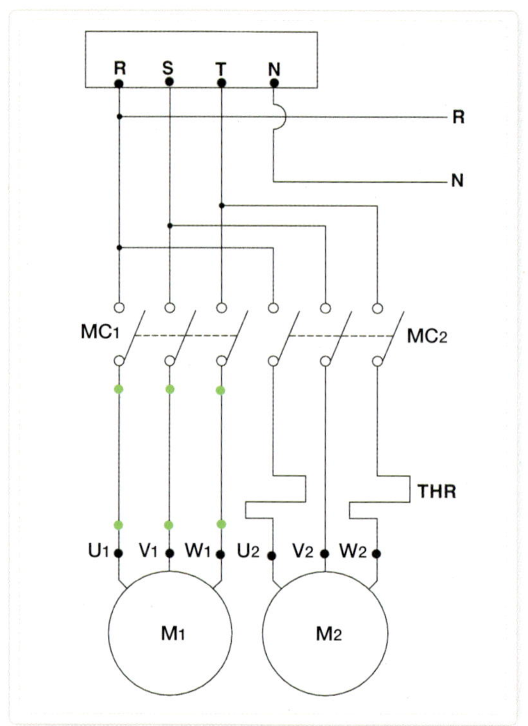

U₁, V₁, W₁ 결선

① MC₁의 2차(U, V, W)에서 M₁으로 가는 단자대(U₁, V₁, W₁)로 갔다.

② MC₁은 THR이 없으므로 MC₁의 2차측 단자에서 바로 모터로 가는 외부 단자대(U, V, W)로 간다.

04 MC₂ 2차측 결선

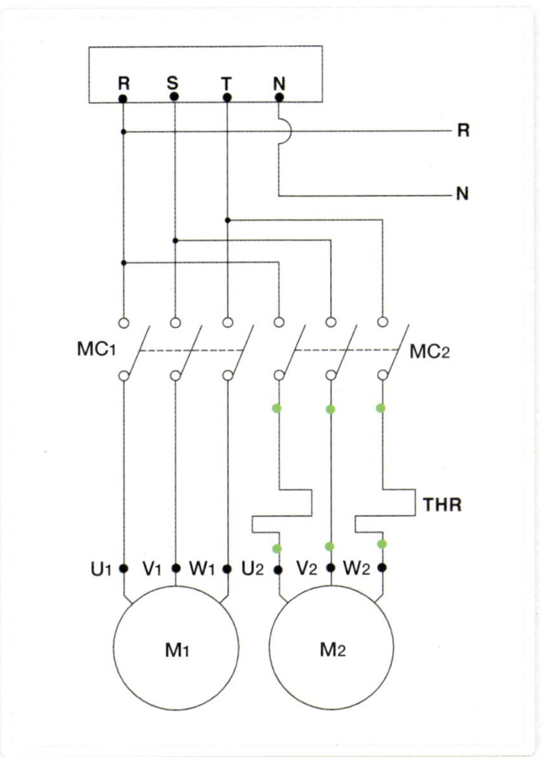

U₂, V₂, W₂ 결선

① MC₁의 2차(U, V, W)에서 THR을 거쳐 나온 단자에서 M₂로 가는 단자대(U₂, V₂, W₂)로 갔다.

② MC₂는 THR이 있으므로 MC₂의 2차측 단자에서 THR을 거쳐 모터로 가는 단자(U, V, W)로 가야 한다.

Step 05　보조 회로 결선하기

01　등공통 라인 결선

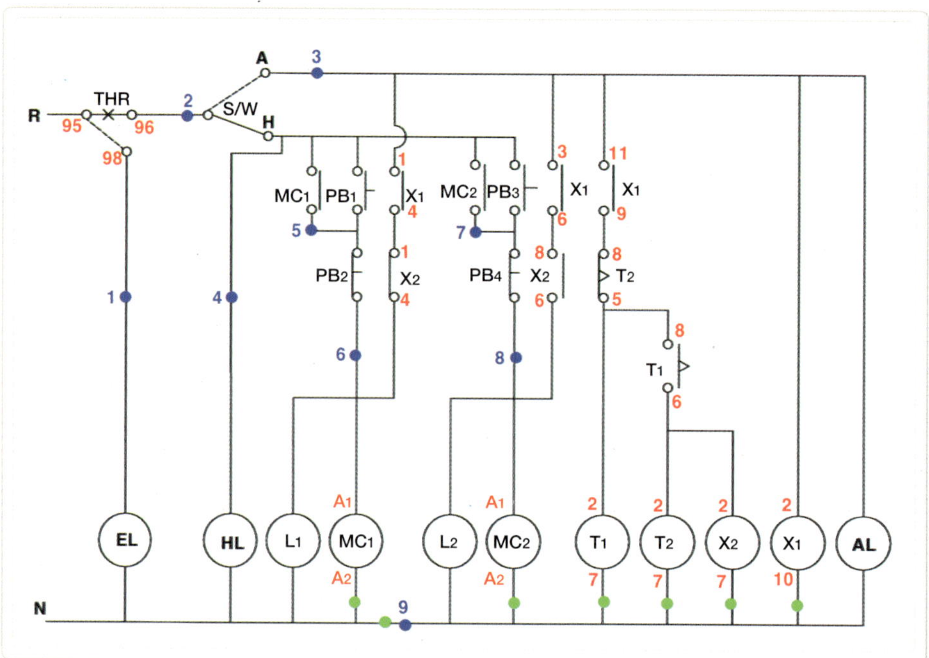

중성선 라인 결선

전원 단자대의 N선에서 MC₁의 전원(A₂), MC₂의 전원(A₂), X₁의 전원(10번), X₂의 전원(7번)을 거쳐, 램프의 공통으로 가는 단자대(9번)와 T₂의 전원(7번)과 T₁의 전원(7번)으로 갔다.

02 R상 전원 결선

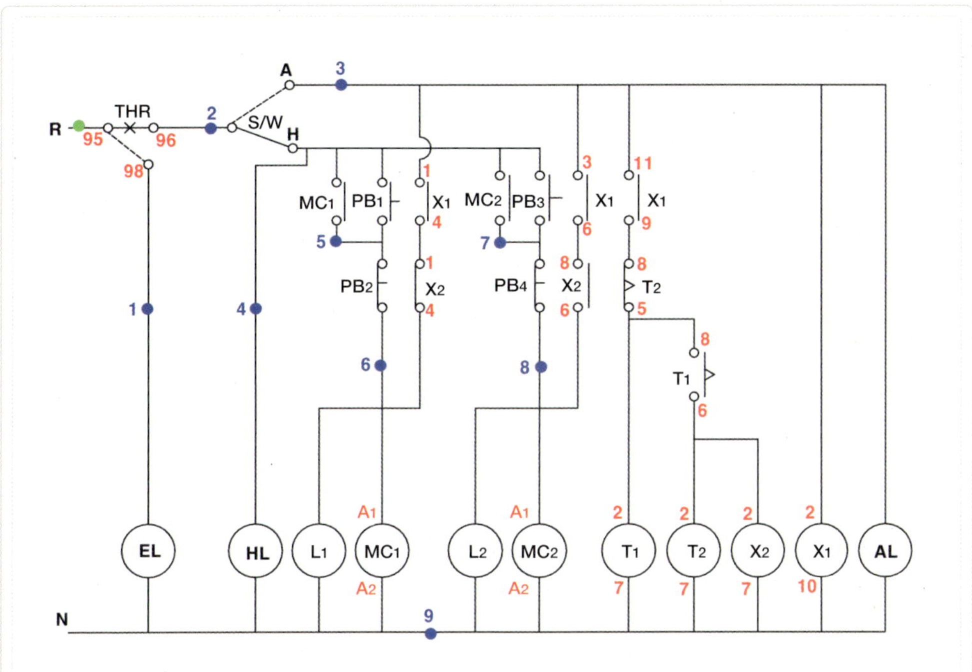

03
실전 실습

하트상측 결선

전원 단자대의 R상에서 트립 공통인 95번으
로 갔다. 공통으로 사용되는 95번, 97번은
미리 연결되어 있다.

03 트립 접점 결선

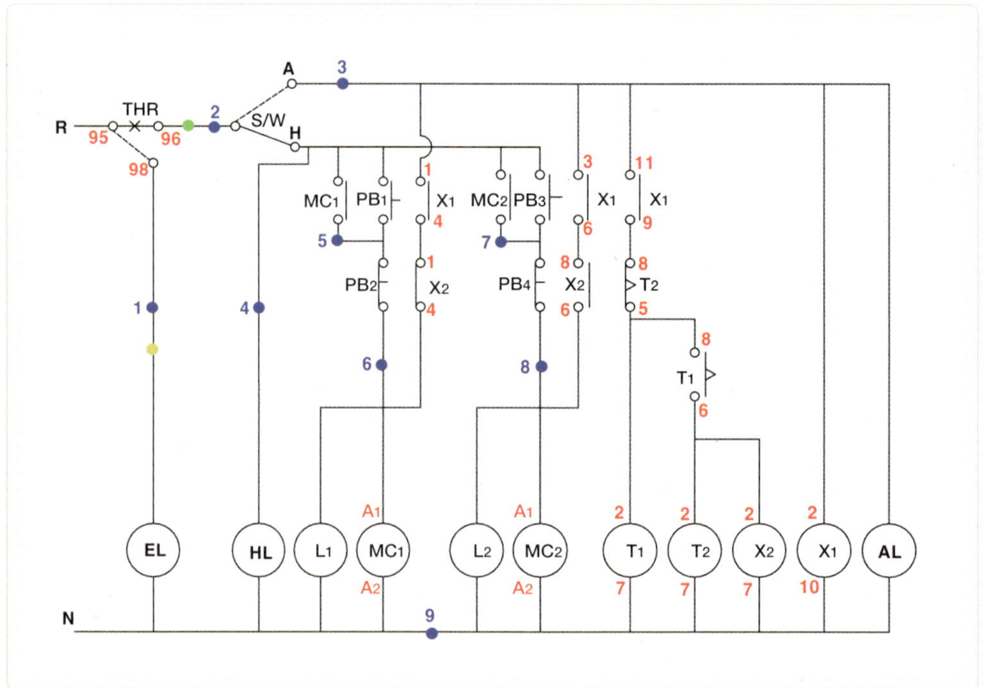

경보 라인 결선

① 백색(황색) 포인트 : 트립 a접점(98번)에서 EL로 가는 단자대(1번)로 갔다.

② 녹색 포인트 : 트립 b접점(96번)에서 셀렉터 스위치의 공통으로 가는 단자대(2번)로 갔다.

04 수동 라인 결선 Ⅰ

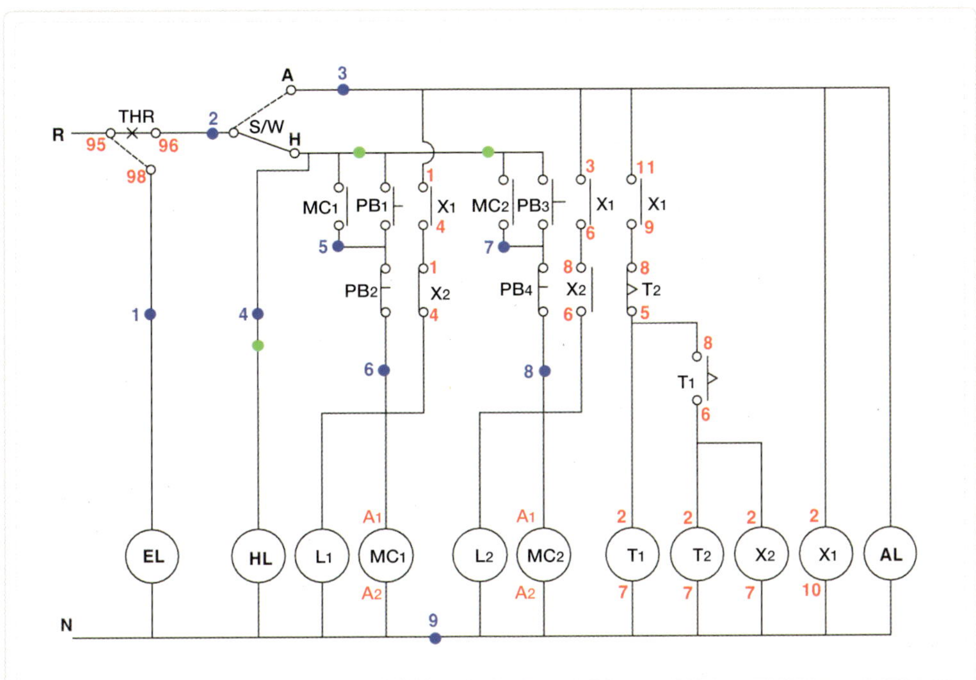

MC₁ 라인 결선 Ⅰ

MC₂의 a접점에서 MC₁의 a접점과 PB₁과
PB₂의 a접점 공통으로 가는 단자대(4번)로
갔다.

03
실전 실습

05 수동 라인 결선 Ⅱ

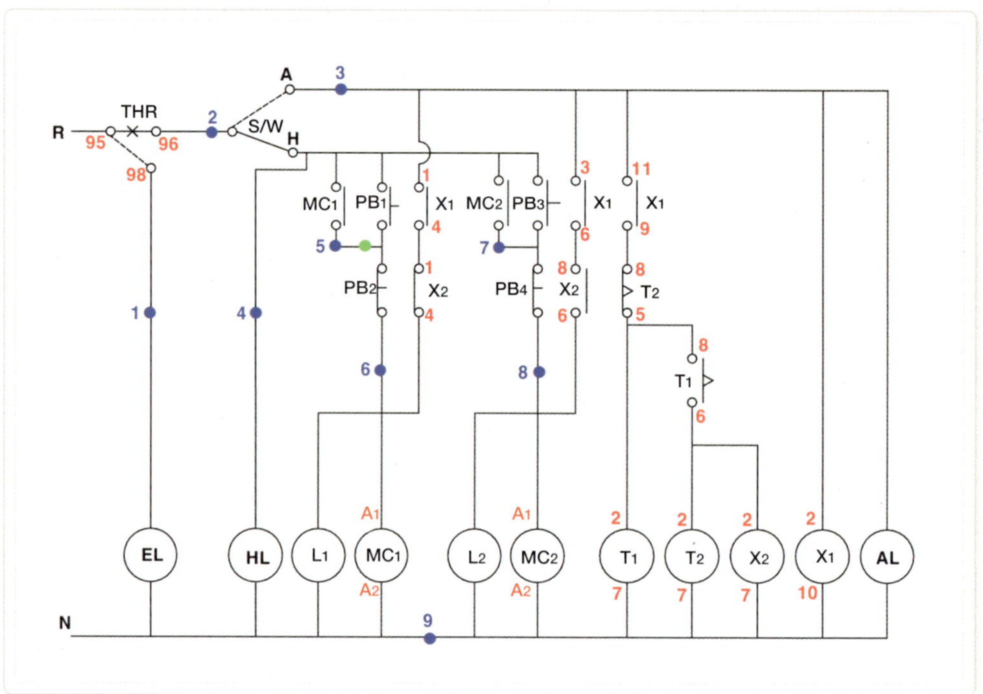

MC₁ 라인 결선 Ⅱ

MC₁의 a접점에서 PB₁과 PB₂의 공통으로 가
는 단자대(5번)로 갔다.

06 수동 라인 결선 Ⅲ

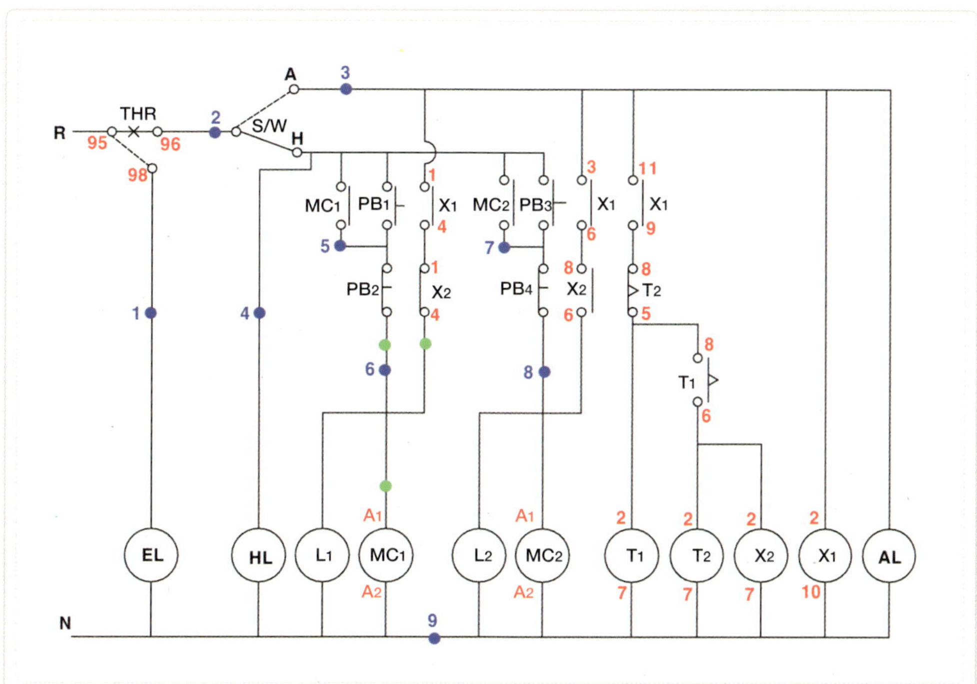

MC₁ 전원 결선

MC₁의 전원(A₁)에서 X₂의 b접점(4번)과 L₁으로 가는 단자대(6번)로 갔다.

07 자동 라인 결선 I

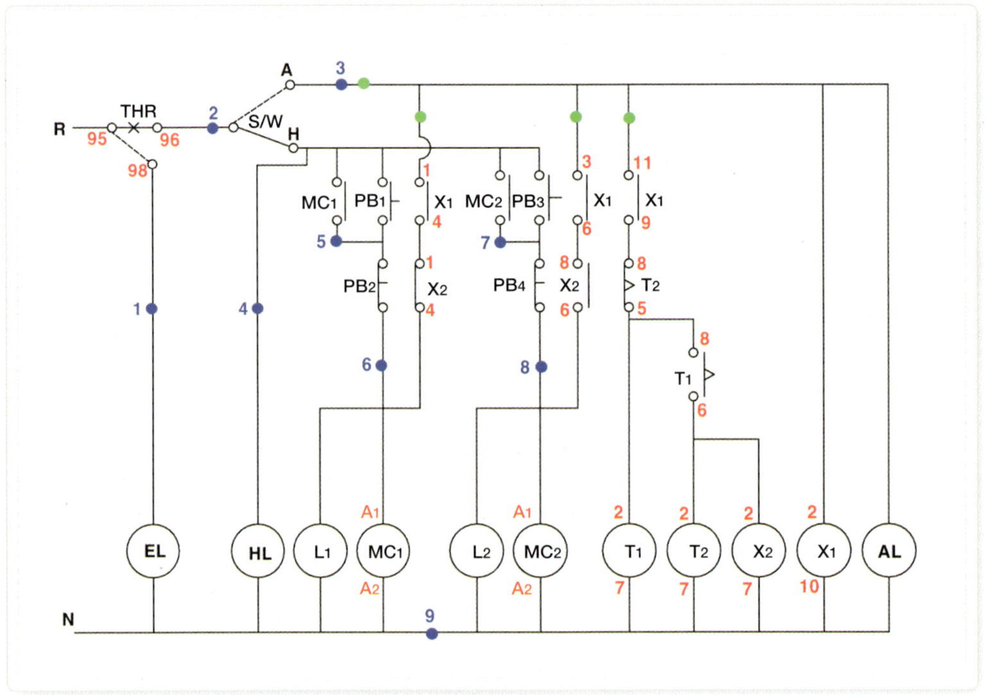

MC₂ 라인 결선 I

X₁의 a접점(1·3·11번)을 연결한 다음 셀렉터 스위치의 자동과 AL로 가는 단자대(3번)로 갔다.

08 자동 라인 결선 Ⅱ

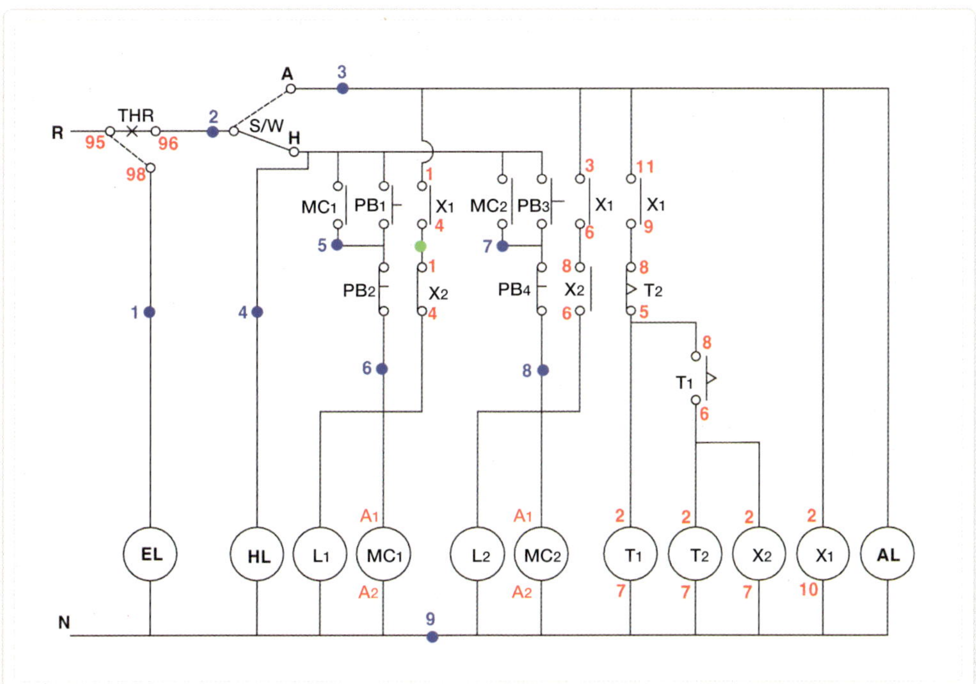

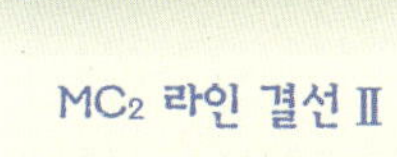

MC₂ 라인 결선 Ⅱ

X₁의 a접점(4번)에서 X₂의 b접점(1번)으로
갔다.

09 PB₃, PB₄ 라인 결선 I

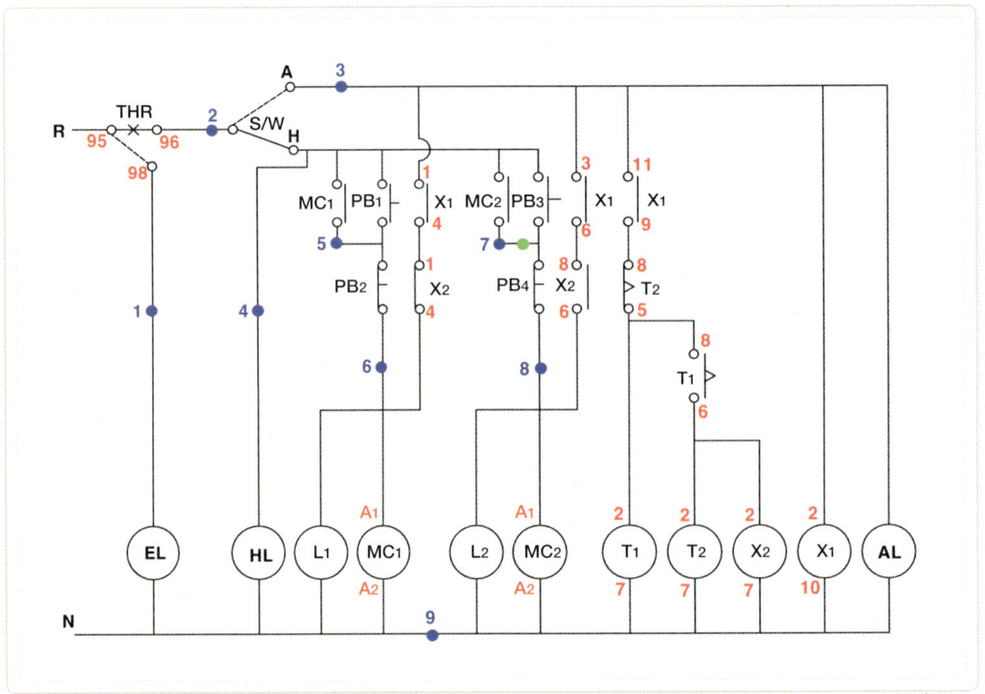

PB₃, PB₄ 공통 결선

MC₂의 α접점에서 PB₃와 PB₄의 공통으로 가
는 단자대(7번)로 갔다.

10 PB₃, PB₄ 라인 결선 Ⅱ

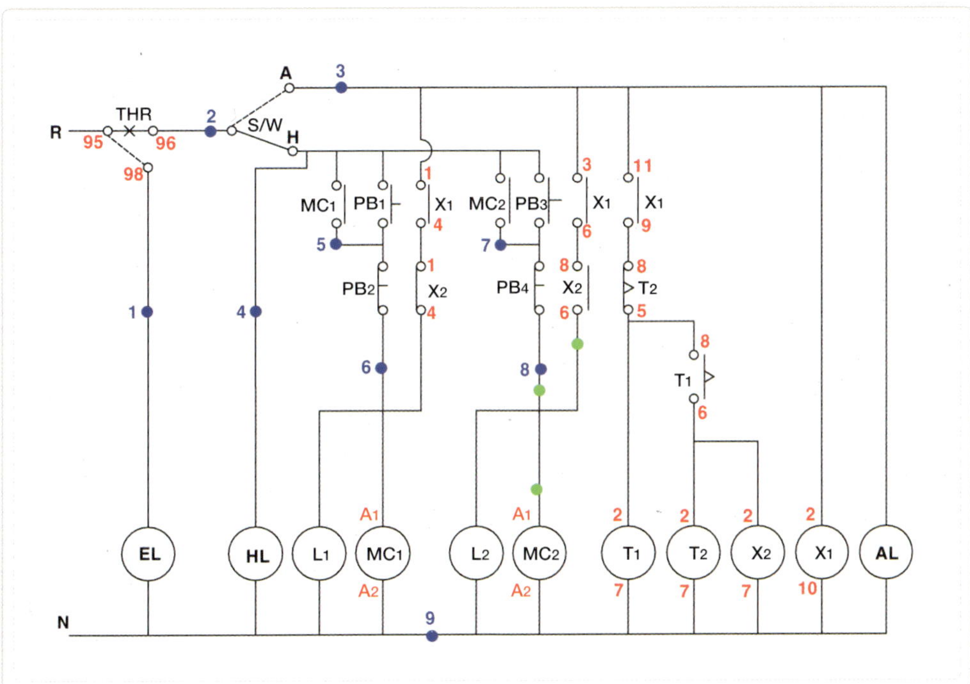

03
실전 실습

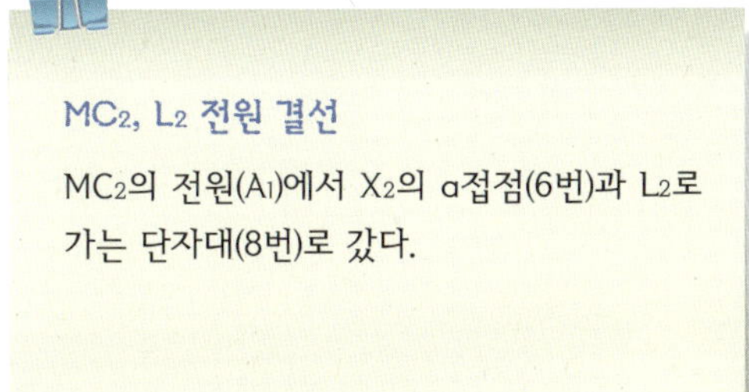

MC₂, L₂ 전원 결선

MC₂의 전원(A₁)에서 X₂의 α접점(6번)과 L₂로
가는 단자대(8번)로 갔다.

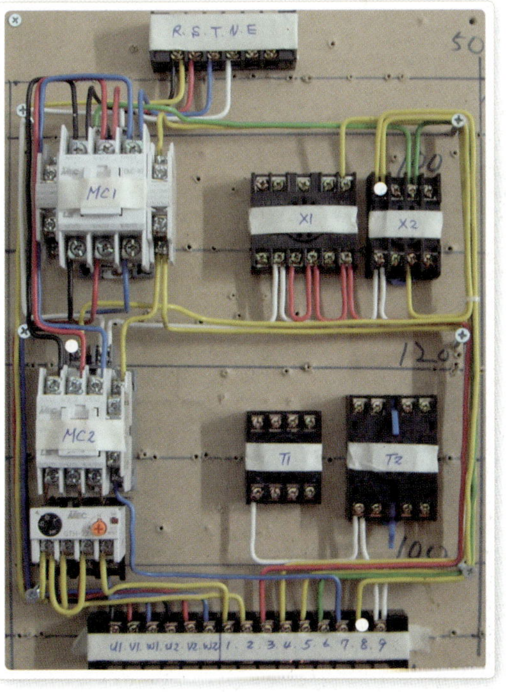

11 X₁, X₂ 결선

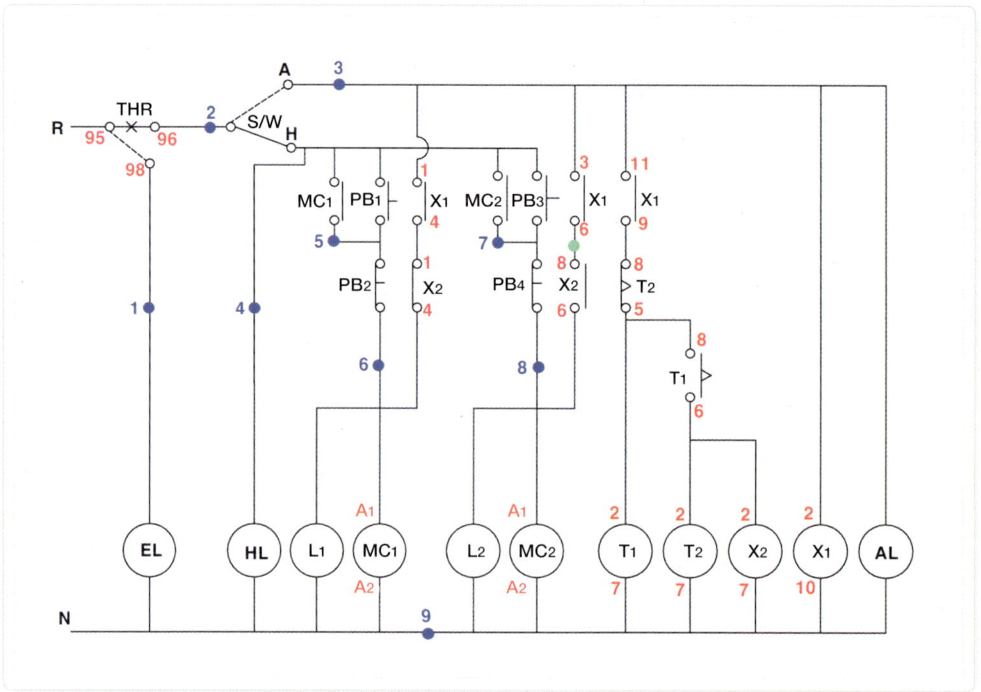

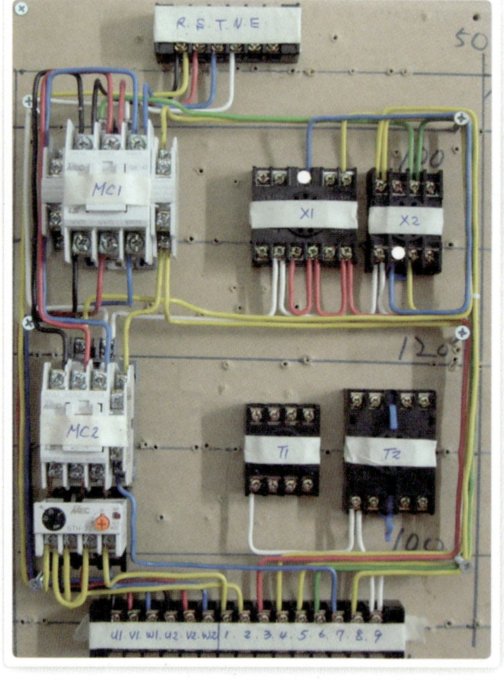

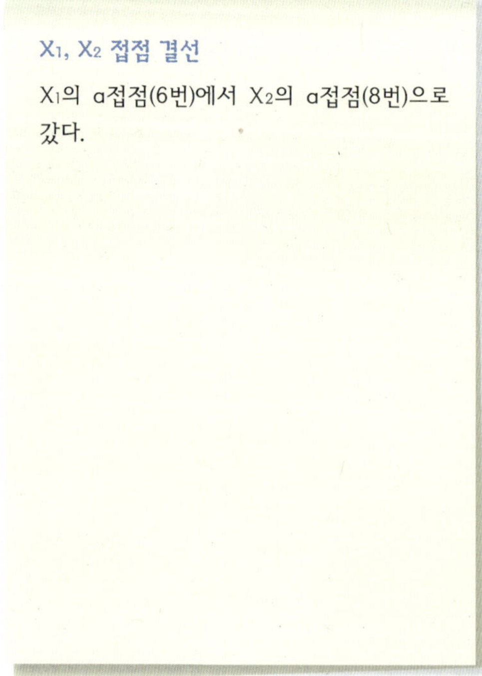

X₁, X₂ 접점 결선

X₁의 a접점(6번)에서 X₂의 a접점(8번)으로
갔다.

12 타이머 라인 결선 Ⅰ

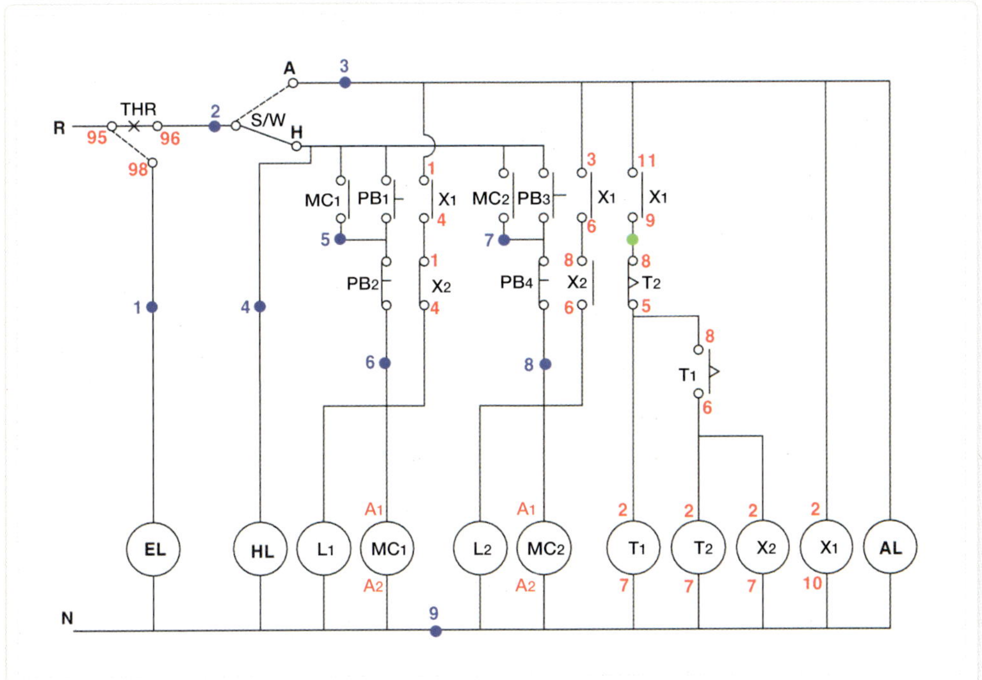

03
실전 실습

X1, T2 접점 결선

X1의 a접점(9번)에서 T2의 b접점(8번)으로 갔다.

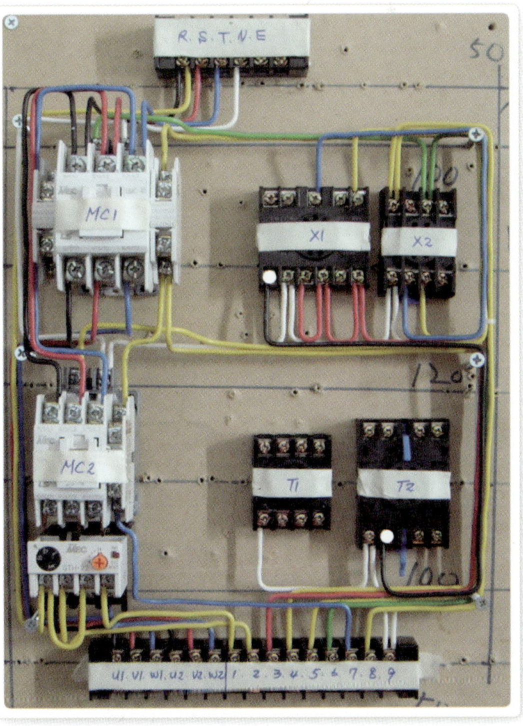

13 타이머 라인 결선 Ⅱ

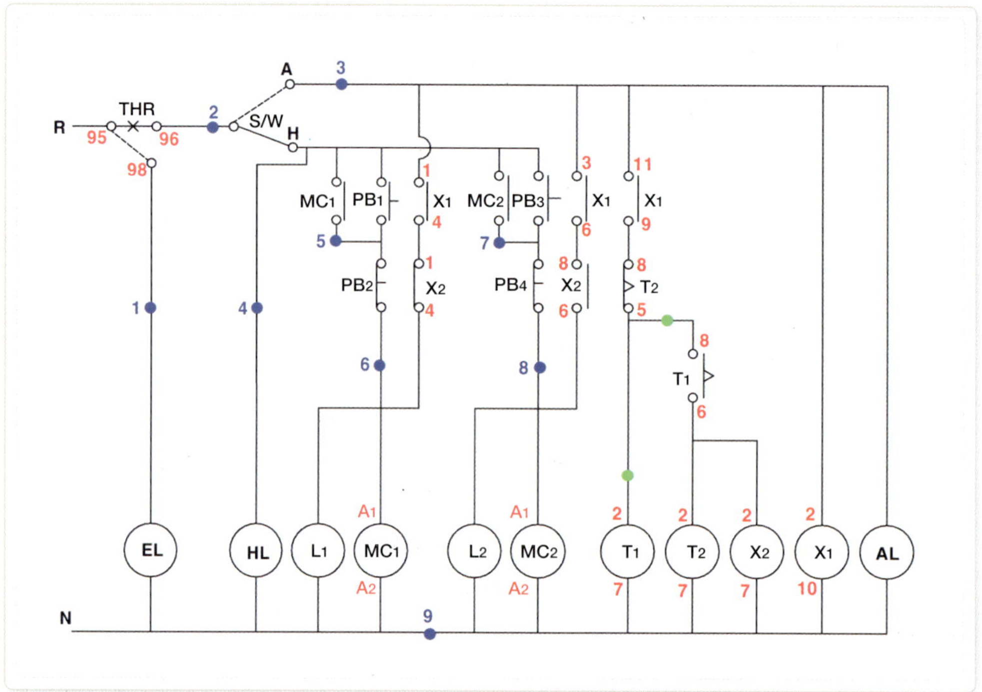

T₁ 전원 결선

T₂의 b접점(5번)에서 T₁의 전원(2번)과 a접점
(8번)으로 갔다.

14 타이머 라인 결선 Ⅲ

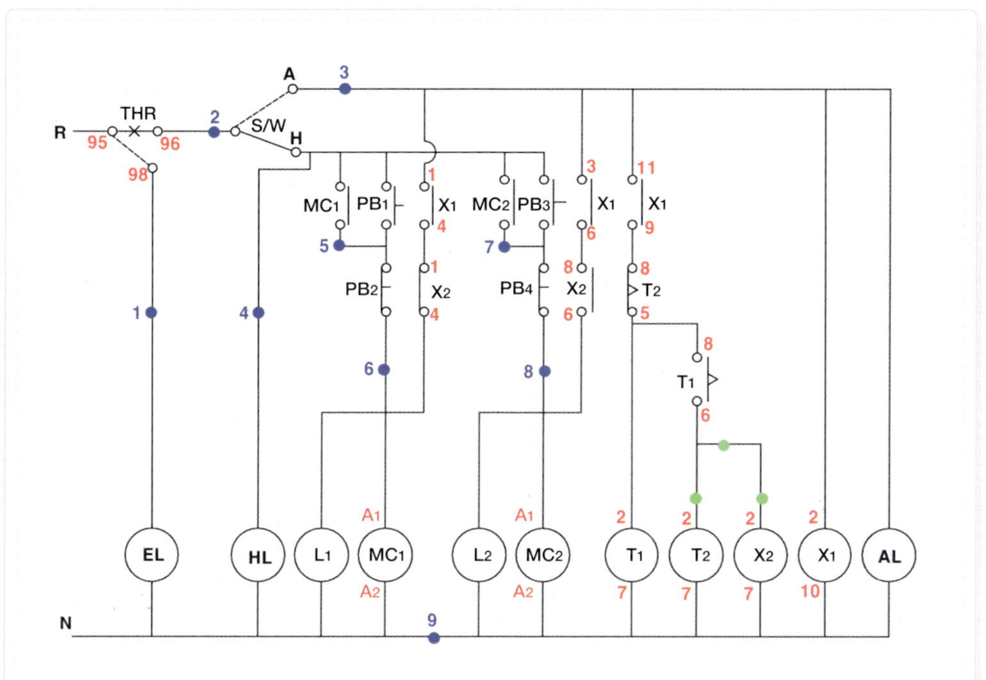

T₂, X₂ 전원 결선

T₁의 a접점(6번)에서 X₂의 전원(2번)과 T₂의
전원(2번)으로 갔다.

15 누락된 결선 찾기

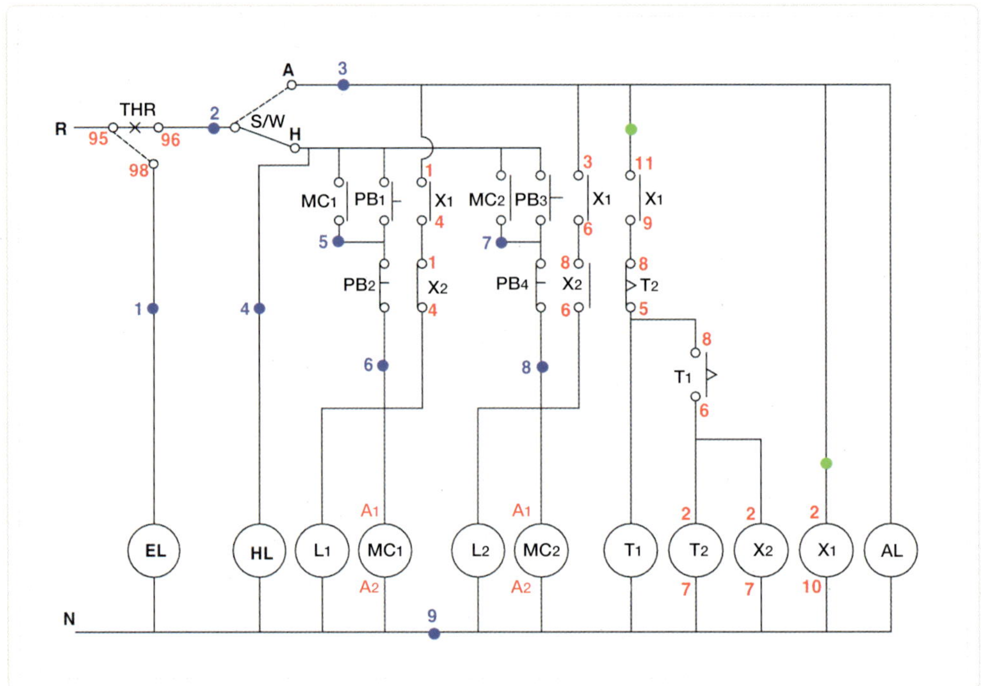

X₁ 전원 누락 결선

백색 포인트 부분에서 X_1의 전원(2번)이 X_1의
α접점들과 연결되어야 하는데 누락되었다.
이를 X_1의 11번과 연결하였다.

확대 모습(수정 전)

X_1의 a접점들인 11 · 1 · 3번만 연결된 채 2번은 빠졌다.

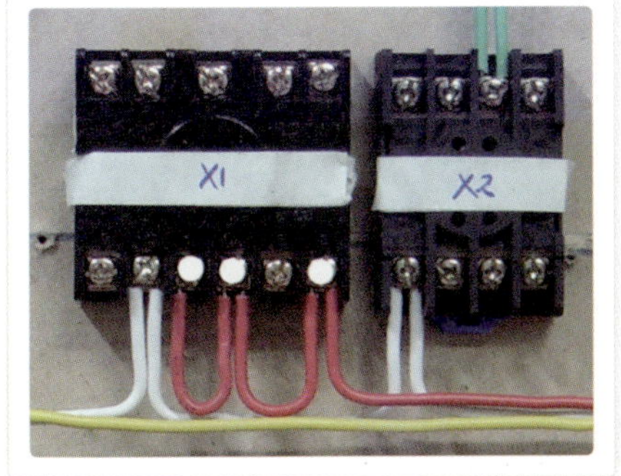

확대 모습(수정 후)

마지막으로 끝난 지점인 11번에서 2번으로 갔다.

Step 06 배관 및 입선 완료

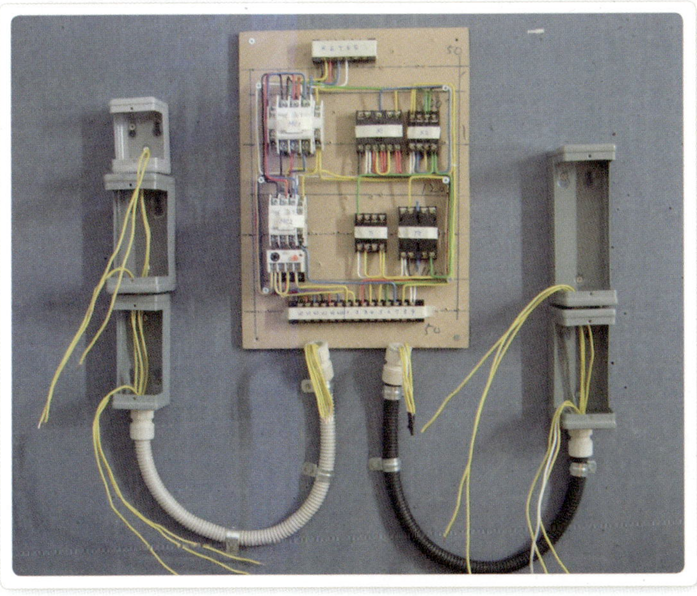

| 배관 및 입선이 완료된 모습 |

Step 07 작업판 결선

01 셀렉터 스위치 결선

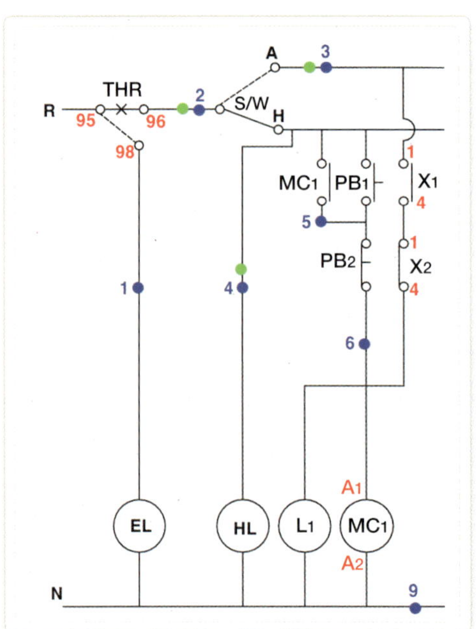

셀렉터 스위치 부분 회로도

① 셀렉터 스위치의 자동과 수동을 공통으로
연결한 다음 제어함의 단자대에서 온 선
2번을 물렸다.

② 셀렉터 스위치의 자동부분에 제어함에서
온 선 3번을 물렸다.

③ 셀렉터 스위치의 수동부분에 제어함에서
온 선 4번을 물렸다.

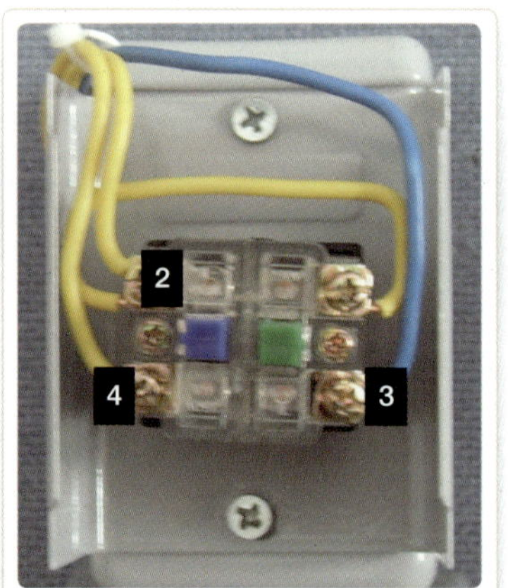

단자대와 스위치에 전선이 물린 모습

① 2번 : 셀렉터 스위치 수동과 자동의 단자
를 서로 연결(COM)하여 공통으로 한다.

② 3번 : 자동

③ 4번 : 수동

02 버튼 결선 Ⅰ

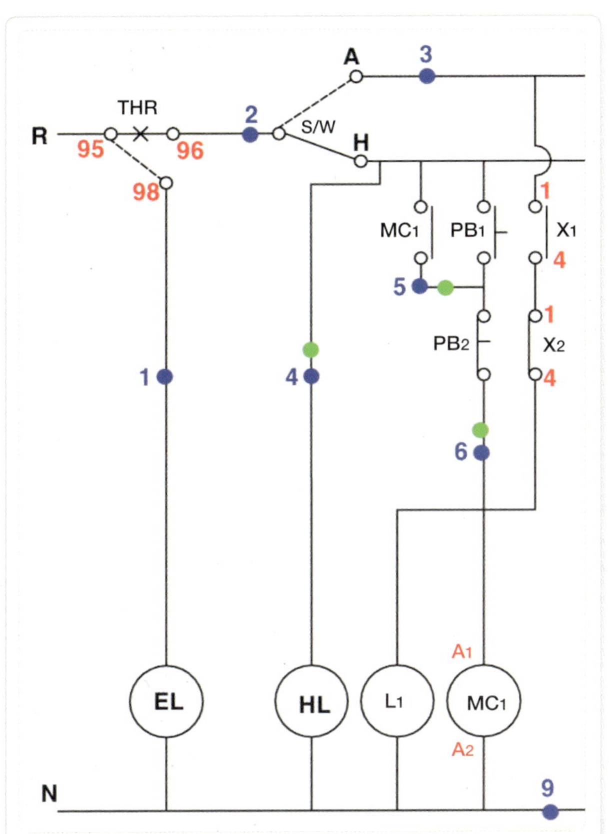

PB₁, PB₂ 결선

① PB₁과 PB₂를 공통으로 연결한 다음 제어함의 단자대 5번에서 온 선을 물렸다.

② PB₁의 다른 단자에 제어함의 단자대 4번에서 온 선을 물렸다.

③ PB₂의 다른 단자에 제어함의 단자대 6번에서 온 선을 물렸다.

03 버튼 결선 Ⅱ

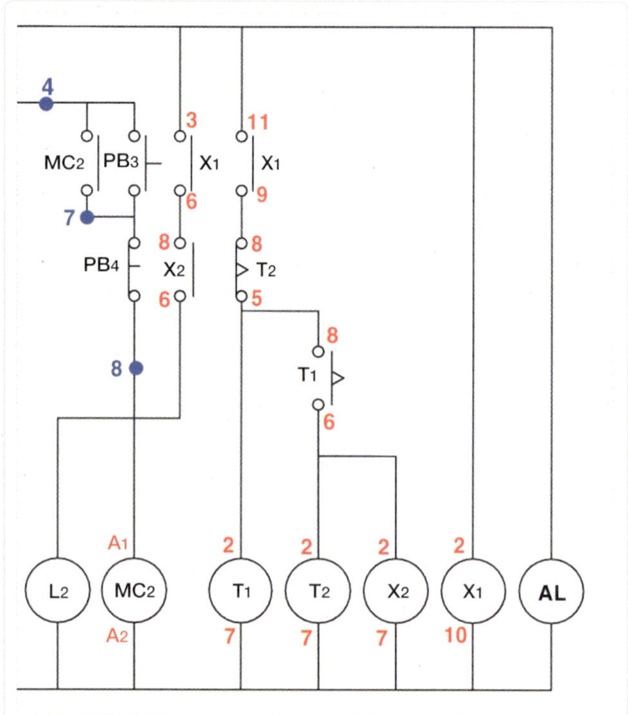

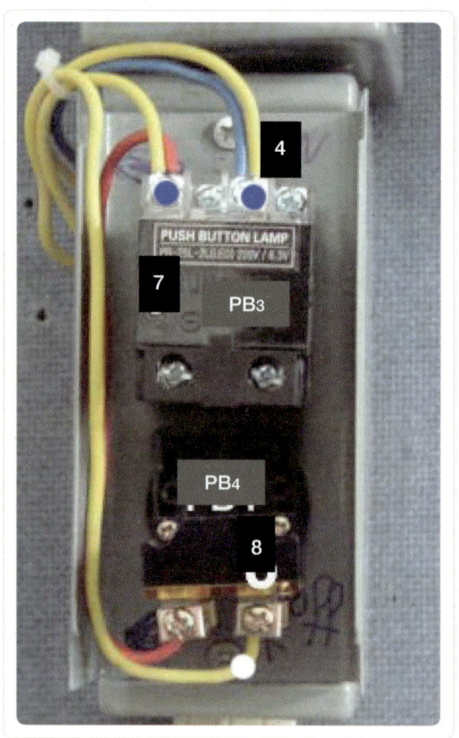

PB₃, PB₄ 결선

① PB₃와 PB₄를 공통으로 연결한 다음 제어
함의 단자대 7번에서 온 선을 물렸다.

② PB₃의 다른 단자에 제어함의 단자대 4번
에서 온 선을 물렸다.

③ PB₄의 다른 단자에 제어함의 단자대 8번
에서 온 선을 물렸다.

04 램프 결선 Ⅰ

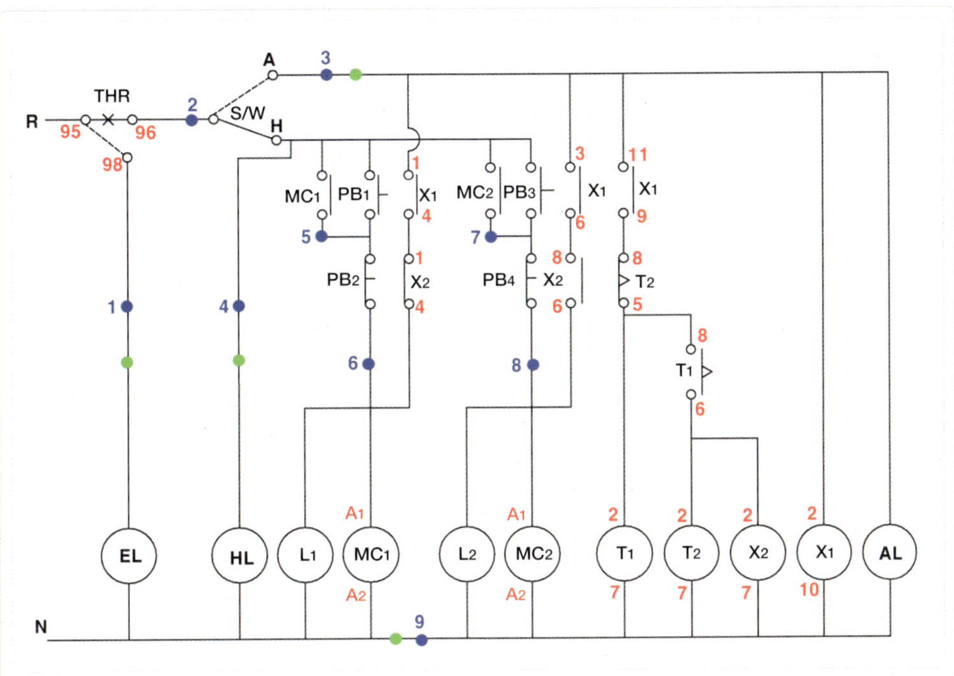

EL, HL, AL 결선

① EL, HL, AL을 공통으로 연결한 다음 제어함의 단자대 9번에서 온 선을 물렸다.

② EL의 남은 단자에 제어함의 단자대 1번에서 온 선을 물렸다.

③ HL의 남은 단자에 제어함의 단자대 4번에서 온 선을 물렸다.

④ AL의 남은 단자에 제어함의 단자대 3번에서 온 선을 물렸다.

05 램프 결선 Ⅱ

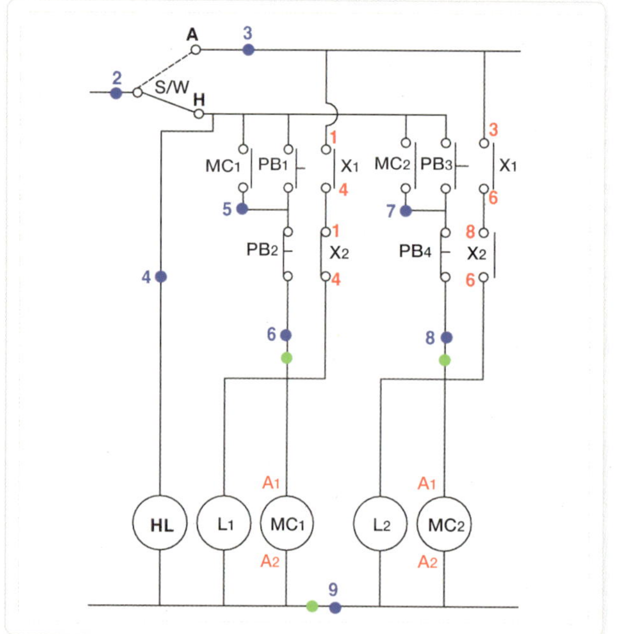

L₁, L₂ 결선

① L₁과 L₂를 공통으로 연결한 다음 제어함
의 단자대 9번에서 온 선을 물렸다.

② L₁의 남은 단자에 제어함의 단자대 6번에
서 온 선을 물렸다.

③ L₂의 남은 단자에 제어함의 단자대 8번에
서 온 선을 물렸다.

Step 08   결선 완료

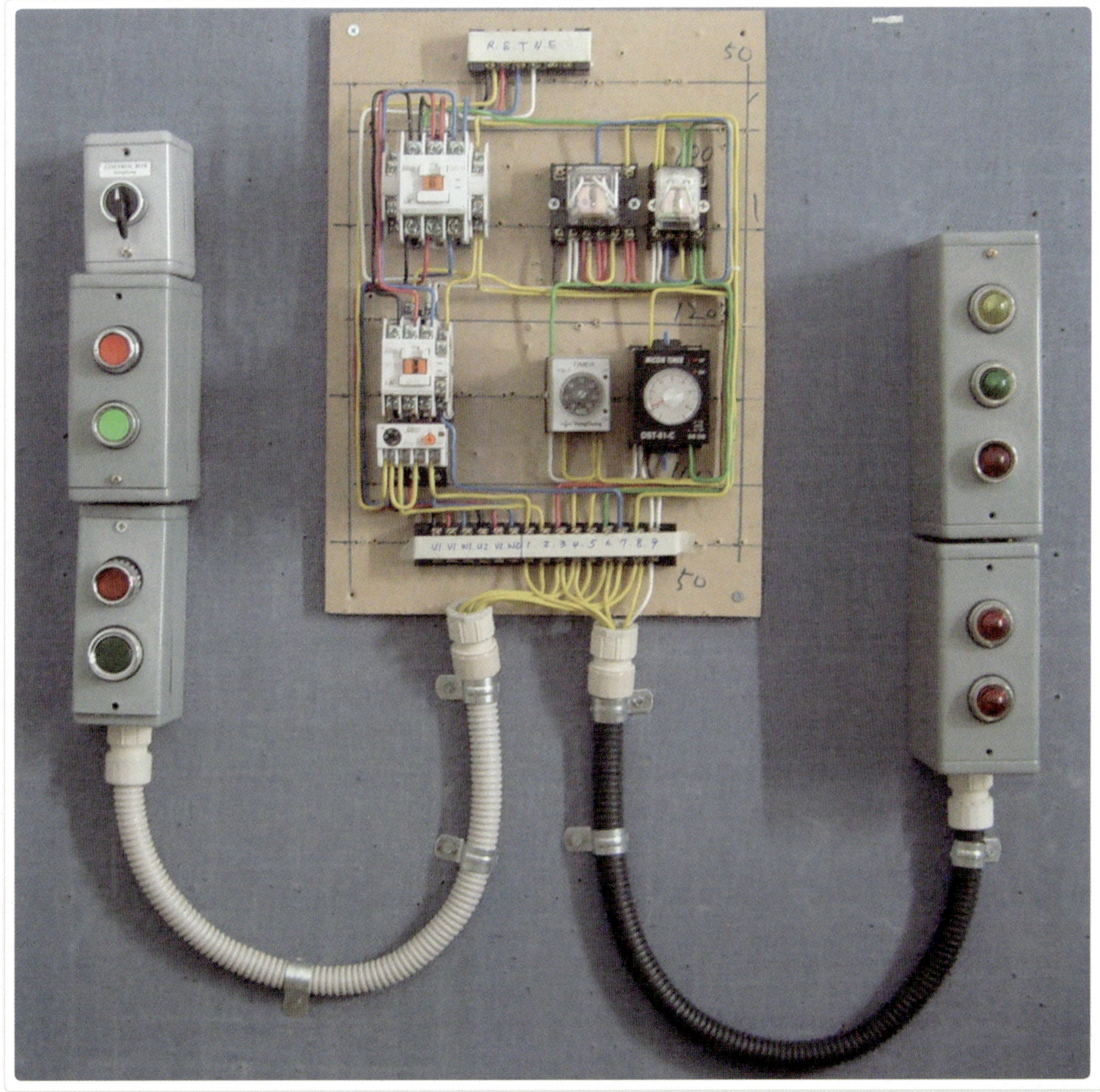

| 결선이 완료된 모습 |

  ## 동작 테스트

01 수동 라인 동작 Ⅰ

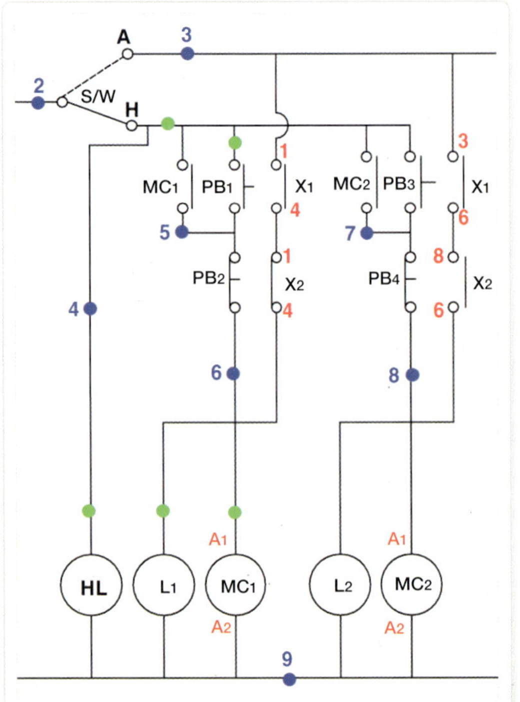

MC1 동작

① 셀렉터 스위치를 수동(왼쪽) 위치에 놓고 PB1을 누르면 MC1이 동작하면서 자기 유지가 된다.

② 동시에 L1 램프에 전류가 흘러 점등된다.

③ HL 램프는 셀렉터 스위치를 수동으로 하자마자 점등되어 수동 라인에 정상으로 전원이 투입되었음을 알려준다.

03
실전 실습

M₁ 모터 동작

셀렉터 스위치를 수동으로 놓자 HL 램프가 점등되고, MC₁에 의해 L₁ 램프가 점등되며 M₁ 모터가 작동한다. 여기서 모터는 백열 전구로 대체하였다.

02 수동 라인 동작 Ⅱ

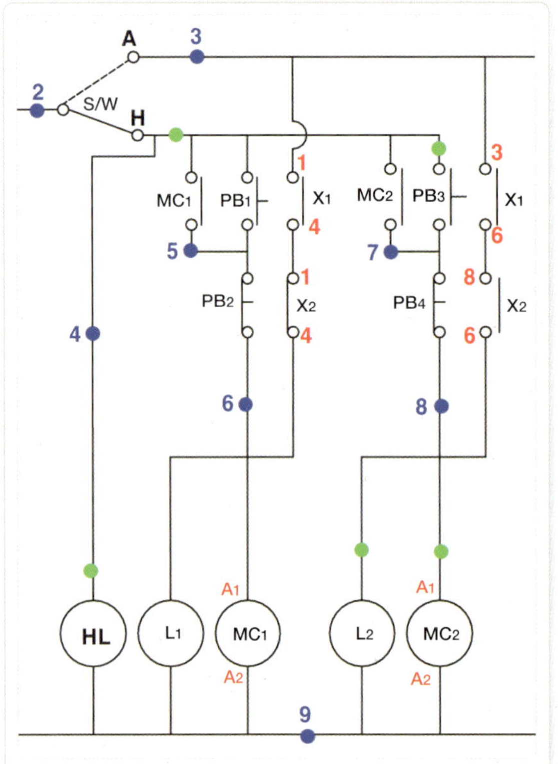

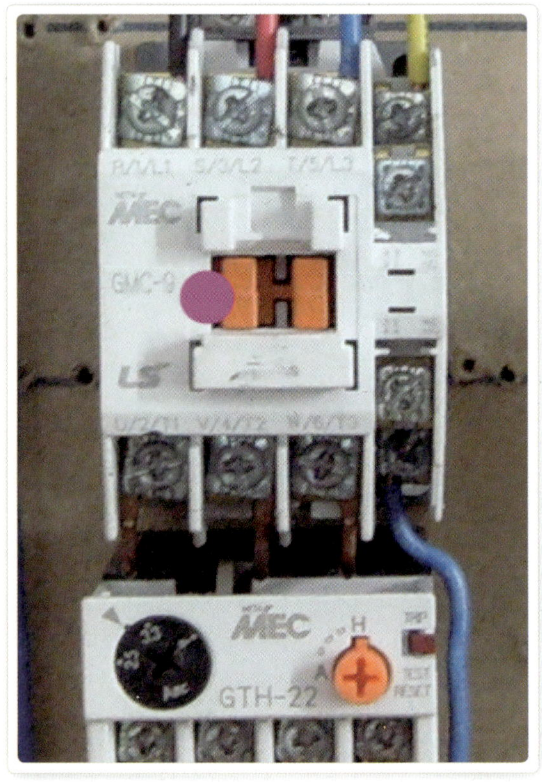

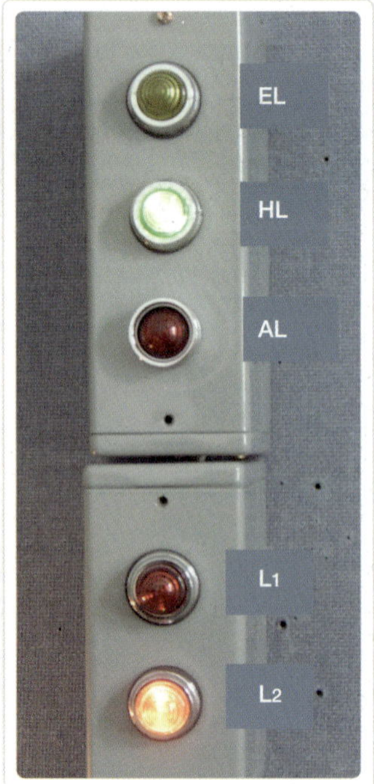

MC₂ 동작

① 수동 라인에 전원이 이상 없이 들어와 있음을 HL로 알 수 있다.

② PB₃를 누르자 MC₂에 의해 자기 유지가 되고 M₂ 모터가 작동하며 L₂ 램프가 점등된다.

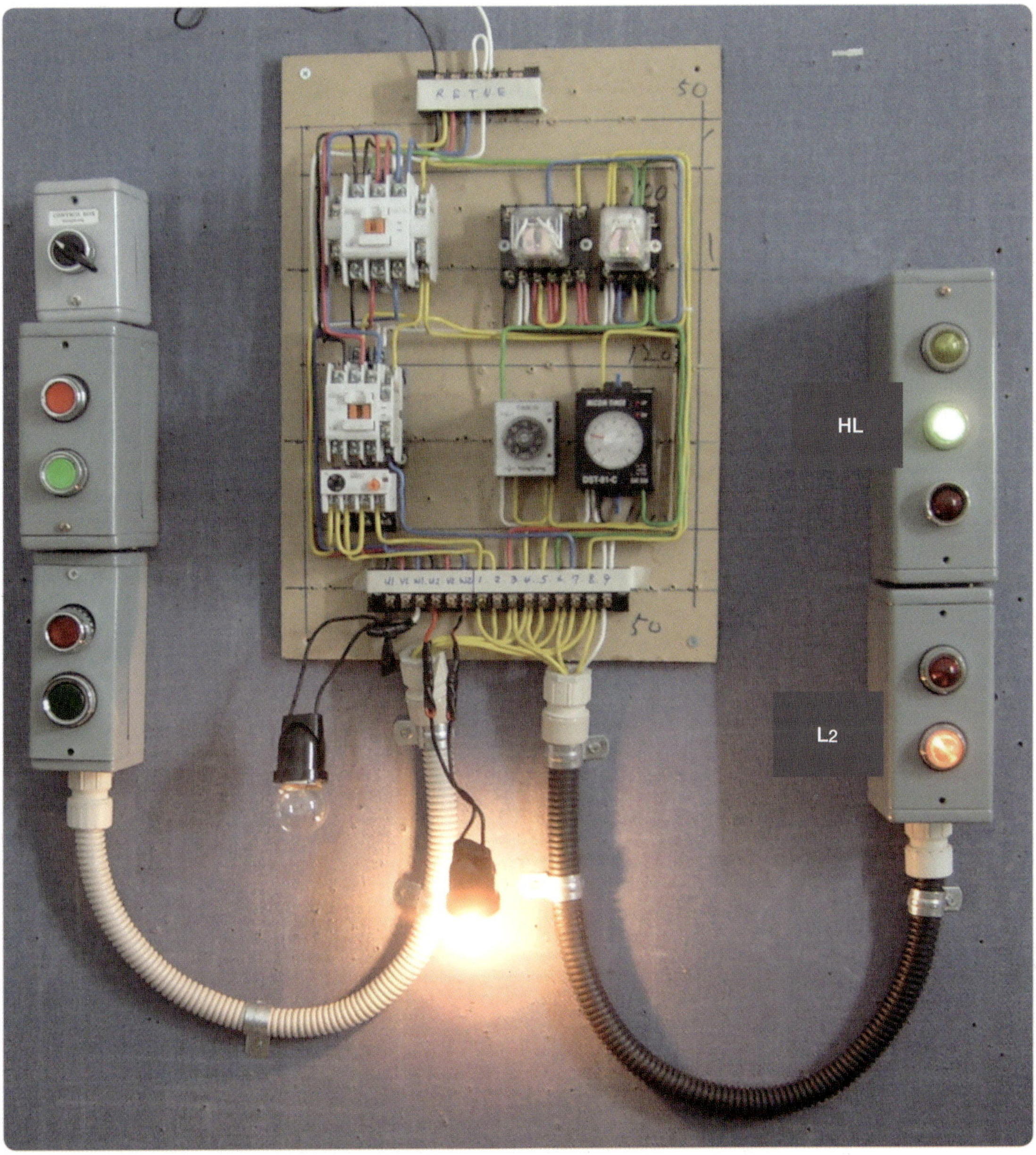

L₂ 램프 점등, M₂ 모터가 작동한 모습

M₁ 모터가 동작을 멈춘 것은 PB₂(정지)를 눌러 MC₁에 흐르던 전류를 차단했기 때문이다. 즉, 인터록 장치에 의해 정지된 게 아니다.

03 수동 라인 동작 Ⅲ

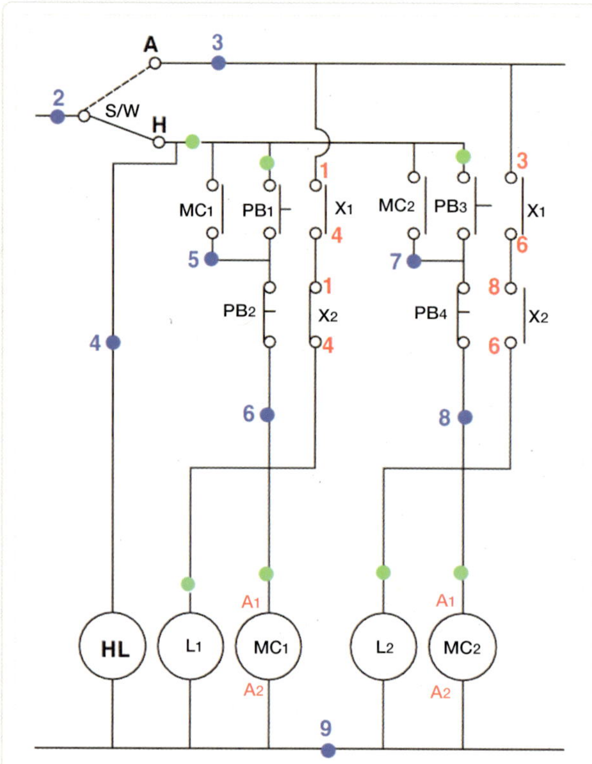

MC₁, MC₂ 동작

① PB₁과 PB₂를 모두 누르자 MC₁과 MC₂ 모두 동작하여 자기 유지가 되고 M₁ 모터 및 M₂ 모터도 함께 작동한다.

② L₁ 램프와 L₂ 램프도 동시에 점등된다.

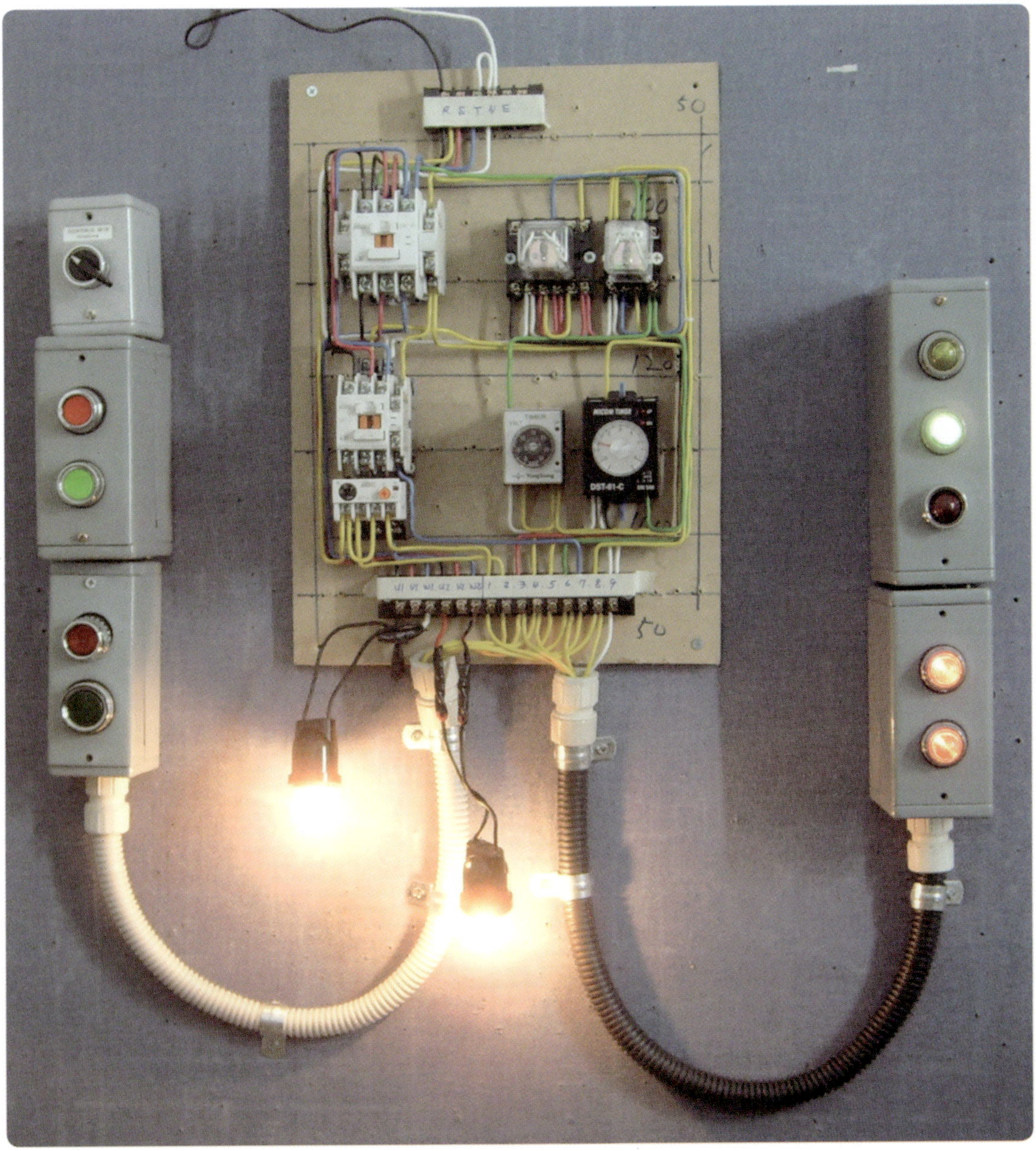

| M₁ 모터, M₂ 모터가 모두 작동한 모습 |

04 자동 라인 동작 Ⅰ

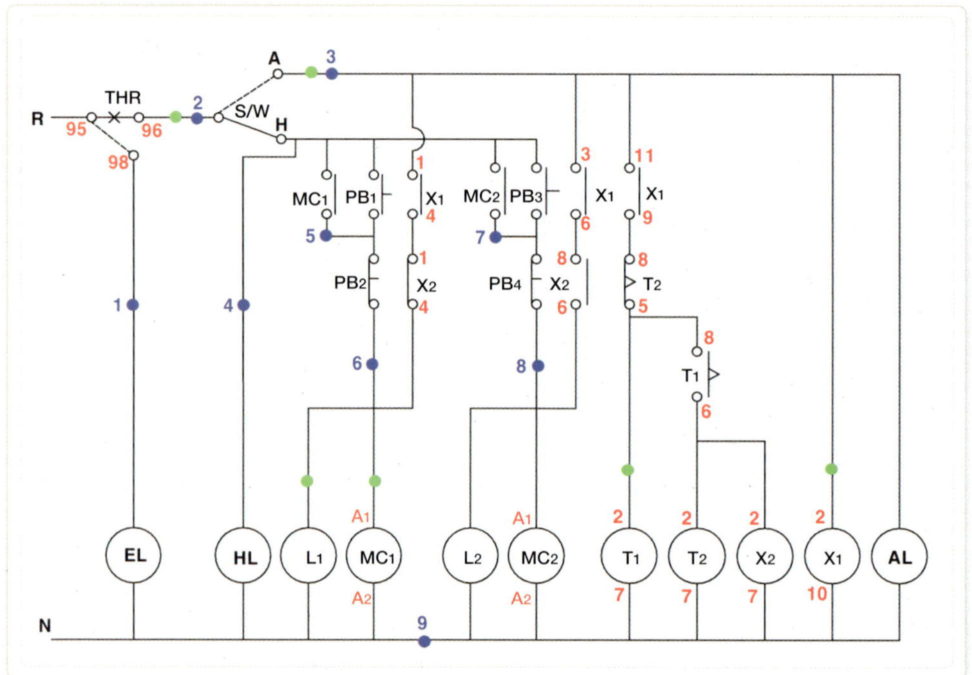

MC₁ 동작

셀렉터 스위치를 자동(오른쪽) 위치에 놓으면,
① X_1이 바로 동작하고 X_1의 a접점에 의해
   MC_1이 동작하면서 M_1 모터가 작동한다.
② 동시에 T_1에 전원이 투입되고, L_1 램프도
   점등된다.

※ 회로의 오류 : 셀렉터 스위치 자동 전환 시
   HL 램프 미소등
   동작 상황에서는 셀렉터 스위치를 자동으로
   전환하면 HL이 소등되고 AL이 점등된다. 그
   러나 회로를 면밀히 검토해 보면, X_1과 X_2가
   동작하면 각각의 a접점과 MC_1(혹은 MC_2)의
   자기 유지용 a접점을 타고 거꾸로 올라가 램
   프가 계속 점등되는 것을 알 수가 있다.

T₁ 전원 모습

백색 포인트 부분은 T₁에 전원이 투입되어
ON 램프가 점등된 모습이다.

03
실전 실습

MC₁에 의한 M₁ 모터 동작 모습

셀렉터 스위치를 자동으로 전환했음에도 불
구하고 HL 램프가 계속 점등된 것을 볼 수
가 있다.

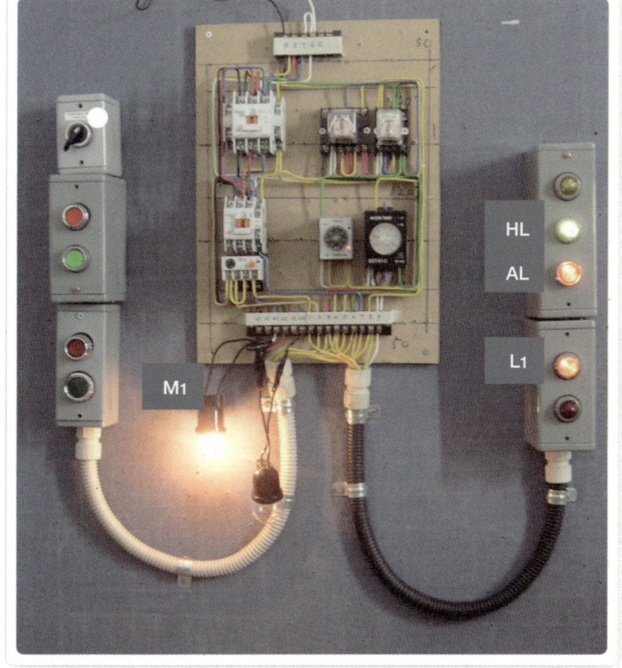

05 자동 라인 동작 Ⅱ

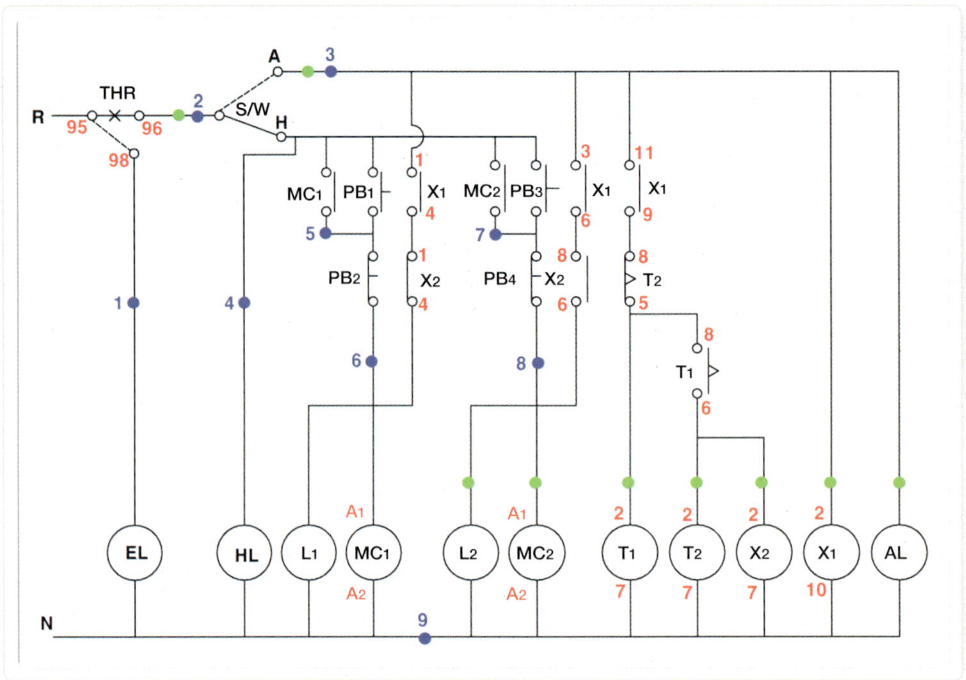

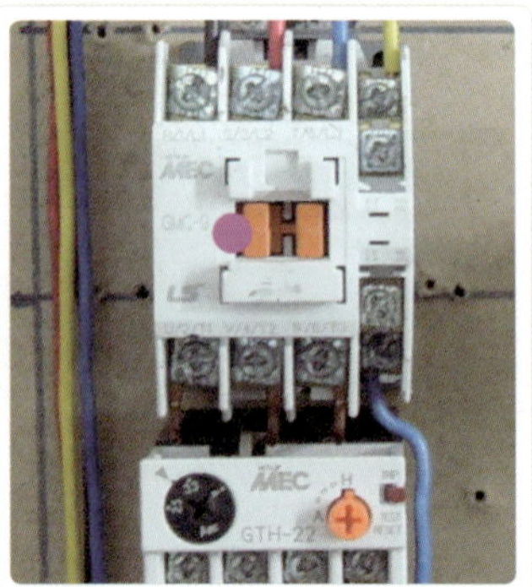

MC₂ 동작

① T₁의 설정 시간이 되자 X₂가 동작하면서 X₂의 a접점에 의해 MC₂가 동작하고 M₂ 모터가 작동한다.

② 그와 동시에 T₂에 전원이 투입되고 L₂ 램프가 점등된다.

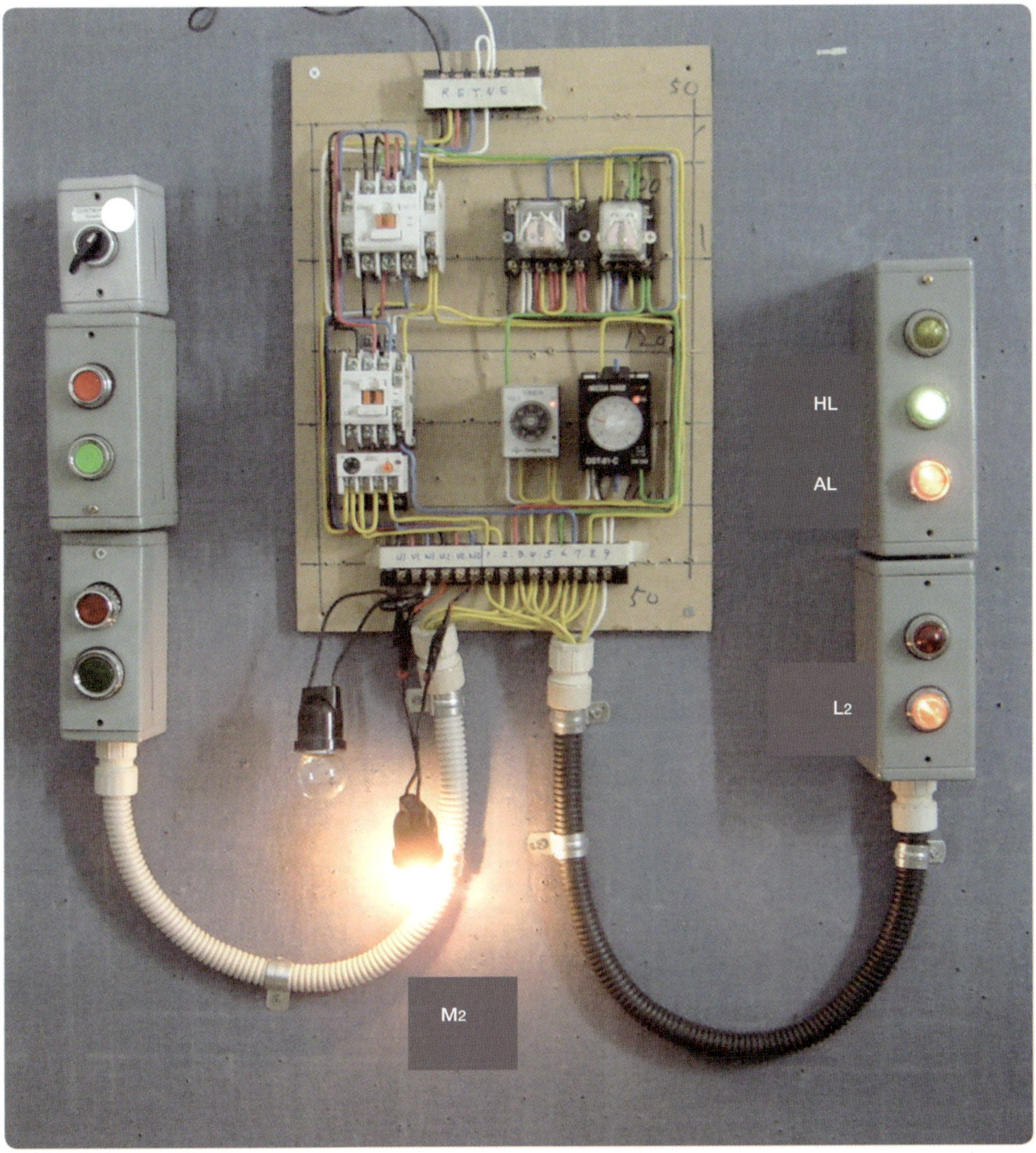

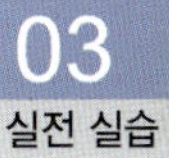

M2 모터가 동작한 모습

T1의 설정 시간이 되자 M2 모터가 작동(백열 전구 대체)하고, L2 램프가 점등된 모습이다.

06 트립 라인 동작

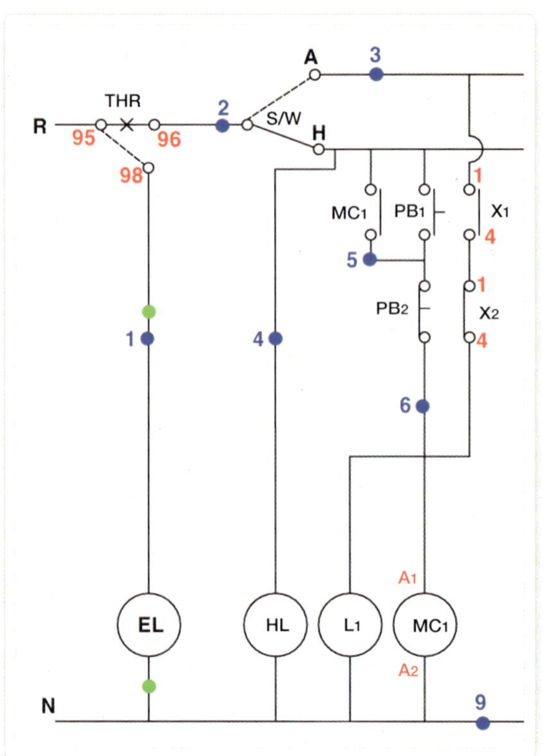

THR 동작

과전류가 흐르면 백색 포인트의 트립 버튼이
위로 올라오면서 접점이 작동한다.

경보 램프 점등

백색 포인트 부분은 트립이 되자 갈색 버튼
이 위로 올라오면서 EL 램프가 점등된 모습
이다.

MEMO

Part

04

부 록

1. 2009년 3회 전기기사 실기 기출문제
2. 2010년 1회 전기기사 실기 기출문제

2009년 3회
전기기사 실기 기출문제

강의요약

1. 2009년 전기기사 실기 시험에 나왔던 회로도를 실제 결선해 봅니다.
2. 이를 통해 릴레이, 타이머, 마그네트 등의 계전기가 어떻게 조합되는 지를 이해합니다.

필요자재

마그네트×1개, 릴레이(8P×1개), 타이머×1개, 배선용 차단기(MCCB×3P×1개), 누전 차단기(ELB×2P×1개), 푸시 버튼(녹색×1개, 적색×1개), 파일럿 램프(황색×1개, 적색×1개, 녹색×1개), 단자대(4P×1개, 15P×1개), 컨트롤 박스(2구×1개)

Step 01　주회로 동작 설명

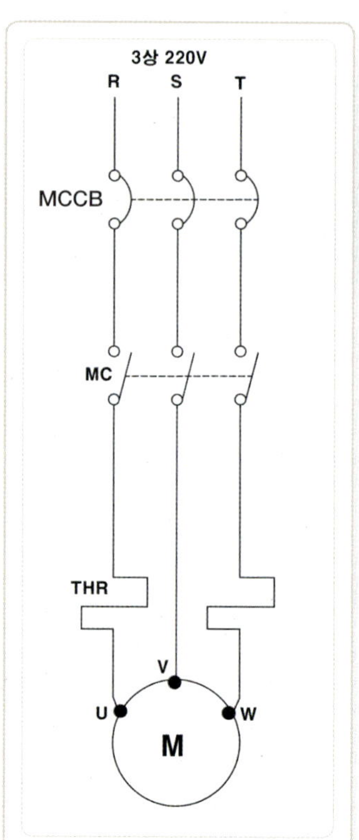

모터 동작 설명

① 배선용 차단기(MCCB × 3P)를 올리면 3상 전원은 마그네트(MC) 주접점의 1차(R, S, T)까지 전류가 흐른다.

② 보조 회로의 조작에 의해 마그네트가 동작하면 주접점이 붙으면서 전류는 THR을 거쳐 모터에 전원이 투입되어 모터가 작동하기 시작한다.

Step 02   보조 회로 동작 및 접점 번호 부여

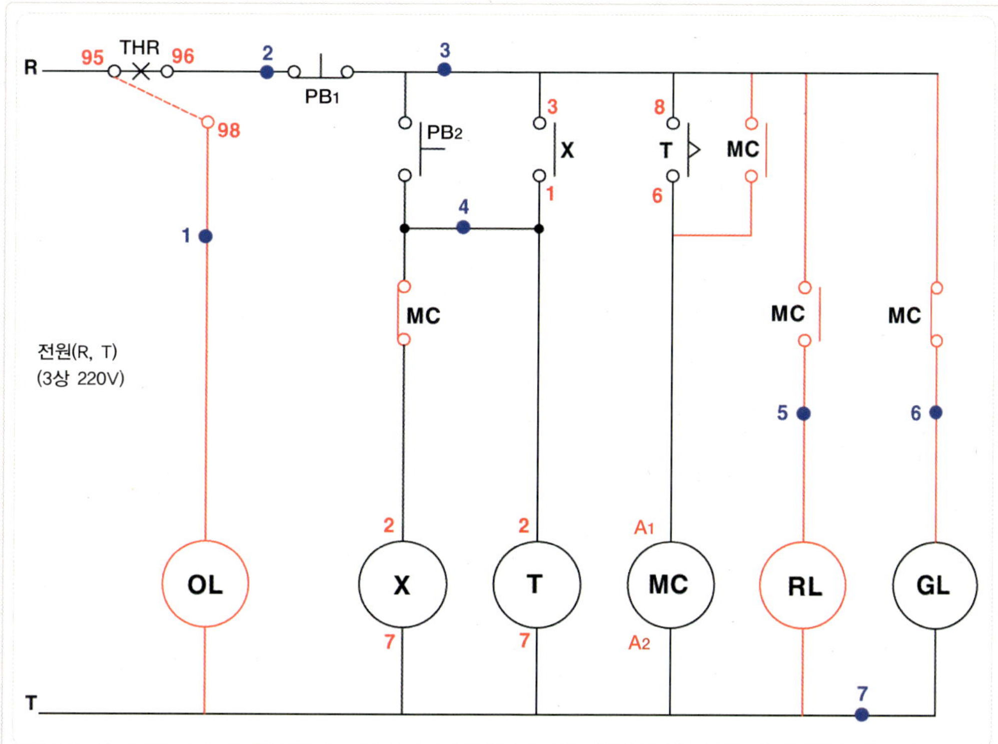

동작 설명

① 보조 회로용 누전 차단기(ELB × 2P)를 올리면 T상은 바로 전류가 흐른다.

② 하트상은 GL 램프에 흘러 점등되고 이는 보조 회로에 전원이 정상으로 투입되었음을 뜻한다.

③ 버튼(PB₂)을 누르면 릴레이(X)와 타이머(T)에 전류가 흐르고 X에 의해 자기 유지가 된다.

④ T의 설정 시간이 되면 한시 a접점에 의해 마그네트(MC)에 전류가 흘러 MC가 자기 유지에 의해 계속 동작한다 (PB₁을 눌러야 동작을 멈춤).

⑤ 동시에 MC의 주접점이 붙으면서 모터가 작동하고, 보조 a접점에 의해 RL 램프가 점등되며, b접점에 의해 GL 램프가 소등된다.

 속판 기구 배치

제어함 기구 배치 모습

① 전원 단자대
② MCCB×3P
③ ELB×2P
④ 타이머(T)
⑤ 마그네트(MC, THR 결합)
⑥ 8P 릴레이(X)
⑦ 하부 단자대

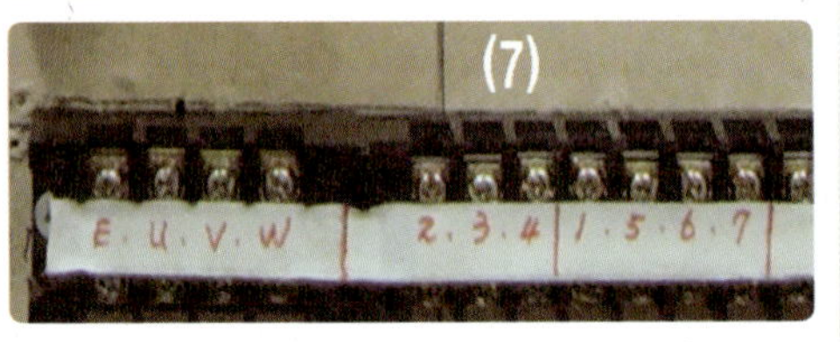

외부 램프, 버튼 단자대

왼쪽부터 모터로 가는 단자대(U, V, W), PB₁·PB₂(2, 3, 4), OL, RL, GL(l, 5, 6, 7)

Step 04 주회로 결선하기

01 차단기 결선

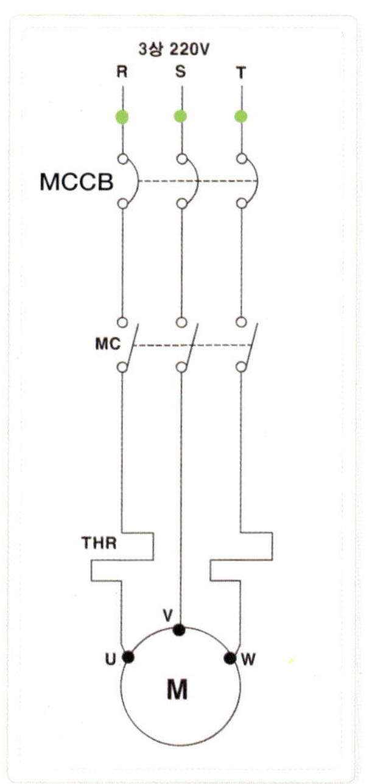

MCCB 1차측 결선

전원 단자대(R, S, T)에서 배선용 차단기
(MCCB)기의 1차측(R, S, T)으로 갔다.

02 MCCB 결선

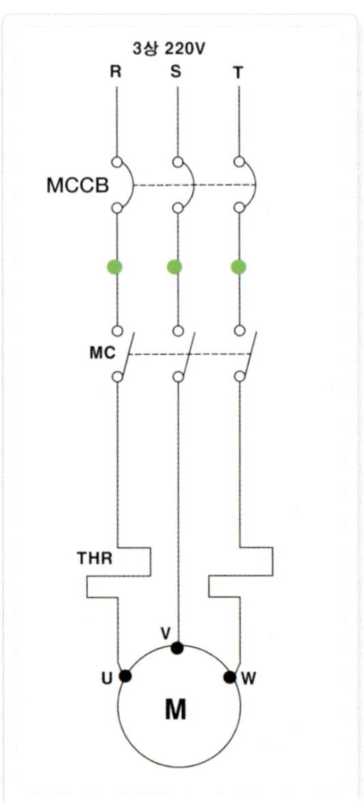

MCCB 2차측 결선

① 배선용 차단기(MCCB) 2차측에서 마그네트의 1차측 주접점으로 갔다.
② MCCB의 2차측(R, T)에서 누전 차단기의 1차로 갔다.

03 모터 단자대 결선

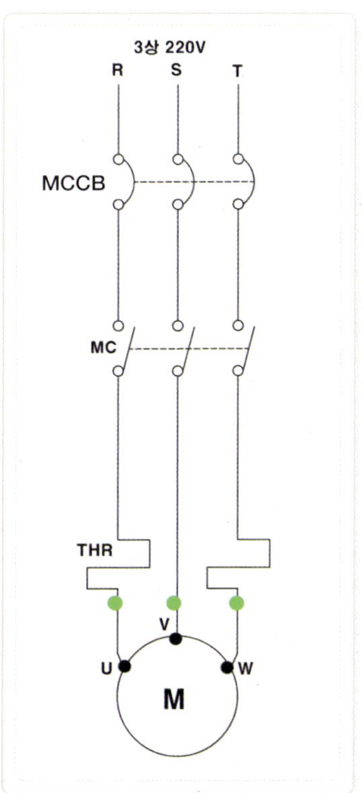

모터측 결선

마그네트의 2차측에서 THR을 거쳐 외부에
있는 모터로 가는 단자대(U, V, W)로 갔다.

01 등공통 라인 결선

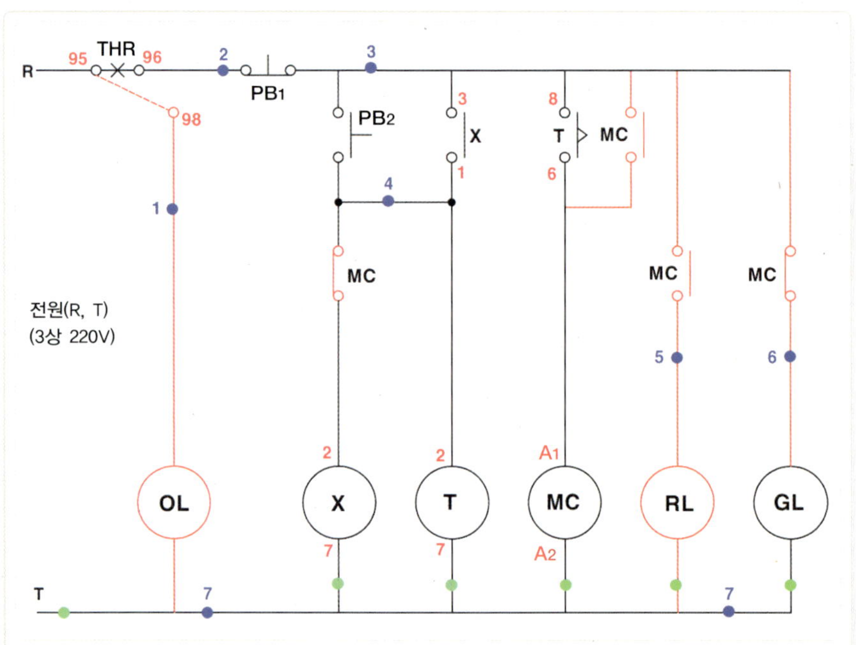

T상 라인 결선

누전 차단기의 T상에서 2가닥이 나와 1가닥
은 MC의 전원(A2)으로 갔고, 다른 1가닥은 T
의 전원(7번)과 X의 전원(7번)을 거쳐, 외부로
가는 램프 단자대(7번)로 갔다.

02 트립 버튼 라인 결선 Ⅰ

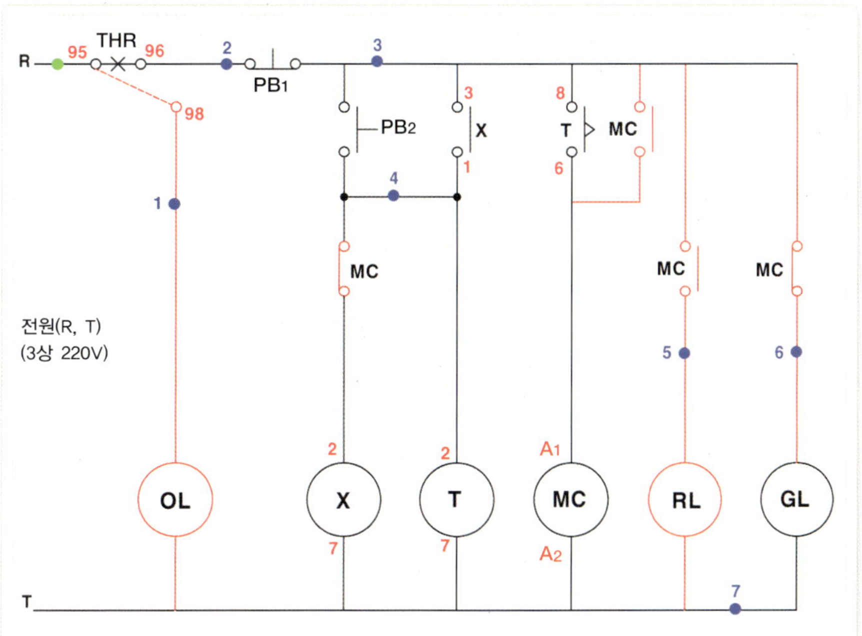

R상 결선

누전 차단기의 R상에서 THR의 트립 공통 단자인 95번, 97번으로 갔다.

04
부 록

03　트립 버튼 라인 결선 Ⅱ

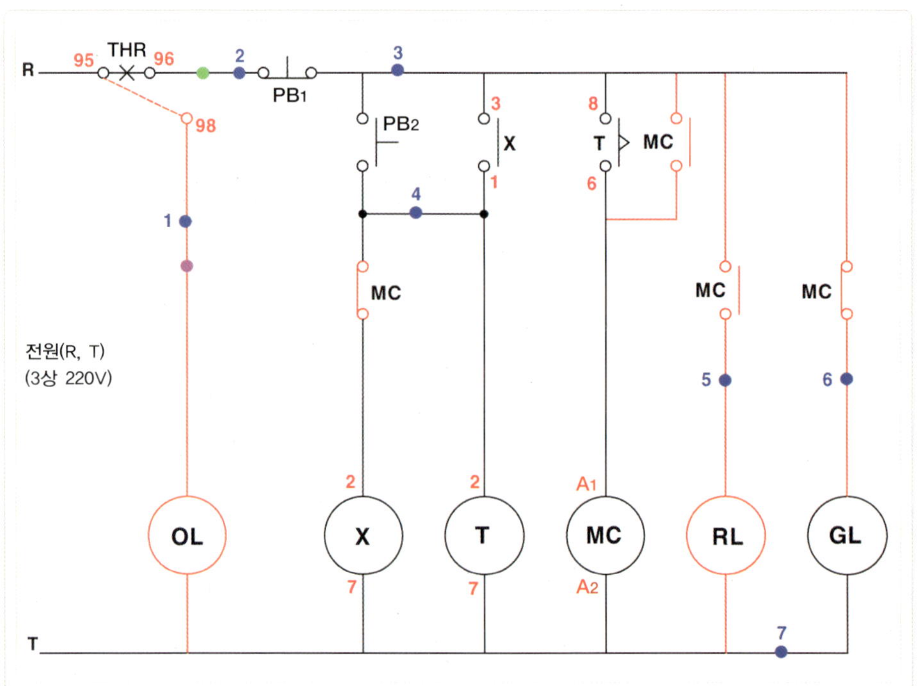

THR 접점 결선

① 분홍색 포인트 : 트립 a접점(98번)에서 경보 램프(OL)로 가는 단자대(1번)로 갔다.

② 백색(녹색) 포인트 : 트립 b접점(96번)에서 정지 버튼(PB₁)으로 가는 단자대(2번)로 갔다.

04 스위치 공통 라인 결선 Ⅰ

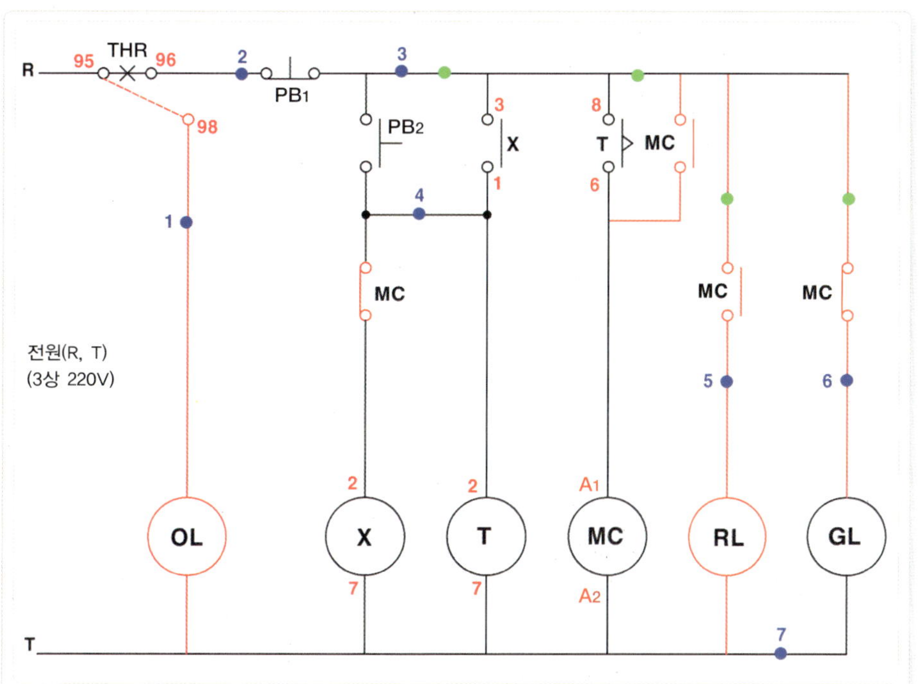

R상측 접점 공통 결선

MC의 자기 유지용 a접점에서 RL 점등용
a접점과 GL 소등용 b접점을 거쳐, T의 한시
a접점 공통(8번)과 X의 자기 유지용 a접점
(3번)으로 갔다.

05 스위치 공통 라인 결선 Ⅱ

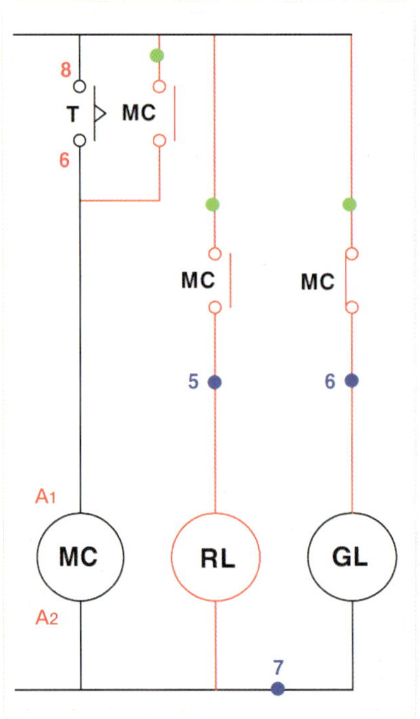

MC 접점 결선 확대

마그네트의 a접점과 b접점이 연결된 모습을
확대했다.
우측의 a접점과 b접점을 적색으로 연결했다.

06 타이머(T) 라인 결선

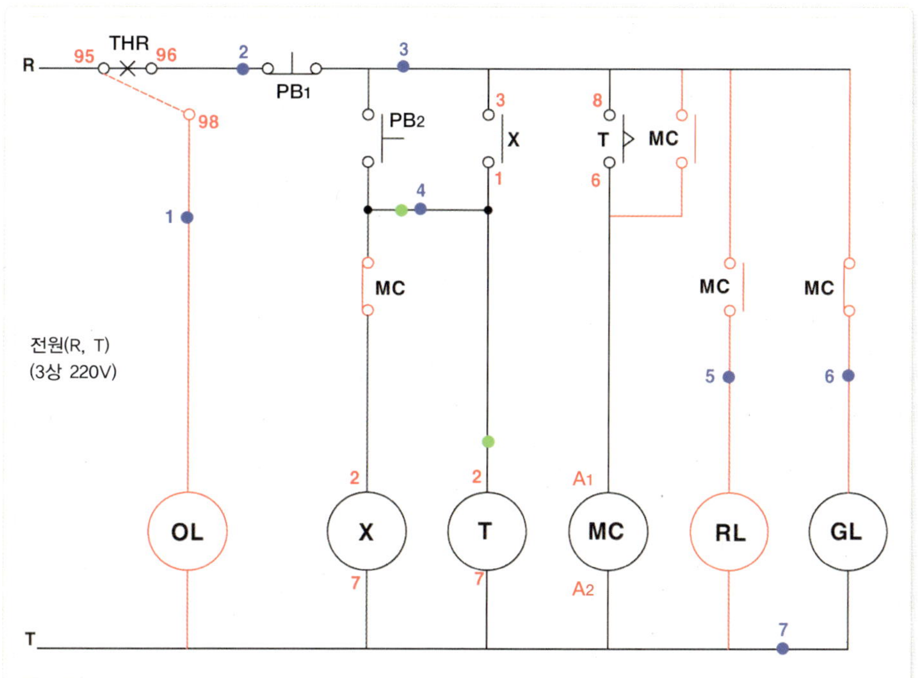

타이머 전원 결선

MC의 b접점에서 T의 전원(2번)과 X의 자기
유지용 a접점(1번)을 거쳐, 외부의 버튼으로
가는 단자대(4번)로 갔다.

07 릴레이(X) 라인 결선

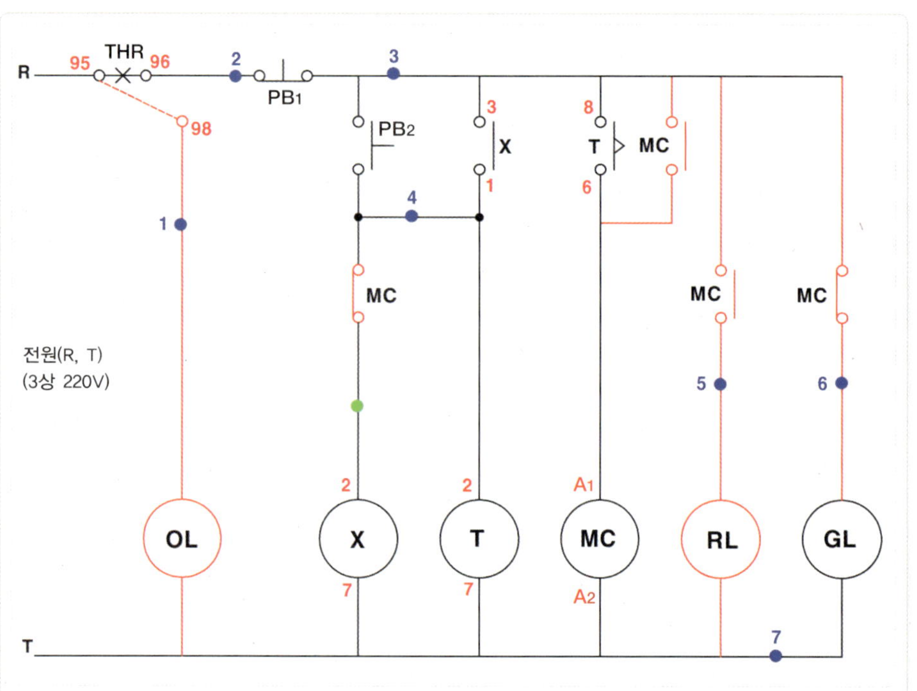

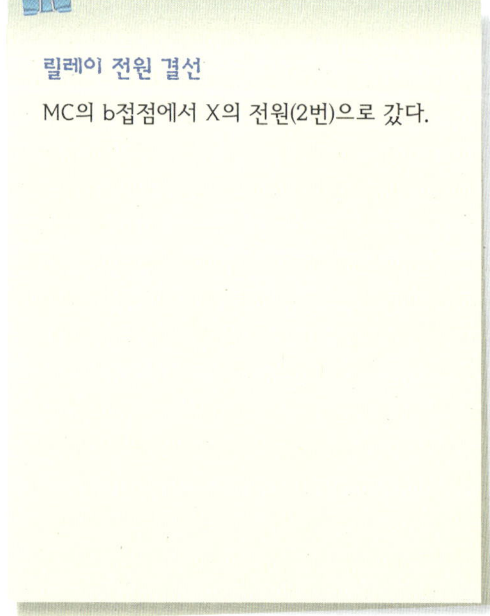

릴레이 전원 결선

MC의 b접점에서 X의 전원(2번)으로 갔다.

08 마그네트(MC) 라인 결선

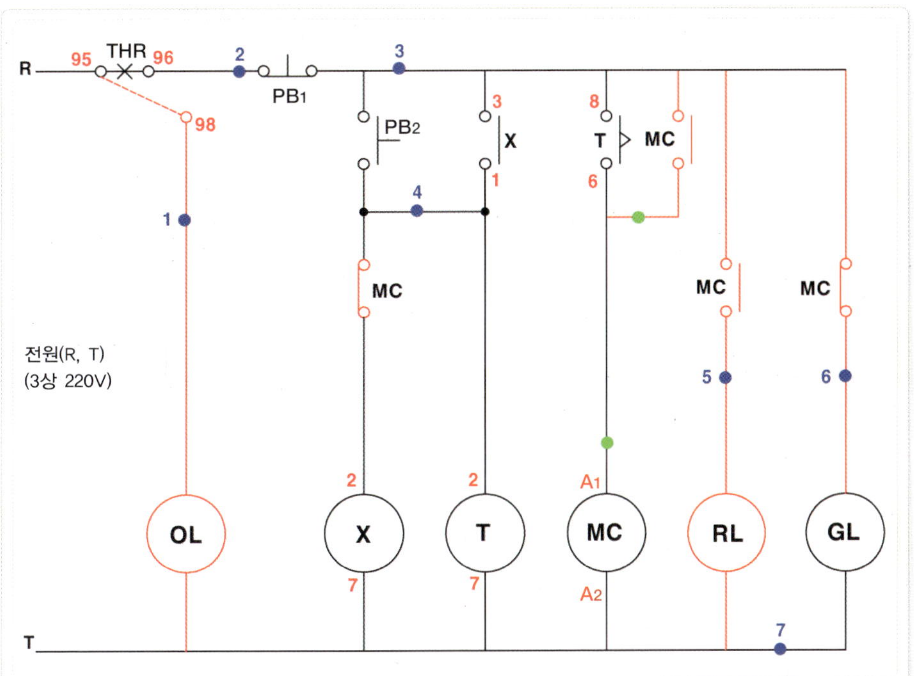

마그네트 전원 결선

T의 한시 a접점(6번)에서 MC의 전원(A₁)을
거쳐 MC의 자기 유지용 a접점으로 갔다.

09 RL 라인 결선

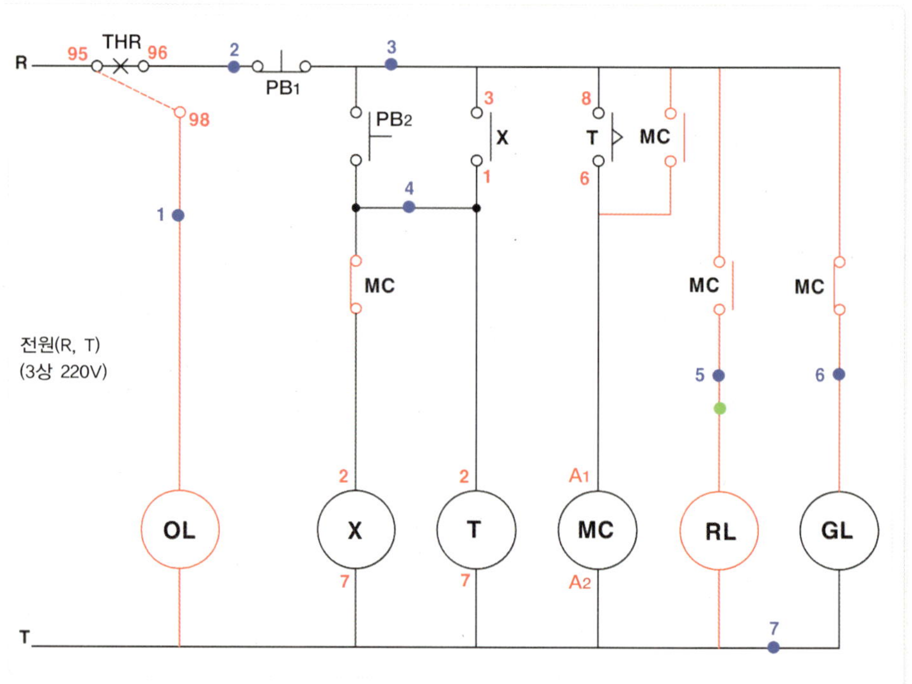

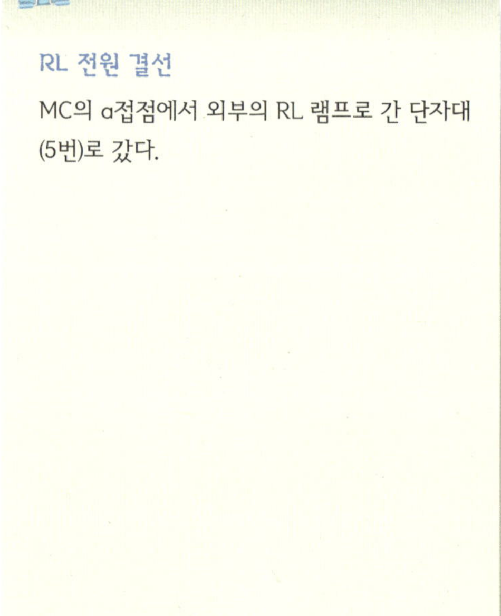

RL 전원 결선

MC의 a접점에서 외부의 RL 램프로 간 단자대
(5번)로 갔다.

10 GL 라인 결선

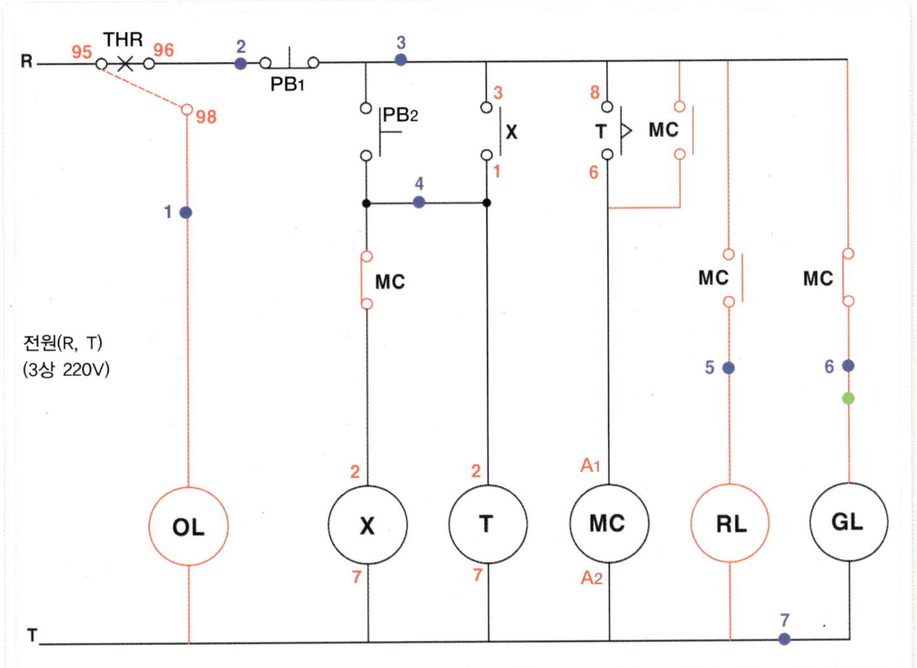

OL 전원 결선

MC의 b접점에서 외부의 OL 램프로 간 단자대
(6번)로 갔다.

Step 06 결선 완료

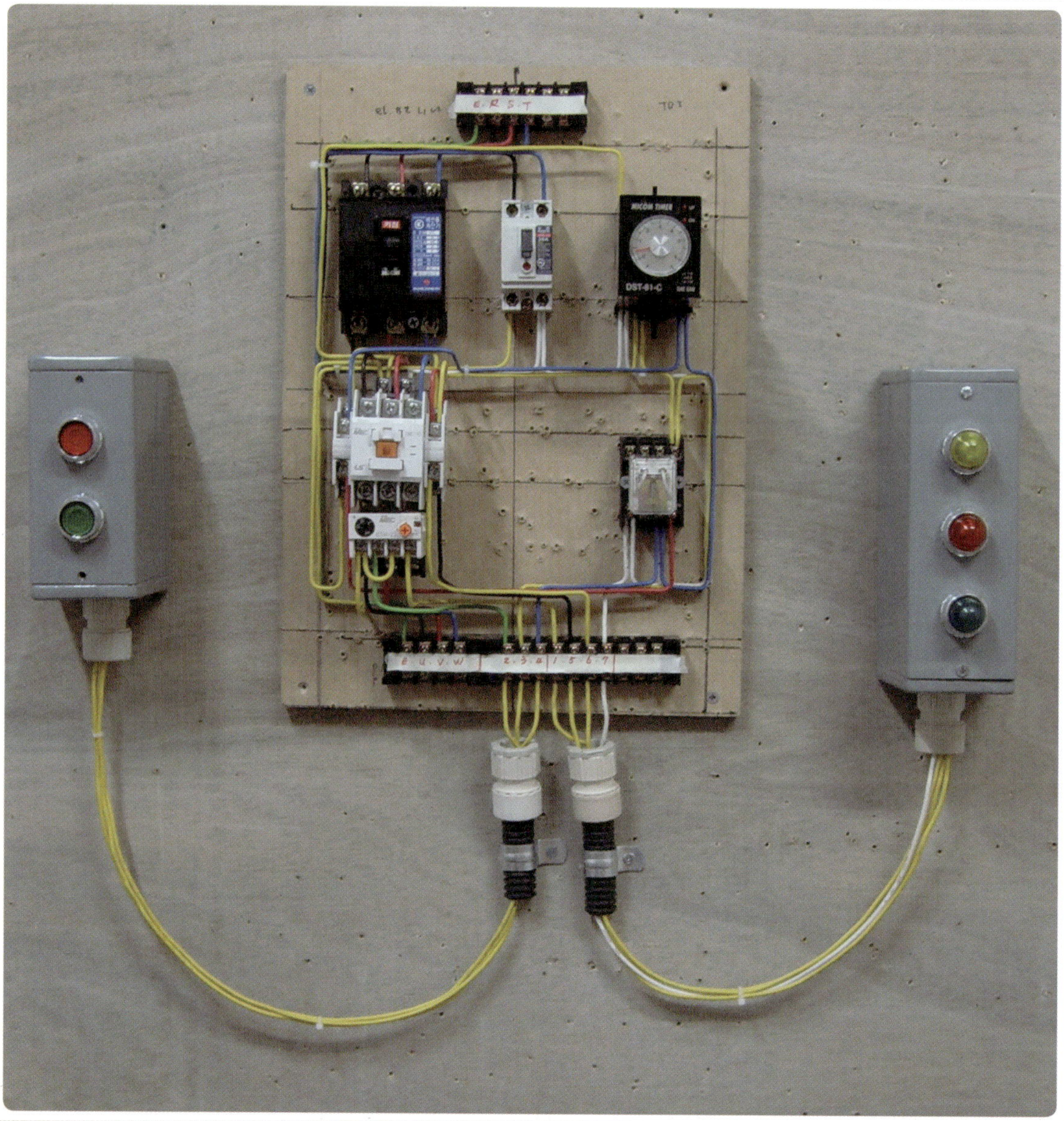

내부 제어함 및 외부 결선이 완료된 모습

버튼과 램프로 가는 전선의 이해를 돕기 위해 작업판 배관을 하지 않았다.

Step 07 외부 작업판 결선 및 동작

01 램프(OL, RL, GL) 결선 Ⅰ

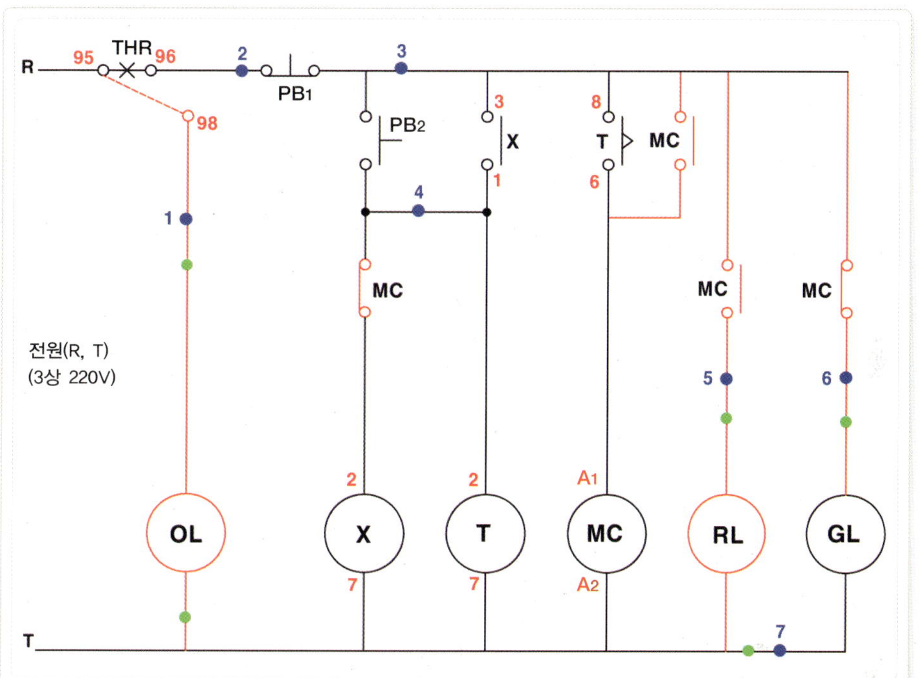

램프 결선

① OL · RL · GL 램프의 공통을 연결한 다음
  제어함의 단자대에서 온 선 7번을 물렸다.

② 제어함의 단자대 1번에서 OL 램프의 다른
  단자로 갔다.

③ 제어함의 단자대 5번에서 RL 램프의 다
  른 단자로 갔다.

④ 제어함의 단자대 6번에서 GL 램프의 다
  른 단자로 갔다.

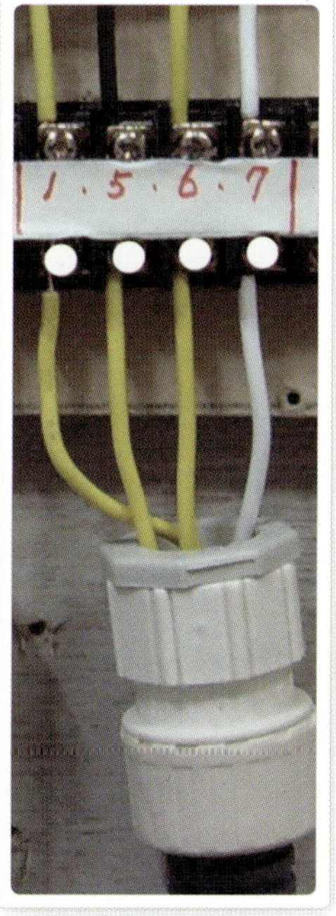

02 램프(OL, RL, GL) 결선 Ⅱ

제어함의 단자대에서 해당 램프의 단자에 선이 물린 모습과 램프 모습

사진에서는 공통선(7번)이 램프의 왼쪽 단자끼리 서로 연결되었는데, 전원이 AC이기 때문에 극성 구분 없이 오른쪽 단자에 물려도 상관없다.

03 램프(GL) 점등

GL 램프 점등

배선용 차단기와 누전 차단기를 올리자 GL
램프가 바로 점등되었다.

04 푸시 버튼(PB₁, PB₂) 결선

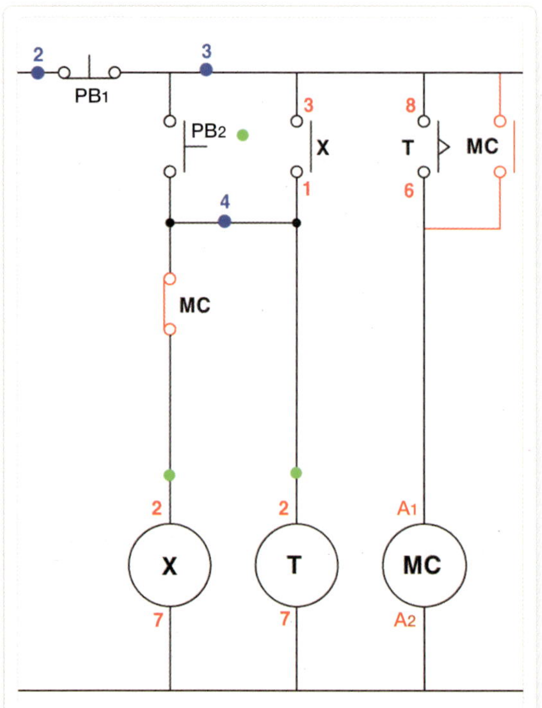

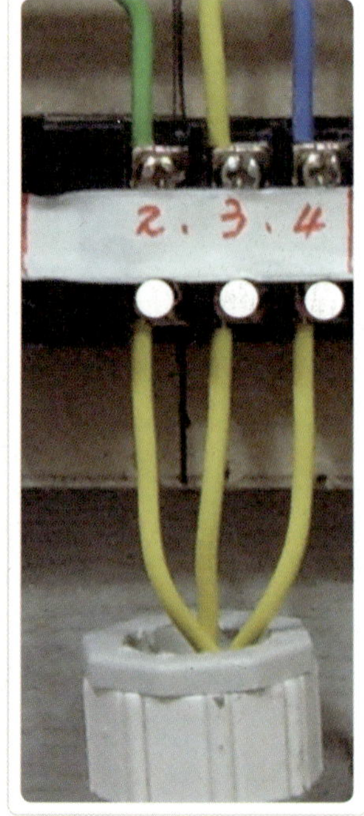

푸시 버튼 결선

① PB₂와 PB₁을 공통으로 연결한 다음 제어
함의 단자대에서 온 선 3번을 물렸다.
② 제어함의 단자대 4번에서 PB₂의 다른 단
자로 갔다.
③ 제어함의 단자대 2번에서 PB₁의 다른 단
자로 갔다.

05 자기 유지 회로 동작

타이머 작동

PB를 누르자 X에 의해 자기 유지가 되고 타이머에도 전류가 흐르기 시작했다(ON 램프 점등).

마그네트 미동작

타이머의 설정 시간이 되지 않아 마그네트는 동작을 하지 않고 있다. 마그네트가 동작하면 분홍색 포인트 부분이 들어간다.

06 타이머(T), 마그네트(MC) 동작

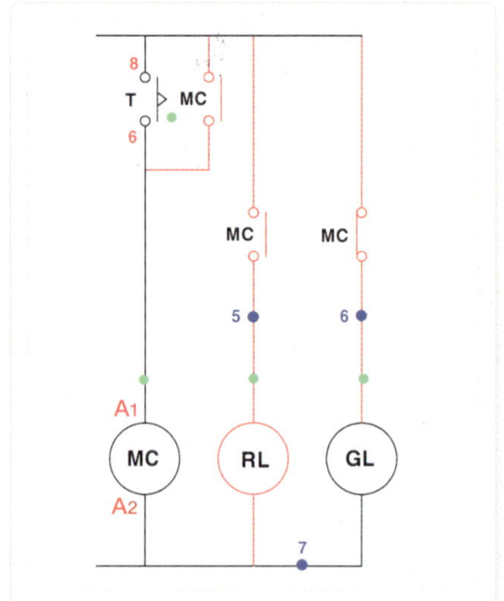

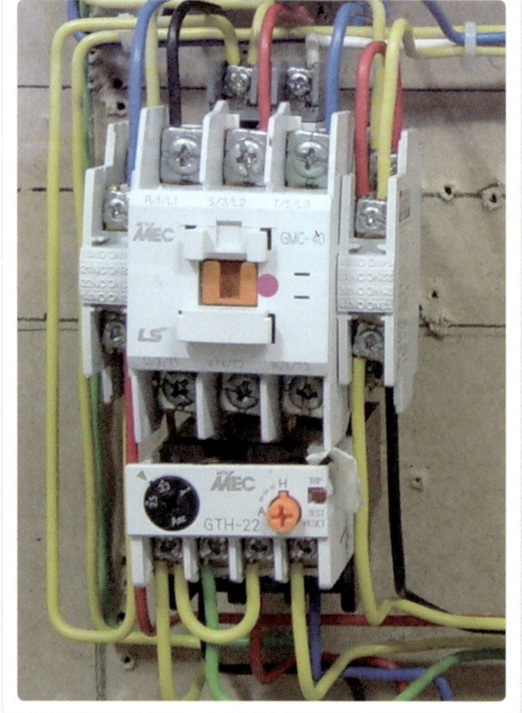

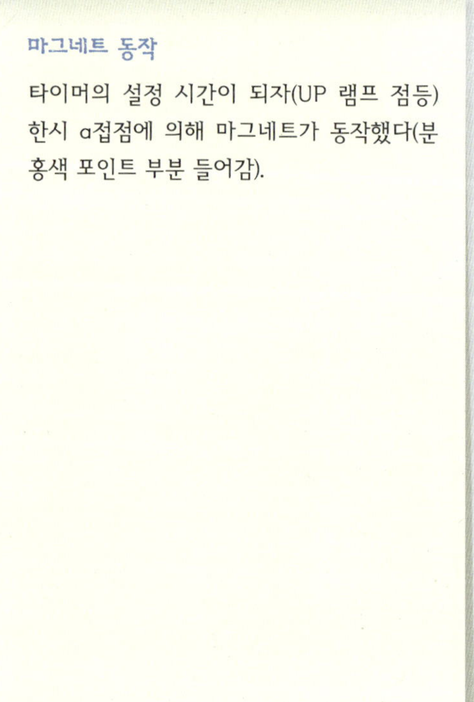

마그네트 동작

타이머의 설정 시간이 되자(UP 램프 점등) 한시 a접점에 의해 마그네트가 동작했다(분홍색 포인트 부분 들어감).

RL 램프 점등

① 마그네트의 a접점이 붙으면서 RL 램프가 점등되었다.

② 동시에 마그네트의 b접점에 의해 GL 램프는 소등되었다.

2010년 1회
전기기사 실기 기출문제

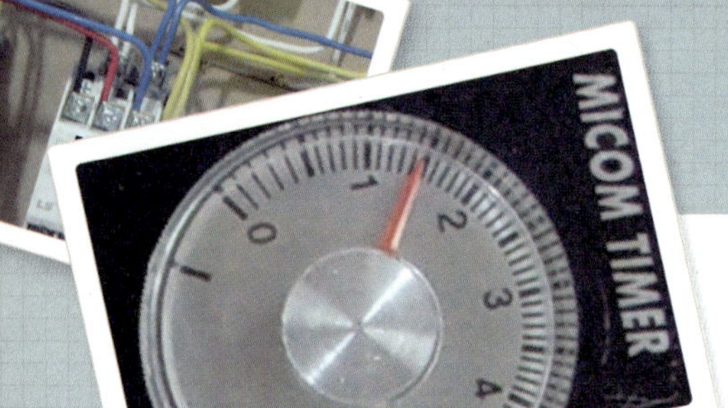

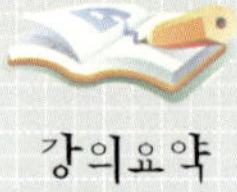

강의요약

1. 2010년 전기기사 실기 시험에 나왔던 회로도를 실제 결선해 봅니다.
2. 이를 통해 릴레이, 타이머, 마그네트 등의 계전기가 어떻게 조합되는지를 이해합니다.

필요자재

마그네트×1개, 릴레이(8P×2개), 타이머×2개, 배선용 차단기(MCCB×3P×1개), 누전 차단기(ELB×2P×1개), 푸시 버튼(녹색×1개, 적색×1개), 단자대(4P×1개, 10P×1개), 컨트롤 박스(2구×1개)

Step 01 주회로 동작 설명

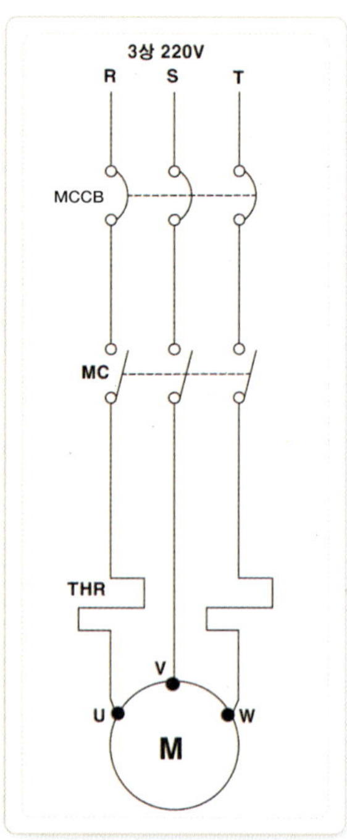

모터 동작 설명

① 배선용 차단기(MCCB × 3P)를 올리면 3상 전원은 마그네트(MC) 주접점의 1차(R, S, T)까지 전류가 흐른다.

② 보조 회로의 조작에 의해 마그네트가 동작하면 주접점이 붙으면서 전류는 THR을 거쳐 모터에 전원이 투입되어 모터가 작동하기 시작한다.

Step 02   보조 회로 동작 및 접점 번호 부여

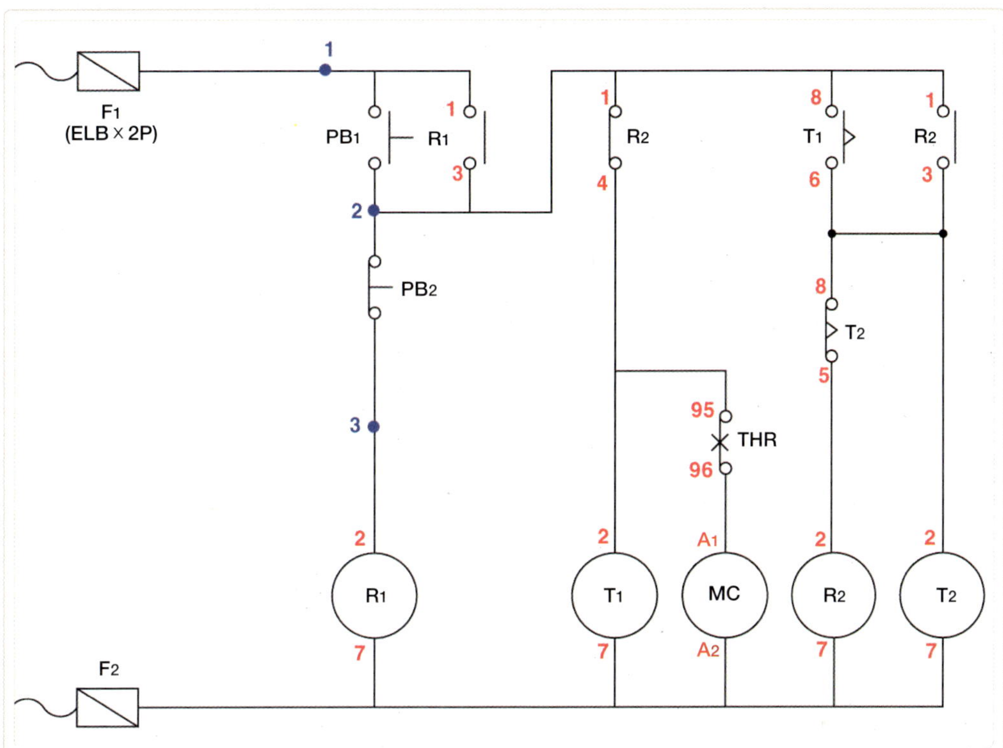

동작 설명

① 보조 회로용 누전 차단기(ELB×2P)를 올리면 T상은 바로 전류가 흐른다.

② 하트상은 버튼(PB₁)을 누르면 릴레이(R₁)에 전류가 흐르고 R₁에 의해 자기 유지가 된다.

③ 동시에 타이머(T₁)와 마그네트(MC)에 전류가 흘러 MC가 동작하여 모터가 작동하기 시작한다.

④ 타이머(T₁)의 설정 시간이 되면 한시 a접점에 릴레이(R₂)와 타이머(T₂) 전류가 흘러 동작한다. R₂의 b접점에 의해 T₁과 MC가 동작을 멈추고, 그에 따라 모터도 정지한다.

⑤ T₂의 설정 시간이 되면 한시 b접점에 의해 R₂와 T₂의 전류가 차단되어 회로는 다시 T₁과 MC에 전류가 흐르는 상태로 간다.

Step 03 · 속판 기구 배치

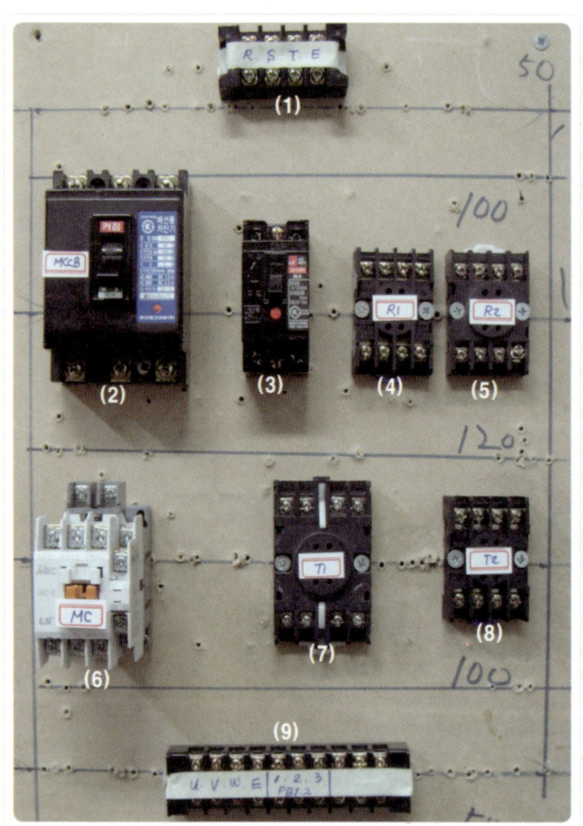

제어함 기구 배치 모습

① 전원 단자대
② MCCB × 3P
③ ELB × 2P
④ 8P 릴레이(R_1)
⑤ 8P 릴레이(R_2)
⑥ 마그네트(MC, THR 결합)
⑦ 타이머(T_1)
⑧ 타이머(T_2)
⑨ 하부 단자대

하부 단자대 모습

모터로 가는 단자(U, V, W, E)와 외부의 푸시 버튼으로 가는 단자(1, 2, 3) 번호

Step 04 주회로 결선하기

01 차단기 결선

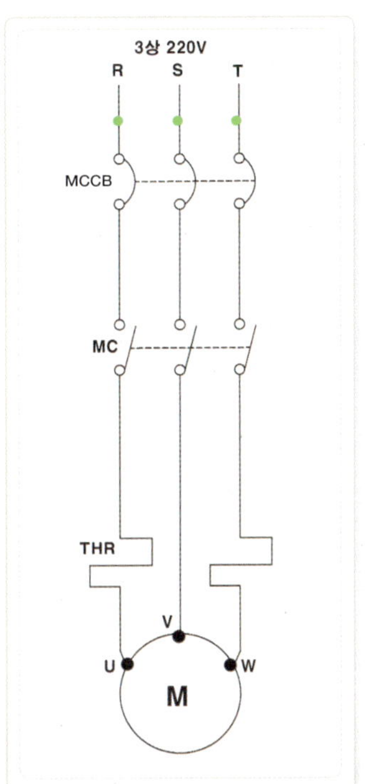

MCCB 1차측 결선

전원 단자대(R, S, T)에서 배선용 차단기
(MCCB)의 1차측(R, S, T)으로 갔다.

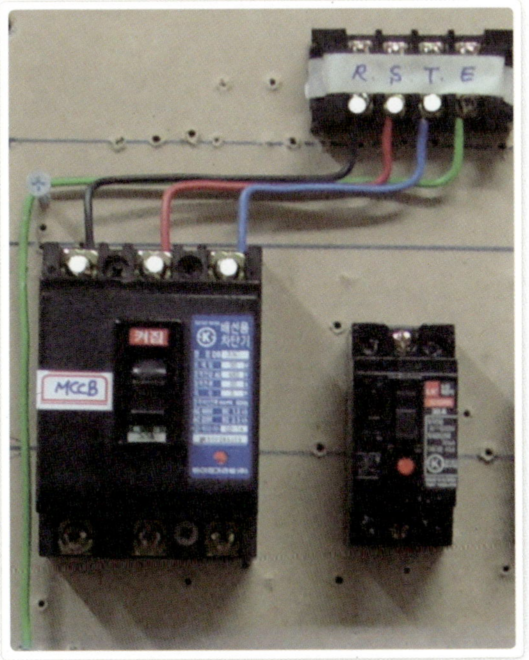

02 MCCB 결선

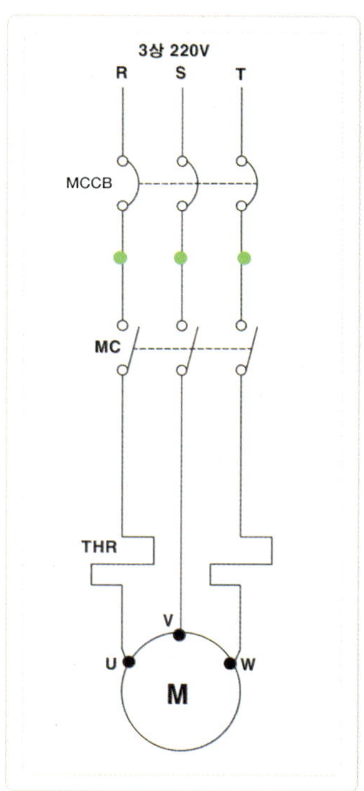

MCCB 2차측 결선

배선용 차단기(MCCB) 2차측에서 마그네트
의 1차측 주접점으로 갔다.

03 ELB 결선

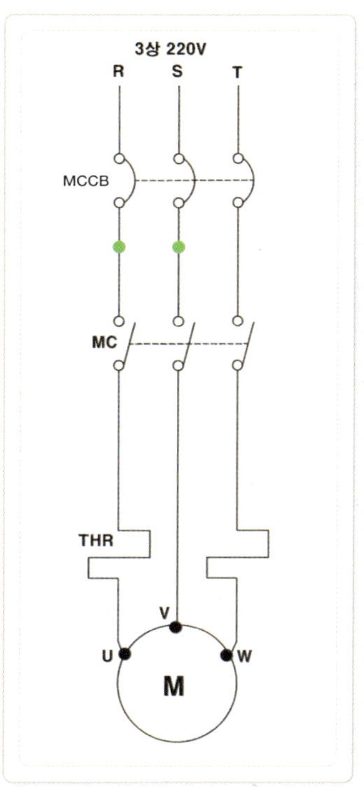

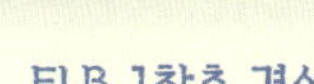

ELB 1차측 결선

MCCB의 2차측(R, S)에서 누전 차단기(ELB)
의 1차로 갔다.

04 부록

04 모터 단자대 결선

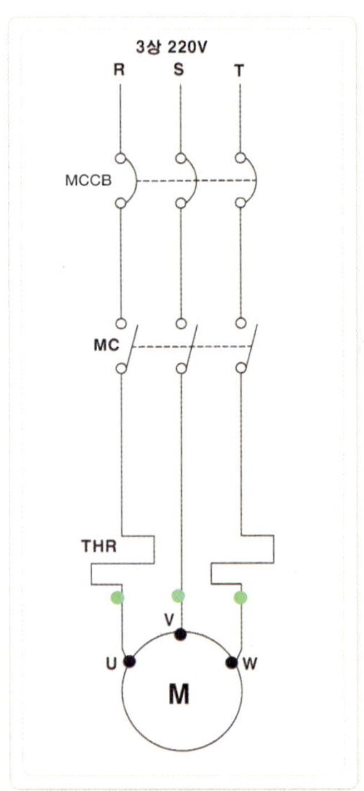

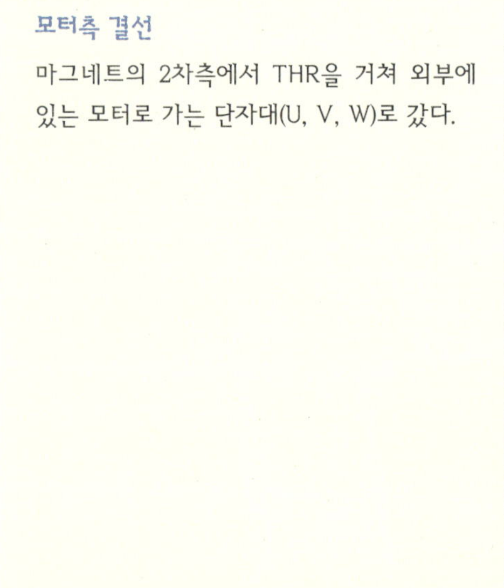

모터측 결선

마그네트의 2차측에서 THR을 거쳐 외부에
있는 모터로 가는 단자대(U, V, W)로 갔다.

Step 05   보조 회로 결선하기

01   등공통 라인 결선

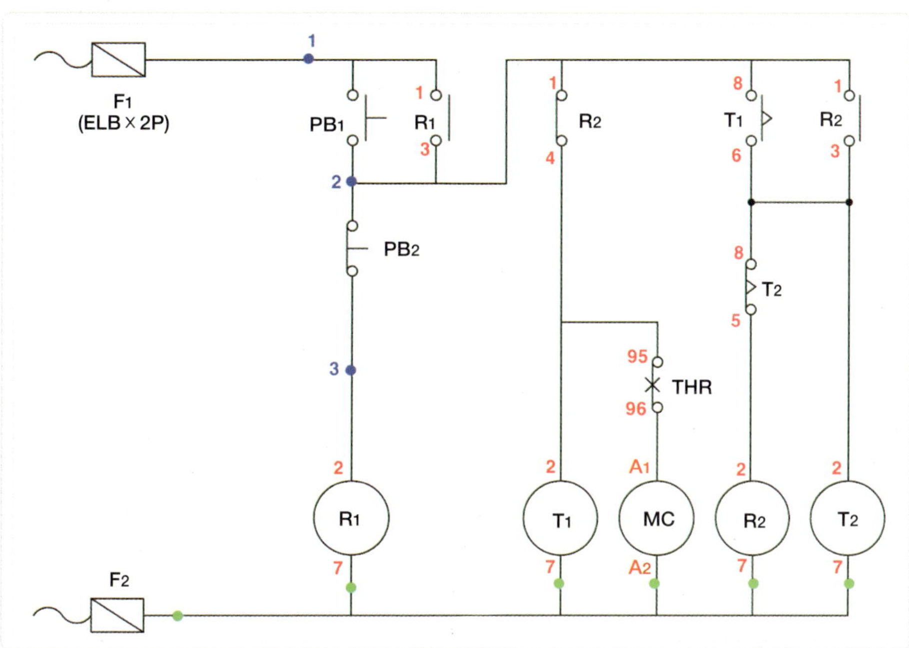

R상 라인 결선

누전 차단기의 R상에서 2가닥이 나와 1가닥
은 MC의 전원(A_2)으로 갔고, 다른 1가닥은 R_1
의 전원(7번), R_2의 전원(7번)을 거쳐, T_2의 전
원(7번)과 T_1의 전원(7번)으로 갔다.

02 스위치 공통 라인 결선 Ⅰ

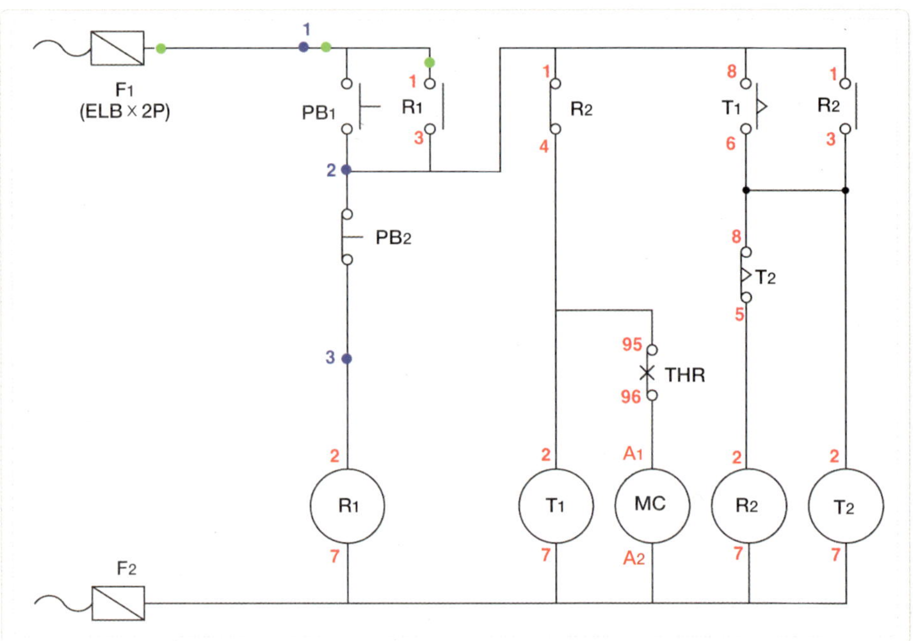

T상 결선

누전 차단기의 T상에서 R₁의 자기 유지용 a접점(1번)과 외부 버튼으로 가는 단자대(1번)로 갔다.

03 스위치 공통 라인 결선 Ⅱ

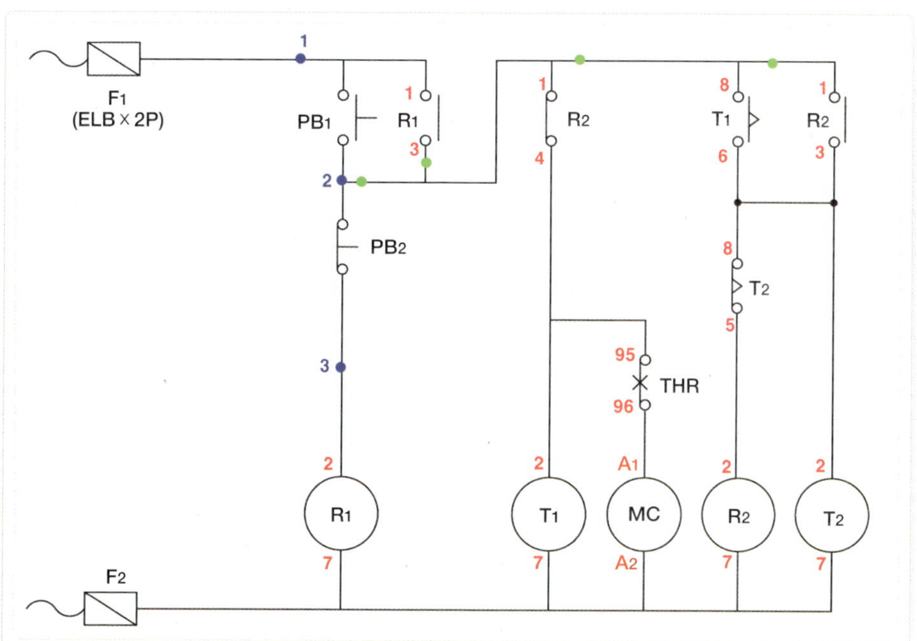

T상측 접점 공통 결선

R₁의 자기 유지 a접점(3번)에서 R₂ a · b접점 공통(1번)을 거쳐, T₁의 한시 a접점(8번)과 외부 버튼으로 가는 단자대(2번)로 갔다.

04 릴레이(R₁) 라인 결선

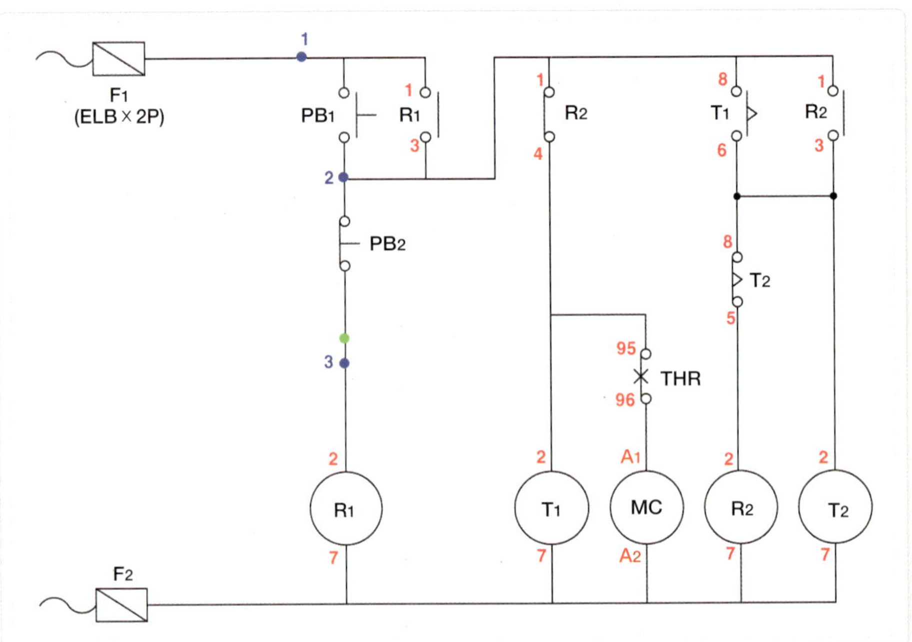

R₁ 전원 결선

R₁의 전원(2번)에서 PB₂로 가는 단자대(3번)로 갔다.

05 타이머(T₁), 마그네트(MC) 라인 결선 Ⅰ

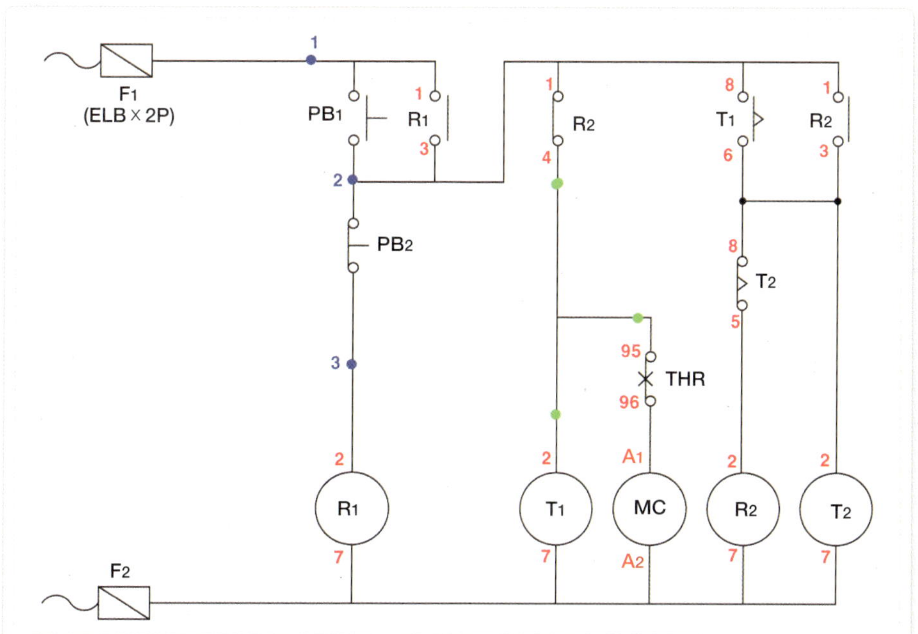

04
부 록

T₁ 전원 결선

R₂의 b접점(4번)에서 T₁의 전원(2번)을 거쳐,
THR의 트립 공통 접점(95번)으로 갔다.

06 타이머(T_1), 마그네트(MC) 라인 결선 Ⅱ

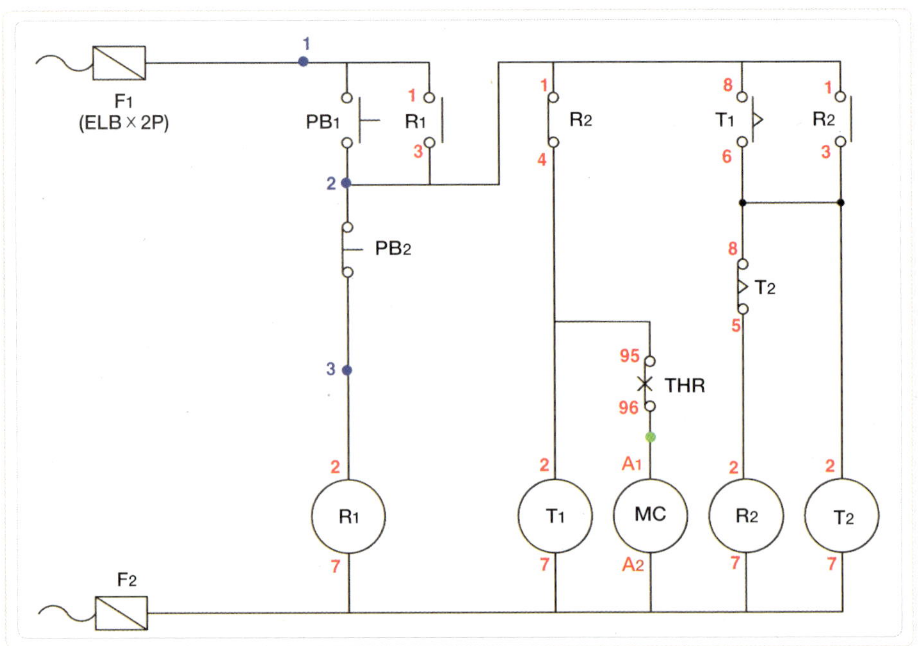

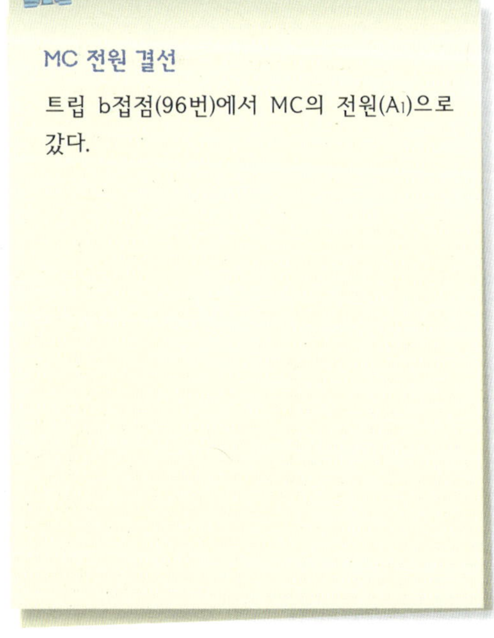

MC 전원 결선

트립 b접점(96번)에서 MC의 전원(A_1)으로 갔다.

07 릴레이(R_2), 타이머(T_2) 라인 결선

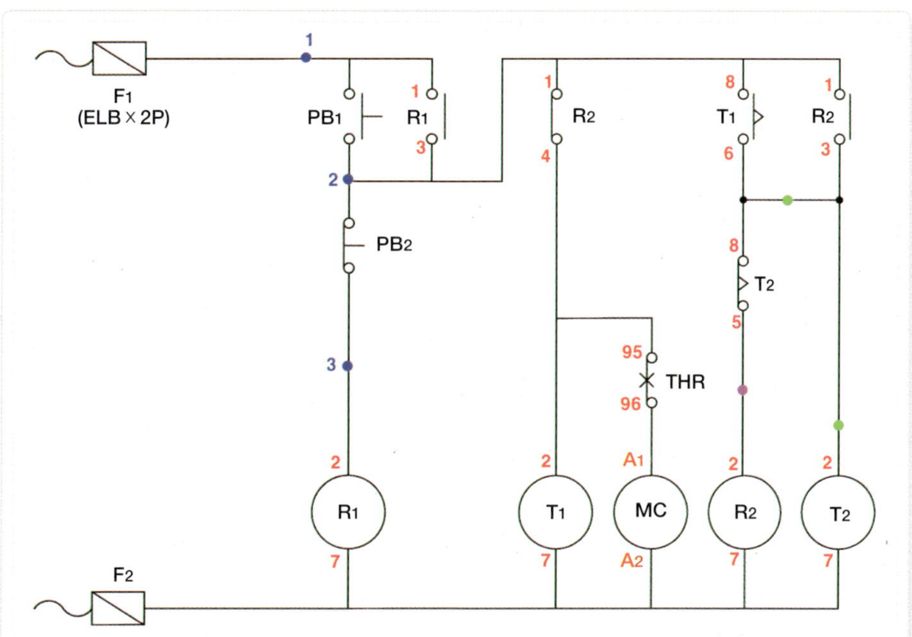

T_2, R_2 전원 결선

① R_2의 a접점(3번)에서 T_1의 한시 a접점
(6번)을 거쳐, T_2의 한시 b접점(8번)과 전
원(2번)으로 갔다.

② R_2의 전원(2번)에서 T_2의 한시 b접점(5번)
으로 갔다.

Step 06 결선 완료

결선 완료 모습

모터(U, V, W) 대신 U, V(220V)에 백열 전구를 연결했으며, 제어함의 단자대에서 컨트롤 박스로 가는 배관을 생략하여 전선이 보이게 했다.

Step 07 외부 작업판 결선 및 동작

01 푸시 버튼(PB₁, PB₂) 결선

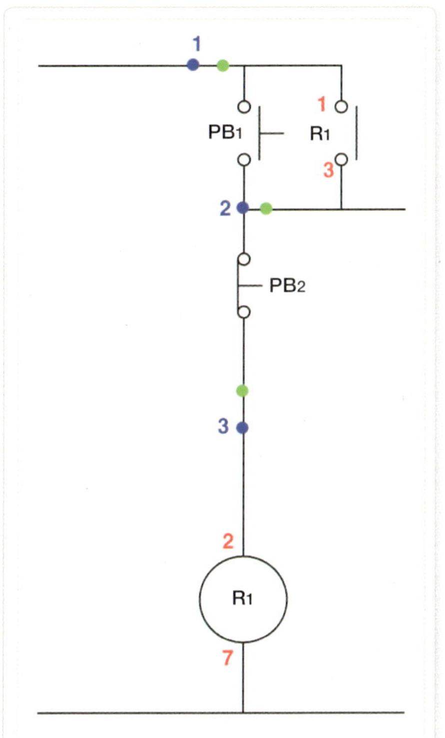

푸시 버튼 결선

① PB₁과 PB₂를 공통으로 연결한 다음 제어
   함의 단자대에서 온 선 2번을 물렸다.

② 제어함의 단자대 1번에서 PB₁의 다른 단
   자로 갔다.

③ 제어함의 단자대 3번에서 PB₂의 다른 단
   자로 갔다.

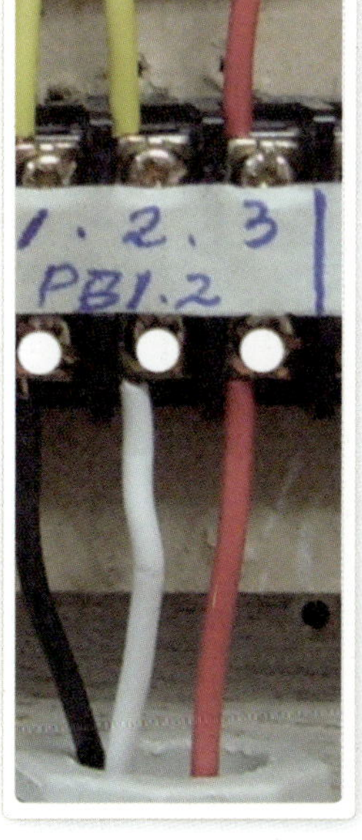

02 모터 기동

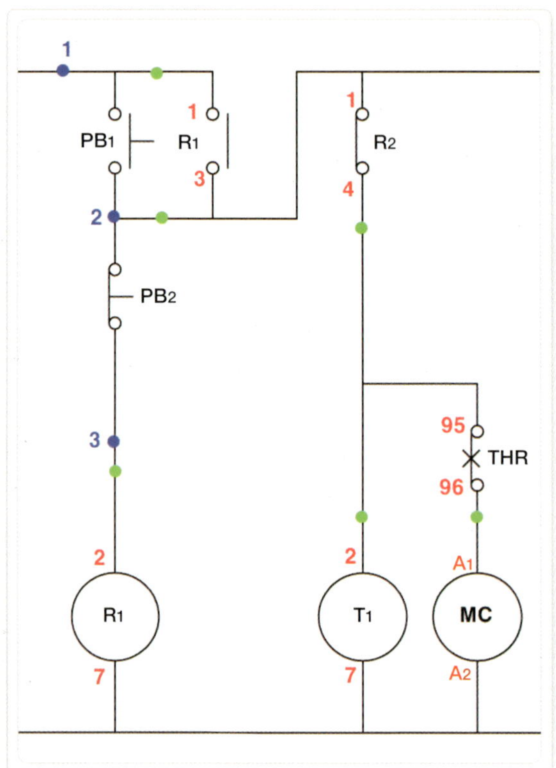

MC 동작 테스트

① 버튼을 누르자 R₁에 의해 자기 유지가 되고, T₁과 MC에 전류가 흘러 동작하였다.

② 동시에 MC의 주접점이 붙으면서 모터가 작동한다(백열 전구로 대체).

03 모터 정지

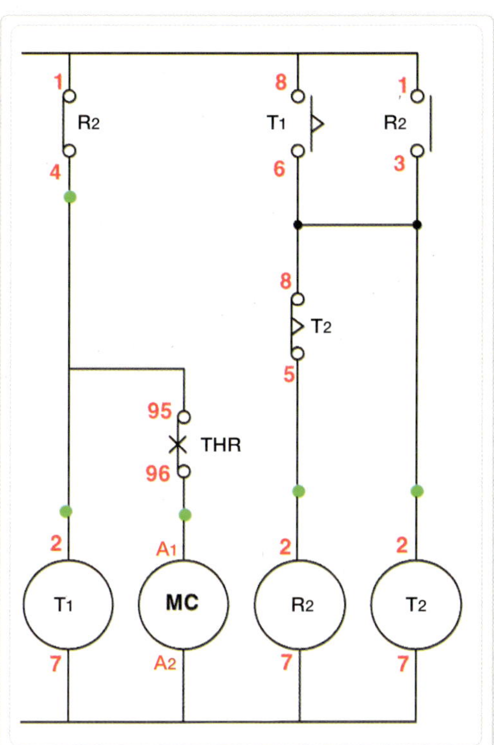

모터 정지 테스트

T_1의 설정 시간이 되자 R_2의 b접점에 의해 T_1과 MC가 동작을 멈추자 모터도 작동을 멈추었다(백열 전구 소등).

전기세상 (http://ew-world.com)의 동영상 Guide

현장실무의 새로운 분야를 개척해나가고 있는 전기세상에서는 동영상 전문 사이트인 **엠몰(M.mall)**과 **전기실무닷컴**을 통해 다음과 같이 철저한 현장 위주의 동영상 과목을 제공하고 있습니다.

구 분	강의 과목		과목 설명
기본 실무 동영상	현장실무	현장실무이론	일반전기현장실무에 필요한 실무이론 강의
		현장실무경험	일반전기현장의 실제공사 동영상
		인테리어공사	인테리어 공사현장 동영상
	소방기초	소방(시설)전기	시설관리분야 소방전기실무 동영상
		보충강의	소방전기기초 교재의 보충설명
	자동제어	실기이론	자동제어에 필요한 실기이론 동영상
		자동제어	릴레이 등 계전기를 이용한 실제결선 동영상
		보충강의	자동제어 교재의 보충설명
	시설전기	시설전기	시설분야에 속한 전기실무 동영상
		보충강의	보충강의가 필요한 부분의 필기설명
	시설영선	시설영선	전기가 아닌 영선분야에 속한 실무 동영상
		보충강의	시설영선 교재의 보충설명
	시설수배전	아파트시설	아파트 전기실의 수배전분야 동영상
		빌딩시설	빌딩 전기실의 수배전분야 동영상
		보충강의	보충설명이 필요한 부분의 필기설명
		실제시범촬영	3년마다 받는 정기검사의 실제시범 동영상
		자료실	수배전 관련 무료자료
	PLC 기초 (기능장)	실기이론	PLC를 이해하기 위한 실기이론 동영상
		마스터-K 실습	마스터10S-1를 이용한 결선연습 동영상
		프로그래밍	여러 가지 프로그램들을 직접 프로그래밍
		보충강의	PLC 기초 교재의 보충설명
		관련자료	PLC 관련 무료자료
	기능사실기	실기이론	기능사실기 이해하기 위한 실기이론 동영상
		실습과제	과년도 실기문제를 직접 결선 및 동작테스트
		특강수강	실기시험에 필요한 부분 특강설명

구 분	강의 과목		과목 설명
초보 탈출기	초보 탈출기	시설관리분야	시설관리 첫 시작부터 경험하는 시설분야 동영상
		일반전기현장	일반전기현장 초보의 실제공사 동영상
신축공사 동영상	전기공사	기초공사	동네 빌라신축공사의 전기기초공사 동영상
		바닥(슬래브)	동네 빌라신축공사의 바닥(슬래브) 동영상
		골조(벽체)	동네 빌라신축공사의 골조(벽체) 동영상
		내부공사	동네 빌라신축공사의 내부공사 동영상
		기타공사	동네 빌라신축공사의 기타 공사 동영상
	외장공사	착공	동네 빌라신축공사의 타공정의 착공 동영상
		철근	동네 빌라신축공사의 타공정의 철근 동영상
		목공	동네 빌라신축공사의 타공정의 목공 동영상
		돌(석재)	동네 빌라신축공사의 타공정의 석공 동영상
		기타	동네 빌라신축공사의 타공정의 기타 동영상
	내장공사	목공	동네 빌라신축공사의 타공정의 목공 동영상
		설비	동네 빌라신축공사의 타공정의 설비 동영상
		조적(미장)	동네 빌라신축공사의 타공정의 조적 동영상
		타일(바닥)	동네 빌라신축공사의 타공정의 타일 동영상
		도배(장판)	동네 빌라신축공사의 타공정의 도배 동영상
		기타	동네 빌라신축공사의 타공정의 기타 동영상
	도면보기		전기관련 평면도 보는 법의 필기설명
	보충강의		교재 처음 내용부터 필기 보충설명 동영상
무료 동영상	시널전기		타공정에 해당되는 동영상 무료 제공
	라이비트		
	페인트		
	도배(장판)		
	타일		
	목공		
	조적(벽돌)		
	섀시		
	기타		

▶엠몰(M.mall) 및 전기실무닷컴 방문방법

전기세상(네이버 카페)–카테고리〈현장실무교육〉–소제목(엠몰 바로가기) 혹은 (전기실무닷컴 바로가기) 클릭

2010. 9. 7. 초 판 1쇄 발행
2023. 4. 12. 초 판 8쇄 발행

지은이 | 김대성
펴낸이 | 이종춘
펴낸곳 | **BM** ㈜도서출판 **성안당**
주소 | 04032 서울시 마포구 양화로 127 첨단빌딩 3층(출판기획 R&D 센터)
      10881 경기도 파주시 문발로 112 파주 출판 문화도시(제작 및 물류)
전화 | 02) 3142-0036
      031) 950-6300
팩스 | 031) 955-0510
등록 | 1973. 2. 1. 제406-2005-000046호
출판사 홈페이지 | **www.cyber.co.kr**
ISBN | 978-89-315-2582-3 (13560)
정가 | 38,000원

이 책을 만든 사람들

기획 | 최옥현
진행 | 박경희
교정·교열 | 이은화
전산편집 | 비엘
표지 | 박현정
홍보 | 김계향, 유미나, 이준영, 정단비
국제부 | 이선민, 조혜란
마케팅 | 구본철, 차정욱, 오영일, 나진호, 강호묵
마케팅 지원 | 장상범
제작 | 김유석

이 책의 어느 부분도 저작권자나 **BM** ㈜도서출판 **성안당** 발행인의 승인 문서 없이 일부 또는 전부를 사진 복사나
디스크 복사 및 기타 정보 재생 시스템을 비롯하여 현재 알려지거나 향후 발명될 어떤 전기적, 기계적 또는
다른 수단을 통해 복사하거나 재생하거나 이용할 수 없음.

※ 잘못된 책은 바꾸어 드립니다.